KB261072
1년에 한 번, 나를 위한 최고의 휴가
일주일
해외여행
정숙영·윤영주 지음

육체의 가장 큰 기쁨은
노동 후의 휴식이다.
세상의 그 어떤 오락도
이것과는 비교할 수 없다.

-톨스토이, 『육체는 영혼의 학생』

ANATOLIAN
BALLOONS
www.anatolianballoons.com
Turkey
TC-BUU

ANATOLIAN BALLOONS
TÜRK
HAVA
KURUMU
www.thk.or

소중한 것을 깨닫는 장소는 언제나
컴퓨터 앞이 아니라 새파란 하늘 아래였다.

-다카하시 아유무, 『LOVE&FREE』

1년 중 일주일,
그 아쉽고도 애틋한 시간을 위한 책

직장에 매인 몸이던 시절, 적어도 저는 그랬습니다. 하루의 낙은 점심시간, 일주일의 낙은 주말, 한 달의 낙은 월급날, 그리고 1년의 낙은 휴가였습니다. 그리고 그 1년의 낙을 보내는 첫 번째 계획은 언제나 여행이었습니다. 어쩌면 그것은 일종의 상징이었습니다. 내가 1년 동안 알토란같이 모아온, 일주일 안팎의 시간을 가장 알차고 낭만적으로 쓰는 방법. 그것이 제게는 여행, 그것도 낯선 땅으로 떠나는 해외여행이었습니다. 물론 실제로는 잠이나 온라인 게임, 데이트 등으로 낭비해버리는 경우가 더 흔했지만요.

어쩌다 팔자가 바뀌어 여행이 업이 되어버린 뒤, 주변 사람들에게 1년에도 여러 차례 질문을 받게 되었습니다. 내 금쪽같은 일주일 휴가를 어디서, 어떻게 보내면 좋겠느냐고요. 제가 직장생활을 그만둔 지도 꽤 되건만, 어찌하여 아직까지 이 땅의 사회인들에게 주어진 1년의 여유는 여전히 일주일 안팎인 걸까요.

이 책은 그러한 일주일이라는 아쉽고도 애틋한 여유를 '여행'이라는 방법으로 가장 알차게 쓰고자 하는 이들, 그러니까 꼭 직딩 시절의 저 같은 사람들을 위해서 쓰였습니다. 또한 패키지 여행이 아닌, 일주일 정도 해외여행을 하고 싶지만 어디를 어떻게 가야 할지 몰라 못 가는 분들을 위한 책이기도 합니다. 지금까지의 많은 여행서들이 갈 곳을 정한 이들을 위해 쓰였다면, 이 책은 내가 가진 시간과 예산의 여유, 그리고 취향 안에서 어디로 가면 좋을지를 보여주는 책이라고 보시면 됩니다. 생각보다 일주일은 짧지 않습니다. 의외로 많은 것들을 할 수 있답니다.

이 책을 만들기 위해 주변의 많은 이들에게 큰 도움을 받았습니다. 홋카이도 취재에 큰 도움을 주셨던 홋카이도 관광청과 루스츠 리조트의 최용준 님과 한창민 님, 시코츠코 마루코마 료칸의 사사키 총지배인 님, 오키나와 취재를 도와주신 메리어트 호텔 한국 GSO의 전예나 과장님과 ANA 인터콘티넨탈 이시가키의 요시다 님, 태국 취재 때마다 늘 신세를 지는 김용우 실장님께 깊은 감사의 인사를 드립니다. 마지막으로 이 책의 편집자이자 저의 좋은 친구인 에디터 짱, 완전 수고했습니다. 박수 세 번 짝짝짝.

정숙영 SY

"올해 여름휴가로 해외여행을 계획하고 있는데 어디가 좋을까요?"

누군가를 만나서 여행 작가라는 직업을 밝혔을 때 십중팔구 물어보는 질문입니다. 이 질문, 참 난감합니다. 누군가에게는 가장 맛있는 음식을 먹었던 여행지가, 누군가에게는 오랜 역사의 유적지가, 누군가에게는 최고급 리조트가 최고의 여름휴가지가 될 수 있기 때문이죠. 상대방은 무심코 던진 질문일 수 있으나 저는 지금까지 여행한 100곳 이상 되는 여행지를 떠올리며 '가만 있자, 어디가 제일 좋았더라…' 하고 곰곰이 생각해보곤 합니다. 하지만 역시나 한 개의 여행지(또는 두어 곳)를 흔쾌히 말해주기란 매우 어려운 일입니다. 많은 사람들에게 절대적으로 손꼽히는 최고의 여행지를 권해줄 수도 있지만, 사실 그곳도 언제, 누구와 함께 가느냐에 따라 얼마든지 달라질 수 있거든요.

『일주일 해외여행』에는 일 년 내내 성탄절에 받을 산타 할아버지의 선물을 기다리는 어린아이의 심정으로 여름휴가를 기다릴 모든 직장인들을 위해 고르고, 또 고른 21개의 여행 스케줄이 담겨 있습니다. 대학생 시절로 돌아가 배낭여행의 기분을 만끽할 수 있는 저렴한 여행부터 극진한 서비스와 호사를 누릴 수 있는 럭셔리한 여행, 그리고 누구나 한 번쯤 꿈꿨을 법한 매우 특별한 여행까지 장소도, 콘셉트도 다양합니다. 이들 중 어느 곳을 선택하느냐는 여러분의 몫이겠죠. 확실한 건, 그 어떤 곳을 선택하더라도 결코 후회하지 않을 것이라는 겁니다. 책을 쓰면서 조금 아쉬웠던 것은 일주일이라는 시간 안에 다녀올 수 있는 곳을 선정하다 보니 직항편이 없어 최소 열흘에서 2주 이상의 일정이 필요한 남미 여행지는 부득이하게 제외한 점입니다. 꿈은 꿈으로 머무는 것이 아니라 이루어져야 하니까요.

SOS를 요청하면 군말 없이 들어주는 후배 윤희상과 성종윤, 백선영, 성화주, 취재에 도움을 주신 로열캐리비안 크루즈 윤소영 차장님, 허츠 렌터카 한국사무소 최준혁 팀장님, 클럽 메드 한국사무소, 포시즌스 발리, 완성도 있는 책을 만들기 위해 밤낮으로 고생한 장재순 과장님께 감사드립니다. 일에 집중할 수 있도록 전폭적인 지지를 아끼지 않는 든든한 외조의 남편 홍지엽, 늘 힘이 되어주는 언니 윤영선, 그리고 하늘나라에서 막내의 책을 흐뭇하게 읽고 계실 아빠에게 사랑을 전합니다.

윤영주 YJ

Contents

SUMMER

p. 144

자유로운 영혼을 위한 게으른 히피 여행

태국 방콕 + 북부 여행 6박 8일

p. 162

카파도키아 & 산토리니, 로망의 정수를 한 번에!

터키 + 그리스 로망 여행 7박 9일

p. 184

평화롭고 순수한, 그 섬에 가고 싶다

일본 오키나와 여행 6박 7일

WINTER

p. 370

캐나다의 눈꽃 열차,
그리고 오로라를 만나러 가다

캐나다 오로라+스노 트레인 5박 7일

p. 388

하늘, 바람, 별…
세상 아무것도 부럽지 않아

뉴질랜드 북섬 캠퍼밴 여행 8박 9일

p. 410

겨울 로망에 관한
모든 것

일본 홋카이도 겨울 여행 5박 6일+α

마음껏 고르고,
예상하고, 떠나라!

이 책에 소개된 21곳의 여행지는 다음의 몇 가지 기준을 통해 선정되었습니다. 첫째는 '항공 시간을 포함하여 일주일 정도면 만족스럽게 여행할 수 있는 곳'입니다. 지리적으로 너무 먼 곳, 일주일 이상의 시간이 필요한 곳, 또는 3박 4일에도 충분히 즐길 수 있는 곳들은 제외되었습니다. 두 번째는 '직항, 또는 1회 경유편으로 갈 수 있는 곳'입니다. 비행기를 두 번 이상 갈아타야 하는 곳 등은 일주일 일정으로 가기에는 아무래도 무리가 있으니까요. 마지막이자 가장 중요한 포인트는 바로 '로망'입니다. 일주일 정도의 휴가를 사용했을 때, 평생 기억에 남고 자랑거리가 될 수 있는 여행지가 어디일까를 가장 중요한 선정 기준으로 삼았습니다. 자, 이제 떠날 마음의 준비가 되셨나요? 그렇다면 다음의 내용을 참고해 나만의 특별한 휴가여행을 계획해보세요.

1 여행 콘셉트_ 각 여행지의 콘셉트는 '이것 아니면 안 된다'는 것도 있지만, 대부분 그 여행지를 가장 재미있고 뜻깊게 여행할 수 있는 방법입니다. 가장 중요한 볼거리와 할 거리, 먹을거리를 두루 섭렵할 수 있는 일정으로 구성했으며, 부득이하게 넣지 못한 주요 스폿 및 볼거리는 '빼먹으면 아쉬운 추천 여행지'로 더했습니다.

2 여행 일정_ 이 책에 소개된 일정은 짧게는 5박 6일에서 길게는 7박 9일까지 있습니다. 즉, 딱 잘라 '일주일'이라기보다, '대충 일주일 안팎의 일정'으로 보시면 됩니다. 여행의 성격 및 목적지의 특성 등에 따라 가장 적절한 일정으로 구성하였습니다. 대부분의 일정이 목적지 도착 후부터 시작되므로, 장거리 비행이 필요한 유럽이나 미주의 경우에는 앞에 1일 정도 추가된다고 생각하시는 것이 좋습니다.

3 예산_ 책에서 제시한 예산은 2012년 4월의 환율과 2인 여행 시 1인을 기준으로 약간 넉넉하게 잡은 것입니다. 따라서 1인 여행을 계획한다면, 현재의 예산에서 숙박비를 1.5~2배로 책정하셔야 합니다. 숙소나 항공편에 따라 예산이 크게 차이 나는 경우는 별도로 언급해두었습니다.

4 항공편_ 하루가 아쉬운 사회인들의 휴가여행을 위한 책이므로, 대부분의 항공편은 직항을 기준으로 구성되었습니다. 1회 경유편을 이용하고자 한다면 제시된 일정에서 해당 비행 일정을 추가해야 합니다.

5 **숙소_** 본문에 언급되는 숙소는 저자들이 직접 묵은 곳으로, 일종의 실례로 든 것입니다. 여행을 계획하실 때는 같은 지역의 엇비슷한 편의시설을 갖춘 곳이라면 어떤 숙소를 고르셔도 상관 없습니다.

etc. **전화번호_** 한국에서 전화할 때를 기준으로 국가번호를 앞에 표기하였습니다. 해당 국가 여행 중에 통화를 하실 때는 앞의 국가번호를 빼고 맨 앞에 '0'을 추가하시면 됩니다. 예를 들어 본문에 +66-2-1111-1111로 거론되었다면, 현지에서 통화하실 때는 02-1111-1111로 거시면 됩니다.

1 가고 싶은 여행지를 선택한다.

3, **4**, **5** 대략적인 예산을 짜고 항공권과 숙소를 알아본다.

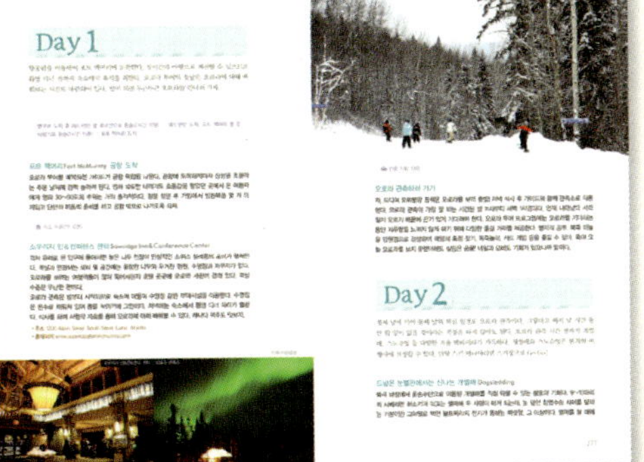

2 제시된 일정을 참고해 여행한다.

알뜰하고 편안한 해외여행 필살 노하우

How to 1 ▶ 항공권만 잘 구해도 홀가분하게 출발!

중국이나 일본처럼 가까운 나라라면 모를까, 동남아 정도만 돼도 솔직히 항공료 부담이 적지 않다. 유럽이나 미주처럼 먼 곳은 말할 필요조차 없을 정도. 일단 항공료를 아끼는 것이야말로 여행 비용을 줄이는 최고의 지름길이다.

비수기에 예약하자

항공권 가격은 비수기에 저렴하게, 성수기에 비싸게 책정된다. 성수기에 출발할 예정이더라도 비수기에 구입하면 비수기 가격으로 구입이 가능하다. 단, 비수기/성수기의 기준은 나라마다 다르므로 해당 항공기 국적의 비/성수기 여부를 잘 파악해야 한다. 보통 한국 국적기는 3, 6, 11월에 가장 저렴하고, 동남아시아계 항공사는 4~7월, 유럽은 11~2월 정도가 저렴하다.

국제 유가를 주시하자

고유가 시대에 티켓 가격을 좌우하는 것은 항공료 자체보다 유류 할증료다. 최근에는 항공료보다 유류 할증료가 높은 경우도 종종 있는데, 상황이 이렇다 보니 항공사에서 출혈을 각오하고 항공권 가격을 낮추는 경우도 흔하다. 때문에 정말 티켓을 싸게 구하고 싶다면 반드시 국제 유가에 주목해야 한다. 유가가 하강하면 유류 할증료도 함께 내려간다.

여기서 예약하자

항공권 가격은 온라인 할인 항공권 사이트가 가장 저렴하며, 종종 항공사 사이트에서도 저렴한 티켓을 발견할 수 있다. 사이트마다 할인율이 조금씩 다르므로 반드시 세 곳 이상을 체크하는 것이 좋다. 저가항공이나 외국의 국내선을 이용할 때는 전 세계의 항공권 가격을 한눈에 비교해서 보여주는 웹사이트나 스마트폰 어플을 이용하면 손쉽게 저렴한 티켓을 구할 수 있다.

How to 2 ▶ 항공사 마일리지만 잘 모아도 여행이 반값!

평소에 항공사 마일리지를 열심히 모아두었는지? 만약 그렇다면 당신은 승리자다. 모아둔 마일리지의 양에 따라 여행 비용을 엄청 절약하거나 최소한 여행의 편의를 높이는 보너스 혜택을 받을 수 있으니까. 혹시 지금까지 마일리지에 관심이 없었다면, 그런데 1~2년 안에 근사한 휴가여행을 꿈꾸고 있다면, 지금부터 당장 마일리지 저금을 시작하자.

마일리지로 할 수 있는 것들

보너스 항공권

마일리지를 모으는 사람들의 최대 목표가 바로 보너스 항공권이 아닐까? 마일리지 프로그램과 항공사마다 조금씩 다르나, 아시아나항공을 기준으로 했을 때 3만 마일부터 일본 왕복 항공권이 제공되며, 유럽이나 미주 등은 7만 마일 이상이면 공짜로 받을 수 있다.

좌석 승급

이코노미 클래스에서 여섯 시간 이상의 장기 비행을 한다는 것은 좀처럼 익숙해지지 않는, 육체적으로 힘든 일이다. 아시아나항공을 기준으로 했을 때 일본 및 동북아시아는 2만 마일, 유럽이나 미주는 6만 마일이면 일반 이코노미에서 비즈니스로 업그레이드가 가능하다.

프레스티지 클럽 가입

항공사 회원에 가입하면 보유한 마일리지에 따라 상위 회원으로 승급할 수 있는데, 등급이 올라갈수록 혜택도 다양해진다. 대기 예약 및 수화물 탁송 시 우선권 같은 사소한 혜택에서 좌석 무료 승급이나 우선 수속, 별도 라운지 이용 등, 위로 갈수록 어설프게 마일리지를 쓰기보다 보유하는 게 나을 정도로 묵직한 혜택이 주어진다.

마일리지를 모으는 몇 가지 방법

1 마일리지 많이 주는 카드를 쓰자

마일리지를 모으기 위해서는 첫째가 항공편 이용, 둘째가 제휴 신용카드 사용, 셋째가 각종 제휴사 이용인데, 이 중 일상에서 실천 가능하며 현실적이고 효율적인 것이 바로 신용카드 사용이다. 마일리지와 여행자에 대한 혜택이 많은 카드를 소개한다.

- **외환은행 크로스마일 카드** 카드 사용액 1,500원당 대한항공 1.8마일, 아시아나항공 2.1마일 (택 1)을 적립해준다. 이외에도 공항 리무진 1만 원 티켓 무료, 공항 내 파스쿠치 커피 1잔 무료, 라운지 자유 이용, 인천 공항 4층 레스토랑 4곳 중 한 곳에서 무료 식사의 혜택이 있다.

- **씨티 프리미어마일 카드** 카드 사용액 1,000원당 1점이 적립되며, 이후 적립된 씨티 프리미어마일은 6개 항공사(대한항공, 아시아나항공, 캐세이퍼시픽, 타이항공, 델타항공, 싱가포르항공)의 마일리지로 자유롭게 전환하여 보너스 좌석이나 좌석 승급 등에 사용할 수 있다. 마일리지의 유효기간이 없다는 것이 가장 큰 장점.

2 항공사 제휴 멤버십에 가입하자

사람이 평생 한 회사의 항공편만 탈 수는 없다. 그리고 이런 점을 항공사들이 모를 리도 없다. 항공사들은 서로 제휴하여 마일리지를 공유하는 프로그램을 만들었는데, 한 항공사의 멤버십에 가입하면 자동적으로 마일리지 공유 프로그램에 참여하게 된다. 예를 들어 아시아나항공에 회원 가입을 하면 자연스럽게 스타 얼라이언스에 가입하게 되어, 이후 그 회원 항공사를 타면 자연스럽게 아시아나항공 마일리지를 적립할 수 있게 된다. 평생 한 항공편만 타는 것은 힘들어도 한 제휴 멤버십 프로그램만 타는 것은 충분히 가능하다. 대표적인 제휴 멤버십 프로그램은 다음과 같다.

- **스카이팀** 대한항공, 아에로플로트, 에어멕시코, 에어유로파, 에어프랑스, 알이탈리아, 차이나에어라인, 중국동방항공, 중국남방항공, 체코에어라인, 델타항공, 케냐에어라인, KLM, 베트남항공 등.

- **스타 얼라이언스** 아시아나항공, ANA, 오스트리아항공, 아드리아항공, 에어캐나다, 에어차이나, 에어뉴질랜드, Blue1, 브뤼셀에어라인, 크로아티아에어라인, 이집트에어라인, LOT, 루프트한자, 싱가포르항공, 스위스항공, 타이항공, 터키항공, 유나이티드에어라인 등.

- **원월드** JAL, 에어베를린, 브리티쉬에어웨이즈, 캐세이퍼시픽, 핀에어, 이베리아항공, 콴타스항공 등.

How to 3 ▶ 숙소에 따라서도 비용이 대폭 절감된다

여행 중 숙소는 상당히 중요한 부분을 차지한다. 하루의 피로를 푸는 기본적인 역할부터 사교의 장, 정보 센터 등의 역할까지 한다. 그런가 하면 좋은 리조트나 호텔, 펜션 등은 그 자체가 여행의 목적이 될 수도 있다. 자신의 예산과 목적에 따라 숙소를 고르되, 호텔보다는 모텔을, 아니면 게스트하우스를 이용해 비용을 대폭 절감할 수도 있다. 해외여행 시 숙소 선정 및 예약 방법은 다음과 같다.

호텔과 리조트

생생한 정보와 함께 저렴한 가격에 호텔 및 리조트 숙박을 예약할 수 있는 '호텔 예약 전문사이트'가 최근 높은 인기를 누리고 있다. 사이트마다 조금씩 강세를 보이는 지역이 다르므로

자신의 여행지에 맞는 사이트에서 예약을 하는 것도 하나의 센스! 외국 업체를 이용하는 것이 불안하면 한국 업체의 이용을 추천한다. 다양한 프로모션과 우리 정서에 맞는 리뷰를 볼 수 있다는 게 장점이다.

호스텔, 또는 게스트하우스

저비용 여행을 계획하고 있다면 호스텔이나 게스트하우스를 생각해보는 것도 좋다. 호스텔은 저렴한 가격에 기본적인 숙박을 제공하는 시설로 객실 내에 침대와 간단한 가구가 비치되어 있고, 청소 및 수건 제공 등 아주 기본적인 서비스를 제공한다. 여러 명이 한 방을 사용하는 도미토리 객실도 있으며, 욕실이나 화장실을 공동 사용하는 경우도 흔하다. 유럽이나 미주 등에서는 호스텔을, 동남아시아 및 인도에서는 게스트하우스를 흔히 볼 수 있다. 영국 문화권에는 B&B라는 독특한 숙박 형태가 있는데, 일종의 민박으로 욕실이 딸린 단독 객실과 아침 식사를 제공한다.

한인 민박&게스트하우스

편하게 쉬어야 할 숙소에서조차 영어로 고생하고 싶지 않다면, 한국인 여행자들과 왁자지껄하게 놀고 싶다면, 여행 전 미처 알지 못했던 최신 여행 정보들을 수집하고 싶다면, 한인 숙소를 알아보자. 대부분 저렴한 가격의 민박이나 게스트하우스 형태로 운영하며, 도미토리 객실을 갖추고 있다. 유럽이나 미주에서는 일반 아파트에서 손님을 받는 그야말로 민박이, 일본에는 소규모 콘도 형태의 민박이 많으며, 동남아시아에는 단독 객실이나 도미토리 형태의 게스트하우스로 운영하는 경우가 많다. 특히 유럽 지역의 민박에서는 조식을 한식으로 제공해 저비용 여행자들에게 높은 인기를 누리고 있다. 여행 정보 커뮤니티에서 정보를 얻어 해당 민박이나 게스트하우스에 인터넷이나 전화로 직접 예약하는 경우가 많다.

• **유럽, 미주 예약 사이트**
  호텔즈닷컴 www.hotels.com
  부킹닷컴 www.booking.com
• **동남아시아 예약 사이트**
  아고다 www.agoda.co.kr
• **일본 예약 사이트**
  쟈란넷 www.jalan.net
  (영어, 한국어 지원 안 됨. 번역기 이용 강추!)

• **국내 예약 사이트**
  호텔 자바 www.hoteljava.co.kr
  호텔 패스 www.hotelpass.com
  호텔 엔조이 www.hotelnjoy.com

알아두면 좋은 여행 정보 커뮤니티

• **일본**
  네일동 cafe.naver.com/jpnstory.cafe
• **유럽**
  유랑 cafe.naver.com/firenze

• **동남 아시아**
  태사랑 www.thailove.net
• **호텔**
  스사사 cafe.naver.com/hotellife

 피 같은 내 돈 절약하는 면세점 쇼핑 노하우

해외여행의 빠질 수 없는 보너스 중 하나가 바로 면세점 이용! 평소 갖고 싶었던 물건을 세금 없는 저렴한 가격에 살 수 있는 절호의 기회다. 한국 면세점은 세계 유수의 면세점과 견주어도 단연 우수할 정도로 높은 가격 경쟁력과 상품 구성을 자랑한다. 면세점을 좀 더 저렴하고 알뜰하게 이용하는 방법을 알아본다.

---

1 시내에서 돌아본 후 인터넷에서 산다

면세점의 상품 가격은 모두 동일하나, 할인율이나 운영 방법에 의해 최종 구매 가격은 조금씩 달라진다. 그중 가장 저렴하게 구입할 확률이 높은 것이 인터넷 면세점. 회원으로 가입하면 언제나 기본 할인을 받을 수 있고, 적립금을 통해 2차 할인을 받을 수 있다. 또한 일정액 이상 구매 시 사용 가능한 할인 쿠폰도 오프라인 면세점에서는 단일 매장 단위로 적용되지만, 인터넷 면세점에서는 총 금액에서 사용 가능하므로 여러모로 이득이다. 일단 시내 면세점을 한 차례 돌아보고 확인한 뒤 인터넷 매장에서 사는 것이 최고다!

2 면세점은 한 곳만 판다

자신의 상점을 꾸준히 이용해주는 의리의 단골에게 뭐 하나라도 잘해주는 것이 세상의 인심. 면세점도 마찬가지다. 한 면세점을 꾸준히 이용해 회원 등급이 올라가면 할인율도 높아지고 쿠폰을 비롯한 여러 가지 부가 혜택도 누릴 수 있다. 신라, 롯데, 동화 면세점 중 좋아하는 브랜드가 많거나 라이프스타일에 적합한 면세점을 골라 꾸준히 이용해보자.

3 기내 면세품을 유심히 보자

환율이 마구 오르는 시점이라면 기내 면세품에 주목하자. 기내 면세는 바로 전달의 환율을 고정 환율로 적용하기 때문. 예를 들어 전달에는 달러 환율이 1,100원이었다면 이번 달 환율이 1,200원이든 1,300원이든 간에 항공기 내에서는 무조건 1,100원을 적용받을 수 있다. 그럴 때는 일단 맘에 드는 물건은 사두는 것이 남는 것이다. 기내 면세점에서만 구할 수 있는 한정 상품 또한 놓칠 수 없는 매력!

 스마트폰으로 스마트하게 여행하기

스마트폰이 생긴 뒤 여행은 한결 편리해졌다. 가방 속에 꼬깃꼬깃 지도를 넣어 다닐 필요도, 웹서핑을 하겠다고 이리저리 컴퓨터를 찾아 헤맬 필요도 없다. 그저 손바닥만 한 스마트폰 하나면 모든 것이 OK. 스마트폰으로 여행을 스마트하게 하는 기본 방법과 알아두면 유용한 추천 앱을 소개한다.

여행 중 숙소나 맛집 검색을 하고 싶다면

최근에는 세계 곳곳에 무료로 와이파이를 이용할 수 있는 곳이 많다. 숙소는 물론 카페, 공공

장소, 쇼핑몰 등 인심 좋은 곳이 많으니 일단 그런 곳을 찾아 와이파이를 이용하자. 하지만 기동력은 아무래도 와이파이보다는 3G가 좋은 편. 3G를 이용하기 위해서는 현지 심카드를 구매해 이용하는 것이 가장 좋다. 전화와 3G 인터넷이 패키지로 된 심카드를 구할 수 있다. 단, 일본과 캐나다는 여행자들에게 자국의 심카드를 판매하지 않으므로 트래블 심이나 유니버설 심 등 국제 통용 심카드를 이용해야 한다. 국내에서도 외국 심카드나 트래블 심 등을 판매하는 곳을 어렵지 않게 찾아볼 수 있다. 이것저것 다 귀찮다면 데이터 무제한 로밍 서비스를 신청하자. 하루 1만 5,000원 안팎으로 3G 인터넷을 무제한 사용할 수 있다.

여행 중 스마트폰 이용은 역시 길 찾기!

스마트폰이 여행에 가장 도움되는 것은 뭐니 뭐니 해도 지도 기능. 인터넷이 연결되어 있는 상태에서 구글맵을 실행하고, 검색창에 원하는 곳의 지명이나 주소를 치면 목적지를 빨간 핀으로 찾아준다. 또한 내 현재 위치가 파란 점으로 지도 위에 표시되며, 나의 움직임에 따라 그 파란 점이 이동한다. 이 말은 도보나 차량으로 이동함과 동시에 내가 얼마큼 목적지에 가깝게 다가갔는지 볼 수 있다는 것. 단, 구글맵은 인터넷에 연결되어 있을 때만 검색이든 현 위치 표시든 가능하기 때문에 구글맵을 제대로 이용하기 위해서는 반드시 와이파이나 3G 인터넷을 사용할 수 있는 환경이어야 한다.

정숙영 작가가 여행 시 자주 쓰는 앱들(유럽, 일본, 동남아 기준)

- **Currency Free**
  세계 각국의 환율을 한눈에 볼 수 있는 앱. 원하는 나라를 모두 리스트에 올려놓고 한 번에 비교해볼 수 있다.

- **SkyScanner**
  항공편 비교검색 앱. 원하는 목적지를 입력하면 날짜별 가격 및 최저 가격까지 한눈에 볼 수 있다. 저가항공 탈 일이 많은 유럽에서 매우 유용하다.

- **Direct U**
  오프라인 상태에서도 자신의 위치를 GPS 상태로 알려주는 지도 어플. 유럽, 아시아, 호주, 독일, 아프리카, 남미 등 대륙별로 있다. 이렇게 좋은 앱이 심지어 무료!

- **TripAdvisor**
  세계 여행자들의 리뷰를 볼 수 있는 앱. 숙소, 레스토랑 등의 인기 순위를 볼 수 있다. 현 위치에서 가장 가까운 맛집이나 숙소 등을 찾아주는 기능이 좋다.

- **DB Navigator**
  독일의 철도 공식 앱. 유럽 전체의 철도 시간과 노선을 알아볼 수 있다. 유럽 철도 앱은 여러 가지가 있으나 독일 철도의 시간표가 가장 정확한 것으로 유명하다.

- **전세계지하철**
  전 세계의 지하철을 모두 보여주는 앱. 각 도시의 대표적인 노선도를 보여주는데, 이 앱만 있으면 지하철 노선도를 일일이 펼쳐보는 불편이 없어 좋다.

- **Yubisashi**
  여행에 필요한 외국어들을 화면에 나열하고 필요한 것을 손가락으로 콕 찍으면 그 단어가 소리로 나오는 앱이다. 일본 앱을 한국어로 번역한 것으로, 현재 중국, 미국, 태국, 일본이 나와 있다. 유료 앱.

CSIC
Il presente biglietto e' utilizzabile fino al 03/05/04
Validita' dalla convalida: 24 ORE
P.IVA 05407151002   AUTOMATICA 1/1
02 Adult.   ** Ragazzi
Da VENEZIA S. LUCIA
a MILANO
Tar IC   km 267
Classe 2 VIA VERONA*
Classe
Bigl. E. **38,32   C.Servizio ******   Serv.spec. ******   Prezzo E. ***38.32*
000021   04/03/04 14.32 5697
1697   S05   VENEZIA S.L.
0753SI3803105
FORATURA ANDATA 100120017001500170019001 12001 15001   FORATURA RITORNO 100120017001500170019001 12001 15001

SPRING

★ **느리게, 행복하게, 꿈꾸듯 동화 속 골목을 헤매다** _ 프라하&동유럽 소도시 여행 6박 8일

★ **세계의 지붕, 히말라야를 걷다** _ 네팔 ABC 트레킹 여행 7박 8일

★ **떠나자, 라오스 모터사이클 다이어리** _ 라오스 오토바이 여행 7박 9일

★ **할리우드 스타들의 일상을 체험하다** _ LA 셀러브리티 명소 산책 5박 7일

★ **이탈리아로 떠나는 일주일간의 시간여행** _ 이탈리아 일주 7박 9일

느리게, 행복하게, 꿈꾸듯 동화 속 골목을 헤매다

프라하&동유럽 소도시 여행 6박 8일

가슴속에 한 권의 동화로 남는 여행

백마 탄 왕자 같은 건 없다. 목에 독이 든 사과 조각이 걸린 뒤 5분이 지나면 왕자가 아니라 왕이 와도 못 살린다. 크리스마스 무렵 산타 할아버지께 레고를 달라고 기도했는데, 양말에 레고가 아니라 내복이 들어 있었던 건 술 취한 아빠가 잘못 들었기 때문이다. 어른이 되면 알게 된다. 동화 속 이야기는 현실 속에 없다는 걸.

그러나 어른의 삶에도 가끔은 동화 같은 순간이 필요하다. 그럴 때 사람들은 여행을 꿈꾼다. 그다지 거창한 여행이 아니어도 좋다. 골목을 헤매고 다리를 건너고 언덕을 오르다 가끔씩 멈추어 서서 봄볕을 맞는 것, 동화책 속의 그림 같은 풍경 속에서 가끔은 넋을 잃는 것, 뭔가 특별한 일이 일어나지 않을까 기대도 해보고, 실제로 일어날 리 없다는 걸 알면서도 가슴이 두근거리는 것까지는 그냥 용납하는, 그런 화려하지 않지만 순간순간이 가슴 벅찬 예쁜 여행을.

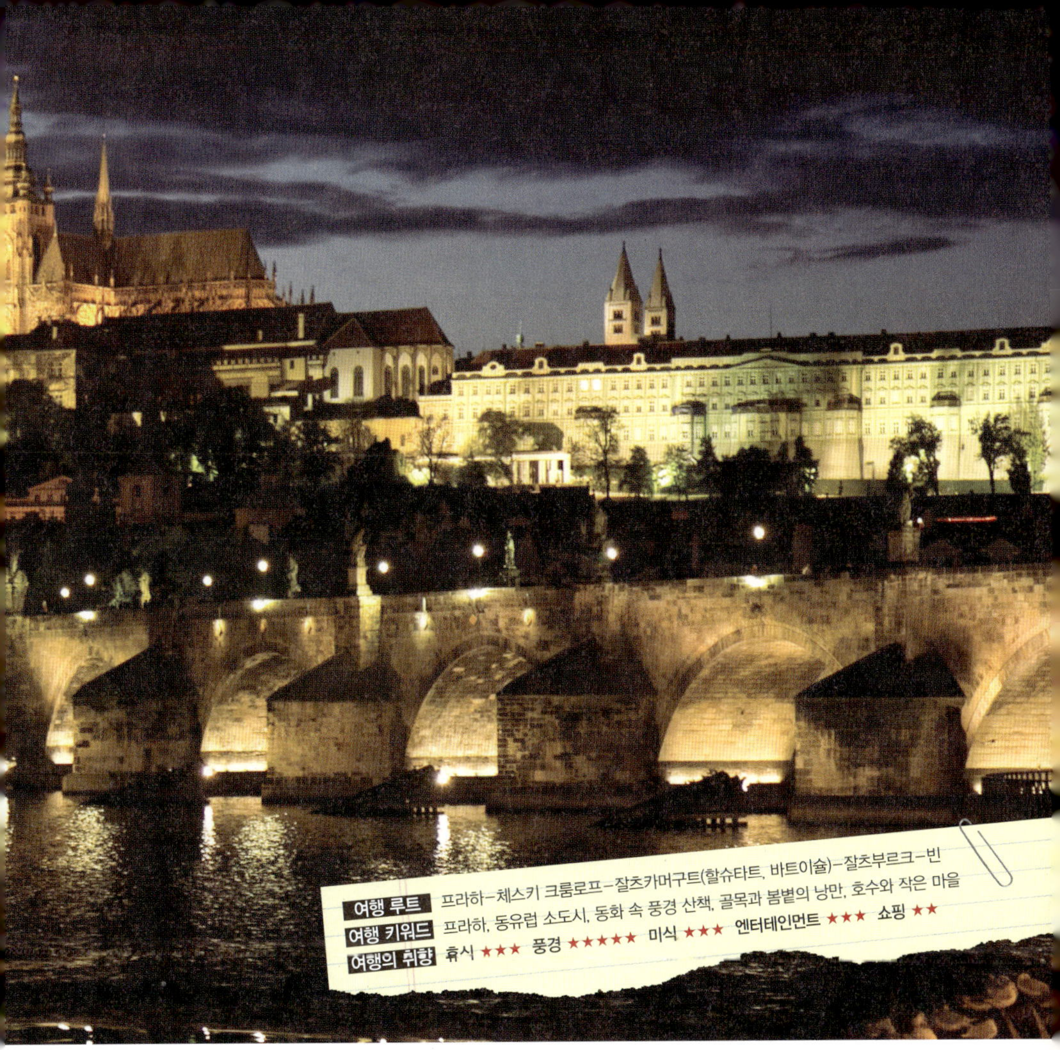

여행 루트 프라하–체스키 크룸로프–잘츠카머구트(할슈타트, 바트이슐)–잘츠부르크–빈

여행 키워드 프라하, 동유럽 소도시, 동화 속 풍경 산책, 골목과 봄볕의 낭만, 호수와 작은 마을

여행의 취향 휴식 ★★★ 풍경 ★★★★★ 미식 ★★★ 엔터테인먼트 ★★★ 쇼핑 ★★

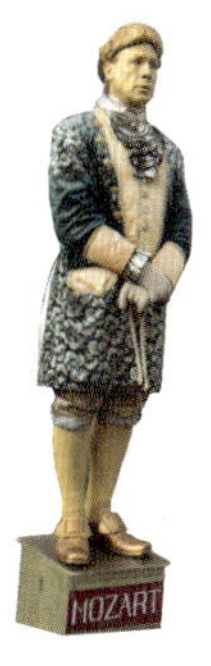

프라하는 이런 '예쁜 여행'의 모든 것처럼 여겨지는 도시다. 동화 속에서 나올 것 같은 성이 있고, 중세 시대에서 멈춰 버린 모습의 광장과 골목이 있으며, 지구에서 가장 아름답다고 소문난 다리가 있다. 그곳에 모인 이들의 소박한 기대와 낭만이 파란 하늘 위로 환하게 떠가고 있을 것만 같은 도시다.

동유럽–정확히 말하자면 중부 유럽이지만–에는 프라하 외에도 동화 속 풍경을 자랑하는 곳들이 있다. 도시 전체가 유네스코 문화유산으로 지정된 체스키 크룸로프, 알프스 산맥 속에 고요하게 자리한 호수 마을 할슈타트, 영화 〈사운드 오브 뮤직〉의 배경이 된 도시 잘츠부르크 등은 한 곳 한 곳 다른 기억으로 남을 만한 매력을 지닌, 하나같이 동화 속에서나 볼 것 같은 아름다운 풍경을 자랑하는 곳들이다. 따뜻한 햇살이 마음을 간질이는 어느 날, 온통 작은 글씨로 빽빽한 어른의 나날에, 예쁜 그림과 설렘으로 가득한 동화 한 페이지를 만들어보자. SY

프라하 & 동유럽 여행, 이렇게 준비한다!

언제 갈까?

이 지역은 사계절 아무 때나 가도 그 나름의 매력을 즐길 수 있다. 그러나 그중 가장 좋은 계절을 꼽으라고 한다면 바로 '봄'이다. 알프스에 꽃 피고 남부 보헤미아의 초원에 새 풀이 돋을 뿐 아니라, 여행 비수기이기까지 하다.

어떻게 가지?

'프라하 in-빈 out' 항공권을 끊는다. 루프트한자, 핀에어, KLM 등 유럽계 항공사의 1회 경유편이 가장 무난하다. 서비스나 항공기 수준은 대동소이하므로 가격 및 경유지 대기시간 등을 고려해서 선택하면 된다. 보통 러시아항공(아에로플로트)이 가장 저렴하나, 타본 사람들은 기체의 노후와 서비스의 질 등을 거론하며 '여러모로 무섭다'라는 증언을 남기고 있다. 대한항공을 이용하면 프라하까지는 직항, '빈-인천' 구간은 1회 경유의 루트로 가능하다.

얼마나 들까?

예산 총 275만 원 정도(항공료 130~150만 원선, 숙박비 48만 원(3~4성급 호텔 기준, 8만 원×6일), 식비 20만 원, 교통비 15만 원, 입장료 등 각종 부대비용 10만 원, 기타 예비비 20~30만 원). 숙소를 한인 민박으로 이용하면 10~20만 원 절약 가능.

환전 전액을 유로로 환전한다. 체코에서는 자국 화폐인 코루나(Koruna)와 유로를 모두 사용하나, 유로로 직접 계산할 경우에는 환율이 좋지 않다. 현지 은행이나 사설 환전소에서 유로를 코루나로 쉽게 재환전할 수 있다. 1유로는 약 1,500원, 1코루나는 약 60원(2012년 4월 기준).

신용카드 비자카드, 마스터카드가 무난하다. 레스토랑, 호텔 등에서 쉽게 통용된다.

미리 준비하자!

비자 체코, 오스트리아 모두 무비자 90일 체류 가능.
언어 체코어, 독일어. 호텔과 식당, 관광지에서는 영어가 어렵지 않게 통용된다.

캄파 파크 예약 프라하 최고의 전망 레스토랑으로, 테라스 석은 반드시 예약을 해야한다. 인터넷으로 예약 가능. •**홈페이지** www.kampagroup.com

'프라하 – 체스키 크룸로프' 교통편 예약 스튜던트 에이전시(Student Agency)라는 회사의 버스를 이용한다. www.studentagency.eu

'체스키 크룸로프 – 할슈타트' 교통편 예약 세바스찬(Sebastian)이라는 펜션에서 운영하는 셔틀 서비스가 편리하다. •**홈페이지** www.sebastianck-tours.com

숙소 구하기

프라하 노베 메스토(Nove Mesto) 지구의 숙소들이 가장 무난하다. 구시가 광장이나 카를 다리, 화약탑 등을 모두 도보로 돌아볼 수 있으며 가격도 합리적이다. 관광 중심지인 스타레 메스토(Stare Mesto)나 말라 스트라나(Mala Strana)는 가격대가 비싼 편이다.

체스키 크룸로프 워낙 좁은 지역이므로 중심가에서 크게 벗어나지 않는 곳이면 모두 OK.

잘츠카머구트 할슈타트에는 조용하고 깨끗한 펜션과 호텔이 많이 있다. 호수가 잘 보이는 곳이라면 어디든 OK. 작은 동네라 일찍 예약하지 않으면 숙소 구하기가 쉽지 않다. 할슈타트에서 구하지 못했다면 바트이슐로 가자.

빈 저비용 여행자라면 호스텔을 적극적으로 알아보자. 빈에는 시설 좋고 재미있는 호스텔이 많기로 유명한데, 특히 움밧(Wombat)이 가장 좋은 평판을 얻고 있다.

> **Tip** **프라하에서는 아파트 강추!**
>
> 여행 인원수가 2인 이상이고 둘 중 한 명 이상이 요리를 할 수 있다면 아파트 단기 렌털을 노려보자. 침실과 욕실, 주방이 딸린 원룸(스튜디오) 아파트를 호텔처럼 이용할 수 있다. 주방기구를 마음껏 사용할 수 있고 빨래가 비교적 자유롭다는 것이 가장 큰 장점. 1박에 60~80유로(2인 기준) 정도면 카를 다리 5분 거리의 고풍스러운 아파트에서 묵을 수 있다. 부킹닷컴(www.booking.com)에서 쉽게 찾아볼 수 있다.

짐 꾸리기

옷&신발 봄옷을 기본으로 챙기되, 따뜻한 겉옷 하나 정도는 가져가자. 신발은 편한 것이면 무엇이든 좋다. 뾰족한 굽의 하이힐은 프라하의 자연석 보도 틈에 낄 위험이 높다.

세면도구 호텔에서 묵는 사람도 칫솔은 꼭 챙겨가자. 유럽의 호텔은 다른 것은 다 줘도 칫솔을 안 주는 경우가 흔하다. 한인 민박이나 호스텔을 이용할 생각이라면 샴푸와 린스는 물론 면봉 하나까지 모두 가져가야 한다.

프라하&동유럽 소도시 여행 6박 8일

날짜	루트	여행 일정
Day 1	프라하	**오전** 프라하 도착 **오후** 블타바 강변 산책 **밤** 펍에서 저녁 식사와 맥주 한 잔
Day 2	프라하	**오전·오후** 구시가 일대 둘러보기(구시가 광장, 유대인 지구, 바츨라프 광장, 카를 다리 등) **밤** 캄파 파크에서 저녁 식사 및 야경 감상
Day 3	프라하	**오전** 프라하 성 **오후** 캄파 섬 산책 **밤** 공연 관람
Day 4	프라하 ⇨ 체스키 크룸로프	**오전** 체스키 크룸로프로 이동 **오후** 체스키 크룸로프 관광 겸 산책
Day 5	체스키 크룸로프 ⇨ 할슈타트	**오전** 할슈타트로 이동 **오후** 할슈타트 산책
Day 6	할슈타트 ⇨ 잘츠부르크 ⇨ 빈	**오전** 잘츠부르크로 이동 **오후** 잘츠부르크 산책, 빈으로 이동 **밤** 케른트너 거리 쇼핑
Day 7	빈 ⇨ 한국	**오전** 쇤브룬 궁전 **오후** 귀국편 탑승
Day 8	한국	인천 공항 도착

Day 1

한국에서 프라하 행 경유편을 이용하면 대부분 오전에 도착한다. 숙소에 여장을 풀고 잠시 숨을 고른 뒤 땅거미가 지기 시작하면 천천히 밖으로 나서자. 중심가를 산책하면서 마음에 드는 펍을 발견하면 맛있는 체코 맥주를 마시면서 장시간 비행으로 지친 몸과 마음을 풀어보자.

프라하 공항 도착 후 버스로 시내 이동(20~30분) ⇨ 지하철, 택시 등을 타고 숙소 이동

키스를 부르는 풍경

해가 지기 시작할 무렵부터 프라하는 하나의 보석이 된다. 바로 프라하 성의 야경 덕분이다. 카를 다리와 프라하 성, 구시가의 틴 성당과 천문시계 등 과연 이런 것을 첫날 봐도 되는 걸까 싶을 정도로 아름다운 풍경이 여행자를 맞이한다. 천천히 야경을 만끽하다 보면 곳곳에서 키스를 하고 있는 연인들이 보이지만, 이렇게 로맨틱한 야경이라면 그것이 오히려 당연하게 느껴진다. 그리고 첫날 봐도 된다. 앞으로 매일 보게 될 테니까.

👬 도보 약 10분

나 즈드라비(건배)! Na zdraví!

프라하에서 맞는 첫 번째 밤. 그냥 보내기는 서운한 일이다. 프라하에는 맛있는 체코 맥주와 함께 체코 사람들의 호탕한 분위기를 엿볼 수 있는 유서 깊은 펍이 많다. 우 플레쿠(U Fleků)와 우 메드비드쿠(U Medvidku)는 모두 15세기에 문을 연 펍으로 임진왜란보다 오래된 곳들이다. 맛있는 체코 음식, 체코 맥주와 더불어 프라하의 중세를 맛보자.

우 플레쿠(U Fleků)
- **주소** Křemencova 11, Praha **전화** +420-224-934-019

우 메드비드쿠(U Medvidku)
- **주소** Na Perštýně 7, Praha **전화** +420-224-211-916

Day 2

본격적인 여행의 첫날! 구시가를 비롯한 블타바 강 동쪽 지역을 돌아본다. 프라하를 여행할 때 '반드시 다 볼 거다!' 같은 거창한 의욕은 필요 없다. 그보다는 여유로운 걸음과 사소하고 아름다운 것들에 눈길을 주는 감성, 그리고 약간의 방향 감각 정도면 충분하다. 프라하의 골목들은 매력적이고 복잡해 자칫 한눈파는 순간 길을 잃기 쉽다.

유럽에서 가장 아름다운 광장, 구시가 광장 Staroměstské Náměstí

프라하와 첫 인사를 나누는 곳은 바로 구시가 광장이다. 얀 후스 동상, 틴 성당, 성 니콜라스 성당 등의 볼거리가 있지만 굳이 찾아다닐 필요는 없다. 그 어떤 카페에라도 앉아 눈에 들어오는 모든 것들을 기쁘게 맞이하면서 이곳이 왜 유럽에서 가장 아름다운 광장으로 불리는지 실감하는 것으로 충분하다. 광장 곳곳에서 연주하는 거리의 악사들의 아름다운 음악은 덤이다.

👫 도보 약 2~3분

천문시계 미리 보기

시간이 정각으로 다가갈수록 광장 어느 한구석이 붐비는 것이 피부로 느껴질 것이다. 바로 구시가 광장의 명물인 '천문시계'가 있는 곳이다. 15세기에 만들어진 시계로 해와 달, 별자리의 위치를 표시하는 정교한 시계이기 때문에 사람들이 몰릴 리는 없고, 매 정각마다 인형장치가 튀어나와 돌아가는 것을 보기 위함이다. 매 시각 몇천 명이나 되는 사람이 진을 치지만, 막상 보면 조금 시시하다.

유대인 지구　세그웨이 투어

오묘한 뒷골목의 마력, 유대인 지구 Josefov

발걸음을 틴 성당 뒤쪽으로 옮겨본다. 이곳에는 13~19세기까지 유대인이 집단으로 거주했던 요세포프(Josefov)가 있다. 세계적인 문학가 프란츠 카프카가 이 지역에서 태어났다. 유대교 회당(시나고그)들이 몰려 있어 지금도 체코에 거주하는 유대인들의 정신적 집결지라고 한다. 소박하고 독특한 건축물, 그리고 그 건물들이 늘어선 골목을 거니는 맛이 제법 특별하다.

프라하의 봄은 이곳에서 시작되었다, 바츨라프 광장 Václavské Náměstí

지금의 평화롭고 낭만적인 프라하가 어떻게 탄생되었는지, 그 역사의 현장을 보고 싶다면 바츨라프 광장을 꼭 들러보길 권한다. 1968년에 일어난 일명 '프라하의 봄' 사건의 중심지이기 때문. 민주화, 자유화를 요구하던 체코의 시민들은 이 광장에 모여 시위를 벌였다. 영화 〈프라하의 봄〉이나 소설 『참을 수 없는 존재의 가벼움』을 읽었다면 더욱 특별하게 다가올 곳이다.

> **Tip**　요즘 유럽에서는 이게 대세! 세그웨이 투어
>
> 최근 유럽의 주요 도시에서는 세그웨이를 이용한 시티 투어가 큰 각광을 받고 있다. 특히 프라하는 골목이 많고 골목마다 유서 깊은 볼거리가 많지만 길을 잃기 쉽기 때문에 이 투어에 아주 적합하다. 단, 가격이 비싼 편이라는 게 흠. 3시간에 60~85유로.
>
> 투어 예약 : www.pragueonsegway.com

오, 카를 다리 Karlův Most

카를 다리…. 이곳만큼 여행자에게 '지금 내가 프라하에 있다'라는 벅찬 실감을 주는 곳이 있을까? 다리 아래로는 블타바 강이 유유히 흐르고, 저편으로 프라하 성과 말라 스트라나의 그

림 같은 건물들이 보인다. 행복한 모습의 여행자와 예술가, 상인들이 햇빛의 입자처럼 여러 색의 스펙트럼으로 아롱거린다. 프라하에서 머무는 동안 카를 다리는 그저 한 번 스쳐가는 관광 대상이 아니다. 보고 있어도 그리움이 솟아나는, 그래서 자꾸만 오게 되고 자꾸만 머무르게 되는 곳이다.

👥 도보 약 5분

최고의 만찬, 캄파 파크 Kampa Park

카를 다리와 프라하 성에 하나둘 불이 켜지고 프라하의 풍경이 본격적으로 야경으로 바뀔 때 하루의 화려한 마무리를 해보자. 캄파 파크는 프라하의 대표적인 레스토랑으로, 세계적인 명사들이 즐겨 찾는 명소이다. 이곳의 최대 강점은 탁 트인 전망으로, 카를 다리의 야경이 한눈에 들어온다. 최고의 인기 메뉴는 페퍼 스테이크로, 가격대는 꽤 높지만 전망만 두고 보아도 그 정도의 가치는 충분하다. 페퍼 스테이크는 795코룬(30유로 상당).

• **주소** Na Kampě 8b, Prague • **전화** +420-800-152-672

카를 다리 위의 풍경

카를 다리

Day 3

강가에서, 또는 카를 다리 위에서 바라보았던 그 환상의 성. 그곳에 오를 차례다. 프라하 성은 보헤미아 왕국의 왕성이었던 곳으로, 세계에서 가장 큰 성으로 기네스북에 등재되어 있다. 프라하 성에 오르는 방법은 22번 트램을 이용하는 것과 도보로 언덕을 오르는 방법이 있다. 몸은 조금 힘들겠지만 프라하 성을 오르는 언덕길에서 유쾌한 감수성들과 조우할 수 있는 도보 쪽을 추천한다.

프라하 성 즐기기 | Pražský Hrad

프라하 성은 꽤 넓은데다 볼거리도 많다. 그중 꼭 봐야 하는 곳을 고른다면 성 비타 성당(Katedrála Svatého Vita)과 황금 소로(Zlatá Ulička)다. 하지만 이 모든 것들을 능가할 정도로 멋진 것은 프라하 성에서 바라보는 프라하의 전경이다. 성 경내를 돌아보는 데는 입장권이 필요 없으므로 깨알 절약 중인 여행자라도 꼭 한번 올라가 볼 것을 권한다.

- **개장시간** 성 경내: 여름 5:00~24:00, 겨울 6:00~23:00
  성당을 비롯한 경내 건물: 여름 9:00~18:00, 겨울 9:00~16:00
  (계절별, 건물별로 입장시간이 조금씩 다름)
- **입장료** Long Visit(전체 건물 모두 입장 가능) 350코룬
  Short Visit(성 비타 성당, 황금 소로 포함 총 4곳 입장 가능) 250코룬
- **프라하 성 홈페이지** www.hrad.cz

성 비타 성당 | Katedrála Svatého Víta

프라하 성 가운데에 우뚝 선 거대한 성당으로, 멀리서 보았을 때 가장 잘 보이기 때문에 종종 중심 궁전으로 착각되곤 하는 곳이다. 14세기에 착공하여 20세기에 겨우 완성된 성당으로, 프라하의 역사 그 자체라 해도 과언이 아니다. 규모에 한 번 압도되고 내부의 웅장함과 스테인드글라스의 화려함에 다시 한 번 감탄하게 된다.

블타바 강에서 본 프라하 성 전경

프라하 성 올라가는 언덕길

황금 소로 Zlatá Ulička

과거에 연금술사들이 거주하던 곳으로, 황금을 만들어내는 곳이라 하여 지금과 같은 이름이
붙었다. 작은 집과 공방들이 다닥다닥 붙어 있는데, 허리를 숙이지 않으면 들어가기 힘들 정
도로 입구가 좁은 것이 특징이다.

👫 도보 약 15분

프라하의 쉼표, 캄파 섬 Na Kampě

프라하 성을 내려와 카를 다리로, 그곳에서 다시 작은 계단을 통해 내려가면 캄파 섬에 닿는
다. 좁은 수로를 경계로 육지와 분리된 섬으로, 북적거리는 관광지 사이에 자리한 쉼터 같은
곳이다. 블타바 강가를 걷다가 아무 데나 주저앉아 유유히 흐르는 강물을 잠시 바라보거나,
간이식당에서 따뜻한 와인이라도 한 잔 마시면서 즐기면 좋은 곳이다. 이 섬에서 찾아가볼
곳은 바로 '존 레논의 벽'. 1980년 존 레논 암살 이후 그를 기리고 평화를 기원하기 위해 이곳
에 낙서를 시작했고, 지금은 전 세계의 여행자들이 존 레논을 주제로 낙서를 남기고 있다.

👫 도보 이동

예술의 도시를 예술답게 해주는 공연 관람

프라하는 '예술의 도시'로도 유명하다. 구시가 광장과 캄파 파크의 수많은 악사들만 봐도 그
렇다. 그러나 좀 더 본격적인 공연을 즐겨보는 것도 좋을 것이다. 무엇보다, 마지막 밤이다!

인형극
프라하의 여러 공연 중 가장 유명한 것은 단연 인형극이다. 〈돈 조반니〉 등의 유명 레퍼토리를
비롯해 각종 인형극을 상연하는 극장을 쉽게 볼 수 있다.

재즈와 블루스 공연
펍과 공연장을 겸하는 곳들이 곳곳에 있다. 1층의 펍에서 맥주를 한 잔 마시고 지하에 있는
공연장으로 내려가 가벼운 마음으로 즐긴다.

클래식
루돌피눔 콘서트홀에서 거의 매일 공연을 개최한다. 운이 좋다면 세계적인 체코 필하모닉의
공연을 볼 수도 있다.

Day 4

프라하와의 짧지만 짙은 만남은 이쯤에서 추억으로 돌린다. 다음 여행지는 체스키 크룸로프. 중세의 모습을 거의 고스란히 간직하고 있어 구시가 지구가 통째로 유네스코 세계문화유산으로 등재된 곳이다. 예쁜 것으로만 치면 '유럽 제일'이라는 평가를 듣고 있다.

프라하 지하철 안델(Andel) 역 부근에 위치한 크니제시(Na Knížeci) 터미널에서 스튜던트 에이전시 버스 탑승(워낙 인기 구간이라 표가 빨리 동나므로 늦어도 3일 전에는 반드시 예약한다. 약 3시간 소요) ⇨ 체스키 크룸로프 터미널 도착 ⇨ 숙소 이동. 체크인 후 관광.

마법에 빠진 공주는 없어도··· 체스키 크룸로프 성 Zámek Český Krumlov

이제는 국민가요를 넘어 동요가 되어버린 더 클래식의 〈마법의 성〉. 체스키 크룸로프 성은 이 노래를 꼭 닮았다. 파스텔빛 첨탑에는 노래 속 그 공주가 살 것 같고, 그 공주를 위해 용감한 왕자가 좁은 구시가지의 골목을 지나 언덕을 올랐을 것만 같다. 사랑에 빠진 두 사람은 성 아래의 포근한 풍경을 바라보며 키스라도 했을 터이다. 하지만 애석하게도 이 성에는 그런 전설이 전해지지 않는다. 그러면 어떤가. 이렇게 아름다운 것을.

👥 도보 이동

전설과 사람이 함께 사는 구시가지

체스키 크룸로프는 좁은 골목과 아름다운 집들 사이를 천천히 거닐다 가끔은 멈추어 서서 상상에 빠져 보는 것이 제격인 곳이다. 게다가 이곳에는 골목과 광장마다 재미있는 전설도 많다. 악마에게 영혼을 판 사나이, 집시 소녀와 슬픈 사랑에 빠진 청년, 영주의 망나니 아들과 결혼했다가 비극적 최후를 맞은 여인의 전설 등등···. 왠지 사람 사는 동네 같지 않지만, 분명히 살고는 있다. 장사도 하고, 학교도 다니고, 아이도 만든다. 심지어 밤 시간 외진 곳에는 소매치기도 있다고 한다. 사람이 사는 것뿐 아니라 나쁜 사람도 사는 곳, 그러나 그 사실이 쉬이 믿어지지는 않는 곳, 그곳이 체스키 크룸로프다.

Day 5

이제는 체코를 떠나 오스트리아로 향할 차례. 알프스 산자락에 고요하게 자리한 마을 할슈타트로 떠나보자. 유럽 여행자들에게 수많은 칭송과 사랑을 받아온 곳으로, 마치 '고즈넉'이라는 단어가 마을로 현신한 듯한 모습이다. 할슈타트로 향하는 동안 창밖으로 펼쳐지는 남부 보헤미아의 아름다운 벌판 풍경은 보너스로 즐기자.

체스키 크룸로프에는 '펜션 세바스찬(Pension Sebastian)'을 비롯하여 할슈타트까지 직행 셔틀을 운행하는 업소가 몇 곳 있다. 비수기라서 할슈타트까지 가는 손님이 많지 않으면 오스트리아의 린츠(Linz)까지만 운행하기도 한다. 린츠에서는 기차를 이용해 할슈타트까지 갈 수 있다. 어느 방법으로든 약 3~4시간 정도 소요된다.

할슈타트 Hallstatt를 거닐다

잘츠카머구트는 오스트리아 쪽 알프스 끝자락에 위치한 넓은 호수 지역을 일컫는 말로, 유럽 전체에서도 손꼽히게 아름다운 풍광을 자랑하는 곳이다. 할슈타트는 그 아름답다는 잘츠카머구트에서도 단연 백미로 꼽히는 곳이다. 그림 같은 호수를 부드러운 능선이 감싸 안고, 그 안에 온화한 색조의 마을이 숨듯이 자리하고 있다. 가끔 마주치는 중국인 관광객을 빼면 변변한 소음조차 없는 곳이다. 부지런히 돌아다니기보다는 잠시라도 머무는 여행을 즐겨보자.

할슈타트

소금의 마을

잘츠카머구트의 잘츠(Salz)는 독일어로 '소금'이라는 뜻으로, 지역 이름처럼 이 일대는 소금 광산으로 유명하다. 할슈타트에도 소금광산이 있으며 일반 입장객의 방문이 가능하다. 할슈타트에서는 다양한 소금 기념품을 구할 수 있는데, 다양한 의학적 효능이 있으며 맛 또한 뛰어나다. 오스트리아 전역에서도 소금 기념품을 쉽게 볼 수 있긴 하지만, 가격으로 치면 이곳이 단연 저렴하다. 무언가 선물을 사야 한다면 주저하지 말고 소금을 택하자.

> **Tip** **잘츠카머구트에서 즐기는 소금 온천**
>
> 할슈타트에서 기차로 20~30분쯤 가면 온천 휴양지로 유명한 '바트이슐(Bad Ischl)'이라는 마을이 나온다. 이곳에 있는 온천 리조트 오이로테르멘(Eurothermen)은 넓은 온천 수영장과 노천 온천, 유수풀 등 다양한 현대적 시설을 갖추고 있다. 이곳의 물은 천연 온천수에 잘츠카머구트에서 생산한 소금을 탄 것으로 피로회복과 불임에 탁월한 효과가 있다고 한다. 당일치기가 가능하며, 4시간에 14.50유로, 종일에 22.00유로(사우나 포함)로 가격도 저렴한 편이다.
>
> 홈페이지 : www.eurothermen.at

Day 6

이날은 아침 일찍부터 움직이는 것이 좋다. 오전에 잘츠부르크에 들렀다 저녁에 오스트리아의 빈으로 가는 바쁜 일정을 소화해야 하기 때문이다. 할슈타트는 떠날 때 자꾸 뒤돌아보게 되는 곳이지만, 때로는 그런 아쉬움이 다음에 돌아올 좋은 핑계가 되곤 한다. 잘츠부르크는 음악과 예술의 도시로 유명한데, 동시에 쾌활한 느낌도 가득한 소도시다. 이곳에서 한나절을 보낸 뒤 빈으로 가서 여행을 마무리하자.

> 할슈타트에서 잘츠부르크로 이동하기 위해서는 기차와 버스를 모두 이용해야 한다. 기차로 바트이슐까지 이동한 뒤 그곳에서 포스트부스(Postbus)라는 버스를 타고 잘츠부르크까지 간다. 소요 시간은 총 3시간 정도. 잘츠부르크에 도착하면 중앙역에 들러 코인 로커에 짐을 맡기고 여행을 시작한다.

영화 〈사운드 오브 뮤직〉을 찾아서

'잘츠부르크' 하면 〈사운드 오브 뮤직〉이다. 딱히 어디를 집기 어려울 만큼 이 영화의 모든 장면은 잘츠부르크 곳곳에 깃들어 있다. 미라벨 정원, 호엔 잘츠부르크 성, 논베르크 수녀원 등의 명소들뿐 아니라 모든 강가와 광장에서 영화의 흔적을 발견할 수 있다.

> **Tip** 〈사운드 오브 뮤직〉 투어
>
> 잘츠부르크의 명물 투어로, 약 4시간 동안 〈사운드 오브 뮤직〉의 촬영지를 찾아다닌다. 시내의 명소는 물론 개인 여행자가 쉽게 찾아가지 못하는 교외 촬영지까지 구경할 수 있다는 게 가장 큰 장점이다. 가격은 37유로로, 비용 대비 만족도가 높지 않다는 평도 있다.
>
> 투어 일정 : 매일 오전 9시 30분 미라벨 광장에서 출발, 투어 예약 : www.panoramatours.com

🚋 기차 약 3시간

> 잘츠부르크에서 기차를 타고 오스트리아의 수도인 '빈' 서역에 도착. 저녁 5~6시쯤 도착해 숙소까지는 지하철이나 트램을 이용해 이동한다. 숙소에 짐을 놓고 잠시 밤 마실!

🚋 트램, 또는 지하철 이용

빈, 그리고 마지막 밤을 위한 케른트너 거리 산책

빈 최고의 번화가 '케른트너 거리'에서 여행의 마침표를 찍어보자. 카페, 술집, 맛집 등이 대거 몰려 있으며, 최고의 관광지 중 하나인 슈테판 성당도 이 거리에 있다. 하지만 마지막 밤에 이곳에 와야 하는 가장 큰 이유는 바로 쇼핑이다. 유럽의 유명 브랜드 매장이 몰려 있어 쇼핑을 즐기기 좋은 편이다. 여행이 끝나가는 데에서 오는 허전한 마음을 잠시나마 달래보자.

> **Tip** 오스트리아의 세금 환급 Tax Refund
>
> 오스트리아에서는 한 매장에서 75유로를 초과하는 금액을 쇼핑하면 부가세를 돌려받을 수 있다. 환급 세율은 10~20%로 품목마다 다르다. 'Tax Free'가 표시된 상점은 물론 대형 의류 매장 등에서 환급을 요청하면 바로 처리해준다.

Day 7~8

꿈결 같았던 봄날의 일주일은 짧았다. 어느새 마지막 날, 이제는 일상으로 돌아가야 할 시간이다. 한국 행 귀국편 탑승 시간이 오후 1~2시 전이라면, 아쉽지만 기상 후 바로 공항으로 갈 준비를 하는 것이 맞다. 그러나 느지막이 떠나는 스케줄이라면 한 곳 정도는 더 들를 욕심을 내도 좋다. 숙소에 잠시 짐을 맡기고 쇤브룬 궁전으로 가자.

🚋 지하철 쇤브룬(Schönbrunn) 역 하차 후 도보 10분

그 후로도 행복하게, 쇤브룬 궁전 Schloss Schönbrunn

빈의 쇤브룬 궁전에는 모델이 있다. 바로 프랑스의 베르사유다. 마리 앙투와네트가 베르사유를 짓자 이에 자극받은 합스부르크가의 마리아 테레지아가 대대적인 리모델링 공사를 벌인 끝에 지금의 모습이 되었다. 독일 문화권답게 단아하면서 우아할 뿐 아니라, 여름 별궁답게 걱정 하나 없어 보이는 아기자기함과 화려함을 지녔다. 무엇보다 언덕 위 열주랑에서 바라보는 빈 시내의 풍경은 왠지 앞으로 모든 것이 다 잘될 것 같은, 근거 없지만 기분 좋은 느낌을 선사해준다. 마치 앞으로도 행복할 것 같은, 그러니까 마치 이 여행 같은.

> 지하철을 타고 숙소에 돌아온 후 짐을 찾고 공항으로 향한다. 지하철(S-bahn), 공항열차, 리무진 버스 중 자신에게 적당한 교통편을 선택. 약 20~30분 가량 소요.

빈 공항 도착

한국으로 출발!

✈ 기내 1박

인천 공항 도착

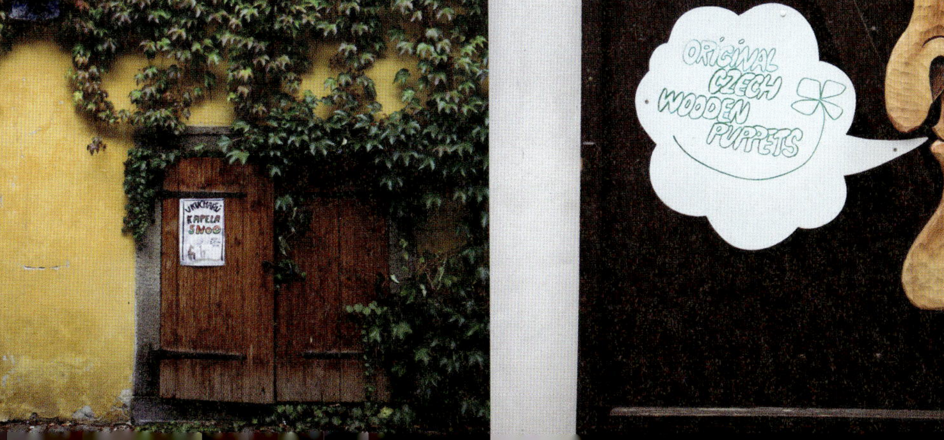

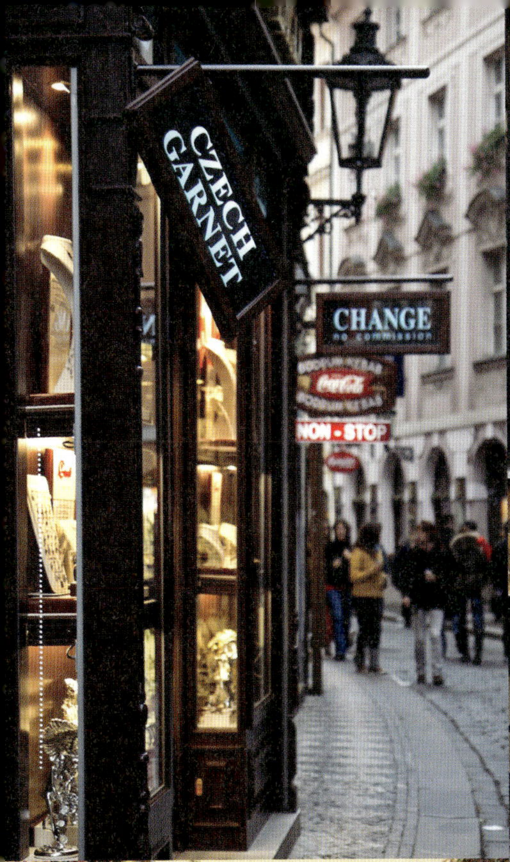
CZECH GARNET
CHANGE
no commission
NON-STOP
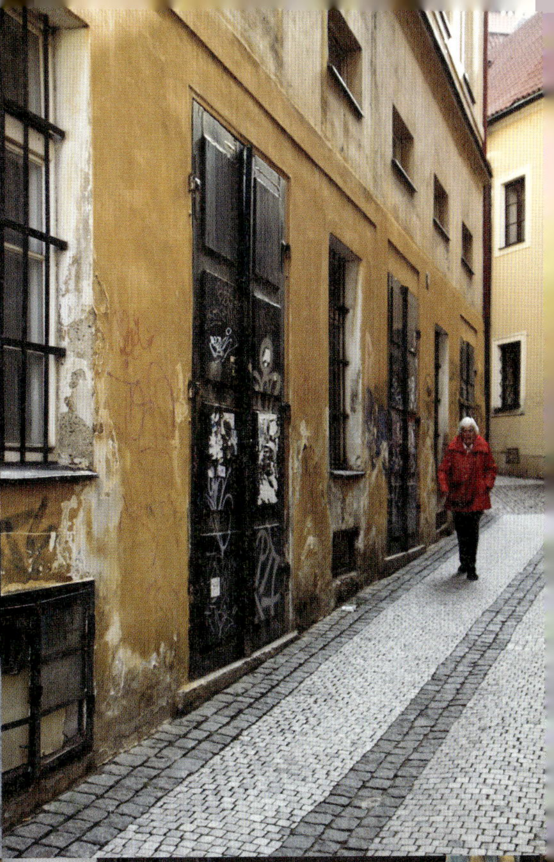
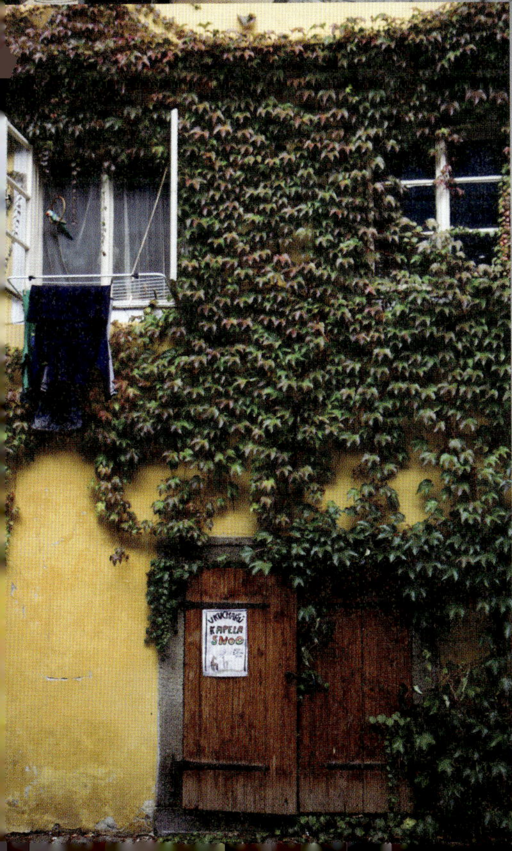
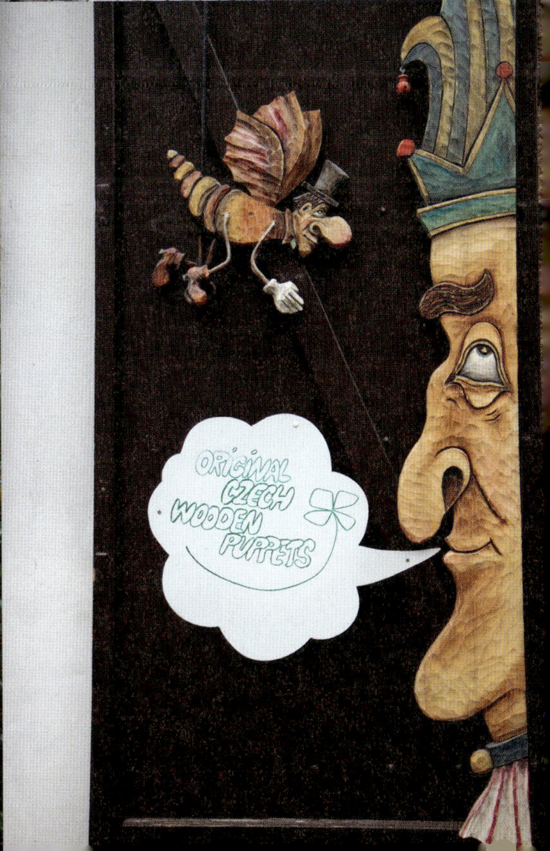
ORIGINAL CZECH WOODEN PUPPETS

체코&오스트리아의
맛있는 대표 음식들

체코(프라하, 체스키 크룸로프)

꼴레뇨 Koleno

돼지의 무릎뼈 부위를 껍질째 통째로 구운 것으로, 한국의 족발과 비슷하다. 바삭한 껍질과 촉촉한 고기 맛의 조화가 일품으로, 특히 맥주와 최고의 궁합을 자랑한다. 체코에서 현지 음식을 단 한 가지만 먹는다면 이 메뉴를 택하자.

콜코브나 첼니체(Kokovna Celnice)
• **주소** V Celnice 4, Praha • **전화** +420-224-212-240
포드 라드니치(Pod Radnici)
• **주소** Radniční 26 Český Krumlov • **전화** +420-380-712-523

굴라쉬 Goulash

파프리카 파우더를 넣어 얼큰한 맛을 내는 일종의 스튜 요리로, 헝가리가 원조이나 현재는 동유럽 및 중부 유럽에서 널리 먹고 있는 음식이다. 체코에서는 레스토랑이나 펍에서 흔하게 볼 수 있는 메뉴로, 약간 되직하게 만든 굴라쉬를 접시에 담아 빵을 곁들여 내온다.

맥주

체코는 유럽에서 가장 맛있는 맥주를 만드는 나라 중 하나다. 그 유명한 버드와이저도 원조는 원래 체코로서, 오랫동안 미국과 상표권을 놓고 싸우고 있다고 한다. 그 외에도 깔끔하고 진한 맛의 필스너 우르켈, 달콤한 맛의 코젤 등이 유명하다. 프라하에는 중세 시대부터 대대로 역사를 이어오는 근사하고 맛있는 펍들이 있다.

오스트리아

생선 요리

잘츠카머구트 지방은 호수에서 잡히는 민물 생선을 이용한 요리가
유명하다. 주로 송어가 많으며, 그 지방에서만 잡히는 특산 어류도
있다. 담백하고 깔끔한 맛으로 주로 구워 먹거나 버터에 살짝 지져
먹는 요리법을 쓴다.

가스트호프 자우너(Gasthof Zauner)
• **주소** Seewirt Marktplatz A-4830 Hallstatt • **전화** +43-6-134-8246

슈니첼 Schunitzel

송아지 고기를 얇게 편 뒤 달걀물과 빵가루를 묻혀 튀긴 음식으로,
일명 '오스트리아 돈가스'라고 불린다. 익숙한 맛이지만 송
아지 고기의 촉촉한 질감과 위에 뿌려 먹는 레몬의 상큼한
조화가 사뭇 신선하다. 오스트리아에 가면 꼭 먹어야 하는
음식으로 통한다.

피글뮐러(Figlmüller)
• **주소** Wollzeile 5, Wien • **전화** +43-1-512-6177

타펠슈피츠 Tafelspitz

쇠고기를 채소와 함께 육수에 삶아 먹는 오스트리아의 전
통음식이다. 겨자나 호스래디시 소스를 곁들여 먹는다. 야들야들해
진 고기에 육수가 담뿍 배어든 것이 일품. 고급 레스토랑에서 흔히
볼 수 있는 메뉴이나, 빈에 위치한 '플라슈타'의 타펠슈피츠가 가장
발군이다.

플라슈타(Plachutta)
• **주소** Wollzeile 38, Wien • **전화** +43-1-512-1577

프라하에서 하루 더 머문다면
꼭 가봐야 할 곳

비셰흐라트Vyšehrad 언덕

프라하 4지구에 있는 언덕으로, 고성의 성터가 남아 있다. 블타바 강의 풍경이 한눈에 내려다보이며 고즈넉한 분위기가 일품이다. 이곳에 있는 비셰흐라트 공원 묘지에는 드보르작, 스메타나 등 체코의 역사를 빛낸 인물들이 다수 잠들어 있다.

무하 미술관 Muchovo Muzeum

체코가 낳은 아르누보의 거장 알폰스 무하의 작품을 모아놓은 미술관이다. 포스터, 간판 그림, 메뉴판, 광고 전단 등 주요 상업 미술에서 뛰어난 족적을 남긴 무하의 환상적인 예술세계를 엿볼 수 있다.

댄싱 하우스 Tančící Dům, Dancing House

일반 가정집 골목까지 중세 건물 천지인 프라하에서 이례적으로 눈에 띄는 현대 건축물이다. 유명 건축가 프랭크 게리의 작품으로, 춤추는 남녀의 모습을 형상화한 것이라 한다. 현재 네덜란드 은행의 사옥으로 쓰이고 있다. 블타바 강변을 따라 남쪽으로 쭉 내려가면 쉽게 볼 수 있다.

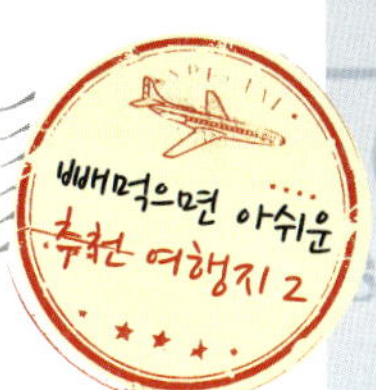

미술사 박물관 Kunsthistorisches Museum

오스트리아 왕실이 소장하고 있던 유럽 미술 작품을 전시하는 미술관으로, 르네상스 시대부터 18세기까지의 작품을 연대별로 전시하고 있다. 소장품의 수준, 특히 회화는 거의 유럽 최고의 레벨이라 해도 과언이 아니다. 르네상스 회화가 큰 비중을 차지하며 벨라스케스, 브뤼헐, 루벤스 등의 대표작이 다수 소장되어 있다.

벨베데레 궁전-오스트리아 미술관
Osterreichische Galerie Belvedere

사보이 왕가의 여름 별궁으로 지어진 궁전으로, 정원을 기준으로 상궁과 하궁으로 나뉘어져 있다. 이 중에서 상궁은 오스트리아 국립 미술관으로 사용되고 있는데, 주로 19세기 이후의 오스트리아 화가들의 작품을 전시하고 있다. 특히 클림트의 대표작이 많은 것으로 유명한데, 〈키스〉, 〈유디트〉, 〈아담과 이브〉가 바로 이곳에 있다.

훈데르트바서 하우스 Hundertwasser Haus

오스트리아의 유쾌한 괴짜 건축가 훈데르트바서가 건축한 시영 아파트 건물이다. 훈데르트바서는 '오스트리아의 가우디'라 불리는 건축가로, 환경과 자연을 고려한 동화적 건축 디자인으로 유명하다. 현재 사람들이 거주하는 아파트로 쓰이고 있다.

유럽의
동화 같은 여행지

유럽을 여행하고 싶은 가장 큰 이유 중 하나는
동화책 속에 나올 법한 예쁜 동네들을 보고 싶어서일 것이다.
이러한 소박한 소망을 120퍼센트 이상 이뤄주는
유럽의 예쁜 여행지들을 소개한다.

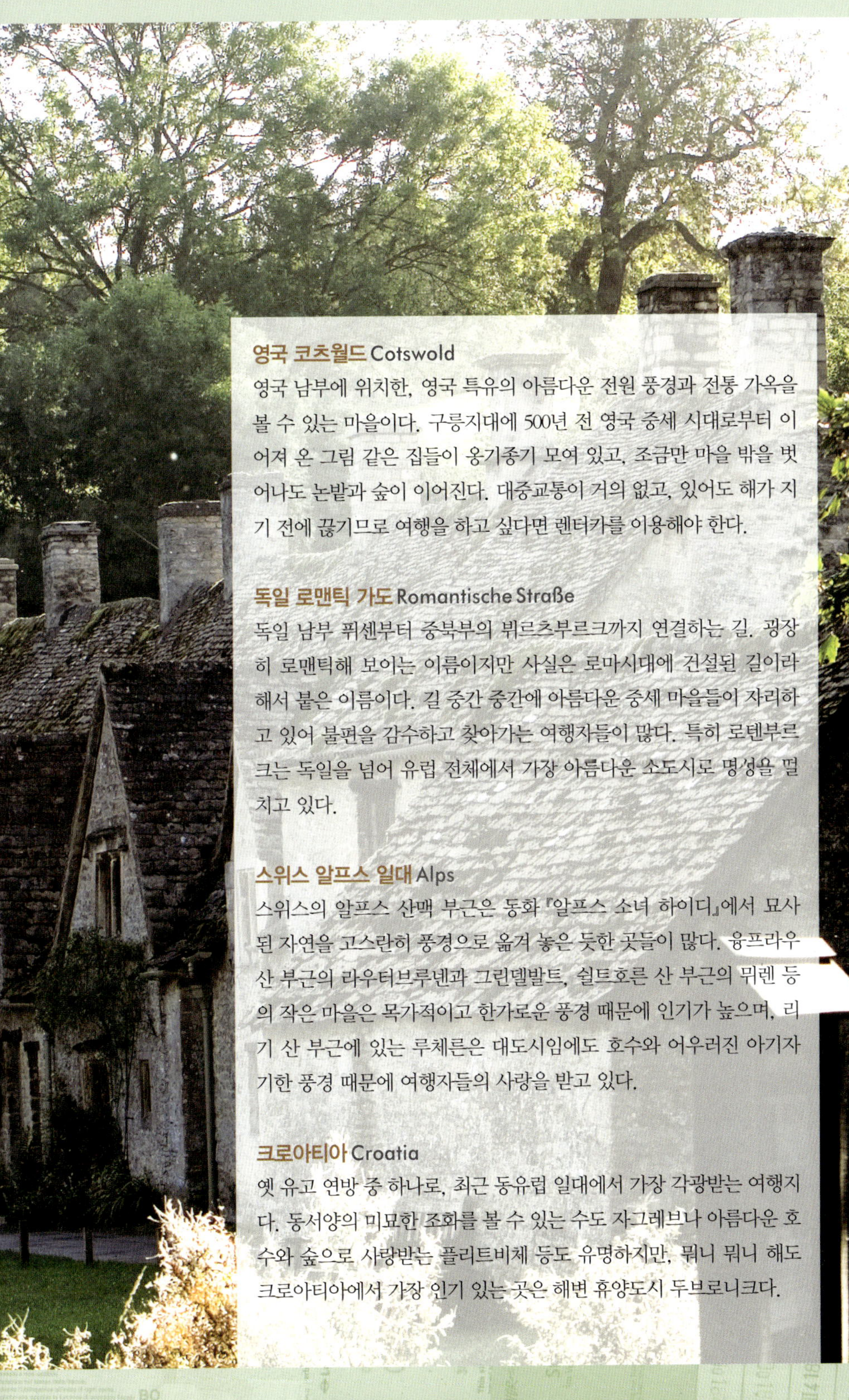

영국 코츠월드 Cotswold

영국 남부에 위치한, 영국 특유의 아름다운 전원 풍경과 전통 가옥을 볼 수 있는 마을이다. 구릉지대에 500년 전 영국 중세 시대로부터 이어져 온 그림 같은 집들이 옹기종기 모여 있고, 조금만 마을 밖을 벗어나도 논밭과 숲이 이어진다. 대중교통이 거의 없고, 있어도 해가 지기 전에 끊기므로 여행을 하고 싶다면 렌터카를 이용해야 한다.

독일 로맨틱 가도 Romantische Straße

독일 남부 퓌센부터 중북부의 뷔르츠부르크까지 연결하는 길. 굉장히 로맨틱해 보이는 이름이지만 사실은 로마시대에 건설된 길이라 해서 붙은 이름이다. 길 중간 중간에 아름다운 중세 마을들이 자리하고 있어 불편을 감수하고 찾아가는 여행자들이 많다. 특히 로텐부르크는 독일을 넘어 유럽 전체에서 가장 아름다운 소도시로 명성을 떨치고 있다.

스위스 알프스 일대 Alps

스위스의 알프스 산맥 부근은 동화 『알프스 소녀 하이디』에서 묘사된 자연을 고스란히 풍경으로 옮겨 놓은 듯한 곳들이 많다. 융프라우 산 부근의 라우터브루넨과 그린델발트, 쉴트호른 산 부근의 뮈렌 등의 작은 마을은 목가적이고 한가로운 풍경 때문에 인기가 높으며, 리기 산 부근에 있는 루체른은 대도시임에도 호수와 어우러진 아기자기한 풍경 때문에 여행자들의 사랑을 받고 있다.

크로아티아 Croatia

옛 유고 연방 중 하나로, 최근 동유럽 일대에서 가장 각광받는 여행지다. 동서양의 미묘한 조화를 볼 수 있는 수도 자그레브나 아름다운 호수와 숲으로 사랑받는 플리트비체 등도 유명하지만, 뭐니 뭐니 해도 크로아티아에서 가장 인기 있는 곳은 해변 휴양도시 두브로니크다.

세계의 지붕, 히말라야를 걷다

네팔 ABC 트레킹 여행 7박 8일

이토록 벅찬, 내 인생의 명품 고생

머리를 못 감고 샤워를 못한다. 세수도 못해서 물티슈로 간신히 얼굴을 닦는다. 반나절 동안 급경사에 놓인 돌다리를 쉴 새 없이 걸어온 탓에 다리와 발은 퉁퉁 붓고, 온몸은 당장 누가 손만 대도 부서질 것 같다. 머리도 아프고, 숨쉬기도 힘들다. 여기까지만 보면 수용소에서 고문당하는 얘기 같기도 하다. 물론 아니긴 하지만, 고생스러움의 정도만 따지자면 그다지 다를 바 없을지도 모른다. 그러나 결정적인 것! 이쪽의 고생 뒤에는 다른 그 무엇으로도 대신할 수 없는 커다란 감격이 기다린다. 바로 히말라야 트레킹 얘기다.

히말라야, '세계의 지붕'이라 불리는 그 위대한 산맥. 수많은 이들이 그 산맥 준봉들의 등에 매달려 그 머리를 정복하기 위해 목숨과 노력을 바쳤고, 이 산은 그러한 인간의 도전을 받아 때로는 순순히 져주기도, 때로는 가혹하게 내치기도 했다. 그러나 히말라야는 그 산의 어깨

위, 또는 손바닥 위까지만 올라가고자 하는 이들에게까지 그렇게 가혹하게 굴지는 않는다. 높이와 험난함에 집착하지 않고, 정해진 루트와 이미 잘 닦여진 길을 따라 천천히 즐기며 히말라야를 오르는 트레킹(Trekking)은 일반인이 충분히 즐길 수 있다.

히말라야에는 수십 개의 트레킹 코스가 있으나, 그중 안나푸르나 산의 베이스캠프까지 오르는 ABC(Annapurna Base Camp) 루트가 비교적 단시간에 히말라야 트레킹의 정수를 맛볼 수 있어 시간이 많지 않은 여행자들에게 인기가 높다. 물론 이 트레킹도 만만치는 않다. 난코스나 고산병의 위험이 항상 도사리고 있고, 위로 올라갈수록 수도나 전기 따위를 쓸 수 없어 여러 불편함을 겪어야 한다. 그러나 히말라야를 품에 안는데, 이 정도 수고도 들이지 않는다면 그것이 오히려 말이 안 되는 것 아닐까. 그리고 삶이란 게 원래 그렇다. 진짜 벅찬 감동이란 그만한 수고를 들였을 때 오는 것. 히말라야는 그곳을 찾는 착한 트레커들에게, 그들이 들인 만큼의 땀은 반드시 보상해주는 곳이다. **SY**

네팔 ABC 트레킹, 이렇게 준비한다!

언제 갈까?

기분이 쾌적하고 날씨도 좋은 3~4월의 봄이나 늦가을에 여행을 계획해보자.

어떻게 가지?

대한항공은 '인천-카트만두' 구간의 직항편을 운항한다. 매주 월, 금요일에 출발하며, 돌아오는 것도 마찬가지다. 타이항공, 싱가포르항공 등의 1회 경유편도 이용할 수 있는데, 가격이 저렴하고 스케줄도 좀 더 자유롭게 짤 수 있으나 앞뒤로 1~2일 정도의 여유 일정이 필요하다. 카트만두에서 포카라까지는 네팔 국내선을 타고 이동한다. 버스도 이용 가능하나 편도에 8~10시간이 소요되므로 시간과 체력이 아주 넉넉한 경우에만 권한다.

얼마나 들까?

예산 총 235만 원 정도(항공료 120~130만 원선, 국내선 왕복 30만 원, 비자&각종 서류 10만 원, 포카라 숙박비 1만 원(5,000원×2일), 트레킹 롯지 숙박비 1만 5,000원(3,000원×5일), 장비 대여 및 포터 고용 10만 원, 교통비(포카라-나야 풀) 3만 원, 식비 20만 원, 기타 예비비 20~30만 원). 경유편 이용 시 약 30만 원 절약 가능.

환전 여행 비용을 US 달러로 가져간 뒤 현지에서 네팔 루피로 재환전한다. 1네팔 루피는 약 14원(2012년 4월 기준).

미리 준비하자!

비자 관광비자 필요. 15일 체류 가능 비자로 받는다. 발급 비용은 3만 5,000원. 네팔 대사관에 직접 방문하거나 여행사에 대행시킨다. 현지에서 도착 비자를 받을 수도 있으나 입국 과정이 지체될 수 있으므로 미리 발급받아 가는 것이 좋다.

언어 네팔어와 영어. 영어가 제2의 공식 언어라서 대부분 유창하게 구사한다.

'카트만두-포카라' 국내선 아그니, 예티, 부다 등의 국내선 항공사가 있다. 출발 24시간 전까지 발권하지 않으면 예고 없이 예약을 취소시키는 경우가 종종 있으니 미리 발권을 해두는 것이 좋다. 소규모 대행사 및 게스트하우스 등에서 e-ticket 발권을 대행하니 잘 알아보자.

퍼밋&팀스 안나푸르나 트레킹을 위한 필요 서류다. 직접 받을 수 있으나 국내선 연착 등 혹시 모를 사태를 대비해 현지 업체에 대행을 부탁할 수도 있다. 한인 여행사나 게스트하우스 등에 메일을 보내서 부탁한다. 발급료 외에 20달러 정도의 대행료가 추가로 붙는다. 퍼밋&팀스에 대한 자세한 설명은 60페이지에.

숙소와 식당

포카라 트레킹 여행자를 대상으로 하는 호텔과 게스트하우스가 곳곳에 위치한다. 포터 및 가이드 수배, 퍼밋&팀스 발급 대행 등 간단한 여행사 업무도 겸하고 있다. 산촌다람쥐, 낮술 등 한국인이 운영하는 게스트하우스도 적지 않다. 예약은 카페나 홈페이지를 통해 직접 하면 된다.

ABC 트레킹 코스 각 코스 지점마다 숙박이 가능한 롯지가 자리하고 있다. 원칙적으로 예약은 받지 않는다. 롯지에서 식당을 겸하고 있으므로 식사도 해결 가능하지만, 재료 공수가 어렵기 때문에 가격이 비싼 편이다. 롯지마다 숙박비나 조건 등이 모두 다르므로, 체력이 허락하는 한에서는 가장 합리적인 가격을 제시하는 곳에서 숙박한다. 포터나 가이드가 숙박지를 소개하는 경우도 있으나, 이 또한 트레커가 직접 흥정한 뒤 결정하는 것이 좋다.

짐 꾸리기

옷 일반적인 등산 복장이면 충분하다. 등산복이 없다면 굳이 구입할 필요는 없고, 대신에 산행에 최대한 편안한 복장으로 챙겨 간다. 특히 바람막이 재킷은 꼭 필요하다. 또한 고도가 높아질수록 기온이 떨어지고, 낮에 더워도 잘 때는 상당히 춥기 때문에 방한용 옷은 꼭 가져가야 한다. 속옷과 양말도 넉넉하게 챙긴다.

세면도구 작은 사이즈로 준비해 모두 챙겨 가는 것이 좋다. 수건은 스포츠 타월 추천.

트레킹 장비 등산화, 헤드 랜턴, 스틱은 필수로 챙겨 가자. 특히 스틱은 질 좋은 것으로 가져가야 한다. 침낭이 있다면 챙기되 굳이 구입할 필요는 없다. 모든 장비는 포카라에서 대여 가능하나 질은 그다지 좋지 않다.

고산병 대비 병원에서 처방을 받아 약을 조제해서 가져가는 편이 좋다.

기타 준비물 선글라스, 모자, 물티슈, 증명사진(퍼밋&팀스 용), 선크림, 간단한 간식 등.

아는 만큼 즐긴다!

Q 트레킹 스케줄은 어떻게 짤까?

오전 6시 전후에 출발해 5~6시간 산행 후 휴식을 취하는 것이 이상적이며, 아무리 많이 걸어도 하루에 8시간은 넘기지 않는 것이 좋다. 또한 해가 지는 오후 5시 이후에는 산행을 삼가는 것이 좋다. 이 책에서 소개하는 5박의 트레킹 일정은 'ABC 루트'에서 최단기 코스로, 시간 없는 여행자들이 선호하는 일정이다. 그러나 체력소모가 크고 ABC의 매력을 100% 즐길 수 없는 빡빡한 일정이므로 여유가 있다면 1~2박 정도를 더 추가하는 편이 좋다.

Q 퍼밋&팀스란?

네팔에서 히말라야 트레킹을 하기 위해서는 두 종류의 허가서가 반드시 필요하다. 첫째는 퍼밋(Permit)으로, 말 그대로 입산 허가증이다. 가격은 2,000네팔 루피(약 25달러)이며 증명사진을 붙여야 한다. 팀스(TIMS)는 가이드 및 포터 고용에 관한 서류로 고용하는 경우는 블루카드를, 고용하지 않는 경우는 그린카드를 발급받는다. 블루는 20달러, 그린은 10달러다. 포카라 시내의 ACAP사무소에서 직접 발급받을 수도 있고, 여행사나 게스트하우스를 통해서도 가능하다.

Q 가이드와 포터는 어떻게 구할까?

트레킹 중 길 안내 및 짐을 담당해줄 가이드와 포터를 고용할 수 있다. 게스트하우스나 여행사를 통해 소개받을 수도 있고, 직접 흥정할 수도 있다. 가이드의 일당은 20~25달러, 포터는 10~15달러, 포터이면서 가이드를 약간 겸하는 가이드 포터는 15~20달러 선이다. ABC 트레킹 코스는 길이 잘 닦여 있고 이정표도 잘 갖춰져 있어 전문 가이드는 그다지 필요치 않다. 포터는 보통 트레커 2인당 1명씩 고용한다.

Q 고산병은 어떻게 하지?

히말라야 트레킹의 가장 큰 적은 고산병. 주로 고도 2,000~3,000미터 지역에서 나타나며 두통이나 메스꺼움, 호흡 장애 등의 증상을 동반한다. 이는 나이 및 운동 능력과 관계없이 나타난다. 증상이 나타나면 그 즉시 산행을 중단하고 하산해야 한다. 산행 중에는 매일매일 마늘수프 및 레몬주스 등을 먹는 것이 고산병 예방을 위해 좋다. 또한 고도 3,000미터 이상 지역에서는 고산병 예방을 위해 머리 감기가 금지되며, 4,000미터 이상에서는 샤워를 금한다.

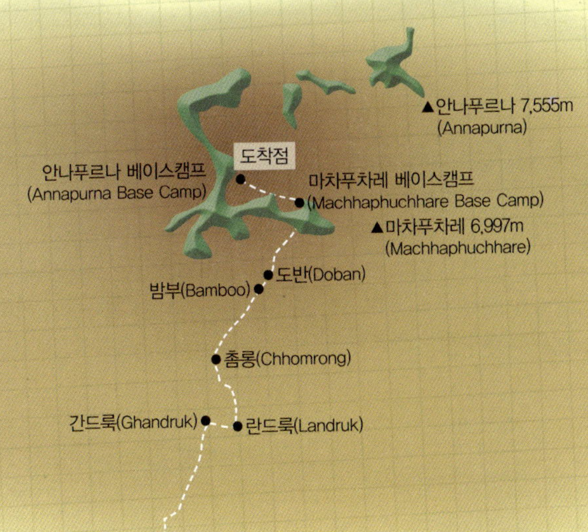

네팔 ABC 트레킹 여행 7박 8일

날짜	루트	여행 일정
Day 1	한국 ⇨ 카트만두 ⇨ 포카라	**오후** 카트만두 도착 국내선을 타고 포카라로 이동, 트레킹 준비
Day 2	ABC 트레킹	**오전** 나야 풀로 이동 후 트레킹 시작 **오후** 뉴 브리지 도착 후 휴식
Day 3	ABC 트레킹	**오전** 뉴 브리지 출발 **오후** 밤부 도착 후 휴식
Day 4	ABC 트레킹	**오전** 밤부 출발 **오후** MBC 도착 후 휴식
Day 5	ABC 트레킹	**오전** MBC 출발, ABC 도착. 이후 하산 시작 **오후** 히말라야 도착 후 휴식
Day 6	ABC 트레킹	**오전** 히말라야 출발 **오후** 지누단다 도착 후 휴식
Day 7	ABC 트레킹	**오전** 지누단다 출발 **오후** 나야 풀에서 포카라 도착 트레킹 종료 후 휴식
Day 8	포카라 ⇨ 카트만두 ⇨ 한국	**오전** 포카라에서 휴식 **오후** 포카라에서 카트만두로 이동 귀국편 탑승 후 인천 공항 도착

Day 1

카트만두 행 대한항공은 아침 일찍 한국을 출발해 정오를 지날 무렵 카트만두에 도착한다. 비행기가 네팔 상공에 들어서면 창밖으로 히말라야 산맥의 감동스러운 풍경을 볼 수 있다. 그러나 진짜 감동은 아직 남았다. 조금 후면, 그곳을 직접 발로 밟게 될 테니까.

카트만두 트리부반 공항에 도착하면 포카라 행 국내선 탑승을 위해 국내선 청사로 이동한다. 포카라까지는 30분 정도 소요. 결항이나 오버부킹 등 예기치 않은 사고가 자주 일어나므로 카트만두에서 1박을 하게 될 수도 있다.

포카라 도착, 트레킹을 준비하자!

카트만두에서 아무 문제없이 예정했던 시간에 포카라 행 국내선에 탑승했다면 오후 3~4시쯤 포카라에 도착하게 된다. 예약한 숙소에 투숙한 뒤 다음 날 트레킹을 위한 준비에 들어가자. 준비를 마친 뒤에는 주변을 산책하며 저 멀리의 안나푸르나와 마차푸차레를 바라보자. 곧, 간다. 저곳으로.

퍼밋&팀스

미리 부탁했다면 픽업 후 사진만 붙이면 된다. 만일 미리 준비하지 못했다면 포카라 시내에 위치한 ACAP사무소로 가서 바로 발급을 받자. 항공 연결편에 차질이 생겨 밤늦게 도착했다면 다음 날 일찌감치 발급받은 후 바로 트레킹을 시작해도 된다.

포터 수배

예약한 숙소에서 소개를 받는 경우가 대부분이다. 사전 미팅을 통해 가격이나 코스를 조정한다. 영어를 지나치게 못하지는 않는지, 사기꾼 기질이 보이지는 않는지, 불성실해 보이지는 않는지 꼼꼼하게 따져보는 것이 좋다.

미비 장비 준비

등산화, 스틱, 모자, 선글라스, 침낭, 수통 등 필요한 장비 중 한국에서 미처 챙겨오지 못한 것이 있다면 이날 대여하거나 구입하자.

Day 2

본격적인 트레킹이 시작된다. ABC 트레킹 코스의 시작점은 나야 풀과 페디(Phedi) 두 곳이 있다. 페디에서 시작하는 코스는 처음부터 급경사가 심하기 때문에 초보들은 보통 나야 풀에서 시작하는 루트를 택한다.

포카라에서 나야 풀까지는 버스 또는 택시로 이동한다. 버스는 100루피이며 1시간 30분 정도 소요되고, 택시는 1,000루피 안팎으로 1시간 정도 소요된다. 어느 방법이든 포카라에서 오전 8시 전후에는 움직여 나야 풀에 10시 전후로 도착하도록 하자.

트레킹 시작, 나야 풀 Naya Pul

트레커들은 나야 풀에 도착하면 약간 당황하곤 한다. 명색이 히말라야 트레킹의 시작점이건만, 이렇다 할 입구도 없이 그냥 매점 몇 개 있는 길가 정류장에 내려 골목으로 쑥 들어가야 하기 때문이다. 어쨌든 이곳은 나야 풀. 고도 1,170미터의 ABC 트레킹 시작점이다.

나야 풀에서 비레탄티(Birethanti)까지는 평탄한 코스로, 네팔 시골 마을의 풍경이 트레커를 맞는다. 학교에서 돌아오는 아이들, 물건을 옮기는 포터들, 아빠와 장난치는 꼬마들 등, 길에서 마주치는 사람들이 하나같이 웃으며 "나마스떼!"라고 정다운 인사를 건넨다. 점심 식사는 비레탄티에 도착해 먹는다.

👫 도보 이동

힘내자! 이제 시작이다

비레탄티를 벗어나면 본격적인 산악지대의 풍경이 펼쳐진다. 순수한 푸름이 가득한 가운데 간간히 나타나는 계단식 논과 계곡, 폭포가 눈을 즐겁게 한다. 그리고 본격적으로 몸이 힘들어진다. 사우디 바자르(Saudhi Bazar)까지는 대체로 경사가 완만하고 이따금 급경사가 나타나는 정도라 그럭저럭 힘들이지 않고 갈 수 있다. 그러나 간드룩(Ghandruk) 부근으로 가면 깎아지르는 급경사로에 쉴 새 없이 돌계단이 이어지는 길이 나타난다. 초보 트레커들은 간드룩 부근의 급경사를 피해기 위해 지름길로 빠져 뉴 브리지(New Bridge) 쪽으로 가는 루트를 택하나, 이쪽도 정도가 덜할 뿐 경사로이긴 마찬가지다. 첫날은 체력이 가장 좋을 때기 때문에 약 8시간 정도 산행을 하여 뉴 브리지까지 가서 휴식한다. 고도가 1,340미터. 고지는 아직 멀었다.

나야 풀–비레탄티의 시골 풍경　트레킹의 시작점

Day 3

오전 6시에 기상해 6시 30분~7시 정도에 트레킹을 시작한다. 찬물에 개운하게 세수를 한 뒤 주위를 둘러보면, 자신도 모르게 감탄이 나온다. 안나푸르나나 마차푸차레 같은 히말라야의 준봉들이 손에 잡힐 듯 가까이 보이기 때문이다. 이날의 루트가 전체에서 가장 고된 일정이다. 스틱을 잡은 손에 좀 더 힘을 바짝 주자.

계단 또 계단, 촘롱Chhomrong 가는 길

뉴 브리지부터 촘롱까지는 체력적으로 상당히 고된 코스다. 아주 가파른 급경사로에 돌계단이 빽빽하게 박혀 있기 때문. 스틱과 포터의 존재가 시간이 지나면 지날수록 사무치게 고마워진다. 촘롱에 도착하면 한숨 돌리고 점심을 먹는다. 참고로 촘롱은 ABC 트레킹 코스에서 전기가 가설된 마지막 지점이기도 하다. 이 위로 올라가면 밤에는 아예 불이 들어오지 않고, 전기 충전이나 핫 샤워에 모두 별도의 요금이 들어간다. 그래서 7박 이상의 일정으로 트레킹을 하는 사람들은 촘롱에서 1박을 하는 경우가 많다.

🚶🚶 도보 이동

많이 걸어도 제자리, 촘롱에서 밤부Bamboo까지

촘롱에서 몸을 쉬게 한 뒤 다시 밤부까지 걷는다. 지금까지도 쉽지는 않았지만, 이 길은 더욱 험난하다. 계단도 많고, 경사도 심하고, 험한 길도 많다. 산을 넘어가는 길이라 오르막도 내리막도 많다. 촘롱에서 시누와를 거쳐 밤부까지 4시간 이상을 걷지만 세 지점의 고도가 별 차이가 없다는 점도 트레커를 유난히 더 힘들게 만드는 점이다. 다행인 것은 시누와부터는 계단이 아니라 아름다운 숲길이 기다린다는 것. 이렇게 오래 왔지만 이제 겨우 2,500미터. 고지인 ABC까지는 앞으로 온 만큼 더 가야 한다. 체력과 시간에 무리가 된다면 밤부 전 마을인 시누와에서 여장을 풀어도 된다.

Day 4

4일차 코스는 전날보다 걷는 고생이 덜하다. 꾸준한 오르막에 거친 산길이 계속되지만, 적어도 전날처럼 죽음의 계단이 이어지지는 않는다. 이날의 진짜 복병은 따로 있다. 바로 고산병. 히말라야(Himalaya) 지점을 넘어서면서 고도 3,000미터를 돌파하기 때문에 고산병 증세가 본격적으로 나타나기 시작한다. 몸의 변화에 주의를 기울이며 산행에 임하자.

이제 진짜 히말라야 느낌

밤부에서 출발하기 전 머리를 감아두자. 이날의 도착점은 고도 3,000미터가 넘는 곳이기 때문에 머리를 감을 수 없다. 밤부를 지나 도반을 거쳐 히말라야 지점을 목표로 오전 산행을 한다. 지금까지는 그냥 아름다운 산이었다면 4일차 오전 산행부터는 풍경이 제법 히말라야답다. 기온도 훨씬 낮아진다. 시누와부터 이어지는 아름다운 산길이 히말라야까지 이어지나, 고도가 높아질수록 울창한 숲보다는 키 작은 나무와 암석이 가득한 풍경으로 서서히 바뀐다.

👫 도보 이동

데오랄리Deorali냐, MBC냐, 그것이 문제로다

히말라야에서 점심을 먹고 잠시 쉰 뒤 오후 산행에 들어간다. 오전과 마찬가지로 급하지 않은 산길이 계속 이어진다. 히말라야부터는 고도 3,000미터를 넘기 때문에 산소가 희박해지고 기온도 낮아 길이 편해도 이동에 어려움을 호소하는 사람들이 적지 않다. 체력 및 상황에 따라 목적지를 데오랄리나 MBC(마차푸차레 베이스캠프) 중 한 곳으로 선택하자. 데오랄리까지는 히말라야로부터 2시간~2시간 30분 정도 걸리고, MBC는 데오랄리로부터 1시간 30분 정도 떨어져 있다. 어느 쪽이든 도착한 뒤 짜이라도 한 잔 마시며 푹 쉬자. 이제, 정말 고지가 눈앞이다.

Day 5

그토록 기다렸던 순간이다. 그 많은 계단을 견뎌온 것도, 산을 몇 번씩 넘은 것도, 거머리에 물리고 두통에 시달리고 머리도 못 감으면서 고도를 높여 전진해온 것도, 다이 순간을 위해서다. 4,130미터 지점의 안나푸르나 베이스캠프. 지금부터 그곳을 향해 발걸음을 옮긴다.

드디어, ABC!

데오랄리, 또는 MBC에서 아침 일찍 ABC를 향해 출발한다. MBC의 고도는 거의 4,000미터에 육박하므로 머리 감기와 샤워가 모두 불가능하다. 물티슈로 가볍게 얼굴을 닦은 후 최종 목적지인 ABC로 떠나자. MBC에서 ABC로 향하는 길은 지금까지의 그 어떤 길보다 편하다. 키 낮은 풀과 나무들이 자라 있는 부드러운 벌판, 그리고 그 벌판을 가로지르는 외줄기 길을 따라 서두르지 않고 천천히 이동한다. 들판에 핀 야생화, 고원 위를 소리치며 달려가는 유백색의 개울, 그 풍경을 감싸 안는 히말라야의 설산들…. 그러한 풍경에 취해 걷다 보면 어느새 ABC에 도착한다. 저 발치 아래서 바라보던 안나푸르나의 어깨에 드디어 올라앉게 되는 것이다. 등반가들은 이 베이스캠프를 시작으로 안나푸르나의 정상 정복에 도전하지만, 트레커들은 여기까지로도 충분하다. 세계의 지붕 바로 그 아래에 서는 경험. 어쩌면 평생 최고의 도전이 될지도 모르는 히말라야의 감동을 최대한 만끽하자.

👫 도보 이동

하산을 시작하다

ABC, 또는 MBC에서 점심을 먹은 뒤 하산을 시작한다. 올라올 때와 같은 루트로 내려가면 된다. 올라올 때는 그렇게 힘들었던 길이 내려갈 때는 서운할 정도로 수월하다. 보통은 히말라야까지 내려가나 체력과 시간이 된다면 도반이나 밤부까지 내려가도 무방하다. 혹시 '지금 당장 머리를 감거나 뜨거운 물에 샤워를 하지 않으면 죽을 것 같다'고 느껴진다면, 촘롱까지 재빨리 내려가자. 단, 이때는 경치 감상이나 체력 안배 등을 할 여유는 없다.

히말라야 트레킹의 **또 다른 코스들**

EBC Everest Base Camp 트레킹

지구 최고의 고봉, 인류의 손길을 쉽게 허락하지 않는 등반가의 로망 에베레스트의 베이스캠프까지 오르는 트레킹 루트다. 에베레스트의 베이스캠프는 고도 약 5,500미터 지점에 있고, 트레킹 일정만 최소 2주 정도 소요된다. 그러나 한번 다녀온 사람들은 이 코스를 일컬어 '히말라야가 일반인에게 허락한 최고의 루트'라고 입을 모아 말한다. 티베트에서 출발하는 방법과 네팔에서 출발하는 방법이 있는데, 정치적인 문제 때문에 보통 네팔의 루클라(Lukla)에서 시작하는 경우가 많다.

안나푸르나 어라운딩

안나푸르나의 주위를 한 바퀴 빙 돌아 조성된 트레킹 코스를 따라 걷는 것으로, 짧게는 20일, 길게는 한 달 이상 소요되는 장기 코스다. 5,000미터 급의 높은 봉우리도 오르기는 하나, 보

통은 2,000미터 안팎의 능선을 따라 천천히 이동하게 된다. 안나푸르나 일대의 자연이 주는 아름다움을 모두 만끽하고자 한다면 최선의 코스라 하겠다. 에베레스트, 마나슬루(Manaslu) 등에도 주변을 한 바퀴 도는 어라운딩 트레킹 코스가 조성되어 있다.

푼힐 Poon Hill 전망대

안나푸르나 남쪽 봉우리 고도 약 3,000미터 지점에 위치한 전망대로, 안나푸르나와 다울라기리 등 히말라야 준봉들이 파노라마처럼 펼쳐지는 풍경으로 인기가 높다. 풍경만 보면 ABC나 안나푸르나 어라운딩보다 오히려 이쪽이 더 히말라야의 로망에 가깝다고 하는 사람도 많다. 3박 4일 안팎의 트레킹 일정이면 여유롭게 다녀올 수 있어 시간이 많지 않은 사람들에게 적합하다. 푼힐 전망대와 ABC를 합친 8~9박 정도의 트레킹 코스도 인기가 높다.

Day 6

손에 잡힐 듯 가까이 다가갔던 안나푸르나. 그 위대한 산과 멀어지는 여정을 계속한다. 6일차에는 히말라야나 도반부터 지누단다(Jhinu Danda)까지 이동한다. 지누단다는 뉴 브리지와 촘롱 사이에 있는 마을로, 천연 온천이 있는 것으로 유명하다.

하산도 쉽지는 않다

히말라야나 도반에서 시작하여 밤부, 촘롱을 거쳐 지누단다까지 이동한다. 이 얘기는 밤부와 촘롱 사이, 촘롱과 뉴 브리지 사이의 그 무시무시한 계단과 험난한 길을 다시 밟는다는 뜻이며, 산 두 개를 또 다시 넘어야 한다는 뜻이다. 그래도 올라갈 때보단 훨씬 수월하므로 마지막까지 몸을 잘 추슬러가며 조심조심 하산하자. 올라갈 때보다 긴장이 풀린 하산 때 자잘한 사고가 더 많이 일어난다. 점심은 촘롱에서 먹게 될 확률이 높다. 그동안 하지 못했던 전자기기 충전이나 전화 통화 등을 하자.

👫 도보 이동

지누단다에서 온천을

지누단다에 도착하면 짐을 풀고 온천욕을 즐기러 가보자. 롯지에서 약 30분 걸어 내려가면 강이 나오고, 그 강가에 온천이 있다. 자연적으로 솟아나는 온천을 인공적으로 정비하여 탕을 만들어 놓았다. 남성은 하의, 여성은 비키니 수영복이나 속옷을 입고 들어가야 한다. 원칙적으로는 남탕과 여탕이 분리되나 그다지 구애받지 않고 이용하는 분위기다. 수온은 40도 정도로 딱 기분 좋은 정도. 비누칠이나 샴푸질은 원칙적으로 불허이며, 옷 갈아입을 곳이 마땅치 않기 때문에 온천욕 후 수건으로 몸만 대충 닦은 후 롯지로 돌아와서 갈아입는 것이 좋다.

Day 7

5박 6일간의 짧은, 그리고 여러모로 '벅찬' 안나푸르나 트레킹이 그 대단원의 막을 내린다. 지누단다에서 뉴 브리지, 사우디 바자르를 거쳐 나야 풀까지, 첫날 이동했던 코스를 밟아 하산한다.

발에게 고마운 날

이날 코스는 여러모로 쉽다. 첫날 오르막임에도 비교적 수월했던 코스인데, 그것을 내리막으로 이동하는 것이기 때문이다. 굽이치는 하얀 강과 비레탄티의 마을이 보이면 반가운 감정까지 들 정도다. 그래도 7시간 정도 산행을 해야 하므로 끝나고 나면 적지 않은 피로감이 몰려온다. 이 모든 산길을 견뎌주고 무사히 산 밑까지 데려다준 발에게 새삼스럽게 고마운 마음이 든다. 나야 풀에서 포카라로 이동한 뒤 푹 쉬자. 정말, 수고 많았다.

Day 8

제자리로 돌아갈 시간이다. 안나푸르나도, 마차푸차레도, 길가에 피어 있던 이름 모를 들꽃도, '나마스떼'라며 웃어주는 착한 네팔리들도, 이제 저 멀리 추억으로 남겨두고 원래 있던 곳으로 돌아간다. 일주일간 히말라야를 두 발 아래 밟고 그 거대한 설산을 마음에 품었다. 그리고 그 모든 것을 원래 있던 자리에 두고, 트레커에서 생활인으로 돌아간다.

카트만두에서 떠나는 한국 행 대한항공 비행기는 오후 1시 55분에 출발한다. 네팔 국내선의 잦은 결항이나 연착 등을 생각하면 카트만두에는 되도록 일찍 도착하는 편이 좋다. 전날 트레킹을 끝내고 바로 카트만두로 와서 1박을 하는 것도 좋은 생각이다.

카트만두 트리부반 공항

한국으로 출발!

✈ 항공편 약 8시간

인천 공항 도착

미니 인터뷰_ "마음과 체력, 그리고 친구가 중요해요"

김주미(32세, 회사원)
한미영(32세, 회사원)
최지영(32세, 학원 강사)
2010년 10월 여행

우린 원래 친구가 아니었어요. 같은 시기에 ABC 트레킹을 준비하면서 알음알음으로 소개받아 알게 된 사이죠. 일행 9명 중 직장인이 네 명이다 보니 시간의 한계가 뻔해서 5박 이상의 트레킹 코스를 짤 수가 없었어요. 솔직히 체력에 무리가 없었다면 거짓말이고, 우기에 움직였기 때문에 더욱 힘들었어요. 길도 안 좋고, 해도 상대적으로 짧았죠. 단기간 트레킹일수록 사전 준비가 철저해야 해요. 정보도 많이 필요하고요. 하지만 무엇보다 중요한 건 끝까지 포기하지 않는 마음과 기초체력, 그리고 함께 다독여 줄 수 있는 친구예요. 저희는 조만간 함께 EBC(에베레스트 베이스캠프) 트레킹도 떠날 예정이랍니다.

포카라에서 하루 더 머문다면 꼭 가봐야 할 곳

사랑코트 Sarangkot 전망대

페와 호수 북쪽에 위치한 고도 1,600미터 정도의 작은 산으로, 히말라야 산맥과 포카라 일대의 수려한 자연을 감상할 수 있는 전망대가 위치하고 있다. 정상에 다다르면 안나푸르나, 마차푸차레, K2, 마나슬루 등 히말라야의 유명한 준봉 14봉우리가 병풍처럼 펼쳐지고, 그 앞에 페와 호수가 그림처럼 자리한 근사한 풍경을 보게 된다. 산 아래 주차장까지는 택시를 이용하고 그 후 15~20분 정도 도보로 올라가면 된다. 본격적인 트레킹 전 가벼운 몸풀기로 들르면 좋다.

페와 호수 Phewa Lake

포카라 중심부에 위치한 거대한 호수. 맑은 날이면 안나푸르나가 호수 속에 담기는 아름다운 모습 때문에 포카라를 찾는 여행자들에게 많은 사랑을 받고 있다. 호숫가를 천천히 산책하거나 자전거로 돌아볼 수 있고, 보트를 타거나 수영을 할 수도 있다. 포카라가 주는 평화로운 분위기의 요체와 같은 곳으로, 트레킹 후의 휴식 장소로 아주 적절하다. 주변에 게스트하우스가 많으므로 호수의 풍경을 보며 쉬고 싶은 사람은 이쪽으로 숙박지를 알아보자.

포카라 데이 투어

포카라 주변의 관광지를 한나절 동안 돌아볼 수 있는 데이 투어 상품이 다양하게 개발되어 있다. 배그너스 호수, 박쥐 동굴, 동굴 사원, 데비스 폭포 등 소형 버스 등을 이용해 7~8개의 명소를 하루 동안 돌아본다. 여행사 및 게스트하우스에서 신청이 가능하며, 입장료 및 기사와 차량을 모두 포함해 1인당 2만 원 정도 든다. 트레킹 전 하루쯤 포카라에서 시간적인 여유가 있다면 해볼 만하다.

떠나자, 라오스
모터사이클 다이어리

라오스 오토바이 여행 7박 9일

때묻지 않은 순수함을 만나다

여행지를 결정할 때 비행기 직항편의 유무는 선택에 은근히 크게 작용한다. 비슷한 조건의 여행지 두 곳을 두고 저울질한다면 아무래도 직항편이 있는 곳에 손들어 주게 된다. 태국, 베트남, 캄보디아 등 적지 않은 동남아 국가를 여행했지만, 직항편이 없는 라오스는 그런 의미에서 나의 여행지 리스트에서 계속 밀리곤 했다. 그러던 중 드디어 직항편이 생겼다는 소식이 들려 단 일주일 만에 짐을 꾸려 오매불망 그리던 라오스로 떠났다.

하루가 다르게 발전하고 있는 동남아시아의 여러 국가들과 달리 라오스는 아직도 개발이 덜되어 있다. 기차는 고사하고 잘 정비된 도로조차 거의 없어 한국에서 1시간이면 갈 거리를 비포장길을 따라 먼지를 풀풀 날리며 4~5시간을 가야 한다. 하지만 이러한 불편함에도 불구하고 몇년 전 〈뉴욕타임스〉가 선정한 '올해 꼭 가봐야 할 여행지 1위'에 꼽혔다니, 과연 그 매력

은 무엇일까? 일반적으로 고색창연한 사원(라오스는 인구의 95퍼센트가 소승불교를 믿는 불교 국가다)과 아름다운 자연이 가장 쉽게 떠오르는 라오스의 매력이지만, 그보다 특별한 것은 순수한 미소를 간직한 사람들이 아닐까 싶다. 천편일률적인 관광지에서 벗어나 오토바이나 자전거를 타고 버스도 다니지 않는 작은 시골 마을을 다니다 보면 비록 문명의 혜택은 못 받아도 그 누구보다 행복한 표정을 짓고 있는, 평범하지만 아주 특별한 사람들과 만나게 된다. 낯선 곳에서 마주한 그들의 순수함과 따뜻함은 시간이 흐른 지금도 내 마음에 깊이 남아 있다.

방비엥은 현지인보다 여행자를 만날 확률이 더 높은 곳이다. 튜빙이나 카약킹을 즐기며 유유자적한 여행을 만끽할 수 있다. 각국의 여행자들과 친구가 되어 함께 튜빙이나 카약킹을 즐기면 신선놀음이 따로 없다. 1995년 유네스코 세계문화유산으로 지정된 루앙프라방은 비엔티안으로 수도를 옮기기 전 라오스의 수도였던 곳으로 우리나라의 경주를 연상시킨다. 루앙프라방 북쪽의 루앙남타와 므앙 씽은 라오스 오토바이 여행의 진수를 만끽할 수 있는 여행지로 사랑받고 있다. 자, 부릉부릉~ 시동을 걸 준비가 됐나요? **YJ**

라오스 오토바이 여행, 이렇게 준비한다!

오토바이 여행의 장점은?

시내보다 근교 볼거리를 보러 갈 때 유용하다. 특히 버스나 툭툭을 타고 갈 수 없는 마을을 가볼 수 있다. 라오스 현지인들의 생활을 엿볼 수 있어 여행의 또 다른 매력을 만끽할 수 있다.

언제 갈까?

몬순 기후대에 속한 라오스는 건기와 우기로 나뉜다. 11월부터 이듬해 4월까지 건기이고 5월부터 10월까지가 우기다. 건기 중에서 평균 기온 16~21도의 선선한 날씨가 이어지는 12~1월 사이가 여행 최적기다.

어떻게 가지?

예전에는 베트남 하노이나 태국 방콕을 경유해야 했으나 2012년 3월부터 진에어에서 '인천-비엔티안' 직항편을 운항하면서 라오스 여행이 편리해졌다. 수요일과 토요일 주 2회 운항되며, 약 4시간 30분 소요된다.

얼마나 들까?

예산 총 105만 원 정도(항공료 60만 원선, 숙박비 14만 원(2만 원×7일), 식비 15만 원, 현지 투어비 10만 원, 현지 교통비 및 입장료 5만 원).

환전 US 달러로 준비한 후 현지에서 라오스 킵(Kip)으로 환전한다. 태국 바트(Bhat)도 통용된다. 1달러는 약 8,500킵(2012년 4월 기준).

신용카드 고급 호텔을 제외하곤 대부분 사용이 불가능하다. 신용카드로 현금서비스를 받을 수 있다. 단 3퍼센트의 수수료가 붙는다.

미리 준비하자!

비자 관광 목적의 15일 이하 체류는 무비자다.
언어 라오어. 프랑스어와 영어도 많이 사용된다.

국내선 구입 '루앙프라방–비엔티안' 구간을 예약한다. 라오스항공 웹사이트(www.laoairlines.com)에서 가능.

숙소 구하기

방비엥 쏭 강 주변에 저렴한 숙소와 게스트하우스가 위치한다. **루앙프라방** 저렴한 숙소가 대부분이었으나 최근에는 고급 빌라도 생기고 있다. 시사방봉 거리나 메콩 강변에 숙소가 모여 있다. 최근에는 호씨엥 거리(The Houxieng)가 주목받고 있다. 깔끔한 시설과 합리적인 가격의 숙소가 많으며, 일본 캡슐 호텔 콘셉트의 독특한 게스트하우스도 찾아볼 수 있다.

루앙남타 대부분의 숙소가 게스트하우스이며, 호텔은 단 두 곳뿐이다. 호텔이라고 해도 게스트하우스 수준의 시설과 서비스를 제공한다.

짐 꾸리기

옷&신발 반팔 셔츠와 반바지, 민소매 셔츠 등 한여름 복장으로 준비한다. 에어컨을 틀어주는 실내나 쌀쌀한 저녁 시간을 대비해 얇은 점퍼나 카디건도 챙긴다.

기타 준비물 방비엥에서 동굴 투어를 할 때는 별다른 조명 시설이 없어 손전등이 필요하다. 손전등을 대여해주는 곳이 있지만 고장 난 것이 많아 직접 가져가는 것이 좋다. 동굴 바닥이 미끄러우므로 끈 달린 샌들도 준비해 가도록 하자. 루앙 남타에서 남하 NPA 트레킹을 할 때에는 등산화, 우의, 모기 퇴치제를 가져가도록 한다.

미리 보고 가자!

『행복이 오지 않으면 만나러 가야지』『당분간은 나를 위해서만』의 저자 최갑수의 포토 에세이. 낙천적이고 욕망의 집착 없이 자유롭게 살아가는 루앙프라방 사람들의 삶이 따뜻한 시선으로 담겨 있다.

오토바이 대여하는 법

Q 면허증이 있어야 할까?

면허증 없이 대여가 가능하다. 하지만 경찰 단속에 걸렸을 경우 국제면허증이 없다면 벌금을 낼 수 있으므로 미리 준비해 가는 것이 좋다.

Q 보험이 적용될까?

보험 혜택이 없으므로 안전에 각별히 유의해야 한다. 부상을 입었을 때를 대비해 라오스 여행 전 여행자보험에 가입하도록 한다.

Q 오토바이 대여는 어디서 하지?

시내의 렌털 센터에서 할 수 있다. 호텔 또는 게스트하우스에서 빌려주기도 한다. 도시에 따라 조금씩 다르지만 하루에 4~5만 킵이면 빌릴 수 있다. 대여 시 여권을 맡겨야 한다.

Q 오토바이 대여할 때 체크 포인트는?

라오스의 오토바이는 대부분 상태가 좋지 못하다. 정비가 잘 되어 있는지 확인하고 선택한다.

Q 헬멧 착용은 필수?

몇 년 전만 해도 헬멧 착용을 단속하지 않았으나 최근에는 강력하게 단속하고 있다. 경찰에 적발 시 벌금을 내야 한다. 안전을 위해서라도 반드시 헬멧을 착용하도록 하자.

Q 운전할 때 주의할 점은?

라오스 운전자들은 중앙선을 잘 지키지 않는다. 역주행을 대비해 항상 방어 운전을 해야 한다. 또한 주행 중에 갑자기 야생동물이 나타날 수 있으니 시야를 넓게 보고 운전할 것. 과속은 절대 금물이다.

날짜	루트	여행 일정
Day 1	한국 ⇨ 비엔티안	**밤** 비엔티안 도착
Day 2	비엔티안 ⇨ 방비엥	**오전** 방비엥으로 이동 **오후** 오토바이 타고 탐 짱이나 탐 푸캄 가기
Day 3	방비엥	**오전 • 오후** 카약킹 또는 튜빙 즐기기
Day 4	방비엥 ⇨ 루앙프라방	**오전** 루앙프라방으로 이동 **오후** 푸씨에서 일몰 감상
Day 5	루앙프라방 ⇨ 루앙남타	**오전** 빡우 동굴, 탓 꽝씨 등 루앙프라방 근교 여행 **오후** 루앙남타로 이동
Day 6	루앙남타	**오전 • 오후** 남하 NPA 트레킹 **밤** 나이트 마켓 둘러보기
Day 7	루앙남타 ⇨ 루앙프라방	**오전** 오토바이 타고 외곽의 소수민족 마을 방문 **오후** 루앙프라방으로 이동
Day 8	루앙프라방 ⇨ 비엔티안	**오전** 루앙프라방 시내 관광 **오후** 비엔티안으로 출발 비엔티안 도착 후 귀국편 탑승
Day 9	한국	**오전** 인천 공항 도착

Day 1

진에어를 이용하면 오후 6시에 인천 공항을 출발해서 밤 9시 40분에 비엔티안에 도착한다. 숙소에 도착해서 짐을 풀면 밤 11시가 넘는 시간이다. 당장이라도 밖으로 나가 라오스의 정취를 느끼고 싶겠지만, 다음 날을 위해 일찍 잠자리에 들도록 하자.

비엔티안 공항은 시내에서 3킬로미터 거리에 있다. 툭툭보다는 택시가 편리하다.

🏠 숙소 이동(약 15분)

숙소 체크인
내일을 위해 푹 쉰다.

Day 2

비엔티안에서 버스를 타고 '여행자의 천국'으로 불리는 방비엥으로 향한다. 버스 창밖으로 깎아지르는 듯한 아름다운 석회암 카르스트 지형이 보이기 시작하면 방비엥이 가까워진 것이다. 방비엥에서는 현지인들보다 여행객을 만날 확률이 더 높다.

비엔티안 북부 버스터미널에서 방비엥으로 가는 버스에 탑승한다. 4시간 정도 소요된다. 방비엥 버스터미널에서 숙소가 있는 시내까지는 걸어서 10~15분이면 갈 수 있다. 숙소 체크인 후 바로 자전거나 오토바이를 빌려서 탐 짱 또는 탐 푸캄 동굴로 떠나자.

천연 수영장에 풍덩! 탐 짱 Tham Jang
'탐(Tham)'은 라오어로 동굴이라는 뜻으로, 탐 짱은 방비엥의 많은 동굴 중에서도 특별히 아름다운 종유석 동굴로 꼽힌다. 여행자 거리에서 오토바이나 자전거를 타고 10~15분 거리에 있다. 오토바이를 타고 달리다가 빨간 다리를 건너면 방비엥 리조트가 보이는데, 방비엥 리조트 안쪽에 있어 동굴 입장료 외에 리조트 입장료(2,000킵)를 추가로 내야 한다. 관람객을 위해 동굴 내에 시멘트 길을 만들어 놓았기 때문

에 미끄러지는 불편함 없이 다닐 수 있다. 코끼리, 원숭이, 개구리 등의 종유석을 구경하다가 밖으로 나오면 쏭 강이 굽이치는 방비엥의 전경이 펼쳐진다. 동굴 앞 천연 수영장에서 수영을 즐겨보자.

• **주소** Van Vieng Resort, Ban Meuang Xong　• **개장시간** 08:00~16:00　• **입장료** 1만 5,000킵

블루 라군, 탐 푸캄 Tham Phu Kham

동굴 앞 청록색 물감을 풀어놓은 듯한 맑은 냇물 때문에 '블루 라군(Blue Lagoon)'이란 이름으로 더 유명하다. 탐 푸캄은 시내에서 7킬로미터 떨어져 있는데, 가는 길에 시골 풍경이 정겨운 소수민족 마을에 잠시 들러도 좋다. 대나무 다리(남쏭 다리)를 건너 동굴에 도착한 후 입구에서 급경사로 된 바위를 올라가야 하는데 미끄러우니 각별히 조심한다. 동굴 내에는 황금색의 와불상이 안치되어 있다.

• **개장시간** 08:00~16:00
• **입장료** 왕복 통행료로 도보 4,000킵, 자전거 6,000킵, 오토바이 1만 킵

> ### Tip　한국어가 정겨운 버스
>
> 베트남이나 라오스 등 동남아시아를 여행하다 보면 한국어가 적힌 버스를 어렵지 않게 볼 수 있다. 'XX학교 체육부', 'XX교회' 등 한눈에도 한국 차량임을 알 수 있다. 이는 수명이 다한 한국의 중고 버스를 수입해 재이용하는 것인데, 한국어가 적힌 버스가 더 비싸게 팔린다고 한다. 20~30년이 넘은 오래된 버스인지라 의자가 뒤로 젖혀지지 않는다거나 에어컨이 시원찮은 등 상태가 좋지 않으므로 장시간 이동 시에는 피곤할 수 있다.

오가닉 팜 카페 Organic Farm Cafe

강변의 운치 있는 오두막에서 유기농 채소와 과일로 만든 음식을 먹을 수 있는 곳이다. 시내에서 루앙프라방 방향으로 3킬로미터 거리에 있으며, 시내에 분점도 있다. 라오스식 샐러드 랍(Lap)과 멀버리(오디) 셰이크를 추천한다. 두부 요리나 스프링롤도 부담 없이 먹기에 좋다.

• **주소** 253 Van Vieng　• **전화** +856-23-511-220　• **영업시간** 07:00~21:00

Day 3

쏭 강은 카약킹이나 튜빙에 완벽한 천혜의 환경을 갖고 있다. 하루 종일 자연을 이용한 액티비티의 즐거움에 빠져보자. 카약킹이나 튜빙은 방비엥에서 꼭 체험해봐야 할 액티비티다. 나무에 매단 줄을 이용해 다이빙하는 점핑도 놓칠 수 없다. 휴식을 겸해 강변의 바에 들러 여유로운 시간을 보내면 지상낙원이 따로 없다.

하루 종일 액티비티 즐기기

하루 전날 시내에 있는 여행사에서 투어 프로그램을 예약하자. 라오인 폰씨와 한국인 부부가 운영하는 폰 트래블(Phone Travel)과 서양 여행자들이 주로 이용하는 리버사이드 투어(Riverside Tour), 그리고 와일드사이드 그린 디스커버리(Wildside Green Discovery)가 유명하다. 이동은 여행사에서 도와준다.

폰 트래블
- **전화** +856-20-552-8090 • **영업시간** 평일 09:00~17:00, 토요일 09:00~12:00
- **홈페이지** www.laokim.com

카약킹하기

두 개의 동굴을 둘러보고 카약킹과 점핑을 즐길 수 있는 일정이 대표적이다. 현지인 가이드와 2인 1조로 카약을 타기 때문에 안전하다. 동굴의 종류석이 코끼리를 닮아 '코끼리 동굴'이라는 뜻의 탐 쌍(Tham Sang)과 물속에 반쯤 잠긴 동굴이라 '워터 케이브'라고 불리는 탐 남(Tham Nam)을 탐험할 수 있다. 투어비는 10달러이며, 카약 대여비, 영어 가이드, 동굴 입장료, 점심 식사가 포함되어 있다.

튜빙하기

튜브를 타고 강물을 둥둥 떠내려가는 액티비티다. 쏭 강 상류로 이동한 후 흰색이나 노란색으로 칠한 커다란 고무 튜브에 누워 물살에 몸을 맡겨보자. 2~3시간 정도 걸리며, 튜브, 구명조끼, 차량이 포함된 투어비가 4~5달러 정도다. 물살이 빨라지는 우기에는 안전에 각별히 유의해야 한다.

Day 4

방비엥에서 쭉 뻗은 13번 도로를 달리면 유네스코 세계문화유산의 도시 루앙프라방에 다다른다. 800년간 란쌍 왕조의 수도였던 루앙프라방은 고색창연한 사원과 프랑스 식민지 시대에 지어진 프랑스식 건물이 조화를 이루는 묘한 도시다. 아침에 방비엥을 출발하면 오후 늦게 루앙프라방에 도착하니 첫날은 푸씨에서 일몰을 보는 것으로 일정을 잡는다.

푸씨Phou Si에서 일몰 감상

루앙프라방 시내 어디서나 보이는 푸씨는 해발 100미터의 언덕으로 정상까지 328개의 계단을 올라가야 한다. 계단 곳곳에는 방생용 새와 꽃을 파는 상인들이 있다. 푸씨 정상에 올라가면 루앙프라방 시내가 시원스레 펼쳐진다. 황금탑 탓 촘씨(That Chomsi)를 한 바퀴 천천히 돌면서 360도로 경치를 감상하자. 일몰 때면 붉게 물든 메콩 강과 남칸 강이 장관을 이룬다.

• **주소** Th Sisavangvong   • **개장시간** 08:00~18:00   • **입장료** 2만 킵

🚶🚶 도보 7분

야시장과 먹자골목 탐험

손재주 좋은 소수민족이 수공예품을 들고 나와 파는 시장이다. 밤이 되면 루앙프라방의 메인 스트리트인 시사방봉(Sisavangvong) 거리에 상인들이 돗자리를 펴고 물건을 늘어놓기 시작하는데 그 행렬이 200미터나 된다. 옷과 가방, 장식품, 라오스 실크 제품, 현지 공예품까지 종류가 매우 다양하다. 메인 스트리트에서 커피숍 바로 옆 골목으로 들어가면 먹자골목이 있는데, 생선, 돼지고기, 소고기 바비큐, 볶은 채소, 면 요리 등을 뷔페로 먹을 수 있다. 한 접시에 1만 킵.

Day 5

루앙프라방 근교 여행을 떠나보자. 배를 타고 메콩 강을 따라 25킬로미터 떨어진 곳에 있는 빡우 동굴은 가장 인기 있는 근교 여행지다. 빡우 동굴과 함께 코끼리 트레킹을 즐길 수 있는 투어도 있다. 장쾌한 폭포가 더위를 잊게 해주는 탓 꽝씨와 탓 쌔도 가볼 만하다.

빡우 동굴 투어

16세기 셋타티랏 왕에 의해 발견된 동굴로, 빡우 동굴까지는 왕궁 박물관 뒤편의 선착장에서 보트를 타고 갈 수 있다. 갈 때는 강물을 거슬러 올라가야 하므로 1시간 30분, 오는 길은 1시간이 걸린다. 석회암 절벽 아래 탐 띵(Tham Ting), 위쪽에 탐 품(Tham Phoum) 두 개의 동굴이 있다. 동굴 안에 4천여 개의 불상이 있는데 탐 띵보다 탐 품에 더 많은 불상이 안치되어 있다. 보트를 타고 가야 하기 때문에 일반적으로 투어를 이용한다. 투어를 예약하면 오전 9시에 숙소로 픽업을 오며, 동굴을 관람한 후 정오에 루앙프라방 시내로 돌아온다. 중간에 라오스 소주 '라오라오'를 만들어 유명한 반상하이 마을도 들른다. 투어 요금은 10달러이며, 보트비와 영어 가이드가 포함되어 있다. 빡우 동굴 입장료(2만 킵)는 별도로 지불해야 한다.

빡우 동굴과 코끼리 트레킹을 동시에 체험할 수 있는 투어도 있다. 반상하이 마을과 빡우 폭포 중간에 코끼리 트레킹을 하는데, 약 30~40분 동안 코끼리를 타고 밀림을 탐험하게 된다. 투어비는 30~40달러로, 빡우 동굴 입장료가 포함되어 있다.

탓 꽝씨 Tat Kuang Si

루앙프라방 남쪽에서 35킬로미터 떨어진 곳에 있는 폭포. 입구에서 오솔길을 따라 15~20분 정도 걸으면 비로소 폭포가 나온다. 에메랄드 빛 물웅덩이 주변에 숲이 우거져 있어 마치 요정이 살고 있는 것 같은 신비로움이 감돈다. 우기가 끝나는 11월부터 5월까지 물빛이 가장 예쁘다. 폭포 주변에는 몇 개의 천연 수영장이 있어 자연 속에서 헤엄치는 자유를 만끽할 수 있

다. 또한 밀렵꾼으로부터 보호받고 있는 야생곰도 볼 수 있다. 시내에서 탓 꽝씨까지 가는 버스가 없으므로 툭툭을 타야 한다. 1대에 왕복 20만 킵인데, 혼자이거나 인원이 적다면 여행사에 조인 투어를 신청하는 것이 보다 저렴하다. 투어비 7달러에 왕복 교통비와 영어 가이드가 포함되어 있다. 입장료 2만 킵은 별도로 내야 한다.

탓 쌔 Tat Sae

라오스 사람들이 피크닉 장소로 즐겨 찾는 곳으로 루앙프라방 시내에서 남쪽으로 20킬로미터 떨어진 곳에 있다. 바위 계단을 층층이 타고 떨어지는 폭포 계단을 오르내리며 다이빙을 즐기는 아이들과 한가로이 목욕하는 코끼리가 평화로운 분위기를 연출한다. 툭툭을 타고 40분 가량 간 후 반얀(Ban An)에서 보트를 타고 10분 정도 더 가야 한다. 물이 말라 있는 건기보다 수량이 풍부한 우기가 훨씬 볼 만하다.

> 숙소로 돌아와 짐을 찾고 루앙프라방 북부 버스터미널에 가서 루앙남타 행 버스를 탄다. 8시간 소요된다. 루앙남타 버스터미널은 시내에서 10킬로미터 떨어져 있어 시내까지는 툭툭을 타고 가야 한다.

숙소 체크인

루앙남타에 도착하면 밤늦은 시간이다. 장시간 버스 여행으로 피곤할 테니 바로 잠자리에 들도록 하자.

Day 6

여행자라고는 단 한 명도 찾아볼 수 없는 작은 마을에 불과했던 루앙남타가 매력적인 여행지로 각광받기 시작한 이유는 순전히 남하 NPA 때문이다. 22만 2,400헥타르에 달하는 원시 산악 지역으로, 에코 투어가 인기를 끌고 있다. 남하 NPA 트레킹에 참여하면 소수민족 마을 방문과 래프팅 및 카약킹 같은 짜릿한 액티비티도 즐길 수 있다.

남하NPA 트레킹

남하 NPA는 자연 생태계의 보고다. 최저 560미터, 최고 2,094미터 높이로, 큰 고도 차이로 인해 다양한 식물군과 희귀 생물이 존재한다. 라오스 정부는 1993년부터 이곳을 국가보호구역으로 지정하고 보호하고 있다. 남하 NPA 트레킹에 참가하면 최근 새로운 여행 트렌드로 자리 잡은 에코 투어를 경험할 수 있다. 루앙남타 여행사무소(Luang Namtha Tourism Office)나 그린 디스커버리(Green Discovery) 등 지정된 여행사를 통해서만 남하 NPA 트레킹을 신청할 수 있으며, 당일부터 1박 2일, 2박 3일 등 다양한 코스가 있다. 남하 NPA에는 104개 마을이 있는데, 여기에는 23개의 소수민족이 살고 있어 코스에 따라 소수민족 마을에서 묵는 경험을 할 수도 있다. 등산화와 우의를 챙겨 갈 것을 권한다.

나이트 마켓Night Market에서 저녁 식사 및 쇼핑

다양한 먹을거리가 즐비한 포장마자와 기념품을 파는 노점이 들어서 있는 나이트 마켓은 루앙남타에서 가장 활기 넘치는 곳이다. 포장마차에서 바비큐나 국수, 과일을 사서 시장의 중심에 있는 테이블에서 먹을 수 있다. 오후 4시부터 밤 10시까지 개장한다. 아침에 열어 해 지기 전까지 여는 재래시장인 모닝 마켓(Morning Market)도 있다.

• **주소** Th Luang Namtha, Ban Phonexay

남하 NPA 트레킹　　나이트 마켓　　　　　　모닝 마켓

Day 7

아침 일찍 오토바이를 빌려서 소수민족 마을로 향한다. 오토바이를 타고 뿌얀 먼지를 날리며 흙길을 달려서 소수민족 마을에 다다르면 환한 미소로 낯선 이방인들을 반갑게 맞아준다. 자연을 벗 삼아 느긋한 삶을 이어가는 소수민족의 삶을 엿보자. 소수민족 마을을 다녀온 후에는 버스를 타고 루앙프라방으로 향한다.

오토바이를 타고 외곽의 소수민족 마을로!

루앙남타를 에워싸고 있는 산과 논에는 따이땀족, 크므족 등의 소수민족 마을이 있다. 오토바이를 타고 소수민족 마을을 방문하면 아직도 전통 생활방식을 고수하며 소박하게 살아가는 소수민족을 만날 수 있다. 단, 소수민족 마을은 관광지가 아닌 삶의 터전임을 명심하자. 얼굴 바로 앞에서 사진을 찍는다거나 큰소리로 떠드는 행동은 삼가도록 한다.

라오스의 또 다른 매력적인 여행지, 므앙 씽 Musang Sing

루앙남타에서 하루 더 머물 계획이라면 루앙남타에서 오토바이를 타고 2~3시간 걸리는 므앙 씽을 다녀오도록 하자. 라오스 북서부 끝에 있는 곳으로 마을을 둘러싸고 있는 야트막한

산과 끝없이 펼쳐지는 논 등 아름다운 전원 풍경이 펼쳐진다. 특별한 관광지는 없지만 자전거나 오토바이를 타고 소수민족 마을을 방문하는 것만으로도 즐겁다. 아카족, 몽족, 야오족 등 소수민족 마을이 있는데, 이 중 외국인을 친근하게 맞아주는 아카족 마을을 추천한다. 아디마 게스트하우스(Adima Guesthouse)에서 아카족 마을까지 가는 경로를 확인할 수 있다.

오토바이를 반납하고 버스터미널에서 루앙프라방 행 버스를 탄다.

루앙프라방 도착 후 숙소 체크인
탁발 행렬을 보러 가기 위해 일찌감치 잠을 청한다.

Day 8~9

해가 뜨기 전에 일어나 역사 깊은 종교 의식인 탁발 행렬을 보러 간다. 주황색 승려복을 입은 승려들의 탁발 모습에는 경건함이 배어 있다. 이후에는 루앙프라방 시내를 천천히 산책하며 도시 특유의 고즈넉함에 취해보자. 저녁 식사 후 국내선을 타고 비엔티안으로 간 다음 국제선으로 환승하면 다음 날 아침 인천 공항에 도착한다.

아침 일찍 탁발 행렬을 보러 가자
루앙프라방의 상징과도 같은 탁발 행렬은 매일 아침 5~6시에 이뤄진다. 수많은 사원에서 나온 승려들이 발우(절에서 쓰는 승려의 공양 그릇)를 손에 들고 한 줄로 경건히 걸어가면 사람들이 그 안에 밥이나 떡, 과일 같은 공양 음식을 넣는다. 반대편에서는 관광객들이 탁발 행렬을 촬영하는 진풍경이 연출된다.

숙소 체크아웃
숙소에 짐을 맡긴 후 루앙프라방 시내를 돌아본다.

파방이 보관됐던 곳, 왓 마이 Wat Mai

'새로운 사원'이라는 뜻의 왓 마이는 라오스 최고승 쌍카랏(Sangkharat)이 거주한 곳으로 시사방봉 거리 중심에 있다. 1821년 지어졌으며, 현재 국립박물관에 보관 중인 황금 불상 파방(Pha Bang)이 잠시 보관된 적이 있다. 건축 기간만 70년이 걸렸는데 본당 입구 회랑의 정교한 황금색 조각을 눈여겨보자. 입장료는 본당 내부에 들어갈 때 내면 된다.

- **주소** Th Sisavangvong, Ban Choumkhong　•**개장시간** 08:00~19:00　•**입장료** 2만 킵

🚶 도보 1분

루앙프라방 국립박물관 Luang Prabang National Museum

왓 마이 바로 옆에 있으며, 프랑스 식민지 시절인 1904년에 시사방봉 왕가의 저택으로 지어졌다가 1975년 라오스 왕조의 마지막 왕가가 추방되면서 박물관으로 사용되고 있다. 프랑스 건축 양식과 라오 양식이 혼재된 건물이 독특하다. 주요 볼거리는 '루앙프라방'이라는 도시 이름이 유래된 파방(불상)으로 라오스에서 가장 신성한 불상인데, 불상의 90퍼센트가 황금으로 되어 있고 무게도 50킬로그램이나 나간다. 내부에서는 촬영이 금지되어 있다.

- **주소** Th Sisavangvong, Ban Choumkhong
- **개장시간** 08:00~11:30, 13:30~16:00　•**입장료** 3만 킵

🚶 도보 1분

루앙프라방 베이커리 Luang Prabang Bakery 에서 더위를 식히자

시사방봉 거리의 인기 레스토랑. 루앙프라방 국립박물관 바로 맞은편에 있다. 동남아 요리와 서양 요리는 물론 다양한 종류의 케이크, 요거트, 주스 같은 디저트도 충실하다. 방비엥에 분점이 있다. 루앙프라방 베이커리와 쌍벽을 이루는 조마 베이커리(Joma Bakery)는 세련된 인테리어와 수준급 베이커리로 유명한 곳이다. 실내에서 에어컨 바람을 쐴 수 있는 흔치 않은 곳이기도 하다. 두 곳 모두 무선인터넷 사용이 가능하다.

- **전화** +856-71-252-499　•**개장시간** 07:00~22:00
- **홈페이지** www.lpbgh.com

🚶 도보 15분

10만 킵이란 뜻의 사원, 왓 쎈쏙카람 Wat Sensoukharam

1718년에 지어진 태국 양식의 사원이다. 사원 이름이 '10만 킵'을 의미하는데 사원을 짓기 위

왓 마이　루앙프라방 국립박물관　왓 쎈쏙카람

해 10만 킵씩을 시주받기 때문이다. 주홍빛 벽의 황금색 스텐실이 화려하다. 왓 씨앙통으로 가는 길에 잠시 들러보자.

• **주소** Th Sisavangvong, Ban Wat Sene   • **개장시간** 08:00~17:00

👣 도보 3분

루앙프라방 최대 규모의 사원, 왓 씨앙통 Wat Xieng Thong

루앙프라방에 있는 수많은 사원 중에서 가장 규모가 크고 아름다운 사원으로 꼽힌다. 1560년 셋타티랏 왕에 의해 지어졌는데, 19세기 말 중국의 침입에도 큰 피해를 입지 않은 데다가 손상된 부분도 몇 차례에 걸쳐 복원되어 라오스에서 원형이 가장 잘 보존된 사원으로 꼽힌다. 왓 씨앙통은 '금으로 된 도시 사원'이라는 뜻으로 본전 벽에 황금색과 검정색 스텐실의 정교한 부조가 감탄사를 자아낸다. 햇빛에 반사되면 반짝거리는 화려한 색유리 부조도 감상해보자.

• **주소** 13 Th Sakkarine, Ban Xieng Thong   • **개장시간** 08:00~17:00   • **입장료** 2만 킵

👣 도보 20분

고즈넉함이 감도는 곳, 왓 위쑨나랏 Wat Wisunarat

1513년 목조 건물로 지어진 고즈넉한 분위기의 사원이다. 19세기 후반 화재로 심각하게 훼손되었으나 1898년 다시 건립됐다. 본당 앞에 있는 '연꽃 탑'이라는 뜻의 반구형 첨탑 탓 빠툼(That Pathum)에는 석가모니의 유골 일부가 보관되어 있다.

• **주소** Th Visunalat, Ban Visoun   • **개장시간** 08:00~17:00   • **입장료** 2만 킵

👣 도보 1분

거대한 보리수가 압권! 왓 아함 Wat Aham

왓 위쑨나랏과 연결되어 있어 함께 둘러볼 수 있다. 라오스 최고승인 쌍카랏이 거주한 곳이기도 하다. 두 개의 탑과 탑 양쪽의 뱅골 보리수가 멋진 조화를 이룬다.

• **주소** Th Phommathat, Ban Aham   • **개장시간** 08:00~17:00   • **입장료** 2만 킵

숙소로 돌아온 후 짐을 찾고 공항으로 향한다. 루앙프라방 공항은 시내에서 4킬로미터 떨어져 있으며 툭툭을 타고 15분이면 갈 수 있다.

루앙프라방 공항 도착, 비엔티안에서 환승
한국으로 출발!

✈ 항공편 5시간

인천 공항 도착

미니 인터뷰_ "내 친구의 집을 찾습니다"

윤희상(32세, 프리랜스 라이터)
2011년 9월 여행

권태로운 직장생활을 그만두고 찾은 곳이 라오스의 루앙프라방이었어요. 특별한 이유는 없었어요. 당시에는 '여기만 아니라면, 어디라도' 가고 싶은 마음뿐이었거든요. 루앙프라방은 특별하게 할 일이 없는 조용한 도시였어요. 유명하다고 하는 몇 개의 관광지조차 하루면 다 둘러볼 수 있거든요. 하루 일과는 보통 루앙프라방식 커피를 마시는 것으로 시작해 메콩 강 일몰을 보며 맥주를 홀짝이는 걸로 끝났죠. 그러던 어느 날 오토바이 한 대를 빌리게 되었어요. 오토바이를 타고 가다 보니 작은 학교가 보였는데, 때마침 자전거로 하교 중이던 예쁜 여학생이 제게 환한 미소로 인사를 건네더군요. 잠깐 대화를 주고받은 여학생은 나를 집으로 안내했고, 여학생의 어머니는 처음 보는 나를 반기며 마실 것과 과일을 주셨고, 우리 셋은 잊을 수 없는 추억을 나눴어요. 시간이 많이 흐른 지금은 그 여학생의 이름도, 집의 위치도 전혀 기억나지 않아요. 예쁘게 웃는 환한 얼굴만 사진에 담겨 있죠. 다음에 루앙프라방에 갈 일이 생긴다면 그 친구를 다시 한 번 만나보고 싶은데, 집을 잘 찾을 수 있을까요? 루앙프라방은 제게 새로운 여행법을 알려준 곳이랍니다.

비엔티안에서 하루 더 머문다면
꼭 가봐야 할 곳

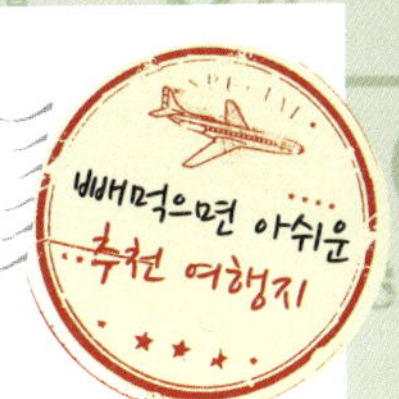

씨앙쿠안 Xieng Khuan

비엔티안 시내에서 남동쪽으로 25킬로미터 거리에 있는 씨앙쿠안은 1958년 조각가 루앙 분르아 수리랏에 의해 조성된 공원이다. 여행객들 사이에서는 '부다 파크(Budda Park)'로 불린다. 석가모니의 탄생과 출가, 구도, 열반 등 석가모니를 형상화한 조각상과 비슈누와 시바와 같은 힌두교 신 조각상이 함께 전시되어 있다.

탓 루앙 That Luang

'위대한 불탑'이라는 뜻으로 라오스 최고의 사원이자 비엔티안의 가장 중요한 볼거리로 꼽힌다. 1566년 셋타티랏 왕에 의해 지어졌으며, 과거 라오스 고승이 인도에서 부처님의 사리를 모셔와 탓 루앙에 안치했다. 19세기 태국의 침략으로 파괴된 후 여러 차례 재건 끝에 1935년 완공됐다. 중앙에 높이 45미터의 거대한 황금색 탑이 있다.

허 파 깨우 Haw Phra Kaew

왓 시사껫 바로 맞은편에 있는 곳으로, 방콕 왓 프라 깨우(Wat Phra Kaew)에 있는 에메랄드 불상이 원래 있던 장소다. 1779년 샴 왕조(현재의 태국)와의 전쟁으로 허 파 깨우가 심하게 훼손되었으나 이후 수차례에 걸쳐 재건축되었다.

왓 시사껫 Wat Sisaket

1824년에 건립된 비엔티안에서 가장 오래된 건축물이다. 태국 왕실에서 교육받은 아누웡 왕이 태국양식으로 지었다. 샴 왕조의 침략에도 유일하게 훼손되지 않아 의의가 깊다. 사원은 본당과 본당 주변의 회랑으로 나뉘어 있는데, 회랑을 따라 크고 작은 6,840개의 불상이 전시되어 있다.

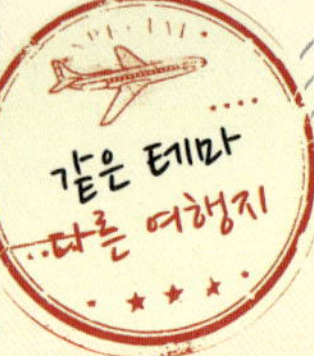

때 묻지 않은 순수한 사람들을
만날 수 있는 여행지

화려한 유적지나 천혜의 자연보다 그곳에 살고 있는 사람이
더 감동스럽고 기억 나는 여행지가 있다.
가난하지만 행복 지수는 우리네와 비교할 수 없을
정도로 높은 여행지로 안내한다.

때 묻지 않은 순수한 사람들을
만날 수 있는 여행지

화려한 유적지나 천혜의 자연보다 그곳에 살고 있는 사람이
더 감동스럽고 기억 나는 여행지가 있다.
가난하지만 행복 지수는 우리네와 비교할 수 없을
정도로 높은 여행지로 안내한다.

미얀마 Myanmar

미얀마는 그 어느 나라보다 사람 냄새 묻어나는 곳이다. 낯선 이에게도 기꺼이 따뜻한 밥 한 끼를 대접하는 후한 인심을 베푼다. 남녀노소를 막론하고 전통의상인 론지를 입고 다니는가 하면, 얼굴에는 선크림 대용으로 천연팩 다나카를 바른다. 미얀마는 세계 최대의 불교국가로서, 고도(古都) 바간에는 2,500여 개에 이르는 다양한 크기와 양식의 불탑이 있다. 과거에는 무려 400만 개에 달하는 불탑이 있었다고 한다.

부탄 Bhutan

히말라야 산맥 깊숙하게 자리 잡고 있는 부탄은 하늘에 맞닿을 듯한 산봉우리와 계단식 논, 울창한 숲, 그리고 세계 그 어느 곳보다 순수한 사람들을 만날 수 있는 곳이다. 국민소득이 2,000달러에 불과하지만 '행복지수가 가장 높은 나라 1위'로 선정되면서 주목받기 시작했다. 1974년에 관광객들에게 문호를 개방하기 시작해 지금까지 부탄을 여행한 사람은 통틀어 10만 명 정도다. 현재 외국인 입국을 연간 1만 5,000명으로 제한하고 있으며, 개별적으로 여행하는 것이 금지되어 있다.

스리랑카 Sri Lanka

스리랑카는 2,500년의 역사를 가진 인도양의 보석으로, 동화 『신밧드의 모험』에서 신밧드가 보물을 발견하는 신비의 왕국 '세렌디브'가 바로 스리랑카다. 이곳에는 폴로나루바, 시기리야, 캔디 등 세계문화유산으로 등재된 중세 도시가 있는데, 그중에서 200미터 거대 바위의 정상에 보존된 5세기의 유적 '시기리야'는 스리랑카 최대의 관광지다. 바위 전체가 세계문화유산으로, 천상계 여인의 벽화가 유명하다.

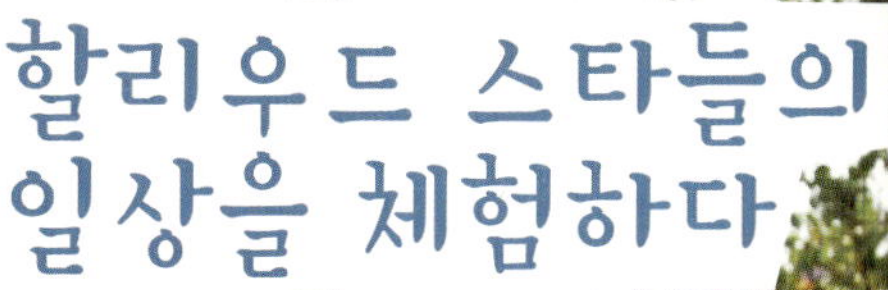

할리우드 스타들의 일상을 체험하다

LA 셀러브리티 명소 산책 5박 7일

영화 속 줄리아 로버츠가 이런 기분이었을까

최근 몇 년 사이 국내에서 '미드 열풍'이 거세게 불고 있지만, 알고 보면 십수 년 전에도 〈케빈은 열두 살〉, 〈천재소년 두기〉, 〈슈퍼소년 앤드류〉 등의 미드가 꽤 인기를 끌었었다. 그중에서도 특히 〈비버리힐스 아이들(Beverly Hills 90210)〉은 당시 학교 수업과 야간 자율학습, 그리고 독서실로 직행하는 일상을 반복했던 나에게 매우 충격적인 드라마였다. 자유로운 학교생활은 물론이요, 로데오 드라이브에서 명품 쇼핑을 하고 산타 모니카 해변에서 서핑을 즐기는 고등학생들이란 마치 별나라에 살고 있는 사람들 같았기 때문이다. 그때 세계적으로 엄청난 인기를 누렸던 뉴 키즈 온 더 블록이나 토미 페이지 같은 팝스타의 등장도 'LA(Los Angeles)'라는 도시에 대한 동경에 불을 지폈다.

대학생이 되고, 어학연수 차 미국에 갔다가 LA를 여행할 수 있는 기회가 생겼다. LA에서 가장 먼저 간 곳은 두말할 것도 없이 비버리힐스. 〈비버리힐스 아이들〉의 주무대이자 부자들만 산다는 고급 주택가인 비버리힐스의 명품 쇼핑 거리인 로데오 드라이브를 걷자, 영화 〈귀여운 여인〉에서 줄리아 로버츠가 메인 테마곡인 'Oh, Pretty Woman'에 맞춰 거리를 활보하는 장면이 오버랩됐다. 적어도 그 순간만큼은 내가 영화 속 줄리아 로버츠가 된 듯한 기분이 들었다.

한 달에 두 번, 주연 배우와 감독이 참가하는 프리미어 시사회가 열리는 '맨스 차이니즈 시어터'와 아카데미 시상식이 열릴 때면 한껏 차려입은 세계적인 스타들이 총출동하는 '코닥 시어터'가 있는 할리우드도 가슴 설레는 곳이다. 맨스 차이니즈 시어터 앞에는 200명의 배우와 감독들의 손과 발, 사인 프린팅이 있는데, 영화 〈해리포터〉 주인공 세 명의 프린팅 앞은 기념촬영을 하기 위한 사람들로 늘 북적북적 장사진을 이룬다.

우연히라도 LA 할리우드 여행길에서 유명 스타를 보고 싶다면, 브리트니 스피어스, 린제이 로한, 패리스 힐튼 등과 그들을 찍기 위한 파파라치들이 자주 출몰하는 로버트슨 블루바드는 필수 코스다. 캐주얼한 분위기의 레스토랑과 카페에서 시간을 보내는 스타들의 일상을 엿볼 수 있을 뿐 아니라, 할리우드 패션 트렌드를 한눈에 읽을 수 있는 셀렉트 숍과 감각적인 인테리어 숍이 주변에 즐비하다. ＹＪ

여행 루트 LA(할리우드, 비버리힐스 등의 명소)–말리부–팜스프링스–애너하임
여행 키워드 할리우드, 비버리힐스, 셀러브리티 쇼핑지, 로버트슨 블루바드, 멜로즈 애비뉴
여행의 취향 휴식 ★★ 풍경 ★★★ 미식 ★★★★ 엔터테인먼트 ★★★★★ 쇼핑 ★★★★

LA 셀러브리티 여행, 이렇게 준비한다!

언제 갈까?
LA는 한겨울에도 최저 기온이 8도 정도로, 1년 내내 온화한 날씨가 이어진다. 따라서 여름은 물론 봄이나 가을에도 낮에는 반팔 차림으로 지낼 수 있다. 산책하기 좋은 3~6월을 추천하나, 사실 어느 계절에 가도 그 나름의 계절감을 느끼며 여행하기에 좋다.

어떻게 가지?
아시아나항공, 대한항공, 유나이티드항공에서 매일 '인천-LA' 직항편을 운항한다. 비행 시간은 약 11시간.

얼마나 들까?
예산 총 280만 원 정도(항공료 110~120만 원선, 숙박비 70만원(10만 원×7일), 식비 30만 원, 교통비 30만 원, 입장료 및 현지 투어비(디즈니랜드 입장권 포함) 30만 원). 교통비는 2인 이상, 렌터카 대여 시 1인 요금.
환전 여행 경비 전액을 미국 달러(US$)로 환전한다. 1달러는 약 1,190원(2012년 4월 기준).
신용카드 숍과 레스토랑에서 신용카드를 사용하기에 전혀 불편함이 없다. 비자카드나 마스터카드를 준비해 가자.

미리 준비하자!
비자 '비자 면제 프로그램'에 회원 가입을 하면, 관광 목적으로 비자 없이 90일간 미국을 방문할 수 있다. 비자 면제 프로그램 사이트(www.vwpkorea.go.kr)에 접속하여 신청할 수 있다. 소지하고 있는 여권이 전자여권이 아니라면 여권 유효기간이 남아 있더라도 여권을 재발급 받아야 한다. 여행 72시간 전에 여유 있게 신청하는 것이 좋으며, 수수료는 14달러다. 한 번 입국허가 통지를 받으면 2년간 효력이 있다.
언어 영어
렌터카 예약하기 LA는 대중교통으로는 여행하기 힘든 곳이다. 예약 없이 공항에 도착하여 렌터카를 이용해도 되지만, 한국에서 미리 예약하면 보다 저렴하다. Hertz,

Avis, Alamo 등 주요 렌터카 회사가 LA 국제공항과 LA 전역에 지점을 두고 있다.

Hertz 한국사무소
- **전화번호** 080-777-0400 **홈페이지** www.hertz.co.kr

Avis 한국사무소
- **전화번호** 1544-1600 **홈페이지** www.avis.co.kr

Alamo 한국사무소
- **전화번호** 02-2127-1222 **홈페이지** www.alamo.co.kr

숙소 구하기

할리우드나 비버리힐스 등, 거점이 되는 지역을 한 군데 정해서 숙소를 잡도록 하자. LA에는 세계적으로 유명한 고급 호텔의 체인점부터 중저가 호텔까지 숙박지 선택의 폭이 넓다. 고급 숙소는 300~500달러, 중저가 숙소는 100~150달러 선이다. 하루에 30~40달러에 묵을 수 있는 저렴한 게스트하우스도 할리우드 대로변에서 찾을 수 있다.

할리우드 인터내셔널 호스텔 Hollywood International Hostel
- **주소** 6820 Hollywood Blvd. Hollywood
- **홈페이지** www.hollywoodhostels.com

H&H
- **주소** 7030 1/2 Hollywood Blvd. Hollywood
- **홈페이지** www.hostel.com

짐 꾸리기

옷&신발 봄에도 낮에는 반팔을 입어야 할 정도로 따뜻하므로 반팔과 긴팔을 모두 준비하자. 강한 햇빛으로부터 눈을 보호해 주는 선글라스는 필수. 고급 레스토랑이나 클럽은 복장 제한이 있을 수 있으므로 여자라면 원피스와 하이힐을, 남자라면 정장 재킷을 준비해 가도록 하자.

미리 보고 가자!

드라마 〈비버리힐스 아이들〉 1990년대에 방송되어 전 세계적으로 선풍적인 인기를 모은 작품. 미네소타에서 비버리힐스의 웨스트 비벌리 힐스 고등학교로 전학 온 쌍둥이 남매 브랜든과 브랜다의 이야기를 다뤘다. 2008년에 방영된 〈90210〉은 〈비벌리 힐스 아이들〉의 리메이크 버전으로 캔자스에서 윌슨네 가족이 이주해오면서 이야기가 시작된다. 현재 시즌 4까지 나왔다.

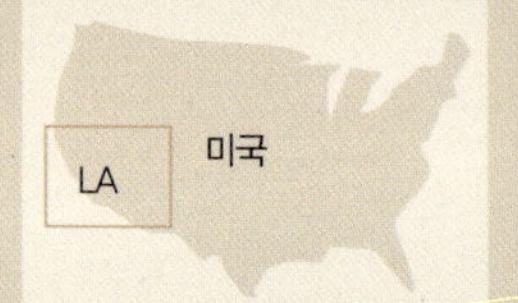

LA 셀러브리티 명소 산책 5박 7일

날짜	루트	여행 일정
Day 1	LA	**오전** LA 도착 **오후** 할리우드&비버리힐스 관광
Day 2	LA	**오전·오후** 로버트슨 블루바드 멜로즈 애비뉴 산책 및 쇼핑 **밤** 선셋 블루바드에서 나이트라이프 만끽
Day 3	LA	**오전** LA 다운타운 관광 **오후** 파머스 마켓&그로브 돌아다니기 **밤** 루프톱 바에서 야경 감상
Day 4	LA ⇨ 말리부 ⇨ LA	**오전** 게티 센터 방문 **오후** 산타 모니카 산책 퍼시픽 코스트 하이웨이 드라이브
Day 5	LA ⇨ 팜스프링스 ⇨ LA	**오전** 팜스프링스 에어리얼 트램웨이 탑승 **오후** 데저트 힐스 프리미엄 아웃렛에서 쇼핑
Day 6	LA ⇨ 애너하임 ⇨ 한국	**오전·오후** 디즈니랜드 리조트 **밤** 한국으로 출발
Day 7	한국	인천 공항 도착

Day 1

LA에서 가장 먼저 갈 곳은 단연 할리우드와 비버리힐스다. 프리미어가 열리는 맨스 차이니즈 시어터와 바닥에 별이 총총 박혀 있는 워크 오브 페임에서는 할리우드 스타들의 발자취를 찾아보고, 비버리힐스의 로데오 드라이브에서는 영화 〈귀여운 여인〉의 줄리아 로버츠가 되어 거리를 활보해보자.

🏠 숙소 이동(약 30분)

숙소 체크인
숙소에 짐을 푼 뒤 바로 할리우드로 향한다.

🚗 자동차로 이동

스타의 프린팅을 찾아라! 맨스 차이니즈 시어터 Mann's Chinese Theatre
중국 사원처럼 생긴 극장 앞 거리에 약 200명의 배우와 감독들의 손과 발, 사인 프린팅이 새겨져 있다. 때문에 스타들의 프린팅을 찾아 손을 맞춰보는 '의식'이 곳곳에서 이뤄진다. 평소 좋아했던 스타의 프린팅 앞에서 의식에 동참해보자. 매년 1~3명의 스타 손자국이 새롭게 더해진다. 한 달에 두 번, 프리미어가 열리는 날이면 할리우드 배우들이 리무진을 타고 와서 레드카펫을 밟고 극장으로 들어간다. 오늘이 바로 그 날이라면 할리우드 배우를 보는 행운을 누릴 수도 있을 것이다.

• 주소 6925 Hollywood Blvd, Hollywood • 홈페이지 www.manntheatres.com

바로

워크 오브 페임　　　　　코닥 시어터　　　　　할리우드&하이랜드 센터

별들이 총총, 워크 오브 페임 Walk of Fame

맨스 차이니즈 시어터에서 시작하여 2킬로미터에 이르는 거리. 바닥에 대리석과 청동으로 된 별이 새겨져 있다. 별 안에는 유명인들의 이름과 함께 로고를 찾아볼 수 있다. '할리우드'라는 글자가 큼직하게 적힌 티셔츠와 컵, 오스카 트로피 모형을 파는 기념품 숍에도 들러보자.

바로

할리우드&하이랜드 센터 Hollywood & Highland Center

'1970년대 할리우드'를 테마로 한 대형 쇼핑몰이다. 루이비통, 바나나 리퍼블릭 등 60여 개의 유명 브랜드 숍을 비롯해 부지 내에 매년 3월마다 아카데미 시상식이 열리는 코닥 시어터가 있다. 1930년부터 작품상을 수상한 영화 제목이 적힌 기둥을 눈여겨볼 것.

- **주소** 6801 Hollywood Blvd. Hollywood
- **영업시간** 월~토요일 10:00~22:00, 일요일 10:00~19:00
- **홈페이지** www.hollywoodandhighland.com

🚗 **자동차 20분**

호화 저택이 즐비한 비버리힐스 Beverly Hills

1920년대 초부터 할리우드 스타들과 대부호들의 거주지로 사랑받은 곳으로, 상상을 초월하는 호화 주택이 즐비하다. 몇 년 전에는 영화 〈대부〉와 〈보디가드〉의 촬영지이자 존 F. 케네디가 젊은 시절 머물렀던 곳으로 화제를 모은 저택이 1억 6,500만 달러(한화 약 1,875억 원)의 매물로 나오기도 했다. 철옹성 같은 대문이 신기하기만 하다.

바로

> **Tip** 　할리우드 사인 Hollywood Sign
>
> 비치우드 캐니언(Beachwood Canyon) 산 중턱에 'HOLLYWOOD'라고 적힌 할리우드 사인은 1923년 세워질 당시에는 새로운 행정지를 알리는 광고판에 불과했지만, 이제는 어느덧 할리우드의 심볼이 되었다. 할리우드&하이랜드 센터 3층은 할리우드 사인이 잘 보이는 곳 중 하나다. 할리우드 사인을 배경으로 기념사진을 찍어보자.

명품 거리 로데오 드라이브 Rodeo Drive

1950년대 초반부터 옷과 보석을 파는 숍들이 들어섰으며, 현재는 샤넬, 까르띠에, 구찌, 루이비통, 돌체앤가바나 등 100여 개의 명품 브랜드 숍이 있다. 다른 매장에서 구하기 힘든 오리지널 상품이 있다는 것도 로데오 드라이브만의 매력이다.

> **Tip** **영화 〈귀여운 여인〉 촬영지, 비버리 윌셔 호텔**
>
> 로데오 드라이브 거리 중심에 있는 비버리 윌셔(Beverly Wilshire) 호텔은 로데오 드라이브의 랜드마크다. 찰스 황태자, 엘리자베스 테일러, 엘비스 프레슬리, 마릴린 먼로 등 셀 수 없이 많은 셀러브리티들이 이곳에 머물렀다. 영화 〈귀여운 여인〉도 이곳에서 촬영됐는데, 주인공 줄리아 로버츠가 이 호텔 꼭대기 층의 스위트룸에 머물며 로데오 드라이브에서 쇼핑하는 장면이 그것이다.
>
> 주소 : 9500 Wilshire Blvd., Beverly Hills

바로

반질반질한 포석이 깔린 예쁜 거리, 투 로데오 Two Rodeo

로데오 드라이브의 남쪽 출발점이다. 모퉁이 부분의 계단을 올라가면 유럽풍 건물과 포석이 깔린 아기자기한 길이 나온다. 길의 양 옆으로는 명품 부티크가 즐비하다. 계단 바로 앞에 있는 분수대는 누구나 사진을 찍는 촬영 포인트!

바로

맥코믹&슈믹스 McCormick & Schmick's 에서 저녁 식사

비버리힐스에서 사교의 장소로 손꼽히는 시푸드 레스토랑. 계절에 맞게 열두 가지가 넘는 신선한 해산물을 재료로 한 메뉴가 준비되어 있다. 다양한 해산물을 맛보고 싶다면 랍스터, 농어, 조개관자가 나오는 시푸드 트리오를 주문하자. 생과일로 만든 칵테일도 수준급이다.

- **주소** Two Rodeo Drive Beverly Hills　**전화** +1-310-859-0434
- **영업시간** 월~목요일 11:00~21:00, 일요일 10:00~22:00
- **홈페이지** www.mccormickandschmicks.com

로데오 드라이브
투 로데오

Day 2

셀러브리티들이 쇼핑과 식사를 하는 로버트슨 블루바드와 멜로즈 애비뉴를 산책하자. 고급스럽고 세련된 로버트슨 블루바드와 발랄하고 젊음이 넘치는 멜로즈 애비뉴는 서로 전혀 다른 분위기지만, 뚜렷한 개성으로 무장한 스타일리시한 숍들이 줄지어 있다는 공통점이 있다. 핑크스의 명물인 핫도그도 맛보자.

파파라치들의 출몰지, 로버트슨 블루바드 Robertson Boulevard

로버트슨 블루바드 최고의 핫 스폿인 '킷슨(Kitson)'을 찾아보자. 단돈 5달러짜리 패션 소품부터 이제 막 출시된 디젤 청바지까지 다양한 제품을 파는 멀티숍으로 할리우드 스타들이 문지방이 닳도록 드나든다. 할리 베리, 제시카 심슨, 패리스 힐튼이 킷슨의 마니아로 알려져 있다. 이곳 맞은편의 리사 클라인(Lisa Kline)도 인기 만점 쇼핑지다. 티셔츠, 청바지, 수공예 목걸이, 벨트 등 머스트 해브 아이템을 두루 갖추고 있다.

바로

더 아이비 The IVY 에서 점심 식사

로버트슨 블루바드를 걷다가 하얀색 펜스 옆으로 사람들의 긴 줄을 발견했다면, 그건 아마도 레스토랑 '더 아이비'일 것이다. 캘리포니아의 따사로운 햇살이 내리쬐는 파티오 석에 앉아 식사를 즐기는 패셔니스타는 물론, 배우와 영화 제작사가 옆 테이블에 앉아 새로 촬영할 영화에 대해 이야기하는 모습을 자연스럽게 목격할 수 있다. 메인 메뉴는 피시 앤 칩스 같이 미국인들이 즐겨 먹는 음식이 대부분이다. 두 페이지에 이르는 방대한 디저트 메뉴는 절대 놓치지 말 것.

• **주소** 113 North Robertson Boulevard, Los Angeles • **전화** +1-310-274-8303

🚐 자동차 20분

자유분방한 거리, 멜로즈 애비뉴 Melrose Avenue

개성만점 숍들을 구경하는 재미가 쏠쏠한 거리다. 먼저 '월드 오브 빈티지 티셔츠(World of Vintage T-shirt)'는 10~20년 된 독특한 빈티지 티셔츠를 판매하는 곳으로, 톰 행크스와 안젤리나 졸리도 이곳에서 티셔츠를 즐겨 구입한다. 오래된 컨버스화와 깃과 소매가 넓은 셔츠 등의 빈티지 아이템을 판매하는 '슬로우(Slow)'도 멜로즈 애비뉴에서 꼭 들러야 할 곳이다. 키치한 디자인의 반지와 팔찌, 피어싱과 은제품을 파는 '마야(Maya)'에서는 나만의 독특한 액세서리를 골라보자.

🚐 자동차 5분

멜로즈 애비뉴

선셋 스트립 야경

인기 절정 핫도그, 핑크스 Pink's

핫도그 하나를 먹기 위해 1시간 넘게 줄을 서야 하는 수고를 감수하고서라도 꼭 들러야 하는 곳. 1939년 오픈한 이래 LA 시민들의 절대적인 지지를 받고 있으며, 이곳이 단골인 셀러브리티들은 셀 수도 없이 많다. 한입 베어 물기조차 힘들 정도로 두툼한 핫도그는 한 개만 먹어도 속이 든든해진다.

- **주소** 709 North La Brea Blvd., Los Angeles　● **전화** +1-323-931-4223
- **홈페이지** www.pinkshollywood.com

🚌 **자동차 10분**

후회 없는 나이트라이프를 위하여, 선셋 스트립 Sunset Strip

파라마운트 픽처스, CBS TV 방송국과도 가까워 쇼 비즈니스 담당자와 유명 할리우드 스타들이 즐겨 찾는 선셋 스트립은 낮에는 평범하지만 화려한 네온사인이 켜지는 저녁에는 진가를 발휘한다. 나이트라이프를 즐기기 위한 최고의 거리로, 라이브 하우스 또는 나이트클럽에서 공연을 감상하거나 흥겨운 시간을 보낼 수 있다.

조니 뎁이 운영하는 '바이퍼 룸(Viper Room)'은 알리시아 실버스톤, 카메론 디아즈 등의 셀러브리티들이 많이 찾는데, 90년대 인기를 누렸던 청춘스타 리버 피닉스가 마약 과다 복용으로 요절한 곳이기도 하다. '록시(The Roxy)'는 1973년 오픈한 이래 수많은 스타를 탄생시킨 라이브 하우스다. 스티비 원더나 브루스 스프링스틴 같은 쟁쟁한 뮤지션들이 출연했다. 그룹 푸시캣 돌스(The Pussycat Dolls)는 데뷔 전 바이퍼 룸과 록시에서 큰 인기를 끌었던 퍼포먼스 그룹으로 이곳에서 먼저 이름을 날린 뒤 정식 음반을 발매했다. 오두막집 같이 생긴 '하우스 오브 블루스(House of Blues)'는 특별한 장르 구별 없이 다양한 라이브 공연을 감상할 수 있어 가볼 만하다.

- **홈페이지** www.thesunsetstrip.com

Day 3

월트 디즈니 콘서트홀, 올베라 스트리트, 현대 미술관 등 LA 다운타운의 주요 명소를 걸어서 둘러본다. 특히 멕시코의 정취가 물씬 풍기는 올베라 스트리트가 흥미롭게 다가올 것이다. 오후에는 파머스 마켓과 그로브에 발도장을 찍고, 밤에는 루프트톱 바에서 다운타운의 야경을 만끽한다.

월트 디즈니 콘서트홀 Walt Disney Concert Hall

2003년 10월에 완공된 이래 LA를 대표하는 아이콘으로 자리 잡은 월트 디즈니 콘서트홀은 스테인리스 스틸로 이뤄진 독특한 외관이 눈을 사로잡는다. 다운타운의 콘크리트로 된 수직적 건물과는 대조적인 곡선형 건물은 활짝 피어나는 장미의 형상으로, 천재적인 건축가 프랭크 게리(Frank O. Gehry)가 월트 디즈니의 미망인 릴리안 디즈니가 좋아하는 백장미에서 모티브를 얻어 디자인했다. 건물 뒤에 있는 프랭크 게리가 릴리안 디즈니에게 헌정한 장미 모양의 분수를 찾아보자. 내부 관람을 위해서는 콘서트홀 투어에 참가해야 한다.

- **주소** 135 N. Grand Ave., Los Angeles
- **콘서트홀 투어** 10:00~15:00 • **홈페이지** www.disneyhall.com

월트 디즈니 콘서트홀

현대 미술관

🚶🚶 도보 10분

현대 미술관 The Museum of Contemporary Art, MOCA

1940년대 이후의 컨템퍼러리 작가들의 작품을 비롯해 아마추어의 작품에 이르기까지 방대한 작품이 전시되어 있는 미술관이다. 유리를 이용한 피라미드 모양의 건물은 일본인 건축가 아리타 이소자키가 설계했다. 페인팅과 조각 작품 외에 비디오, 사진, 영상 등 다양한 작품을 만나볼 수 있다. 매주 목요일 오후 5시부터 8시까지 무료로 입장할 수 있다.

- **주소** 250 South Grand Ave. at California Plaza, Los Angeles
- **개장시간** 11:00~17:00(목요일 20:00까지, 토 · 일요일 18:00까지)
- **입장료** 5달러(12세 미만 아동 무료) • **홈페이지** www.moca.org

> **Tip** **현대 미술관 별관 관람은 덤!**
>
> 현대 미술관에서 가까운 리틀 도쿄에 있는 현대 미술관 별관(MOCA at Geffen Contemporary)은 현대 미술관 입장권이 있으면 무료로 관람할 수 있다. 시 경찰 창고를 개조해 만든 외관이 이채롭다. 본관에서 30분 간격으로 무료 셔틀버스가 운행된다.
>
> 주소 : 152 North Central Avenue Los Angeles

👣 도보 10분

LA의 발상지, 올베라 스트리트 Olvera Street

1781년에 조성되었으며, LA에서 가장 오래된 거리 중 하나다. 1930년에 멕시칸 마켓으로 복원되었는데 200미터 정도의 좁은 길 양쪽에 멕시코 공예품을 파는 상점이 들어서 있다. 평일, 주말 할 것 없이 항상 사람들로 붐빈다. 멕시칸 레스토랑에서 솔솔 풍기는 멕시칸 음식 냄새와 흥겨운 마리아치 음악이 멕시코의 정취를 느끼게 해준다.

• **주소** Main and Alameda Streets, Los Angeles

🚗 자동차 10분

현지인의 삶, 파머스 마켓 Farmer's Market

80년 전부터 농부들이 생산물을 들고 나와 직접 팔던 오래된 재래시장이다. LA에서 생산되는 신선한 고기와 해산물 및 향신료 등을 판매하고 있어 시민들이 즐겨 찾는다. 단순히 물건만 파는 시장이 아니라 라이브 공연 등 사람들의 눈과 귀를 사로잡는 다양한 볼거리가 있다. 다양한 요리를 맛볼 수 있는 푸드코트에서 점심을 해결해도 좋겠다. 즉석에서 만들어 파는 밥스 커피 앤 도넛(BOB'S Coffee&Doughnuts)의 도넛도 시식을 추천한다.

• **주소** 6333 W. 3rd St., Los Angeles　• **홈페이지** www.farmersmarketla.com
• **개장시간** 09:00~21:00(토요일 20:00까지), 일요일 10:00~19:00

🚋 트롤리

그로브 The Grove 에서 쇼핑

1930~1940년대 분위기를 재현한 거리로, 고풍스러운 거리 풍경과는 달리 갭(Gap), 빅토리아 시크릿(Victoria Secret) 등의 현대적인 숍이 가득하다. 과거에 LA 거리를 달렸던 노면전차는 트롤리로 재탄생되어 파머스 마켓과 그로브 사이를 연결한다. 2층으로 된 트램은 공짜!

• **주소** 189 The Grove Drive, Los Angeles　• **홈페이지** www.thegrovela.com
• **영업시간** 10:00~21:00(금 · 토요일 22:00까지), 일요일 11:00~20:00

🚗 자동차 10분

LA 최고의 야경, 루프톱 바Rooftop Bar

'The Standard'가 거꾸로 쓰여 있는 간판이 재미있는 스탠더드 호텔은 셀러브리티들이 찾는 단골 스팟이다. 스탠더드 호텔에는 LA 마천루를 감상할 수 있는 특별한 장소가 있다. 호텔 입구에서 전용 엘리베이터를 타고 12층으로 올라가면 나오는 루프톱 바가 그곳으로, 눈앞에 펼쳐지는 LA 야경에 한 번, 수영장과 물침대를 발견하고 두 번 놀라게 된다. 다른 편에는 무대도 마련되어 있어 자유로운 분위기에서 신나게 춤을 추며 즐길 수 있다.

- **주소** 550 South Flower St., Los Angeles
- **영업시간** 12:00~다음 날 02:00 · **홈페이지** www.standardhotel.com

Day 4

3일간 할리우드와 다운타운을 정복했다면 도심에서 조금 떨어진 곳으로 Go! 개인 소장품이라고는 믿어지지 않을 정도로 방대한 전시물이 있는 게티 센터을 둘러본다. 산타 모니카에서 말리부까지 이어지는 아름다운 해안도로를 드라이브하면 '신의 축복을 받은 땅' LA의 진면목을 발견할 수 있을 것이다.

개인 소장품 맞아? 게티 센터The Getty Center

미국의 석유 재벌 J. 폴 게티의 개인 소장품을 모아 1997년에 완성한 미술관이다. 총 공사비가 1조원이나 들었다고 하는데, 고흐의 〈아이리스〉를 비롯한 세계적인 미술품들을 무료로 감상할 수 있다는 점이 놀랍기만 하다. 동서남북 4개의 독립된 전시관과 관람 중간에 쉴 수 있는 세 개의 정원이 있다. 높은 지대에 있어서 날씨가 맑은 날에는 LA 스카이라인이 한눈에 보인다. 광대한 규모 때문에 꼼꼼히 둘러보려면 하루가 모자랄 정도다. 주차장에서 입구까지 트램을 타고 가자.

- **주소** 1200 Getty Center Dr., Los Angeles · **홈페이지** www.getty.edu
- **개장시간** 화~목요일, 일요일 10:00~18:00, 금 · 토요일 10:00~21:00, 월요일 휴무

🚗 자동차 30분

LA의 대표적인 해변, 산타 모니카 Santa Monica

LA 시민들의 사랑을 한 몸에 받고 있는 비치다. 피크닉 바구니 가득 먹을 것을 싸들고 모랫결 고운 해변에 누워 일광욕을 즐기거나 모래성을 쌓으며 아이들과 즐거운 한때를 보내는 모습은 산타 모니카에서 흔히 볼 수 있는 풍경이다. 아름다운 해변을 따라 산책을 즐겨보자. 산타 모니카 피어는 로버트 레드포드와 폴 뉴먼이 주연한 〈스팅〉의 촬영지이며, 산타 모니카 피어 왼쪽에는 관람차와 롤러코스터 등이 있는 퍼시픽 공원이 자리한다.

바로

더 랍스터 The Lobster 에서 점심 식사

산타 모니카 피어 바로 앞에 위치한 레스토랑. 180도 전망이 펼쳐지는 통유리 너머로 산타 모니카 해변을 보면서 식사할 수 있어 레오나르도 디카프리오, 짐 캐리, 신디 크로포드 같은 셀러브리티들의 발걸음이 이어진다. 이곳의 대표 요리는 이름 그대로 랍스터다. 한 마리를 통째로 삶아 내오는데, 싱싱한 재료를 사용하기 때문에 별 다른 소스가 없어도 그 자체로 훌륭한 맛을 낸다. 녹인 버터를 살짝 찍어 먹으면 입 안에서 살살 녹는다.

- **주소** 1602 Ocean Ave. Santa Monica
- **전화** +1-310-458-8284　　**영업시간** 11:30~22:30(주말은 23:00까지)
- **홈페이지** www.thelobster.com

🚶 도보 5분

서드 스트리트 프롬나드 Third Street Promenade 를 걷자

윌셔 블루바드 남쪽에서 브로드웨이까지 세 블록에 걸쳐 있는 보행자 전용 도로다. 그리 길지 않는 길이에 숍, 극장, 레스토랑 등 150개의 상점들이 위치해 있다. 주말이 되면 오래된 팝부터 클래식까지 거리 공연을 구경하는 인파로 거리를 지나가기 힘들 만큼 붐빈다.

🚗 자동차 30분

퍼시픽 코스트 하이웨이를 타고 말리부까지 드라이브

태평양을 끼고 캘리포니아 해안에 굽이굽이 펼쳐지는 퍼시픽 코스트 하이웨이(Pacific Coast Highway)는 세계에서 가장 아름다운 해안도로로 꼽히는 곳이다. 줄여서 'PCH', 또는 '1번 고속도로(Highway1)'로 불리는데 북쪽의 샌프란시스코에서 남쪽의 샌디에이고까지 이어진다. 산타 모니카에서 셀러브리티들의 별장이 즐비한 말리부까지 드라이브를 즐겨보자.

🚙 자동차로 이동

문쉐도우스 Moonshadows 에서 칵테일을!

말리부 해변에 위치한 곳으로 통유리 너머로 하늘과 맞닿은 푸른 바다를 감상할 수 있다. 여러 매체에 소개되어 미국 내에서도 꽤 유명한데, 침대가 있는 야외 파티오에서는 언제나 파티 분위기가 이어진다. 식사 메뉴도 있지만 일몰 무렵 가볍게 칵테일이나 와인을 즐기기에 그만이다.

- **주소** 20356 Pacific Coast Highway Maibu
- **전화** +1-310-456-3010 • **홈페이지** www.moonshadowsmalibu.com

Day 5

LA에서 동쪽으로 180킬로미터 정도 떨어진, 뜨거운 사막 한 가운데 위치한 팜스프링스는 온천과 골프장, 카지노가 있어 휴양 도시로 사랑받고 있다. 오전에는 뱅글뱅글 돌아가는 케이블카를 타고 샌 하신토 산 정상에 오르고, 오후에는 서부 최대 규모의 아웃렛인 데저트 힐스 프리미엄 아웃렛에서 쇼핑을 즐겨보자.

자동차로 2시간 소요. 프리웨이 I-10을 타고 필즈 로드 출구(Fields Road Exit)로 나와서 좌회전

팜스프링스 에어리얼 트램웨이 Palm Springs Aerial Tramway

해발 3,000m가 넘는 샌 하신토 산(Mt. San Jacinto) 정상까지 단 10분 만에 갈 수 있는 케이블카다. 2001년부터 사방의 경치를 즐길 수 있도록 360도 회전하는 신형 케이블카가 운행되고 있다. 최대 80명까지 탈 수 있는데, 이는 회전하는 케이블카로는 세계에서 가장 큰 규모다. 케이블카에서 내리면 팜스프링스 일대를 조망할 수 있는 전망대가 나온다. 경치를 즐기며 식사를 하거나 차를 마실 수 있는 카페가 마련되어 있다. 30분마다 케이블카가 운행되며, 주말에는 1시간 넘게 줄을 서야 할 정도로 붐빈다.

- **주소** 1 Tramway Road, Palm Springs • **홈페이지** www.pstramway.com

에어리얼 트램웨이

- **영업시간** 월~금요일 10:00~20:00, 토 · 일요일 및 공휴일 08:00~21:45
- **입장료** 어른 23.95달러, 아동 16.95달러

🚗 자동차 20분

데저트 힐스 프리미엄 아웃렛 Desert Hills Premium Outlets

세계적인 아웃렛 체인 회사인 '첼시'가 운영하는 아웃렛으로, 팜스프링스 인근 사막 언덕에 위치한다. LA에서 가깝기 때문에 주말이면 인근 주민들의 쇼핑 행렬로 발 디딜 틈이 없다. 이월 상품을 최소 50%에서 최고 70~80%까지 저렴하게 구입할 수 있다. 구찌, 크리스찬 디올, 아르마니 익스체인지, 코치, 폴로 랄프 로렌, 프라다, 살바토레 페라가모, 토즈, 버버리 등 130개 매장이 있어 꼼꼼히 둘러보려면 하루가 모자랄 정도.

- **주소** 48400 Seminole Dr. Cabazon
- **영업시간** 10:00~20:00(금요일 21:00까지), 토요일 09:00~21:00
- **홈페이지** www.premiumoutlets.com

🚗 자동차 1시간 30분

LA 숙소에 도착

쇼핑하느라 피곤해진 몸과 마음을 푹 쉬게 한다.

Day 6~7

미국의 만화영화 제작자 월트 디즈니가 창립한 세계적인 테마파크 '디즈니랜드 리조트'는 LA에서 50킬로미터 떨어진 애너하임에 위치해 있다. 동심으로 돌아가서 하루 종일 신나는 시간을 보내고, 밤에는 디즈니 캐릭터가 총출동하는 퍼레이드와 환상적인 불꽃놀이를 즐겨보자.

자동차 50분 소요. 다운타운에서 460번 버스를 타고도 갈 수 있다.

디즈니랜드 Disneyland Resort 리조트 도착, 입장권 구입

디즈니랜드 리조트에는 디즈니랜드 파크와 캘리포니아 어드벤처 파크 등 두 개의 테마파크가 있다. 이 중 한 곳만 입장 가능한 '1일 입장권(1-Day 1-Park Ticket)'과 하루에 두 개의 테마파크를 동시에 이용할 수 있는 '1일 파크 하퍼 입장권(1-Day Park Hopper Ticket)' 중에서 마음에 드는 것으로 선택해 구입한다.

- **주소** 1313 Harbor Blvd., Anaheim • **홈페이지** www.disneyland.com
- **입장료** 1일 입장권 80달러, 1일 파크 하퍼 입장권 105달러

디즈니랜드 파크 Disneyland Park

1955년 개장한 세계 최초의 테마파크. '잠자는 숲 속의 공주 성'을 중심으로 미키의 툰타운, 프론티어 랜드, 크리터 컨트리, 뉴올리언스 스퀘어, 어드벤처 랜드, 판타지 랜드, 투머로우 랜드, 메인 스트리트 USA 등 8개의 테마 지역으로 나누어져 있다. '인디애나 존스 어드벤처', '니모를 찾아서 잠수함 항해', '헌티드 맨션', '스플래시 마운틴', '마터호른 봅슬레이'는 꼭 체험해봐야 할 인기 어트랙션이다. 저녁 시간이면 메인 스트리트 USA에서 미키마우스를 비롯해 신데렐라, 인어공주, 피터팬 등 디즈니 캐릭터의 퍼레이드가 펼쳐진다.

캘리포니아 어드벤처 파크 California Adventure Park

디즈니랜드가 어린이를 위한 어트랙션 위주라면 캘리포니아 어드벤처는 어른들을 위한 흥미롭고 박진감 넘치는 어트랙션으로 채워져 있다. 캘리포니아의 해변 도시를 재현한 파라다이스 피어, 캘리포니아 와인을 즐길 수 있는 레스토랑 등 캘리포니아의 색다른 매력을 만끽할 수 있다. '소린 오버 캘리포니아'와 '트와일라이트 존 타워 오브 테러'가 추천 어트랙션. 애니메이션 〈알라딘〉을 뮤지컬로 재구성한 '뮤지컬 알라딘'도 관람하자.

🚐 자동차 50분

LA 공항 도착
한국으로 출발!

✈️ 기내 1박

인천 공항 도착

Tip **디즈니랜드 리조트를 효율적으로 둘러보는 방법**

1 타임 가이드를 챙긴다
가장 먼저 디즈니랜드 파크의 메인 스트리트로 들어가 바로 왼쪽에 있는 시티 홀(City Hall)에서 파크 맵과 쇼 스케줄이 적혀 있는 타임 가이드(Time Guide)를 챙기도록 하자. 타임 가이드를 보고 쇼나 퍼레이드 시간을 고려해 동선을 짜면 시간이 절약된다.

2 패스트패스를 적극 활용한다
1시간 이상 줄을 서서 기다려야 하는 인기 어트랙션이라면 패스트패스(Fast Pass)를 활용하자. 각 어트랙션 앞에 있는 발권기에 입장권을 넣으면 입장 시간(Return Time)이 기입된 패스가 나온다. 패스에 적힌 시간에 가면 패스트패스 전용 입구로 바로 입장할 수 있다.

3 두 개의 교통수단을 이용한다
넓디넓은 디즈니랜드 리조트를 걸어서 돌아다니다 보면 시간도 많이 걸리고 금세 지치게 된다. 디즈니랜드 철도(Disneyland Railroad), 디즈니랜드 모노레일(Disneyland Monorail) 등 무료로 이용할 수 있는 두 개의 교통수단을 이용하면 이런 고민이 해결된다. 이동하면서 디즈니랜드의 재미있는 풍경을 감상할 수 있어 일석이조다.

4 다운타운 디즈니에 간다
다운타운 디즈니(Downtown Disney)는 기념품 숍, 영화관, 레스토랑, 바가 있는 디즈니랜드 리조트의 엔터테인먼트 장소다. 블루스나 재즈 라이브를 즐길 수 있는 레스토랑에서 흥겨운 저녁 시간을 보낼 수 있다. 다양한 디즈니 캐릭터 용품을 살 수 있는 '월드 오브 디즈니'에도 들러보자.

LA에서 꼭 경험해야 할
투어 베스트 3

👑 Best 1 할리우드 스타 저택 투어

셀러브리티들이 살고 있는 비버리힐스의 저택들을 보면 어느 집에 누가 사는지 궁금해진다. 할리우드나 비벌리 힐즈 노점에서는 스타의 집이 표시된 지도 'Homes of Stars'를 단돈 몇 달러면 구입할 수 있다. 하지만 대중 교통이 없고, 렌터카를 이용한다고 해도 지도를 일일이 확인하면서 다니기란 그리 쉽지 않은 일. 그럴 땐 스타의 집을 순례하는 투어 프로그램에 참가하는 방법이 있다. 리무진을 타고 50곳이 넘는 집들을 둘러볼 수 있는데 동승한 가이드가 누가 살고 있는지, 어떤 영화가 촬영됐는지 설명을 곁들여준다.

👑 Best 2 파라마운드 픽처스 스튜디오 투어

선셋 스트립 근처에는 11개의 오스카상을 배출해 낸 영화 배급 및 제작사인 파라마운트 픽처스가 있다. 이곳에서는 영화나 TV 시리즈가 촬영되고 있는 생생한 현장을 둘러볼 수 있는 스튜디오 투어를 운영하고 있다. 트램을 타고 스튜디오 내를 돌아다니다 보면 영화 세트장은 물론, 여기저기에서 분주하게 촬영하는 모습을 볼 수 있다. 〈티파니에서 아침을〉이 촬영된 뉴욕 거리 세트장과 〈포레스트 검프〉의 마지막 장면에서 톰 행크스가 앉았던 벤치를 찾아보자.

👑 Best 3 할리우드 2층 버스 투어

2층 버스에 앉아 상쾌한 바람을 맞으며 LA 명소를 순례할 수 있는 투어 프로그램이 있다. 맨스 차이니즈 시어터 앞에서 출발하여 비버리힐스, 멜로즈 애비뉴, 파머스 마켓, 할리우드 볼 등 17개의 정류장에서 정차한다. 티켓 유효 시간 동안 횟수에 상관없이 자유롭게 타고 내릴 수 있다. 안내 방송을 통해 LA 명소와 영화 촬영지에 대한 설명을 들을 수 있다.

LA에서 하루 더 머문다면 꼭 해봐야 할 것

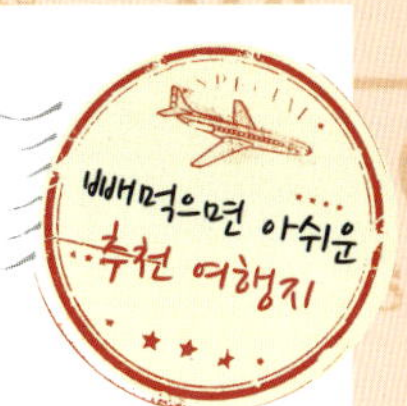

LA 다저스 스타디움에서 경기 관람

LA 다저스(LA Dodgers)는 예전에 박찬호 선수가 소속된 적이 있어 우리에게도 친근한 팀이다. LA 다저스의 홈구장인 다저스 스타디움은 5만 6,000명을 수용할 수 있는 규모로 4월부터 10월까지 공식 경기가 열린다. 낮 경기는 오후 1시부터, 밤 경기는 저녁 7시 30분부터 시작한다. 입장권은 다저스 스타디움 매표소에서 구입할 수 있다. 경기가 없을 때에는 스타디움 투어에 참가하여 둘러볼 수 있다.

할리우드 볼에서 피크닉 또는 공연 감상

할리우드 볼은 자연적으로 이루어진 원형 극장으로서는 세계에서 가장 큰 규모이며, 1922년 개관 이래 LA 필하모닉의 하계 공연장으로 사용되고 있다. 매일 저녁 클래식, 재즈, 대중음악, 뮤지컬 공연이 열린다. LA 시민들은 공연이 시작되기 전 일찌감치 도착하여 샌드위치나 과일 등을 먹으며 피크닉을 즐긴다. 밤하늘 탁 트인 공간에서 감상하는 공연은 낭만적이기 그지없다.

UCLA 캠퍼스 산책

UCLA는 캘리포니아 최고의 명문대학으로, 녹음이 풍부한 부지 내에 빨간 벽돌로 지어진 170개의 건물이 있다. 애커맨 스튜던트 유니온 (생활협동조합)에서 UCLA 로고가 들어간 티셔츠나 트레이닝복 등을 살 수 있다. 할리우드와 산타 모니카 중간에 있는 웨스트우드에 있다.

캘리포니아의
또 다른 매력만점 도시들

© sandiego.org (San Diego Convention & Visitors Bureau)

LA가 속해 있는 캘리포니아는 태양이 눈부신 축복받은 땅이다. 샌디에이고, 나파 밸리 등 캘리포니아의 진면목을 발견할 수 있는 또 다른 도시로 안내한다.

샌디에이고 San Diego

로스앤젤레스에서 남쪽으로 약 160킬로미터 거리에 있는 샌디에이고는 캘리포니아 최남단 도시다. 번화한 로스앤젤레스나 샌프란시스코와는 달리 조용하고 한적하다. 멕시코 국경과 인접해 있으며, 특히 올드 타운에서는 멕시코의 정취가 물씬 풍긴다. 당일 여행으로 국경을 넘어 멕시코의 티후아나(Tijuana)를 다녀올 수도 있다. 이곳에는 세계 최고 수준의 동물원이 있다. 총 800종의 동물이 있으며, 여섯 마리의 판다도 만나볼 수 있다. 또 범고래 쇼를 볼 수 있는 시월드도 관광객들에게 많은 사랑을 받고 있다.

나파 밸리 Napa Valley

샌프란시스코에서 북동쪽으로 60킬로미터 떨어진 곳에 있는 나파 밸리는 전 세계적으로 유명한 캘리포니아 와인 산지다. 130개가 넘는 와이너리가 있으며, 샌프란시스코에서 당일 코스로 디너올 수 있는 와이너리 투어에 참가하면 두 곳의 와이너리를 견학하고 직접 와인 테이스팅을 할 수 있다. 캘리포니아 와인은 품질에 비해 가격이 저렴해서 부담 없는 가격에 구입할 수 있다. 이외에도 와인과 어울리는 요리를 맛보는 미식 투어가 있다.

몬터레이&카멜 Monterey&Carmel

샌프란시스코 남쪽 200킬로미터 거리에 있는 몬터레이는 해안선을 따라 환상적인 경치가 펼쳐지는 '17마일 드라이브 코스'로 유명하다. 몬터레이 서부의 퍼시픽 그로브(Pacific Grove)에서 남쪽에 있는 카멜까지 약 27킬로미터에 달하는 해안선을 달리다 보면 셀러브리티들의 최고급 별장과 골프 코스로 유명한 페블 비치(Pebble Beach)도 볼 수 있다. 카멜은 흰색 건물과 아기자기한 상점, 카페가 있어 마치 유럽에 온 듯한 착각에 빠지는 곳이다. 시내에 신호등이 없어 천천히 산책을 즐기기에 좋다.

이탈리아로 떠나는 일주일간의 시간여행

이탈리아 일주 7박 9일

이탈리아, 시간을 달리는 나라

이탈리아 첫 여행 때, 일주일간 이탈리아의 곳곳을 여행하며 이런 일과 저런 일, 심지어 그런 일까지 겪은 나는 이렇게 맹세했다. '이노무 나라 쪽으로는 돌아보고 쉬도 안 하겠다'고. 그런 데 옛말에 그랬다. 침 뱉고 돌아선 우물 다시 돌아와 먹는다고. 나는 그 다음 해 또 다시 이탈리아 땅을 밟았고, 또 다시 몇 년 뒤에는 두 달간 이탈리아만 여행하기도 했다.

정말 별의별 일을 다 겪었다. 우체국에서 소포 하나 보내려 한 시간을 싸우고, 영어로 말하자 전화 끊는 '글로벌 AS 센터'에, 아침 7시에 모닝콜을 부탁하자 알겠다더니 당당히 10시에 출근하는 호텔 직원까지…. 그래서 나는 다시 한 번 결심했다. '이노무 나라 이젠 진짜 안녕'이라고. 그러나 아무래도 나는 그 우물을 또 마시게 될 것 같다. 마지막으로 걸음한 지

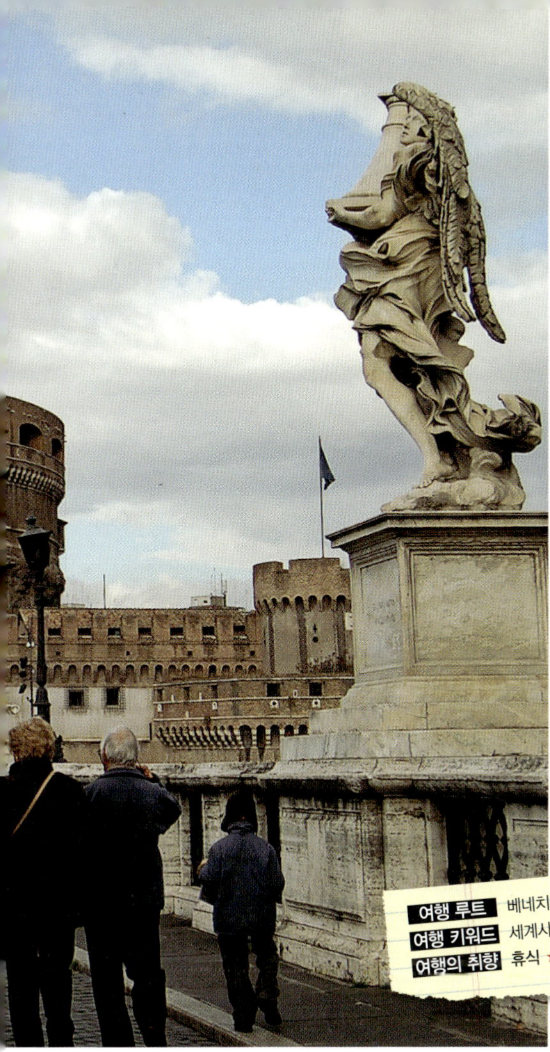

여행 루트 베네치아–피렌체–아시시–로마–남부(폼페이, 아말피 코스트)
여행 키워드 세계사, 로마제국, 르네상스, 배낭여행, 시간을 달리는 여행자
여행의 취향 휴식 ★★ 풍경 ★★★★★ 미식 ★★★★ 문화예술 ★★★★★ 쇼핑 ★★★

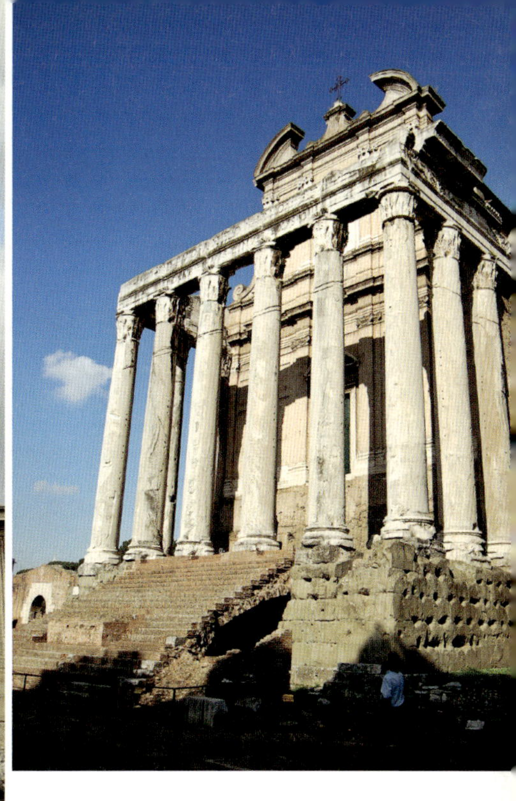

몇 년이 지나자, 이탈리아가 보고 싶다. 그 매력이 너무도 그립다.
나의 이 희한한 질병 얘기를 듣고, 한 소설가 친구가 자신의 얘기를 들려주었다. 자기는 이탈리아에 있으면 시간 감각이 흐트러진다고. 분명히 나는 21세기의 어느 시간을 걷고 있지만, 자기를 둘러싼 많은 것들은 내가 이 세상에 나올 계획조차 없었던 수백 년, 수천 년의 것들이라고. 길 하나를 사이에 두고 21세기 신형 세단과 1세기의 마찻길이 공존하고, 수백 년 전 베르니니가 만든 분수에서 겨우 수년 전에 태어난 꼬마 아이가 목을 축이는 곳. 그런 것을 사방에 두고 느끼는 묘한 시간 감각이 너무도 좋다고.
이 얘기를 듣고 나자 나는 견딜 수가 없어졌다. 아무래도 나는 빠른 시일 내에 네 번째로 이탈리아 땅을 밟게 될 것 같다. 포로 로마노에 한참을 앉아, 또 다른 역사를 향해 흘러가는 오늘이라는 시간의 그 무상하고 묘한 감각을, 당신도 한 번 느껴보기를…. SY

이탈리아 여행, 이렇게 준비한다!

언제 갈까?

11월 1일부터 2월 말일까지의 '윈터 타임' 기간은 피하자. 낮도 짧고, 문을 닫는 곳도 많으며 날씨도 좋지 않다. 이 기간을 피해 일주일 이상의 휴가를 받을 수 있는 때라면 언제든 OK.

어떻게 가지?

'베네치아 in-로마 out' 항공권을 끊는다. 터키항공, 카타르항공 등 중동 지역 항공사의 1회 경유편이 비교적 좋은 스케줄로 운영된다. 1회 경유편을 구하지 못했거나 국적기를 원할 경우에는 베네치아 대신 밀라노로 들어가는 항공편을 택하자. '밀라노-베네치아' 구간은 저가항공, 애드온, 기차 등으로 이동한다.

얼마나 들까?

예산 총 320만 원 정도(항공료 150~170만 원선, 숙박 49만 원(3성급 호텔 기준, 7만 원×7일), 교통비(바포레토 정액권, 기차, 로마 지하철 등) 15만 원, 각종 입장료 15만 원, 식비 20만 원, 각종 투어비 20만 원, 기타 예비비 20~30만 원). 호스텔, 한인 민박 등을 이용할 시에는 20~30만 원 정도 절약 가능.

환전 항공권, 숙박 예약비를 제외한 전액을 유로 현금으로 환전한다. 1유로는 약 1,500원(2012년 4월 기준).

신용카드, 현금카드 비자카드, 마스터카드를 가져가면 무난하게 쓸 수 있다. 국제 현금 인출도 가능하다.

미리 준비하자!

비자 90일 무비자 체류 가능.

언어 이탈리아어. 호텔, 상점, 레스토랑, 관광 명소 등에서는 영어가 비교적 잘 통하는 편이다. 그 외의 곳에서는 보디랭귀지로 해결하자.

우피치 미술관 예약 피렌체의 우피치 미술관은 입장객의 숫자를 제한하여 운영하기 때문에 언제나 줄이 길게 서 있다. 특히 성수기에는 2~3시간씩 기다리기 일쑤. 미리 예약을 하는 편이 좋다. 예약비와 수수료가 모두 별도다.

• **아미코 이탈리아(박물관 예약 대행)** www.amicoitalia.com

각종 투어 이탈리아는 역사와 문화에 대한 지식이 많으면 많을수록 보이는 것도 많고 더 재미있는 곳이다. 바티칸 투어, 남부 투어, 로마 야경 투어, 피렌체 투어, 아시시 투어 등 다양한 상품이 있으며, 이 중 남부 투어와 바티칸 투어는 필수다. 나머지 투어는 마음에 드는 것을 옵션으로 하여 예약해두자.

• **헬로우 유럽** www.helloeurope.co.kr • **자전거 나라** www.eurobike.kr

숙소 구하기

베네치아 산 마르코 광장이나 산타 루치아 역 주변으로 구한다. 가장 좋은 곳은 베네치아의 중심부인 산 마르코 광장 주변으로, 어디를 가든 교통이 좋다. 숙소를 잘 구할 경우 근사한 창밖 풍경까지 덤으로 얻을 수 있다. 단점이라면 길이 불편하여 짐을 들고 다니기 힘들다는 것. 짐이 부담스럽다면 산타 루치아 역 쪽이 차선이라 할 수 있다.

피렌체 산타 마리아 노벨라 역 주변, 시내 중심가라면 어디든지 무난하다. 한인 민박은 주로 산타 마리아 노벨라 역에 있으며, 얼마 전까지는 조선족들이 주로 운영했으나 최근에는 한국 교민들이 운영하는 곳도 늘고 있다.

로마 관광 편의나 접근성을 원한다면 테르미니 역 주변이나 시내가 좋고, 조용하고 깔끔한 분위기를 원한다면 바티칸 주변이 좋다. 한인 민박은 대부분 테르미니 역 주변에 있다.

짐 꾸리기

옷&신발 여름이라면 최대한 얇게, 가볍게 준비하자. 로마 이남에서는 11월에도 반팔을 입을 수 있을 정도로 기온이 높다. 바티칸에 들어갈 때는 단정한 차림이어야 한다.

세면도구&화장품 유럽은 제법 고급스러운 호텔에서도 세면도구를 주지 않는 일이 흔하다. 모두 챙겨 가는 것이 좋다. 한인 민박이나 호스텔에 숙박한다면 수건도 챙기자.

이탈리아 일주 여행 7박 9일

날짜	루트	여행 일정
Day 1	베네치아	**오전** 베네치아 도착 **오후** 리알토 다리, 산 마르코 광장&성당 　　　 골목 탐험–곤돌라 타기
Day 2	베네치아 ⇨ 피렌체	**오전 · 오후** 무라노 섬, 부라노 섬 **저녁** 피렌체에 도착
Day 3	피렌체	**오전** 우피치 미술관 관람, 베키오 다리 관광 **오후** 두오모 오르기 및 주변 관광 　　　 미켈란젤로 광장에서 일몰 보기
Day 4	피렌체 ⇨ 아시시 　　 ⇨ 로마	**오전 · 오후** 아시시 산책 **저녁** 로마 도착
Day 5	로마	**오전** 콜로세움, 포로 로마노 **오후** 시내 명소 둘러보기 **밤** 야경 관람–트레비 분수에 동전 던지기
Day 6	로마	**오전 · 오후** 바티칸 투어 **밤** 거리 산책(바티칸 일대)
Day 7	로마	**오전 · 오후** 남부 투어(폼페이, 포지타노, 아말피)
Day 8~9	로마 ⇨ 한국	로마에서 한국행 탑승 기내 1박 후 인천 공항 도착

Day 1

물의 도시 베네치아에 대해서는 누구나 머릿속에 그리는 이미지가 몇 개 있다. 골목이 모두 물로 가득 찬 모습, 운하 사이를 오가는 곤돌라와 뱃사공의 노래, 골목과 집들을 잇는 그림 같은 다리들, 산 마르코 광장을 박차고 날아오르는 비둘기 등. 첫째 날은 상상으로 그리던 그 모두를 하나씩 눈으로 확인해볼 수 있다.

🚌 버스 20~30분

숙소 체크인

숙소에 짐을 놓은 뒤 밖으로 나오자. 시내까지는 상황에 따라 도보나 바포레토를 이용한다.

Tip 바포레토 정액권을 끊자

운하의 도시 베네치아에서는 버스나 택시가 아닌, 수상 버스 '바포레토(Vaporetto)'를 주로 이용하게 된다. 매번 티켓을 끊는 게 번거로우므로 정액권을 구입하자. 12시간, 24시간, 36시간 등 12시간 단위로 구성되어 있다. 24시간권 또는 36시간권을 구입하자.

🚶🚶 바포레토, 또는 도보 이동

웰컴 투 베네치아, 리알토 다리 Ponte de Rialto

일부러 찾아가든, 또는 중심지로 가는 바포레토 선상에서 마주치든 리알토 다리는 베네치아를 찾는 여행자들이 처음으로 마주치게 되는 명소다. 16세기에 만들어져 19세기 중반까지는 베네치아의 유일무이한 다리로 위세를 떨쳤다. 다리 위에는 가죽제품, 기념품, 귀금속 등을 판매하는 상점들이 들어서 있다.

🚶🚶 바포레토, 또는 도보 이동

세계에서 가장 아름다운 응접실, 산 마르코 광장 Piazza San Marco

베네치아 공화국은 6세기경 침략자를 피해 도망 온 이들이 만든 도시다. 베네치아의 환경은 농사에는 최악, 무역에는 최적이었다. 그리하여 베네치아인들은 무역을 중점 육성했고, 15세기에는 유럽에서 가장 부유한 도시 국가가 되었다. 산 마르코 광장은 베네치아 공화국의 메인 광장으로, 다양한 이벤트와 국가적 행사가 펼쳐지던 곳이다. 베네치아 공화국은 18세기 나폴레옹의 침공으로 멸망하는데, 당시 나폴레옹은 산 마르코 광장을 두고 '세계에서 가장 아름다운 응접실'이라고 극찬한 바 있다.

🚶🚶 도보 이동

아름답고 성스러운 곳, 산 마르코 대성당 Basilica di San Marco

신약성서 중 마가복음의 저자인 마르코 성자의 유해를 안치하고 있는 곳이다. 원래 알렉산드리아에 있던 성 마르코의 유해를 이곳으로 옮겨오며 지금의 성당을 지었고, 이후 마르코 성자는 베네치아의 수호 성인이 되었다. 성스러운 공간이므로 짧은 치마나 바지, 민소매, 슬리퍼 차림 등으로는 출입할 수 없다.

> **Tip** 곤돌라를 타볼까?
>
> 베네치아의 로망에서 빠질 수 없는 것 중 하나가 바로 곤돌라. 그런데 곤돌라는 어떻게 탈까? 일단 빈 곤돌라를 불러 세운 뒤 '곤돌리에'라고 부르는 곤돌라 뱃사공과 흥정을 한다. 적정 가격은 30분에 100유로 안팎(2인 기준). 흥정이 끝나면 배에 오르고, 곤돌리에가 모는 대로 베네치아의 골목골목을 다닌다. 천하의 바람둥이 카사노바가 감옥에 끌려가며 탄식을 했다는 '탄식의 다리' 등 유서 깊은 베네치아의 명소들을 지나며 곤돌리에의 노래를 듣는 것도 특별한 맛. 가격은 비싸지만 누려볼 만한 사치다.

🚶🚶 도보 이동

베네치아, 골목의 마력

세상에 이런 곳이 또 있을까? 집은 물에 잠겨 있고, 골목이 끊어진 곳에는 물길이 있다. 골목과 운하는 마치 동맥과 정맥처럼 도시의 내부에 엉켜 있고, 여행자는 그 길을 따라 떠돈다. 가끔씩 손짓하는 쇼윈도 안의 화려한 가면, 낮잠 자는 고양이, 물길을 타고 오는 바람…. 잠시 어딘가에 주저앉아 베네치아만의 오묘한 마력을 즐겨보는 것도 좋지 않을까.

Day 2

두 번째 날은 아침부터 서두르자. 두 개의 섬을 돌아보고 저녁에 피렌체로 이동해야 하는 일정이 기다리고 있다. 베네치아의 장인 정신을 볼 수 있는 무라노 섬과 많은 여행자들에게 극찬을 받고 있는 동화 속 섬마을 부라노 섬으로 떠나보자.

> 무라노 섬과 부라노 섬은 본섬에서 약간 떨어져 있기 때문에 바포레토를 이용해서 간다. 무라노 섬을 들린 뒤 부라노 섬으로 간다(반대 루트도 가능). 산타 루치아 역 앞 승선장에서 42번이나 직행 DM을 타면 된다. 숙소에서 체크아웃한 뒤 짐을 맡겨두자. 산타 루치아 역 유인 로커에 맡겨도 좋다.

🚢 바포레토 30분

유리 공예의 섬, 무라노 섬Murano

중세 이후 베네치아는 뛰어난 유리공예 기술로 이름을 떨쳤다. 이러한 기술이 새어나가는 것을 두려워한 베네치아 정부는 13세기경 유리 장인들을 모두 무라노 섬으로 이주시켰다. 그 후 천 년 가까운 세월 동안 무라노는 베네치안 글라스의 심장이 되어 현재까지 그 이름을 떨치고 있다. 유리 공방, 유리제품 전문점 등 베네치안 글라스의 정수를 맛보자.

🚢 바포레토 30분

동화 속 섬마을, 부라노 섬Burano

많은 여행자들이 부라노 섬에 도착한 감상을 "와~!"라는 한마디의 탄성으로 표현하곤 한다.
골목과 물길을 따라 알록달록 고운 빛으로 칠해진 집들의 모습이 신기하고 아름답기 때문이
다. 부라노 섬은 어부들이 거주하던 작은 섬으로, 고기잡이배와 집을 알록달록한 색으로 칠
하는 것은 이 동네의 오래된 풍습이라고 한다. 16세기부터 부라노의 레이스가 유럽 전역에서
유명세를 떨치면서 레이스의 고장으로도 유명해졌다.

🚤 바포레토 40~50분

베네치아 산타 루치아 역

숙소 또는 로커에서 기차를 타고 피렌체 행 기차를 탄다.

🚃 기차 2시간 내외

피렌체 도착

숙소에 투숙한 뒤 휴식하거나 잠시 가볍게 산책을 나선다.

Day 3

르네상스는 인류 역사의 중대한 전환점이었다. 오로지 신을 위한 삶을 살던 사람들
은 인간, 자연, 그리고 인간이 만든 세계의 아름다움에 눈을 돌려 이를 찬양하고 기
념하는 수많은 명작들을 남겼다. 피렌체는 이탈리아 르네상스의 중심 도시 중 한 곳
으로, 당시의 찬란한 문화유산들을 지금까지도 간직하고 있다. 지금, 그 숨결을 만나
러 간다.

피렌체의 중요한 볼거리들은 대부분 시내 중심가에 몰려 있으므로 도보로 다녀도 충분하다. 우피
치 미술관 예약 시간에 맞춰 오전 9~10시 사이 출발이 적당하다.

경탄이 느껴지는 곳, 우피치 미술관
Galleria degli Uffizi

메디치 가문은 르네상스 시대 피렌체 공화국의 실질적인 지배 가문으로, 레오나르도 다빈치, 미켈란젤로, 보티첼리 등 수많은 예술가들을 물심양면으로 후원하여 피렌체를 예술의 본고장으로 우뚝 서게 한 주인공이다. 우피치 미술관은 메디치 가문의 소장품들을 모아 놓은 미술관으로, 라파엘로, 카라바조, 티치아노, 레오나르도 다 빈치 등 이름만 들어도 벅찬 거장들의 작품들이 전시되어 있다. 특히 이곳은 보티첼리의 대표작인 〈비너스의 탄생〉과 〈프리마베라〉를 소장하고 있는데, 이 두 작품이 전시된 방은 세계에서 가장 '스탕달 신드롬'이 자주 일어나는 곳으로도 유명하다.

- **주소** Piazzale degli Uffizi
- **전화** +39-55-2388-651　• **개장시간** 08:15〜18:50
- **홈페이지** www.uffizi.firenze.it/musei/?m=uffizi

보석의 다리, 베키오 다리 Ponte Vecchio

다리 위에 귀여운 판잣집이 더덕더덕 붙은 것 같은 재미있는 모습의 다리다. 14세기에 건축된 다리로, 전쟁에도 파괴되지 않고 살아남아 건축 당시의 원형을 고스란히 보존하고 있다. 16세기부터 보석상들이 하나둘씩 들어서서 지금은 피렌체의 내로라하는 보석 및 귀금속 장인들의 작품을 판매하는 고급 보석 상점가가 되었다.

베키오 다리

두오모Duomo와 사랑에 빠지는 순간

〈냉정과 열정 사이〉 이후 피렌체의 두오모는 로맨틱한 이탈리아 여행을 꿈꾸는 이들이 가장 가보고 싶어 하는 곳이 되었다. 두오모란 이탈리아어로 '대성당'을 뜻하며, 피렌체 두오모의 정식 명칭은 '산타 마리아 델 피오레(Santa Maria del Fiore) 대성당'이다. 두오모 관광의 하이라이트는 쿠폴라(돔)에 올라서서 바라보는 피렌체의 전경으로, 이 풍경을 본 여행자들은 쉽게 이탈리아와 사랑에 빠지곤 한다. 두오모 앞에는 조토의 종탑이나 천국의 문 조각이 있는 산 조반니 세례당 등 피렌체의 주요한 볼거리도 있으므로 시간을 충분히 들여 보는 것이 좋다.

- **주소** Piazza del Duomo · **전화** +39-55-2153-80
- **개장시간** 월~금요일 10:00~17:00 토요일 10:00~16:45(일요일 휴관)
- **홈페이지** www.duomofirenze.it

버스 10~20분

피렌체에 노을 지는 풍경, 미켈란젤로 광장Piazelle Michelangelo

피렌체에는 볼거리도 할 거리도 많다. 소소한 볼거리들을 찾다가, 맛있는 식사를 하다가, 카페에서 수다를 떨다가, 해가 질 무렵이면 냉큼 이리로 달려오자. 이곳은 피렌체에서 가장 높은 곳에 위치한 광장으로, 피렌체의 전경이 한눈에 들어와 여행자들의 사랑을 받고 있다. 특히 석양 무렵의 피렌체를 가장 아름답게 조망할 수 있는 곳이다. 짧고도 아쉬운 피렌체와의 작별 인사는 이곳에서 나누자.

미켈란젤로 광장에서 본 피렌체의 저녁 풍경

Day 4

성 프란체스코는 이탈리아를 대표하는 성인이자 카톨릭 교회의 주요 성인 중 한 명이다. 아시시는 성 프란체스코의 고향이자 그가 수도회를 창설한 곳으로, 이탈리아의 중요한 카톨릭 성지로 손꼽힌다. 이런 역사적 배경이 없더라도 아시시는 꼭 가볼만하다. 너무나 아름답기 때문. 아시시에서는 숙박하지 않고 저녁 때 로마로 향한다.

아시시 역 도착

아시시 역에는 코인 로커가 없으므로 역사의 카페에 유료로 일단 짐을 맡기자. 짐을 맡긴 뒤에는 역사 앞의 정류장에서 A, B번 버스를 탄다.

🚌 버스 10분

아시시 관광은 여기부터, 코무네 광장 Piazza del Komune

아시시의 중앙 광장으로, 관광 안내소가 이 광장 주변에 위치하고 있다. 안내소에서 지도를 구한 뒤 천천히 광장 주변의 볼거리부터 놀아보사. 중심 도로인 마치니 거리를 따라가면 신타 키아라 성당이, 루피노 거리를 따라가면 산 루피노 대성당이 나온다. 굵직한 볼거리들도 좋지만 가는 도중 마주치는 골목과 집들, 상점들의 평화로운 모습이 더 깊이 남는다.

🚶 도보 20~30분

아시시의 전망대, 로카 마조레 Rocca Maggiore

아시시에서 가장 높은 곳으로, 12세기의 요새 유적이 남아 있다. 유적을 보러 가는 곳이라기 보다는 바라보는 아시시와 평원의 모습을 조망하러 가는 곳이다. 올라가는 데 제법 힘이 들지만 이곳 중부 이탈리아의 아늑한 풍경은 그 수고를 모두 갚아주고도 남는다.

👫 도보 20~30분

산 프란체스코 성당 Basilica Papale di San Francesco d'Assisi

산 프란체스코 성당은 아시시의 성인 성 프란체스코의 유해가 모셔진 성당으로, 아시시의 가장 중요한 볼거리라 할 수 있다. 성당 내부로 들어가면 긴 벽면을 따라 성 프란체스코의 생애를 그린 벽화가 그려져 있는데, 섬세함과 성스러움으로 보는 이를 압도한다.

🚌 버스 10분

아시시 역

짐을 찾은 뒤 로마 행 기차에 오른다. 로마 테르미니 역으로 가는 기차는 오후 4시에 있으므로 시간을 잘 맞추는 것이 좋다.

🚆 기차 2시간

로마 테르미니 Roma Termini 역

호주머니와 지갑, 귀중품 등의 단속에 주의하자. 로마는 바르셀로나와 더불어 유럽에서 가장 소매치기가 많은 도시로 양대 산맥을 이루고 있다. 특히 테르미니 역 앞은 소매치기의 온상으로 여겨지므로 더욱 신경을 써야 한다.

👫 도보, 또는 지하철로 이동

숙소 투숙

언덕마을 아시시를 누비고 오느라 지친 다리를 잠시 쉬게 하자. 아직 체력이 남은 사람이라면 숙소 주변을 가볍게 산책하는 것도 좋다.

Day 5

드디어 로마의 아침이 밝았다. 한때 세계의 절반을 호령했던 로마 제국의 심장에 발을 들인 것이다. 서기가 시작되기도 전에 만들어진 언덕과 길 위에 몇백 년 전 건물과 조각품이 매끈한 모습을 자랑하고, 그 사이 21세기의 사람들과 차가 지나다닌다. 로마를 여행하는 것, 그것만으로도 근사한 시간여행이 된다!

〈글래디에이터〉의 그곳, 콜로세움 Colosseo

이 위풍당당한 원형 경기장의 존재와 모습은 아마 모르는 사람이 드물 것이다. 로마 시민들이 검투사 경기를 비롯하여 다양한 이벤트를 즐기던 곳으로, 무려 5만 명이 넘는 인원을 수용할 수 있었다고 한다. 현재는 한쪽 부분이 무너지고 바닥이 유실되어 지하실이 드러나 있는 상태이지만, 당시의 위용을 짐작하기에는 부족함이 없다.

- **주소** Piazza del Colosseo　　**전화** +39-6-3996-770
- **개장시간** 3~8월 09:00~19:30 9월 9:00~19:00 10월 9:00~18:30　11~2월 9:00~16:30
(휴일-1월 1일, 12월 25일)

👫 도보 5~10분

로마 제국이 살아가던 모습, 포로 로마노-팔라티노 언덕
Foro Romano-Palatino

포로 로마노와 팔라티노 언덕은 구획 상으로 구분되어 있긴 하나 실질적으로 거의 붙어 있고, 티켓 또한 한 장으로 발매된다. 포로 로마노는 로마 제국의 중심 번화가의 유적으로 신전, 원로원, 상점 등이 있던 곳이고, 팔라티노 언덕은 로마의 발상지이자 로마 지배층의 주택과 황제의 궁전이 있던 곳이다. 즉, 이 두 곳은 2천 년 전 세계의 중심이었던 로마에서도 가장 노른자위에 해당한다. 포로 로마노의 길을 걷다가, 혹은 팔라티노 언덕에서 풍경을 바라보다 보면 아주 자주 오묘한 시간 감각을 느끼게 된다.

🚌 버스, 또는 도보 10~20분

콜로세움

포로 로마노

팔라티노 언덕

무섭고 단호한 하수도 뚜껑, 진실의 입 Bocca della Verita

영화 〈로마의 휴일〉에서 가장 인상적인 장면 중 하나는 진실의 입에 손을 넣고 손 잘린 척을 하는 그레고리 펙과 그 옆에서 눈을 동그랗게 뜨는 오드리 헵번일 것이다. 진실의 입은 원래 로마 시대에는 하수도 뚜껑으로 쓰이던 것인데. 입이 뚫려 있는 디자인 덕분에 중세 시대에 심판 도구로 사용되며 현재와 같은 이미지를 갖게 되었다. 약간 후미진 곳에 있어 찾기 쉽지 않으며, 어렵게 찾아 보고 난 뒤에도 보람은 조금 없는 편이다.

👫 도보 이동

로마 시내 명소 탐험

2천 년 전 로마 시내를 보았다면, 지금부터는 시곗바늘을 조금 뒤로 돌려보자. 르네상스 이후 현대까지 문화와 예술 면에서 찬란한 꽃을 피웠던 이탈리아, 그중에서도 로마의 모습에 빠져 볼 시간이다. 가장 중요한 볼거리는 다음과 같다.

판테온 Pantheon

2세기에 지어져 현재까지 완벽하게 형태를 유지하고 있는 유적이다. 웅장함과 정교한 아름다움 때문에 미켈란젤로를 비롯한 수많은 예술가들에게 찬사를 받았다. 원래는 로마의 신들에게 바쳐진 신전으로 지어졌으나 후대에 가톨릭 성당으로 변모해 현재까지 이어지고 있다.

나보나 광장 Piazza Navona

다양한 조각과 분수를 감상할 수 있는 광장으로, 언제나 스트리트 퍼포머들과 화가들의 모습을 볼 수 있다.

스페인 광장 Piazza di Spagna

〈로마의 휴일〉에 등장해서 유명해진 곳이다. 광장부터 삼위일체 성당까지 이어진 계단이 유명하다. 로마를 즐기러 온 여행자들이 가장 많이 모이는 곳이기도 하다. 큰길과 이 광장을 직선으로 잇는 길인 콘도티 거리는 명품 숍 및 유서 깊은 카페가 모여 있는 것으로 유명하다.

👫 도보 이동

로마 시내 야경 돌아보기

숙소에서 잠시 쉬거나 맛있는 저녁 식사를 마친 뒤 로마의 밤거리를 가볍게 한 바퀴 돌아보자. 절대 빼놓아선 안 될 곳은 바로 '트레비 분수(Fontana di Trevi)'. 이곳에 동전을 던지면 로마로 돌아온다는 속설 때문에 인기가 높다. 뒤로 돌아서서 오른손으로 왼쪽 어깨 너머로 동전을 두 번 던지는데, 첫 번째 동전은 로마로 돌아오게 해달라는 소원, 두 번째는 사랑을 이뤄달라는 것이라고 한다.

Day 6

바티칸은 가톨릭의 총 본산인 교황청이 자리 잡고 있는 곳으로, 역사적인 의미로 볼 때 유럽의 정신적 지주라 해도 과언이 아니다. 거주 인구가 천 명도 채 되지 않지만 그 막강한 영향력과 의미 때문에 엄연한 독립국가로 인정받고 있다. 이곳만 돌아보는데도 하루가 꼬박 걸리며, 재미있게 보려면 상당한 수준의 사전지식이 필요하므로 꼭 가이드 투어를 받도록 한다.

바티칸 투어는 오전 8시경부터 시작된다. 바티칸에서 가까운 지하철역에서 집결한 뒤 도보로 이동한다. 회사는 달라도 동선이나 내용은 모두 비슷하다. 바티칸은 성스러운 공간이므로 복장에 제한을 둔다. 핫팬츠(남성은 반바지), 민소매, 슬리퍼 등은 입장 금지다.

감동의 연속, 바티칸 박물관 Musei Vaticani

바티칸이 소장하고 있는 미술품을 전시하고 있는 박물관이다. 천 년이 넘는 세월 동안 역대 교황이 보유하고 있던 유럽 각지의 걸작들을 24개의 방에서 전시하고 있다. 소장품의 수가 엄청난데, 그 소장품들의 면모를 하나하나 따져보면 모두 시대를 대표한 걸작이라는 것이 또 대단하다. 그중 최고의 압권은 시스티나 소성당의 천장 벽화. 미켈란젤로의 〈천지 창조〉와 〈최후의 심판〉이 그려져 있다. 하루 종일 보아도 다 보는 것이 불가능하나 가이드의 안내에 따라 차근차근 돌아보면 대표적인 작품들은 다 섭렵할 수 있다.

👣👣 도보 이동

화려함의 결정체, 산 피에트로 성당 Basilica Papale di San Pietro

초대 교황인 성 베드로(산 피에트로)의 이름을 딴 성당으로, 바티칸의 중심 성당이자 세계 가톨릭의 총 본산이다. 베르니니, 미켈란젤로 등 르네상스 시대의 톱스타들의 정수가 담긴 성당으로, 외부는 웅장하고 단정하나 내부는 화려함의 극치를 달린다. 미켈란젤로의 3대 걸작 중 하나인 〈피에타〉와 발을 만지면 소원을 들어준다는 성 베드로의 조각상, 교황의 제단인 발다키노 등이 있다.

👣👣 도보 이동

Tip   쿠폴라에 오르자!

산 피에트로 성당의 참맛을 느끼려면 꼭 쿠폴라에 올라가보자. 성당 옥상까지는 엘리베이터로 오를 수 있지만, 그 뒤 꼭대기까지 가려면 다시 몇백 개의 계단을 올라야 한다. 숨차고 다리 아프지만, 막상 올라가보면 몸 힘든 게 아무렇지 않을 정도로 벅찬 풍경이 펼쳐진다. 투어 도중에는 점심시간을 이용하거나 가이드 재량으로 쉬는 시간을 줄 때 다녀오면 된다.

열쇠 모양의 광장, 산 피에트로 광장 Piazza San Pietro

산 피에트로 성당 앞에 넓게 펼쳐진 광장으로, 이탈리안 바로크의 위대한 장인 중 한 명인 베르니니가 설계했다. 산 피에트로 성당은 십자가 모양으로, 광장은 열쇠 모양으로 조성되어 두 개를 합치면 천국의 열쇠 모양이 된다고 한다. 이곳에서는 독특한 복장의 근위병을 볼 수 있는데, 마치 방송국 의상실에서 빌려 입은 듯한 모습이지만 사실은 미켈란젤로가 디자인한 그야말로 최강의 명품이라고 한다.

🚶🚶 도보 이동

천사의 성의 밤 풍경, 바티칸 야경

바티칸의 야경 또한 시내 못지않게 아름답다. 가장 인상적인 것은 산탄젤로 성의 야경. '천사의 성'이라는 이름이 아깝지 않은 아름다운 야경을 볼 수 있다. 보통 바티칸 투어를 받으면 가이드가 주변 야경 투어까지 무료로 해주는 경우가 많다.

Day 7

베수비오 화산 폭발로 한순간에 땅 밑에 파묻혔던 비운의 도시 폼페이와 해안 절벽에 다닥다닥 붙은 작은 집들을 볼 수 있는 아말피 코스트는 각각 하루씩 잡아도 충분한 곳이나, 일주일 여행자에게는 그럴 시간이 없다. 이탈리아 남부의 두 곳을 하루에 묶는 투어 상품을 이용하자.

남부 투어는 아침 일찍 시작해서 저녁 늦게 끝난다. 오전 7시경 로마 시내의 미팅 장소에서 집합하여 전용 차량에 오른다. 남부까지는 꽤 먼 거리이므로 차 안에서 아침잠을 보충하자.

🚐 전용 차량 2시간

역사는 말이 없다, 폼페이Pompeii 유적

폼페이는 로마 최고의 휴양지이자 환락가였다. 영원히 계속될 것만 같았던 그들의 영화는 서기 79년 베수비오 화산의 폭발로 단 한순간에 사라지고 만다. 이후 발굴이 본격화된 18세기까지 무려 2천 년 가까운 세월 동안 화산재 아래에서 잠들어 있었다. 덕분에 폼페이는 현존하는 로마 시대 도시 유적 중 가장 원형 보존이 잘된 것에 속하니, 역사의 아이러니라 말하지 않을 수 없다. 당시의 높은 생활수준과 로마 시대의 타락에 가까운 화려한 생활상을 보여주고 있는데, 상수도 시설 등은 현대보다도 못할 것이 없어 놀라움을 금할 수 없다.

🚐 전용 차량 2시간

눈부시게 아름답다, 아말피 코스트 Amalfi Coast

폼페이 관람을 마치면 점심시간 겸 휴식 시간이 주어지고, 그 후 전용 버스를 이용하여 아말피 코스트로 이동한다. 소렌토부터 포지타노, 아말피를 거쳐 살레르노까지 지중해의 해안선을 따라 약 50킬로미터 정도 절벽 위 아찔한 드라이브 코스를 달린다. 도로 옆이 바로 낭떠러지라 무서울 법도 하지만, 그보다는 저 멀리 보이는 눈부신 지중해의 모습에 마음을 빼앗겨 무서울 틈이 없다. 중간 중간 포지타노, 아말피 등 아름다운 해안 마을에 들러 시간을 보내고, 밤 9시경 살레르노에서 로마로 귀환하게 된다.

Day 8~9

마지막 날, 아쉬운 마음을 뒤로 하고 한국으로 떠나는 비행기에 오른다. 귀국편 탑승 시간까지 여유가 있다면 한 번 더 보고 싶은 곳을 찾아 돌아봐도 좋고, 시내에서 쇼핑을 즐기는 것도 좋은 선택이다.

테르미니 역에서 레오나르도 익스프레스 기차를 이용하여 공항까지 이동한다. 30분 간격으로 발차하며, 공항까지는 30분 소요된다.

🚍 기차 30분

로마 레오나르도 다빈치 공항
한국으로 출발!

✈ 기내 1박

인천 공항 도착

로마에서 하루 더 머문다면
꼭 가봐야 할 곳

티볼리 Tivoli

로마 근교에 위치한 작은 마을로, 로마 황제와 귀족의 별장이 있던 곳이다. 수백 개의 분수가 장관을 이루는 빌라 데스테와 별장 유적이 남아 있는 빌라 아드리아나로 나뉜다. 로마 시대의 화려한 생활상을 엿볼 수 있는 아름다운 근교 여행지다.

보르게세 미술관 Galleria Borghese

우피치 미술관, 바티칸 박물관에 이어 3위를 다투는 미술관이나, 앞의 두 곳이 너무 유명한 나머지 약간 빛을 못 보는 감이 있다. 그러나 소장품의 수준과 양은 결코 뒤떨어지지 않는다. 미술관이 위치하고 있는 보르게세 공원도 한나절 정도 느긋한 산책이나 일광욕을 즐기기에 좋은 곳이다.

아피아 가도 Via Appia Antica

로마와 남이탈리아를 연결하는 고대 로마의 중요 도로. 로마에서 이집트, 그리스를 연결하는 길로, 이집트 정벌 후의 개선도로이기도 했다. 현재도 당시 도로의 일부를 고스란히 사용하고 있다. 주변에 그리스도 교도의 지하무덤인 카타콤베도 있어 역사 마니아 여행자에게 강력 추천하는 곳이다.

포르타 포르테세 벼룩시장 Porta Portese

로마에서 가장 큰 벼룩시장으로, 유럽 전체에서도 손안에 꼽히는 규모다. 생활용품, 식품, 기념품, 의류, 골동품 등이 많으나 구석구석 파고들수록 망가진 가전제품, 정체를 알 수 없는 부품 등 도대체 누가 사는지 알 수 없는 물건들도 나와 있다. 심지어 장물도 심심찮게 등장한다. 사는 재미보다는 구경하는 재미가 큰 곳이다.

이탈리아에서 하루 더 머문다면
꼭 가봐야 할 곳

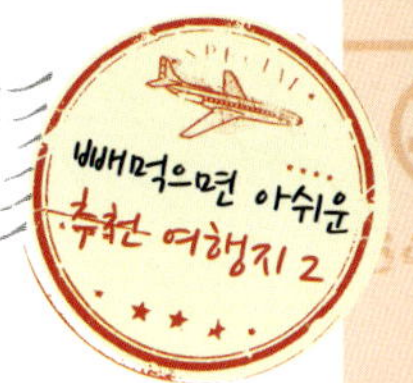

밀라노 Milano

패션, 자동차, 축구 등 현대 이탈리아를 대표하는 모든 것의 중심지. 로마가 이탈리아의 과거를 대변하는 도시라면, 밀라노는 이탈리아의 현재를 말해주는 곳이다. 두오모와 스포르체스코 성, 라 스칼라 극장 등 역사적인 볼거리도 다수 있다. 밀라노 행 항공편을 이용하는 사람이라면 반나절 정도 돌아보는 일정을 짜보자.

피사 Pisa

이탈리아를 대표하는 이미지 중 하나인 '피사의 사탑'이 있는 곳이다. 건립된 직후부터 기울어지기 시작하여 최근까지 계속 미세하게 기울어지다 보수 공사를 통해 겨우 기울어지는 것을 멈추었다고 한다. 피렌체에 하루 정도 더 머물 경우 당일치기로 다녀오면 충분하다.

친퀘 테레 Cinque Terre

'다섯 개의 땅'이라는 뜻으로, 이탈리아 서부 해안 절벽에 형성된 다섯 개의 마을을 뜻한다. 파스텔 톤의 집들이 절벽에 촘촘히 매달려 지중해를 바라보고 있는 모습이 상당히 인상적이다. 모습은 포지타노나 아말피와 비슷하지만, 훨씬 더 고즈넉하고 한적하다.

피렌체 아웃렛

피렌체 근교에는 종합 명품 아웃렛 몰인 '더 몰(The Mall)'과 프라다 팩토리 아웃렛, 돌체앤가바나 아웃렛 등이 자리하고 있어 쇼퍼홀릭 여행자들에게 필수 코스로 손꼽히고 있다. 쇼핑을 좋아한다면 하루를 투자할 가치가 충분하다.

역사의 숨결을
체험할 수 있는 여행지

이탈리아는 고대부터 르네상스, 현대에 이르기까지
인류가 만들어 놓은 역사의 숨결을 간직하고 있는 여행지다.
세계 곳곳에 자리하고 있는, 때로는 위대하고 때로는 잔인하며 때로는 슬프고 벅찬
인류 역사의 흔적을 간직한 여행지를 소개한다.

이집트

이집트의 피라미드를 동경해보지 않은 사람이 있을까? 이집트는 인류 문명의 시발점 중 한 곳으로 고대 문명 최대의 유적이라 할 수 있는 피라미드, 거대한 암굴 신전인 아부 심벨, 신비로 가득한 왕가의 무덤인 왕가의 계곡 등 역사를 좋아하는 여행자라면 평생 한번은 꼭 가보고 싶은 스폿으로 가득하다.

실크로드

고대 동서양을 잇는 무역 루트로, 주로 중국의 비단을 서양에 수출하던 무역로라 하여 '실크로드'라는 이름이 붙여졌다. 이 길을 통해 동서양의 물자뿐 아니라 문화와 종교까지 전파되었다. 천산북로, 천산남로, 서역남로의 세 루트가 있는데 이 중 장안에서 시작하여 투루판, 우루부치 등을 넘어가는 천산북로가 가장 인기가 높다.

중국

중국은 아시아에서 가장 강력하고 거대한 나라였다. 진시황의 통일 이후 한, 수, 당, 송, 명, 청 등 이름과 지배 민족은 계속 바뀌었지만, 그들이 지배하고 있던 나라는 어디까지나 중국이었다. 베이징을 위시하여 난징, 시안 등에서 중국 역사가 이뤄 놓은 유산을 볼 수 있다. 특히 시안의 진시황릉 병마용-갱(秦始皇陵兵馬俑坑)과 베이징 근교의 만리장성은 동양사 최고의 유적이라 할 수 있다.

독일－폴란드

20세기 초 인류는 사상 최대의 전쟁인 세계대전을 두 번이나 치렀고, 이후 미국과 소련을 중심으로 한 이데올로기 싸움인 냉전이 계속되었다. 독일 각지와 폴란드에는 2차 세계대전 당시의 수용소가 남아 있는데, 가장 유명하고 규모가 큰 것은 폴란드 크라쿠프 교외에 위치한 오슈비엥침(아우슈비츠)이다. 독일의 베를린에서는 베를린 장벽과 찰리 포인트로 대표되는 냉전 시대의 양상을 볼 수 있다.

SUMMER

★ **자유로운 영혼을 위한 게으른 히피 여행** _ 태국 방콕+북부 여행 6박 8일

★ **카파도키아&산토리니, 로망의 정수를 한 번에!** _ 터키+그리스 로망 여행 7박 9일

★ **평화롭고 순수한, 그 섬에 가고 싶다** _ 일본 오키나와 여행 6박 7일

★ **지상에서 맛보는 가장 느긋하고 완벽한 휴가** _ 발리 리조트 여행 5박 7일

★ **한국에서 떠나는 일주일간의 크루즈 여행** _ 한중일 크루즈 7박 8일

★ **찬란한 미스터리, 앙코르 유적을 만나다** _ 캄보디아 앙코르 유적 탐험 5박 7일

자유로운 영혼을 위한 게으른 히피 여행

태국 방콕 + 북부 여행 6박 8일

아무것도 하지 않을 자유

나는 게으르다. 나에게 휴식이란 눕거나 앉아 있는 것이지 나가서 돌아다니는 것이 아니다. 쉬는 날 전 직원 데리고 산에 올라가는 사장은 세상에서 제일 나쁜 사람이다. 원래 틀에 박힌 것이나 고정관념 같은 것을 좋아하지 않는다. 나는 일상에 지쳐 있다. 자, 지금까지의 '나' 중에 본인에게 해당되는 것은 몇 개나 됐는지?

왜 이 긴 사설을 늘어놓았느냐, 지금부터 소개할 여행지가 모든 이에게 두루 권할 수는 없는 곳이라 그렇다. 규칙적인 일상을 사랑하고, 부지런하고, 움직여야 사는 것 같고, 그래서 여행 가도 스케줄 꽉꽉 채워 움직여야 직성 풀리는 사람이라면, 조용히 다음 장소로 넘어가시길. 그러나 자유로운 영혼으로 살고 싶지만, 21세기 한국이라는 정글 속에서 어쩔 수 없이 수많은 의무와 당위에 뒤엉켜 하루하루 보내고 있는 이가 바로 당신이라면, 필자는 정말 자신 있

게 권할 수 있다. 태국으로 가라고. 콕 찍어 말하자면, 카오산과 빠이로 가라고.

카오산은 방콕의 유명한 여행자 거리이고, 빠이는 태국 북부 산속에 위치한 마을로 예술가들과 히피들이 숨어 살던 슬로우 타운이다. 이 두 곳에는 이렇다 할 볼거리가 없다. 그러나 이곳에는 세상 다른 곳에서 찾아보기 힘든 분위기가 흐른다. 한마디로 말하기는 힘들다. 두 곳의 분위기가 조금 다르기도 하다. 카오산은 좀 더 왁자지껄하고, 빠이는 좀 더 차분하고 조용하다. 굳이 한마디로 정리하면 이걸 거다. 자유. 게을러도 되고 아무것도 하지 않아도 되는 자유. 그저 그 안에 있다는 것만으로 이유 없이 충만해지는 기분.

일단은 책의 콘셉트에 맞춰 일주일의 일정을 제안한다. 하지만 이 얘기는 해두고 싶다. 취향에 맞기만 한다면, 카오산이든 빠이든, 어디 한 곳만으로도 일주일이 부족하다는 걸…. **SY**

태국 히피 여행, 이렇게 준비한다!

언제 갈까? 동남아시아 여행 최적기는 보통 11월에서 2월 사이이나, 이때의 카오산과 빠이는 너무 북적이고 물가가 비싸 한가로운 분위기를 느끼기 힘들다. 7~9월 사이가 비수기라 가격도 저렴하고 비교적 덜 붐비며, 한국 휴가 시즌과 맞아 여러모로 좋다. 단, 흐린 날이 많은 것과 하루에 한 번 이상 스콜이 오는 것은 감안해야 한다.

어떻게 가지? '방콕 in-치앙마이 out'으로 항공권을 끊는다. 현재 '한국-치앙마이' 구간을 직항으로 운항하고 있는 곳은 대한항공이 유일하다. '방콕-치앙마이' 구간은 타이항공 국내선이나 저가항공을 이용하면 된다. 이 항공권을 구하지 못했다면 타이항공, 아시아나항공 등으로 '인천-방콕' 왕복 항공권을 끊은 뒤 '치앙마이-방콕' 왕복 구간을 애드온 하자.

얼마나 들까? **예산** 총 135만 원 정도(항공료 60~80만 원선, 방콕 숙박비 6만 원(카오산 게스트하우스 기준, 2만 원×3일), 빠이 숙박비 3만 원(방갈로 기준, 1만 원×3일), 치앙마이 숙박비 3만 원(3성급 호텔 기준, 3만 원×1일), 각종 교통비 10만 원, 식사 및 각종 부대비용 10만 원, 기타 예비비 20만 원). 숙박을 도미토리 및 저가형 게스트하우스로 잡으면 10~20만 원 절약 가능.
환전 여행 경비 전액을 태국 바트로 환전한다. 일반 동네 은행에는 보유액이 많지 않으므로 인터넷 환전을 하거나 중심가에 있는 외환은행을 찾는 것이 좋다. 태국에는 워낙 환전소나 은행이 흔하므로 달러를 가져가서 재환전해 사용하는 것도 한 가지 방법. 1바트는 약 37원(2012년 4월 기준).
신용카드, 현금카드 신용카드를 쓸 정도로 큰 돈 쓸 일은 없다. 비자카드 또는 마스터카드를 비상용으로 한 장 정도만 챙겨두자. 국제 인출이 가능한 현금 인출기가 아주 흔하므로 현금카드를 가지고 있으면 아주 유용하다.

비자 무비자 90일 체류 가능.

언어 태국어. 어디를 가든 영어가 쉽게 통하나 처음에는 태국식 억양 때문에 알아듣기 힘든 편이다. 외국인에게 워낙 친절하므로 영어를 못하는 사람끼리도 보디랭귀지와 인류애로 소통이 충분히 가능하다.

'방콕 – 치앙마이' 야간열차 방콕에서 치앙마이로 가는 야간열차는 비행기에 비해 저렴하고 버스에 비해 몸이 편안하여 인기가 높다. 기차를 이용하고자 한다면 한 달 전쯤에는 예약을 해두는 것이 좋다.

• **태국 기차 예약 사이트** www.thairailticket.com

방콕 카오산 일대에서는 1박에 500~800바트 정도면 에어컨과 욕실이 딸린 싱글 및 트윈룸 사용이 가능하다. 여럿이서 함께 방을 쓰는 도미토리는 150~200바트. 홍익, DDM, 지니네 등의 한인 게스트하우스도 있다.

빠이 비수기에는 욕실이 딸린 팬룸(선풍기 냉방) 방갈로를 1박에 250~300바트 선에서 구할 수 있다. 에어컨을 사용할 경우와 선풍기를 사용할 경우가 2~3배 정도 가격 차이가 나지만, 대체로 선선하여 에어컨은 그다지 필요치 않다.

치앙마이 타페, 님만헤민 주변이면 어디든 무난하다.

옷 가볍고 편안한 복장이면 무엇이든 좋다. 입은 차림에 속옷만 싸 가고 현지에서 저렴한 여행자 옷차림을 사 입는 것도 OK. 빠이와 치앙마이는 고산지대라서 아침저녁으로 선선한 편이므로 얇은 카디건 하나 정도는 준비하는 것이 좋다.

수영복 빠이에는 물놀이할 곳이 많으므로 꼭 가져가는 것이 좋다.

세면도구 칫솔까지 모두 챙겨 가자. 방콕에서 도미토리에 묵을 예정이라면 수건도 가져가는 것이 좋다.

화장품 SPF 지수가 높은 것, 수분이 듬뿍 함유된 것으로 몽땅 챙기자.

신발 방콕의 왕궁과 사원에 들어갈 때는 슬리퍼가 금지되므로 운동화 정도 챙겨 가자. 그 외에는 플립플랍 하나로 전 일정을 누비고 다니면 된다.

기타 준비물 평상시에 여유가 생기면 하고 싶었던 것이 있으면 가져가자. 책, 악기, 화구, 게임, 무엇이든 좋다.

날짜	루트	여행 일정
Day 1	한국 ⇨ 방콕 ⇨ 카오산	**오후 · 밤** 방콕 도착, 카오산으로 이동
Day 2	카오산	**오전 · 오후** 카오산 산책 **밤** 카오산 밤 나들이
Day 3	카오산	**오후** 주변 관광 **밤** 카오산 밤 나들이 or 치앙마이 행 밤차 탑승
Day 4	치앙마이 ⇨ 빠이	**오전** 치앙마이에 도착, 빠이로 이동 **오후** 빠이 도착 **밤** 빠이의 밤
Day 5	빠이	**오전 · 오후** 스쿠터로 빠이 돌아보기 **밤** 빠이의 밤 즐기기
Day 6	빠이 ⇨ 치앙마이	**오전** 빠이 출발 **오후** 치앙마이 도착 **밤** 야시장 즐기기, 클럽 즐기기
Day 7	치앙마이	**오전** 도이 수텝 관광 **오후** 님만헤민 거리 산책 **밤** 한국으로 출발
Day 8	한국	인천 공항 도착

Day 1

우스갯소리로 태국의 계절은 단 두 개, 'Hot'과 'Damn Hot'이라고들 한다. 보통 Damn Hot에 해당하는 것은 건기 끝 무렵인 4~5월로, 이후 우기가 시작되고 나면 더위도 한풀 꺾인다. 한풀 꺾인 더위라 해도 낮 최고 기온은 35도를 넘나든다. 이미 한국에서 여름을 겪고 온 피부임에도 수완나품 공항 문을 나서서 맞는 태국의 뜨거움이란 사뭇 다르게 느껴진다.

🚐 택시 40분~1시간

숙소 체크인

혹시 시간이 늦어서 체크인을 못할까 하는 걱정은 하지 말자. 카오산의 숙소들은 대부분 24시간 체크인이 가능하다. 혹시 예약해둔 곳이 없어 걱정이라면, 그것도 마음 놓자. 카오산의 지천에 널린 것이 게스트하우스이므로 몇 집 돌지 않아 잘 만한 방을 구할 수 있다. 정 못 구한나면 어쩔 수 없다. 가방을 멘 채 바로 카오산의 밤으로 돌입해 버리자.

👫 도보 5~10분

웰컴 투 카오산, 캅(카)!

카오산의 첫 번째 풍경은 바로 '사람'이다. 전 세계에서 흘러 들어온 각양각색의 여행자들이 모든 것을 내려놓은 채 거리를 메우고 있는 모습은 보고 있는 것만으로도 신기할 정도다. 그냥 보고만 있어서는 안 될 일! 얼른 그 그림 속으로 뛰어들어보자. 먼저 헤나 문신을 해보는 건 어떨까. 카오산의 노천 미용실에서 느긋하게 팔뚝을 맡기고 싱하 맥주를 홀짝이며 멍하니 거리를 바라보는 것, 카오산이니까 해볼 만한 귀여운 객기라 하겠다.

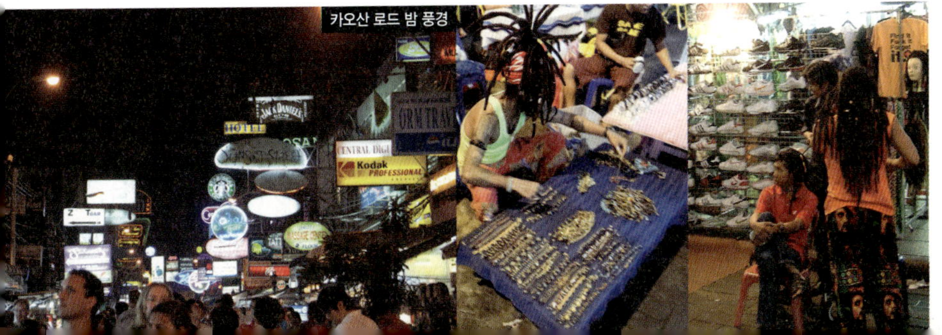

Day 2

카오산에서는 아침 10시 전에 일어나지 말자. 식당과 패스트푸드점 몇 개가 드문드문 문을 열 뿐, 사람은 물론 동네 개조차 잘 다니지 않을 정도로 한산하다. 이곳에서 게으름이란 부덕이 아닌 보통의 리듬. 오전 시간은 그동안 누리지 못했던 게으름을 마음껏 즐겨보자. 하루의 시작은 정오 이후면 충분하다.

카오산, 느린 걸음으로

혹시 치앙마이 행 기차나 비행기를 예약하지 않았다
면, 야간버스 예약부터 해두자. 그 다음에는 마음 가는
대로 하면 된다. 길디긴 카오산 거리를 오가고, 중간
중간 골목을 돌아보고, 맘에 드는 예쁜 카페에 오래오
래 앉아 책을 읽거나 거리 구경을 하고, 잠시 마사지
를 받으며 졸고, 배고프면 포장마차에서 팟타이(볶음
국수)나 꼬치를 사 먹고, 사람들을 구경하고, 그러면
된다. 그런 곳이 카오산이다.

카오산은 밤이 좋아

지친 하루의 휴식을 준비하는 저녁 무렵, 그때까지 푹 쉬고 있던 카오산은 슬슬 깨어날 차비
를 하기 시작한다. 외국인과 현지인, 아프리카에서 오늘 온 사람과 한 달째 체류 중인 장기
여행자, 노인과 젊은이, 남자와 여자와 트랜스젠더, 같이 온 이와 처음 본 이들이 자연스럽게
어우러지고, 여기에 여행의 흥분과 자유가 더해져 세상에서 오로지 카오산에만 존재하는 풍
경이 만들어진다. 느릿느릿 팔자걸음으로 이곳저곳을 활보하다 마음에 드는 곳에 앉아 얼음
넣은 맥주라도 한 잔 마셔보자. 밤이 깊어갈수록 어느새 테이블의 경계는 희미해지고, 당신
은 앉은 자리에서 전 세계를 여행한 기분을 느끼게 될 것이다.

Day 3

'아무것도 안 하기'란 생각보다 쉬운 일이 아니다. 금쪽같은 시간을 쪼개 외국까지 왔는데, 그저 늘어져서 안 하고 안 가고 안 보고도 마음이 편하기란 좀처럼 쉽지 않다. 그런 여행자들은 카오산 주위의 주요 볼거리들을 돌아보자. 그러나 오는 날부터 바로 적응해버린 자유로운 영혼의 소유자들이라면 그냥 카오산에 머물러 맘껏 게으름을 부려도 좋다.

카오산에서 가까운 볼거리들

카오산은 왕궁 및 주요 유적들이 밀집해 있는 방콕의 구시가지와 가깝다. 카오산부터 왕궁까지는 약 1.5킬로미터로, 선선한 아침나절이면 걸어가도 큰 무리가 없다. 많이 더울 때는 툭툭이나 택시를 이용하자. 10분 정도면 도착한다.

왕궁&왓 프라깨우

왕이 거주하고 있는 왕궁과 왕실 사원으로, 함께 붙어 있다. 관광 목적으로 방콕에 올 경우 거의 100퍼센트 들르게 되는 곳으로, 태국 특유의 황금빛 탑과 화려한 조각들이 눈길을 끈다. 복장 제한이 있으므로 민소매, 슬리퍼 등은 피하자.

비만멕 궁전

태국 왕 라마 5세가 축성한 유럽풍 티크목 궁전으로, 못을 하나도 박지 않고 만든 건축물이다. 왕궁 입장권을 사면 이곳을 무료로 입장할 수 있다.

타창 시장

왕궁 앞 선착장 부근에 있는 재래시장으로, 주로 먹을거리를 판매하고 있다. SBS 〈런닝맨〉에서 '태국 음식 사 먹기' 미션에 등장했던 시장이 바로 이곳이다.

왓 아룬

일명 '새벽 사원'이라 불리는 곳으로, 탑신에 박힌 도자기가 새벽 햇살을 받으면 아름다운 빛이 난다고 하여 붙여진 이름이다. 짜오프라야 강을 사이에 두고 왕궁과 비스듬히 마주보고 있어 배를 이용해 건너가야 한다.

카오산 밤 풍경

타창 시장

카오산의 마지막 밤, 세 가지 모습

넷째 날부터는 빠이에서의 일정이 시작된다. 빠이로 가기 위해서는 일단 치앙마이를 거쳐야 하는데, 치앙마이로 어떻게 가느냐에 따라 이날 밤의 모습이 바뀌게 된다. 첫째, 야간버스를 타고 가는 경우에는 카오산 주변의 여행사에서 모인 뒤 6~7시경 버스에 오른다. 둘째, 야간 기차를 타고 가는 경우는 택시나 툭툭으로 후알람퐁 역까지 이동하여 기차를 탄다. 셋째, 다음 날 항공편으로 가는 경우는 카오산의 밤을 하루 더 즐기자. 혹시 전날 전화번호를 주고받은 현지인이 있다면 통화를 해보자. 득달같이 달려올 확률이 80퍼센트는 된다.

Day 4

버스든, 기차든, 비행기든, 오전 중에는 치앙마이에 도착하게 된다. 잠시 한숨을 돌린 뒤 바로 빠이로 향하자. 치앙마이에서 빠이까지는 약 130킬로미터. 고속도로라면 2시간에 끝낼 거리지만, 실제로 소요되는 시간은 거의 4시간. 과연 어떤 길이 펼쳐질지, 기대 반 각오 반으로 버스에 오르자.

> 치앙마이에서 빠이로 가는 법은 두 가지, 여행자 버스와 로컬 버스가 있다. 여행자 버스는 치앙마이 기차역 부근에 있는 아야 서비스(AYA Service)라는 여행사에서 운행한다. 로컬 버스는 치앙마이 버스터미널에서 출발하며, 에어컨 버스와 선풍기 버스로 나뉜다.

멀고도 험한 빠이 가는 길

평소 멀미를 한다면 미리 준비를 좀 하자. 빠이 가는 길은 만만치가 않다. 차 두 대가 종이 한 장 차이로 지나갈 것 같은 좁디좁은 왕복 2차선 도로가 산등성이까지 구불구불 이어지는데, 거의 180도에 육박하는 커브가 쉬지 않고 두 시간 넘게 나타난다. 그 숫자가 무려 762개이니 대관령이나 한계령은 명함도 내밀기 힘든 수준이다. 그러나 창밖으로 보이는 태국 북부 고산지대의 자연이 너무도 아름답기 때문에 그럭저럭 참을 만하다.

빠이 도착

버스가 빠이에 도착하면 일단 여러모로 반갑다. 이제 그 지겨운 고갯길도 끝이라 반갑고, 한여름 태국답지 않은 선선한 기온과 맑은 공기도 반갑고, 지붕이 야트막하니 예쁘장한 마을의 모습도 반갑다. 천천히 마을을 한 바퀴 둘러보며 마음에 드는 숙소를 골라보자. 마을 자체가 워낙 작기 때문에 넉넉잡아 한 시간이면 충분하다. 나무 냄새 많이 나고, 벌레는 없을 것 같고, 바람은 잘 통하고, 열대 분위기 폴폴 나는 그런 방갈로를 골라보자.

빠이에서 별을 헤다

빠이는 낮에도 그다지 덥지 않지만, 저녁이 되면 선선한 바람이 불어와 태국답지 않은 한기까지 느껴진다. 얇은 겉옷을 하나 걸치고 밖으로 나가보자. 풀잎 향기, 풀벌레 소리, 바람이 나뭇잎을 스치는 소리, 청량한 공기 등, 도시 속 바쁜 삶으로 잃어왔던 것들이 이곳에 있다. 맥주라도 몇 캔 사 들고 불빛 없는 곳을 찾아 자리를 잡으면, 이내 뜨거운 열대의 하늘 위로 쏟아질 듯한 별무리가 나타난다. 별자리들은 느리게 하늘을 일주하고, 유성은 가끔씩 은하수를 횡단한다. 맥주가 떨어질 때까지, 또는 졸음이 올 때까지 별 쏟아지는 밤을 만끽하자.

Day 5

빠이는 아무것도 할 것이 없고, 또한 아무것도 하지 않아도 좋은 마을로 유명하다. 그러나 정말 아무것도 하지 않기에는 여행의 나날이 아쉽고, 태국 북부 산악지대의 아름다운 자연도 아쉽다. 스쿠터를 빌려 한나절 라이딩을 즐겨보자. 빠이의 소소한 볼거리들은 대부분 마을에서 몇 킬로미터 거리에 산발적으로 떨어져 있어 스쿠터로 느릿하게 돌아보기 좋다.

스쿠터는 마을 안에 있는 여행사에서 쉽게 빌릴 수 있다. 면허증은 필요 없으나 여권과 보증금을 맡겨야 한다. 대여료는 100cc 안팎이 하루에 100~120바트 정도. 초보자는 천천히 마을을 몇 바퀴 돌아보며 어느 정도 운전에 익숙해진 뒤 라이딩에 나서자.

스쿠터로 돌아보는 빠이

속도는 걸음이나 자전거보다는 편하고 빠른 정도면 충분하다. 어쩌다 스콜이 쏟아지면 지붕을 찾아 그곳에서 잠시 쉬어가자. 루트 같은 걸 정할 필요도 없다. 군데군데 이정표가 나타나면 마음 끌리는 대로 따라가자. 일부러 찾아간 관광지보다 우연히 만난 현지인 아이들의 미소가 더 마음속 깊이 남을 수도 있다.

팸복 폭포, 머빵 폭포

빠이 주변에 있는 유명한 폭포들로, 팸복 폭포는 높은 낙차를 자랑하고 머빵 폭포는 규모가 크면서 접근성이 좋다. 특히 머빵 폭포에서는 물놀이를 즐길 수 있으므로 생각이 있다면 수영복과 수건을 챙겨 가자.

타 빠이 온천, 므앙빵 온천

빠이 주변에서는 자연적으로 용출된 온천수가 계곡을 따라 흘러내려 고인 모습을 볼 수 있다. 수영 또한 가능하다.

메모리얼 브리지

2차 대전 때 일본군이 군수물자 수송을 위해 만든 다리. 여행자들 사이에서는 '2차 대전 다리'로도 통한다.

뷰 포인트

빠이 주변의 아름다운 자연을 한눈에 볼 수 있는 전망대. 능선과 하늘과 숲이 어우러진 최고의 풍경을 볼 수 있다.

커피 인 러브

빠이 읍내 외곽에 위치한 커피숍으로, 빠이 주변의 평화로운 풍경을 바라보며 커피를 마실 수 있어 인기가 높다.

Do Nothing

한 바퀴 돌고 와도 아직 해가 남아 있다면, 그때부터는 진짜 빠이와 어울리는 시간을 보내보자. 방갈로 앞에 매달린 해먹이나 깔개와 삼각베개가 놓인 발코니, 또는 평상에 누워 지상 최고의 게으름을 피워보는 거다. 빠이는 원래 도시의 바쁜 삶을 거부한 히피와 예술가들이 'Do Nothing'을 모토로 자연과 마음의 리듬에 따르는 생활을 영위하기 위해 만든 마을이다. 따라서 이 마을에 모인 여행자들 역시 그 리듬대로 느긋한 모습으로 음악을 듣거나, 책을 읽거나, 악기를 연주하거나, 또는 아무것도 하지 않는다. 이 같은 빠이 특유의 '아무것도 하지 않아도 좋은' 분위기 때문에 사람들은 하루 이틀 일정으로 이곳에 와서 1~2주일씩 머문다. 때론 떠나지 못하고 몇 달씩 눌러앉기도 한다.

빠이 밤 풍경

빠이의 밤

빠이의 밤은 카오산과 비교도 안 될 정도로 조용하다. 중심가가 조금 북적북적하고, 간간히 불 켜놓은 바들이 눈에 띌 뿐이다. 그러나 그것은 겉보기에 불과하다. 이 마을은 태생부터 '히피의 마을'. 사람이 가장 북적이는 바를 하나 찜해보자. 괜찮은 라이브 바도 띄엄띄엄 있으며, 외곽으로 나가면 수준급 재즈 클럽도 있다. 자리를 잡고 앉으면 이곳을 찾은 여행자들의 모습이 보인다. 3년째 여행 중인 일본인 타투이스트가 이틀 전에 만난 독일인 친구에게 이별 선물로 문신 도안을 그려주고, 방금 만난 태국인 영화감독과 미국인 배낭여행자가 박찬욱 감독의 〈올드보이〉를 놓고 이야기꽃을 피우며 친구가 되어간다. 그들에게 섞여 이야기를 나누다 보면, 어느새 그들은 당신을 '친구'라고 부르고 있을 것이다.

Day 6

빠이는 들어오는 것도 힘들지만 나가는 것도 힘들다. '762 커브' 때문에 몸이 힘들기도 하지만, 그보다는 마음이 더 힘들다. 조금만 더 머물고 싶고, 떠나기 싫다. 그래서 여행자들은 빠이를 '블랙홀'이라고 부른다. 혹시 치앙마이에 예약해둔 숙소가 없다면, 그냥 하루 정도는 더 머물러 버리는 것도 OK.

빠이에서 치앙마이로 가는 여행자 버스는 오전 7시와 오후 4시에, 로컬 버스는 그보다 자주 있다. 오후 2~4시 사이에 출발하자. 그리고 출발하기 전까지 빠이의 게으른 평화를 최대한 만끽하자.

버스 3~4시간

치앙마이에 도착

여행자 버스를 타면 타페 게이트 부근에, 로컬 버스를 타면 치앙마이 터미널에 도착한다. 예약해둔 숙소가 있다면 도보, 또는 대중교통을 이용하여 찾아가자. 치앙마이에는 우리가 흔히

아는 택시나 버스와 같은 대중교통이 없고, 삼륜차인 툭툭이 택시 역할을, 개조 트럭인 썽태우가 버스 역할을 한다. 예약한 숙소가 없다면 타페 게이트로 가자. 방콕에 카오산이 있다면, 치앙마이에는 타페가 있다.

야시장을 즐기자!

치앙마이에는 예술가들이 많이 거주하고 있으며, 주위에 수공예로 생계를 잇는 고산족이나 소수민족도 많아 이런 물건들을 내다 파는 야시장이 크게 발달되어 있다. 가장 유명한 것은 매주 일요일 타페 게이트 주변에서 열리는 '선데이 마켓'으로, 한두 시간으로는 다 보는 것조차 불가능할 정도로 규모가 크다. 토요일마다 타논 우알라이 부근에서 열리는 새터데이 마켓도 유명하다. 평일에 여행을 한다면 타페 부근에 위치한 상설 야시장인 나이트 바자를 이용하자.

🚶🚶 도보, 또는 툭툭으로 이동

치앙마이 나이트 라이프

치앙마이는 태국 북부 특유의 예술적인 분위기에 도시적인 세련미가 곁들여지고, 거기에 태국 제일의 부자 도시다운 경제력이 더해져 어느 도시 이상으로 나이트 라이프가 잘 발달해 있다. 타페 게이트 주변에 있는 라이브 바 '리버 사이드'에서는 매일 수준급의 라이브가 펼쳐지고, 님만헤민 등 세련된 거리에는 태국 전체에서도 물 좋기로 소문난 클럽들이 다수 자리하고 있다. 태국의 클럽은 한국과 달리 댄스 타임과 밴드 타임으로 나뉘는데, 밴드의 음악이 마음에 들면 무대 위로 술을 한 잔 건네주는 것이 태국식 매너라고 한다.

Day 7~8

한국으로 떠나는 항공편은 밤늦은 시간에 있으므로 마지막 날 하루는 온전히 치앙마이에서 쓸 수 있다. 치앙마이는 깔끔하고 조용한 도시로, 태국적인 볼거리와 대도시다운 세련미가 공존하는 곳이다. 천천히 쇼핑이나 산책을 즐기며 여행을 마무리해보자.

치앙마이 필수 코스, 도이 수텝

도이 수텝이란 한국말로 하면 '수텝 산(山)'이라는 뜻. 산 위에 왓 프라탓이라는 절이 있는데, 보통 이 절과 산을 동시에 가리켜 '도이 수텝'이라고 통칭하곤 한다. 왓 프라탓은 태국 특유의 황금빛 탑과 오색찬란한 건물을 볼 수 있는 절로, 부처님의 진신 사리를 모시고 있기 때문에 태국 북부 최고의 성지로 추앙받고 있다. 치앙마이 일대에서는 가장 큰 볼거리라 할 수 있는 곳이다. 산꼭대기에 위치하고 있어 전망도 좋다.

> 치앙마이 공항은 시내에서 무척 가까운 편이므로 짐이 많지 않다면 툭툭을 타도 충분하다. 짐이 많다면 묵었던 숙소에 택시를 불러달라고 하자.

🚌 썽태우 20~30분

태국에 이런 곳이? 타논 님만헤민

타논 님만헤민(님만헤민 로드)은 치앙마이 서쪽 외곽 부근에 위치하는 거리로, 카페, 클럽, 레스토랑, 숍 등이 몰려 있는 곳이다. 도쿄나 서울에도 견줄 수 있을 정도로 세련된 거리로, 치앙마이에 거주 중인 외국인들이 즐겨 찾는 곳이라 영어도 상당히 잘 통한다. 이른바 명품이라고 하는 것들은 없으나, 곳곳에 예술적인 느낌이 가득한 소규모 갤러리나 셀렉트 숍들이 있어 보는 재미가 적지 않다. 저녁 때면 라이브 연주를 하는 바들도 종종 볼 수 있다.

🚌 택시, 또는 툭툭 20~30분

치앙마이 공항 도착

한국으로 출발!

✈ 기내 1박(5시간 10분)

인천 공항 도착

도이 수텝

님만헤민의 셀렉트 숍

팟 타이 Pad Thai

쌀국수를 간장, 피시소스, 땅콩 등을 넣고 볶은 것으로, 태국 음식
중 가장 잘 알려져 있다. 길거리 식당부터 최고급 레스토랑까지 이
메뉴를 갖추지 않은 곳은 없다고 해도 무방할 정도.

똠 얌 꿍 Tom Yum Goong

'세계 3대 수프'로 손꼽히는 태국 국물 요리의 대표주자. 한국의 된장
찌개 같은 대중성과 의미를 갖는 태국의 소울 푸드다. 새우를 넣고
끓인 매콤새콤한 찌개로, 태국에서 꼭 먹어봐야 하는 음식!

뿌 팟퐁 가리 Poo Pad Pong Garee

게를 넣고 만든 커리. 달콤한 게살과 커리의 조화가 뛰
어나며 감칠맛도 일품이나. 기름을 많이 쓰기 때문에
약간 느끼한 것이 흠이나, 태국 음식 중 최고의 밥도둑
이라 할 수 있다.

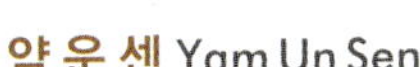

얌 운 센 Yam Un Sen

한국의 당면과 같은 투명한 면을 각종 해물과 함께 따뜻하게 무친 음
식으로, '태국 잡채'라고 생각하면 된다. 매콤하고 깔끔한 맛 때문에
한국인의 입맛에 잘 맞는 편이다.

쏨 땀 Som Tam

그린 파파야를 채쳐서 피시소스, 쥐똥고추, 말린 새우, 땅콩 등과 잘
버무린 음식이다. 매콤하고 개운하면서도 감칠맛이 있어 먹으면 먹
을수록 중독된다. 일종의 김치와 같은 매력이 있다.

태국의 또 다른
히피 스타일 여행지

태국은 아시아 최고의 배낭여행 천국이다.
미개발 열대 자연을 즐기며 느긋하게 시간을 보낼 수 있을 뿐 아니라,
물가도 저렴해 특히 히피 스타일 여행자들에게 적격이다.
카오산과 빠이 외에 이러한 여행자들이 선호하는 태국의 또 다른 곳을 알아보자.

끄라비 Krabi

태국 남서부 안다만 해를 바라보고 있는 해변 휴양지로, 푸켓과 가까운 곳에 위치한다. 신혼 여행지 및 고급 휴양지로도 유명하나, 저비용 배낭여행자들을 위한 숙소와 각종 편의시설도 잘 되어 있는 편이다. 끄라비 타운의 야시장은 물가가 저렴해 장기여행자들의 물자 보충에 애용된다.

꼬 따오 Ko Tao – 꼬 팡안 Koh Phangan

꼬 따오는 배낭여행 및 다이빙이 유명한 섬으로, 아름다운 외딴 섬의 분위기에 반해 눌러앉은 장기여행자들이 많은 곳이다. 밤마다 불 쇼를 하는 비치 바로도 유명하다. 꼬 팡안은 평소에는 아름다운 해안과 한가로운 분위기로 느긋하게 눌러 쉬기 좋은 섬이나, 매달 만월 시기에 열리는 '풀문 파티' 때면 전 세계의 히피 및 관광객들이 몰려와 지상 최대의 난장판 축제가 벌어진다.

매 싸롱 Mae Salong

태국 북부 산간지역의 조용한 마을로, 고산 지형을 이용해 차를 생산하는 곳이다. 차밭이 넓게 펼쳐지고 마을 곳곳에서 차를 말리고 있어 어디를 가도 차 향기가 가득하다. 아직 여행자들이 많지 않아 한적하고 아름다운 분위기를 즐길 수 있으므로, 멍하니 아무것도 하지 않는 시간을 보내고 싶은 여행자에게 좋을 듯.

치앙 칸 Chiang Khan

태국 동북부 이싼 지방 메콩 강변에 위치한 아주 작은 마을로, 강을 두고 라오스와 마주 보고 있다. 최근 들어 태국 현지인들에게 인기를 끌기 시작한 곳으로, 외국인 여행자들은 아직 상당히 드문 편이다. 아직 개발되지 않은 오지 및 처녀지를 방문하고 싶은 여행자들에게 권한다.

카파도키아 & 산토리니, 로망의 정수를 한 번에!

터키+그리스 로망 여행 7박 9일

고를 수 없다면, 둘 다 간다!

우리는 살면서 양자택일의 순간을 자주 겪는다. 그리고 그때마다 갈등한다. 둘 중 어느 하나를 고른다는 것만큼 힘든 일이 있을까. 게다가 그것이, 그 어느 하나 포기하기 힘들 정도로 매력적이라면 말이다. 짬짜면이나 양념 반 후라이드 반이 괜히 생긴 게 아니다.

터키와 그리스. 일주일이라는 시간을 놓고 두 나라 중 한 곳을 여행하고자 하는 사람이라면 적지 않은 갈등에 빠질 것이다. 먼저 터키. 작정하고 여행하기로 하면 몇 달이 부족할 정도로 볼거리가 무한한 나라다. 그리스는 어디 빠지는가. 지중해의 아름다운 풍경과 곳곳에 펼쳐져 있는 고대 그리스의 유적만 찾아봐도 일주일은 금세 간다.

고민할 것 없다. 둘 다 가면 된다. 두 나라에서 가장 정수라 할 만한 곳들을 뽑아 일주일간 만 끽하고 오는 거다. 여러 도시를 가지 못하거나 여러 볼거리를 섭렵하지 않아도 아쉬움이 남

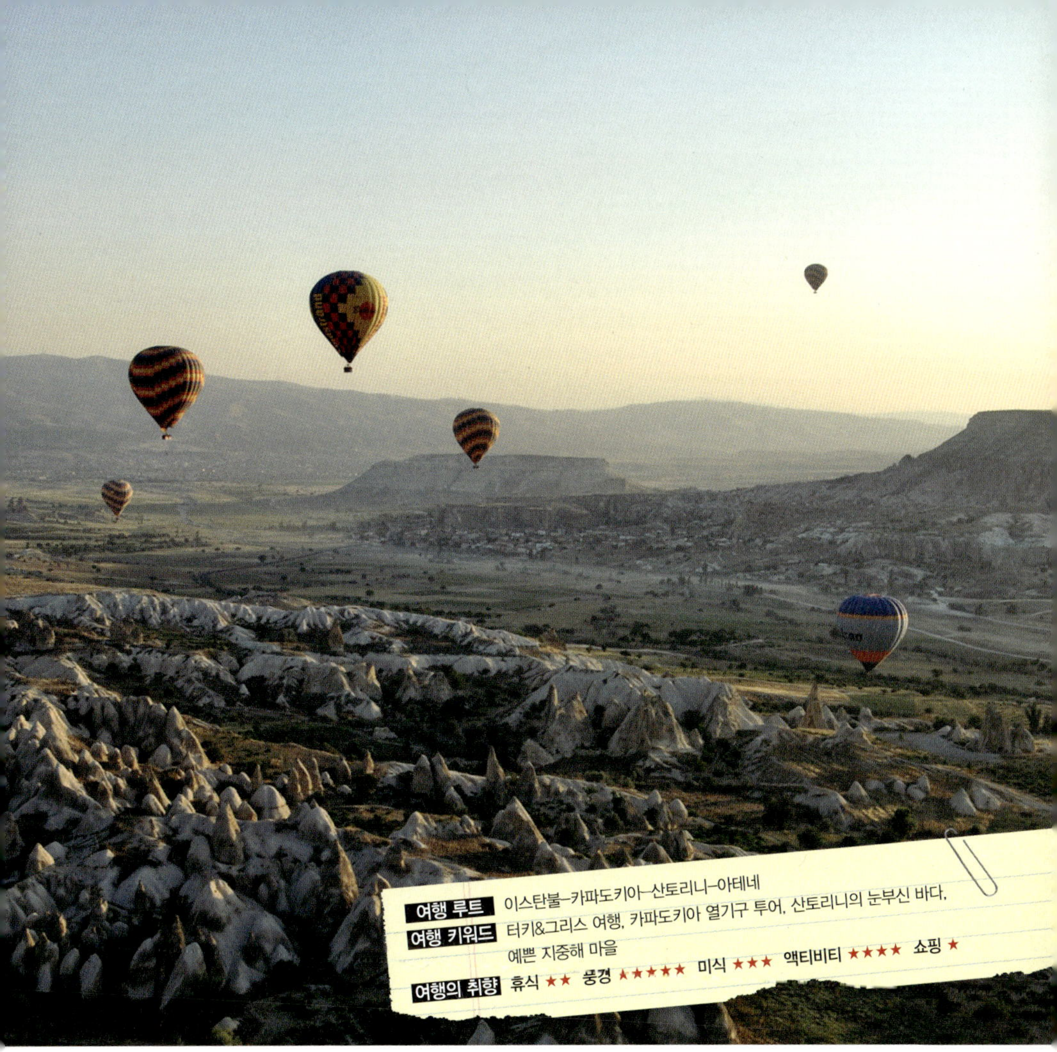

여행 루트 이스탄불–카파도키아–산토리니–아테네

여행 키워드 터키&그리스 여행, 카파도키아 열기구 투어, 산토리니의 눈부신 바다, 예쁜 지중해 마을

여행의 취향 휴식 ★★ 풍경 ★★★★★ 미식 ★★★ 액티비티 ★★★★ 쇼핑 ★

지 않을 강력한 여행지를, '나 여기 가봤다'라고 평생 자랑할 수 있는 여행지를 두 나라에서 하나씩 쏙쏙 뽑아 가면 된다.

터키라면 카파도키아가 될 것이다. 몇백만 년 전의 화산 폭발로 이루어진 독특한 암석군이 아나톨리아의 넓은 벌판을 채우고 있는 풍경은 신의 예술품이라 불릴 정도로 아름답고 감동적이다. 터키에서 평원과 기암괴석을 보았다면 그리스에서는 바다를 고르면 된다. 산토리니, 이 말을 듣고 가슴 설레지 않는 여행자도 있을까? 몇년 전 모 이온음료 광고에 등장한 이후 로맨틱한 여행을 꿈꾸는 모든 이들의 꿈이 되어버린, 산토리니의 이아 마을로 가는 거다. 여기에 두 나라의 수도인 이스탄불과 아테네를 들른다. 물론 섬세하게 계획을 해야 하고, 비행기도 여러 번 타야 한다. 그러나 감히 말한다. 일주일 안에 저렇게 갈 수 있다면, 그 정도는 충분히 감수할 가치가 있지 않느냐고. YJ SY

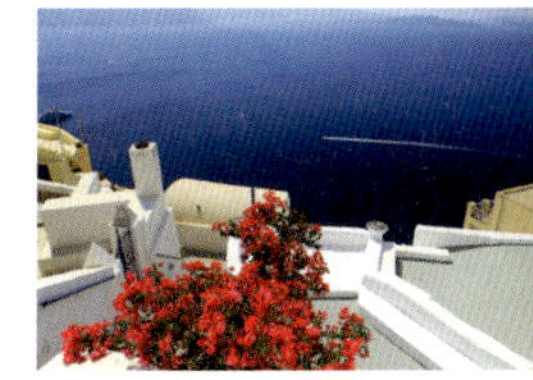

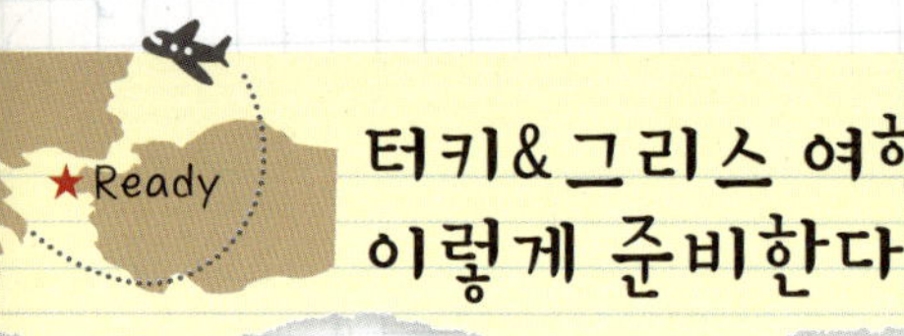

터키&그리스 여행, 이렇게 준비한다!

언제 갈까? 두 나라 공히 겨울은 우기고 여름이 건기다. 좀 더 정확히 말하면 10월 중순에서 11월 사이에 우기가 시작해 3~4월까지는 비가 잦다. 새파란 하늘을 매일 볼 수 있는 5~9월 사이가 여행의 적기라 할 수 있다.

어떻게 가지? '인천-이스탄불' 구간을 직항으로 끊는다. 터키항공이 가격과 스케줄 면에서 가장 좋다. 이 항공권을 구하지 못했다면 아시아나항공이나 대한항공 직항편, 또는 동남아계 항공이나 유럽계의 1회 경유 항공권을 구해보자.

얼마나 들까? **예산** 총 340만 원 정도('인천-이스탄불 항공료' 150만 원선, '이스탄불-카파도키아' 애드온 15만 원, '이스탄불-아테네' 저가항공 25만 원, 숙박비 57만 원(이스탄불 8만 원×2일, 카파도키아 3만 원×2일, 산토리니 10만 원×2일, 아테네 15만 원×1일), 식비 20만 원, 기타 교통비 10만 원, 카파도키아 열기구&투어 30만 원, 기타 예비비 20~30만 원).
환전 여행 비용 전액을 유로로 환전한다. 1유로는 약 1,500원(2012년 4월 기준).
신용카드&현금카드 비자카드, 마스터카드를 준비한다. 시티 현금카드가 있다면 유용하다.

미리 준비하자! **비자** 양국 모두 90일 무비자 체류 가능.
언어 터키어, 그리스어. 영어로도 어렵지 않게 소통 가능하다.
터키 국내선(이스탄불-카파도키아) 터키항공 국제선을 이용하면 약간의 실비와 세금 추가로 국내선을 애드온할 수 있다. 국제선을 예약할 때 여행사와 전화 상담으로 국내선까지 같이 알아보자. 카파도키아에서는 카이세리, 네브세히르 두 개의 공항을 이용할 수 있는데, 네브세히르 공항이 여행의 중심이 되는 괴레메와 좀 더 가깝다.

'터키–그리스' 연결 저가항공 페가수스에어, 이지언에어, 올림픽에어 등의 저가 항공사들이 터키와 그리스를 연결한다. 스카이스캐너나 익스피디아로 검색해보면 쉽게 예약할 수 있다.

열기구 투어 카파도키아의 열기구 투어는 여름 성수기에는 여행자가 몰리므로 예약을 하고 가야 한다. 다양한 열기구 투어 회사가 있으며, 회사마다 열기구의 디자인도 제각각이다. 탑승 인원, 탑승 시간에 따라 가격이 다른데 보통 1인당 110유로 정도다.

• 카파도키아 벌룬스 www.kapadokyaballoons.com

숙소 구하기 카파도키아 괴레메 지역에는 동굴을 이용한 호텔이나 펜션 등이 많다. 기왕 카파도키아까지 왔다면 꼭 동굴 숙소에서 자보자. 가격대도 다양해 한국 돈 1~2만 원대의 저렴한 숙소도 드물지 않다.

이스탄불 이스탄불 구시가의 술탄 아흐메트 지구에서 골라보자. 관광지에 대한 접근성도 좋고, 괜찮은 숙소들이 많다.

산토리니 이아마을과 피라마을 중에 선택하자. 이아마을은 아름다운 낙조와 로맨틱한 일출을 즐길 수 있어 인기가 높다. 가격대가 센 편으로 신혼여행자 및 여유 있는 여행자들이 주로 숙박한다. 보통 여행자들이 숙박지를 정하는 곳은 피라마을로, 저렴한 숙소에서부터 고급 호텔까지 선택의 폭이 넓고 여행사와 은행이 있어 편의성이 높다. 각각 1박씩도 고려해볼 만하다.

아테네 신타그마 광장 주변이 관광과 교통에 가장 좋다.

짐 꾸리기 옷&신발 얇고 가볍고 편한 여름옷을 준비한다. 여름이 한국보다 길기 때문에 5월이나 9월에 떠나는 일정이라도 반드시 여름옷으로 준비해야 한다. 이스탄불의 모스크에 들어갈 때 여성은 온몸을 가려야 하는데, 사원 앞에서 긴 스카프 등을 빌려주므로 걱정할 것 없다.

세면도구 숙소의 수준에 따라 다른데, 호텔에서도 비누만 제공되는 경우가 흔하므로 모두 가져가는 것이 좋다.

선글라스, 모자, 선크림 여름 여행의 필수품!

터키+그리스 로망 여행 7박 9일

날짜	루트	여행 일정
Day 1	이스탄불 ⇨ 카파도키아	**오전** 이스탄불 도착 후 카파도키아로 이동 **오후** 로즈 밸리에서 일몰 감상
Day 2	카파도키아	**오전·오후** 카파도키아 투어
Day 3	카파도키아 ⇨ 이스탄불	**오전** 열기구 투어 **오후** 이스탄불로 이동
Day 4	이스탄불	**오전·오후** 이스탄불 구시가지 관광
Day 5	이스탄불 ⇨ 아테네 ⇨ 산토리니	**오전** 아테네 도착 후 페리 탑승 **오후** 산토리니 도착, 이아마을 일몰 감상
Day 6	산토리니	**오전·오후** 산토리니 관광
Day 7	산토리니 ⇨ 아테네	**오전** 페리 탑승 및 아테네 도착 **오후** 신타그마 광장 및 아크로폴리스 관광
Day 8	아테네 ⇨ 이스탄불	**오전** 이스탄불로 이동 **오후** 이스탄불 신시가지 관광 **밤** 한국으로 출발
Day 9	한국	**오후** 인천 공항 도착

Day 1

한국에서 터키항공을 이용하면 새벽에 이스탄불에 도착한다. 이스탄불에서 비행기를 환승하여 카파도키아로 간다. 숙소에 여장을 풀고 가장 먼저 동굴 교회 300여 개가 모여 있는 괴레메 야외 박물관으로 간다. 로즈 밸리에서 트레킹을 즐긴 후 분홍색으로 물든 협곡을 감상하노라면 가슴이 벅차오른다.

이스탄불에서 비행기를 환승한 다음 카파도키아 공항에 도착한다(1시간 30분).

시내의 숙소로 이동

버스나 돌무쉬(봉고와 비슷한 터키의 교통수단) 같은 대중교통이 없어 시내까지 터키항공에서 운행하는 리무진 버스를 타고 간다. 터키항공 스케줄에 맞춰 리무진 버스가 운행되며, 예약은 필수다. 요금은 17예텔레.

• **리무진 버스 예약** www.cappadociaexclusive.com/shuttle.html

🏠 숙소 이동(15분)

동굴 호텔 도착

괴레메에는 동굴 호텔이 많다. 다른 곳에서는 볼 수 없는 동굴 호텔에 머무는 것도 특별한 경험이 될 것이다. 미리 예약한 동굴 호텔에 여장을 푼다. 잠시 휴식을 취한 후 괴레메 야외 박물관으로 향한다.

> **Tip ┃ 투어를 신청하자**
>
> 카파도키아는 꽤 방대한 도시로 괴레메나 우치히사르를 제외하곤 개인적으로 둘러보기 힘들다. 때문에 투어 프로그램을 이용해야 하는데, 이는 호텔이나 여행사에서 예약할 수 있다. 로즈 밸리, 파샤바 지구, 데브렌트, 데린쿠유 등 가고자 하는 카파도키아의 관광지에 맞는 코스를 선택하여 신청한다. 코스에 따라 요금이 달라진다.

로즈 밸리

👣 도보 15분

선명한 프레스코화가 있는 괴레메 야외 박물관
Goreme Open Air Museum

5~12세기에 걸쳐 기암괴석을 파서 만든 300여 개의 동굴 교회가 모여 있다. 300개 중 30개만 일반인들에게 공개되고 있다. 교회 내부에서는 프레스코화를 볼 수 있는데 오랜 세월이 흘렀지만 선명한 프레스코화도 많아 꽤 볼 만하다. 입구 왼쪽 맞은편의 토칼리 교회의 본당을 장식한 프레스코화는 비잔틴 미술의 걸작으로 꼽힌다. 예수의 어린 시절부터 그의 일생을 담고 있다. 카란륵 교회는 별도로 입장료(10예텔레)를 내야 한다.

• **개장시간** 여름 08:30~19:00, 겨울 08:30~17:00   • **입장료** 12예텔레

로즈 밸리 Rose Valley 에서 분홍빛 일몰 감상

원래 이름은 크즐 추쿠르이나 분홍색을 띤 아름다운 협곡이 끝없이 펼쳐져 있어 로즈 밸리, 즉 '장미의 계곡'이라 불린다. 로즈 밸리는 카파도키아에서 일몰이 가장 아름다운 곳으로 분홍빛에서 강렬한 붉은빛으로 물드는 협곡이 압권이다. 로즈 밸리 투어를 신청하면 2시간 30분에서 3시간 정도 로즈 밸리를 트레킹하게 된다. 협곡 곳곳에 교회와 집이 자리하고 있는데, 가이드의 안내에 따라 들어가볼 수도 있다. 일몰 후에는 기온이 뚝 떨어지므로 여분의 옷을 준비해 가도록 하자.

Day 2

4세기 당시 기독교인들이 숨어 살던 지하 동굴도시 데린쿠유, 버섯 모양의 바위들을 볼 수 있는 파샤바, 크고 작은 다양한 기암괴석이 여기저기 흩어져 있는 데브렌트 등 자연이 만들어낸 예술 작품에 감탄하라! 저녁엔 카파도키아 지방의 명물인 항아리 케밥을 먹으며 전통공연을 감상한다.

카파도키아 투어

전날 신청한 투어에 참가해 카파도키아를 둘러본다. 투어 프로그램에는 보통 영어가이드와 점심 식사가 포함되며, 입장료는 별도로 내야 한다.

파샤바 Pasabag

커다란 버섯 모양의 바위들이 옹기종기 모여 있어 마치 '스머프 마을'에 온 듯한 느낌이 든다. 터키인들은 이러한 바위를 '요정의 바위'라고도 부른다. 버섯 갓 부분은 단단한 현무암으

로 되어 있고, 버섯 줄기에 해당하는 부분은 화산재가 쌓인 후 굳어져 만들어진 응회암인데, 현무암과 응회암의 침식 속도가 달라 이러한 모양이 만들어졌다고 한다. 과거에 수도사들이 바위 속을 파고 은둔했던 교회가 있다.

데브렌트 Devrent

낙타, 고래, 나폴레옹 머리, 성모 마리아 등 재미있는 모양의 바위가 있다. 바위를 보고 상상의 날개를 펼칠 수 있어 '상상의 골짜기'라고도 부른다. 실제로 바위의 모양이 각도에 따라 달라진다. 낙타를 꼭 닮아 유명해진 '낙타 바위'를 찾아보자.

우치히사르 Uchisar

높은 산 위에 우뚝 솟아 있는 커다란 우치히사르 성을 중심으로 주변에 크고 작은 뾰족한 바위산이 있다. 바위에 셀 수 없을 만큼 많이 뚫려 있는 구멍은 비둘기 둥지다. 옛날 카파도키아 주민들이 포도밭 비료로 비둘기 배설물을 사용했기 때문에 바위에 이러한 비둘기 둥지를 만들었다. 입장료를 내고 성채에 올라가면 멋진 경치가 파노라마처럼 펼쳐진다.

데린쿠유 Derinkuyu

4세기경 4만 명이 넘는 기독교인들이 숨어 살던 지하 동굴 도시. 교회, 학교, 침실, 부엌 등 공동생활을 위한 시설이 완벽하게 갖춰져 있다. 데린쿠유는 '깊은 우물'이라는 뜻인데, 지하를 관통하고 있는 수직으로 된 구멍을 통해 모든 층에서 물을 공급받았다고 한다. 적의 침입을 차단하기 위한 돌문이 여러 곳에 설치되어 있다. 전체의 10% 정도만 공개되고 있으며, 관광객은 지하 8층까지만 들어갈 수 있다.

사리카야 레스토랑 Sarikaya Restaurant 에서 항아리 케밥 맛보기

항아리 속에 쇠고기와 감자, 토마토, 양파 등의 채소와 토마토소스, 버터를 넣고 80도의 가마에서 3시간 정도 익힌 항아리 케밥은 카파도키아에서 꼭 먹어봐야 할 음식이다. 토기를 만드는데 적합한 지형인 덕분에 항아리 케밥이 발달했다고 한다. 사리카야 레스토랑은 실제 동굴을 개조한 독특한 구조가 인상적인 곳으로, 제대로 된 항아리 케밥을 먹을 수 있는 장소다. 음식을 주문하면 항아리를 통째로 들고 나와 테이블 옆에서 망치로 밀봉을 깬 후 요리를 접시에 덜어준다. 저녁에는 중앙 홀에서 열리는 전통춤 공연을 감상하면서 식사할 수 있다. 점심 식사 때는 그냥 가도 되지만 저녁 식사 때는 반드시 예약을 하고 가야 한다.

• **전화** +90-384-511-3560 • **영업시간** 11:00~다음 날 02:00

Day 3

오직 열기구를 타기 위해 카파도키아를 찾는 이들이 있다면 믿을 수 있을까? 그러나 동이 틀 무렵의 이른 새벽에 열기구를 타고 맞는 해돋이를 경험한다면 모든 게 이해될 것이다. 오후에는 2박 3일의 여정이 짧게만 느껴진 카파도키아를 뒤로 하고 이스탄불로 향한다.

카파도키아의 하늘을 수놓는 열기구 투어

매일 아침 카파도키아의 하늘에는 형형색색의 열기구가 가득하다. 수십 개의 열기구 투어 회사에서 거의 동시에 열기구를 띄우기 때문이다. 탑승 전 간단한 안전수칙을 교육받은 후 새벽 5시 30분에 열기구를 타고 출발하면 약 1시간 30분 동안 카파도키아의 기암괴석과 바위 계곡들을 돌아보게 된다. 상상조차 하지 못했던 지구 위 풍광과 캄캄했던 하늘을 뚫고 봉긋하게 솟아오르는 해돋이의 장관은 죽을 때까지 잊지 못할 생의 기억으로 남을 것이다. 투어가 끝나면 성공적인 비행을 자축하는 샴페인 파티가 열린다. 여름이라도 상공에서는 매우 쌀쌀하므로 두꺼운 옷을 준비하도록 한다.

숙소 체크아웃 후 항공 스케줄에 맞춰 공항으로 이동한다. 카파토키아에서 이스탄불로 이동한다 (1시간 30분).

공항 도착 후 숙소로 이동

이스탄불 공항에서 구시가지까지는 LRT(Light Rail System)와 트램을 타고 갈 수 있다. LRT의 종점인 악사라이에서 내린 후 트램을 타고 숙소가 밀집한 술탄아흐메트 지구로 간다.

Day 4

동서양의 교차점에 위치한 이스탄불은 너비 1킬로미터의 보스포루스 해협을 사이에 두고 유럽과 아시아를 동시에 품고 있다. 산책하듯 천천히 걸으면서 이질적인 문화들이 한데 섞여 이색적인 분위기를 자아내는 이스탄불의 신비한 매력에 빠져보자.

블루 모스크, 술탄아흐메트 자미 Sultanahmet Camii

사원 내부의 벽과 돔에 사용된 타일의 색깔이 푸른색을 띠고 있어 '블루 모스크'라는 이름으로도 잘 알려진 이슬람 사원이다. 술탄아흐메트 1세의 지휘 아래 10년에 걸쳐 완성되었는데, 이슬람 사원 특유의 아름다운 실내 모습에 저절로 감탄하게 된다. 사원의 내부 장식을 위해 사용된 2만여 장의 타일은 터키 북서부에 위치한 이즈닉에서 가져왔으며, 조명으로 사용된 수백 개의 크리스털 오일 램프 역시 외국에서 수입된 것이라고 한다. 내부에는 신발을 벗고 들어가야 하며, 하루에 5번 열리는 기도 시간에는 출입할 수 없다.

- **개장시간** 수시로 입장 가능(기도시간 제외)
- **입장료** 없음(약간의 기부금 환영)

바로

로마 경기장 터, 히포드롬 Hippodrome

3세기 초 술탄아흐메트 자미의 서쪽 광장에 있던 경주장 터로, 로마시대에는 이곳에서 전차 경주가 열렸다. 가로 117미터, 세로 500미터 크기의 거대한 경기장은 전쟁으로 모두 파괴되어 현재 3개의 기둥만 남아 있다. 남쪽에 있는 테오도시우스 황제의 오벨리스크는 이집트 카르나크 신전에서 가져온 기둥인데, 탑에 3,500년 전의 이집트 상형문자가 새겨져 있다. 아랫부분 받침대에는 경마를 관전하는 테오도시우스 황제의 모습이 그려져 있다.

도보 10분

넓디넓은 톱카프 궁전 Topkapi Sarayi

1462년부터 약 400년 동안 22명의 오스만 왕(술탄)이 거주한 궁전으로 왕족과 군인, 하인 등 5,000명이 거주했다. 전체 면적이 21만 평으로 바티칸의 두 배, 모나코의 절반이나 된다. 원

술탄아흐메트 자미　　수백 개의 크리스털 오일 램프　　술탄아흐메트 자미 천장

래 궁전의 이름이 따로 있었으나 정문 앞의 거대한 대포 때문에 '톱카프'란 이름으로 바뀌었다, 술탄과 그의 가족이 모여 살던 '금단의 장소'라는 뜻의 하렘, 화려한 터키 요리가 탄생한 거대한 부엌과 당시의 의상을 모아 놓은 전시실이 볼 만하다.

- **개장시간** 09:30~16:00(하렘은 15:30까지)
- **입장료** 20예텔레(하렘은 별도 구입 10예텔레) **휴관일** 화요일

🚶 도보 10분

〈007 시리즈〉의 촬영지, 지하 궁전 Yerebatan Sarnici

이스탄불에 있는 60개의 지하 저수지 중 가장 규모가 큰 곳으로, 도심에서 25킬로미터 떨어진 장소에서 물을 끌어와 식수로 사용했다고 한다. 내부에는 독특한 코린트 양식의 기둥이 4미터마다 하나씩, 총 336개가 세워져 있으며, 물이 고여 있는 바닥에는 팔뚝 크기만 한 수많은 물고기가 유유히 헤엄치고 있다. 궁전 가장 안쪽에 자리한 두 개의 메두사의 머리를 유심히 볼 것. 하 는 옆으로, 다른 하나는 거꾸로 기둥 아래쪽을 받치고 있다. 영화 〈007 시리즈〉 중 한 편이 이곳에서 촬영됐다.

- **개장시간** 09:00~17:30 **입장료** 10예텔레

🚶 도보 3분

화려한 금색 모자이크의 천장, 아야 소피아 Aya Sofya

서기 532년 유스티니아누스 황제가 세계에서 가장 훌륭한 성당을 짓겠다는 목표로, 5년간 100명의 기술자와 1만 명의 노동자를 투입시켜 완성시켰다. 과거 그리스 정교의 총 본산으로 숭배를 받다가 오스만제국에 의해 콘스탄티노플(옛 이스탄불)이 함락된 후에 이슬람 사원이 됐다. 내부 벽 위에 균형 있게 배치해 붙여 놓은 화려한 대리석 패널과 무늬가 신비로운 분위기를 연출한다. 천장의 금색 모자이크가 화려함을 더한다.

- **개장시간** 09:00~17:00
- **입장료** 10예텔레 **휴관일** 일요일

🚋 트램 10분

그랜드 바자르 Grand Bazaar 에서 쇼핑하기

15세기 중반 귀금속 전문 시장으로 문을 열었으며, 19세기 초에는 노예 시장의 역할도 했다. 열두 번의 강한 지진과 아홉 번의 화재 때마다 복구를 거듭해 처음의 동양적인 분위기는 찾아볼 수 없지만 여전히 독특한 매력을 발산하고 있다. 카펫, 보석, 도자기를 비롯해 터키에서 만든 프라다, 구찌, 샤넬 등의 이미테이션 명품도 구입할 수 있다. 상점을 지나가다보면 허리가 잘록한 잔에 짜이를 따라 주며 구경하고 가라는 호객 행위 때문에 발걸음을 떼기가 힘들 정도다. 지인들을 위한 선물로는 나자르 본주우가 딱이다.

· **영업시간** 08:30~18:30   · **정기휴일** 일요일

Tip **나자르 본주우 Nazar Boncugu**

'터키의 눈'이라고 불리는 나자르 본주우는 몸에 지니고 다니면 나쁜 운세를 띠할 수 있다고 전해지는 푸른 구슬이다. 장식품이나 그릇은 물론, 귀걸이나 팔찌 같은 액세서리 등 다양한 기념품으로 제작해 판매되고 있다.

Day 5

1박 2일이라는 짧은 여정이 못내 아쉽지만, 일정 후반에 다시 한 번 들를 수 있으니 과감히 그리스 산토리니로 이동하자. CF나 엽서에서 수없이 봐왔던 산토리니의 풍경을 마주한다면 이런 아쉬움도 금세 잊힐 것이다. 하늘과 바다를 구분하기 힘든 산토리니의 코발트 빛 바다에 맘껏 취해보자.

이스탄불에서 아테네까지 항공편을 이용한다. 아침 일찍 출발하는 스케줄을 이용하도록 한다. 1시간 30분 소요. 공항에서 E96번을 타고 피레우스 항구까지 간다.

피레우스 항구 Pireus Port 에서 페리 탑승

산토리니까지 가는 배는 쾌속선과 일반선이 있다. 쾌속선은 약 4시간, 일반선은 약 8~9시간 걸린다. 페리 티켓은 홈페이지(www.gtp.gr)나 아테네 공항에서 구입할 수 있다.

🚢 배로 이동

산토리니 아티니오스 항구Athinios Port 도착, 피라마을로 이동

신항구인 아티니오스 항구에서 숙소가 있는 피라마을까지 버스를 타고 갈 수 있다. 버스는 페리 스케줄에 따라 하루 3~4번씩 운행된다. 버스를 놓쳤다면 택시를 타고 가야 한다. 숙소에서 픽업 서비스를 제공한다면 그를 이용해도 좋다.

> **Tip** **산토리니의 교통편**
>
> 산토리니는 버스가 자주 운행되지 않아 대부분 렌터카나 사륜 오토바이 ATV를 이용하곤 한다. ATV는 혼자, 또는 2명이 여행할 때 제격이다. 도로가 복잡하지 않아서 내비게이션 없이 지도 한 장만으로도 어려움 없이 길을 찾을 수 있다. 단, 경사진 곳을 운전할 때에는 운전에 주의해야 한다. 렌터카는 1일 60~80유로, ATV는 20~30유로 정도면 빌릴 수 있다. 렌터카와 ATV를 대여하기 위해서는 국제운전면허증을 지참해야 한다.

🚌 버스, 또는 택시 20분

피라마을 도착 후 숙소로 이동

피라마을은 호텔, 여행사, 기념품 숍 등이 모여 있는 산토리니의 가장 큰 마을이다. 숙소에서 휴식을 취하며 창문 밖으로 펼쳐지는 지중해를 마음껏 감상한다.

🚌 버스 30분

이아마을에서의 잊지 못할 일몰

산토리니에서 해야 할 것을 딱 한 가지만 꼽으라고 한다면 '이아마을 일몰 감상'이라고 할 것이다. 이아마을은 산토리니 북쪽 끝 절벽에 있는 마을로, 화산이 터져서 만들어진 절벽에 수백 채의 집이 옹기종기 모여 있다. 활기찬 분위기의 피라마을과는 다르게 분위기가 조용하다. 미로 같은 이아마을 골목을 돌아다니다가 일몰 무렵이 되면 풍차가 보이는 마을 서쪽의 언덕으로 향하자. 일몰 시간은 여름은 밤 8시부터 9시 사이, 봄과 가을은 오후 6시부터 밤 8시 사이이다. 절벽부터 서서히 붉게 물들다가 이내 온통 마을을 물들인다.

Day 6

산토리니에서는 바쁘게 움직일 필요가 없다. 목적지를 정하지 않고 돌아다녀도 가는 곳마다 모두 입이 떡 벌어질 만큼 근사하다. 느긋한 마음으로 전망 좋은 곳에 자리한 레스토랑에서 신선한 지중해 요리를 즐겨보자.

하루 종일 산토리니 돌아다니기

숫자가 새겨진 600여 개 계단을 올라가며 피라마을을 둘러보자. 직접 걸어 올라가기 힘들다면 당나귀 투어(Donkey Ride)를 이용할 수도 있다. 당나귀는 산토리니에 교통시설이 생기기 전에 절벽 아래에 있는 구항구와 마을을 오가는 주요 교통수단으로 이용됐다. 요금은 보통 1인 10유로 정도. 피라마을과 절벽을 따라 이어진 이메로비글리(Imerovigli) 마을은 피라마을이나 이아마을보다는 덜 유명하지만 한적하게 산책을 즐길 수 있는 곳이다. 골목마다 아기자기한 기념품을 파는 숍이 많으니 쇼핑 타임을 가져도 좋을 듯하다. 시간이 된다면 산토리니에서 물이 가장 깨끗한 해변인 카마리(Kamari)도 가볼 것. 피라마을에서 카마리까지 가는 버스가 운행된다.

Day 7

산토리니에 올 때와 마찬가지로 페리를 타고 아테네까지 간다. '높은 마을'이란 뜻의 아크로폴리스는 아테네 어디에서나 바라볼 수 있는데, 파르테논 신전, 니케 신전 등의 유적지가 있다. 유적지에 담긴 신화와 전설을 알고 가면 흥미롭게 관람할 수 있다.

산토리니 신항구에서 페리를 타고 아테네까지 간다. 피레우스 항구에서 아테네 시내까지는 지하철을 타고 갈 수 있다. 약 30분 소요. 숙소 체크인 후 아테네 시내 관광을 떠난다.

아크로폴리스

아테네 해피 트레인

아테네의 중심, 신타그마 광장 Syntagma Square

공항버스의 종착역이자 버스 노선이 만나는 교통의 요지다. 보통 아테네 여행의 출발지가 되기 때문에 호텔이나 여행사 등이 몰려 있다. 신티그마 광장 동쪽의 아말리아스(Amalias) 거리에는 국회의사당이 있다. 건물 앞에는 1923년 터키 제국에 항전하다가 희생된 용사들을 기리기 위한 무명용사의 비가 있다. 매시 정각에는 위병 교대식이 열려 볼거리를 제공한다.

☖☖ 도보 20분

아테네의 상징, 아크로폴리스 Acropolis

아크로폴리스 언덕을 지나 불레 문을 지나면 이오니아식으로 지어진 우아한 건물인 니케 신전(The Temple of Athena Nike)이 보인다. 니케는 '승리의 여신'으로, 아테네인들이 스파르타인과의 수많은 전쟁에서의 승리를 빌었던 곳이다. 아크로폴리스에서 가장 큰 규모인 파르테논 신전(Parthenon)은 전쟁과 지혜의 신이자 아테네의 수호신인 아테네 여신을 모시던 곳으로 수세기에 걸쳐 건축됐다. 기원전 480년 페르시아인에 의해 파괴됐으나 기원전 447년에 복원되었다. 워낙 방대한 규모이기 때문에 꼼꼼히 둘러보려면 꽤 시간이 걸린다. 아크로폴리스 발굴 당시의 건조물 조각이나 각종 유물들을 전시하고 있는 아크로폴리스 박물관에도 들려보자.

- **개장시간** 4~10월 08:00~19:30, 10월 말~4월 중순 08:00~17:00(월요일 11:00부터)
- **입장료** 12유로

Tip **아테네 해피 트레인** Athens Happy Train

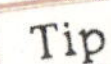

신타그마 광장에서 운행되는 꼬마 전차다. 신타그마 광장 맥도날드 옆에서 탈 수 있다. 요금은 아크로폴리스까지 6유로.

Day 8~9

다시 이스탄불이다. 며칠 전 이스탄불의 과거를 봤다면 오늘은 이스탄불의 현재를 볼 차례다. 이스탄불 최대의 번화가인 이스티크랄 거리에서 터키의 최신 트렌드와 패션 리더들을 만나보자.

이스탄불의 명동, 이스티크랄 거리 Istiklal Caddesi

고풍스러운 노면전차인 트램이 도로 한가운데를 달리는 이스탄불 최고의 번화가로, 탁심 광장에서 남쪽으로 1킬로미터 정도 이어진다. 고급 브랜드 숍과 패스트푸드점 등이 터키의 젊은 문화를 말해준다. 인파로 북적이는 거리를 천천히 걸으며 윈도 쇼핑을 즐겨보자.

🚌 버스 10분

화려함의 극치, 돌마바흐체 궁전 Dolmabahce Sarayi

탁신 광장에서 버스를 타고 카바타쉬 부두에서 내려 10분 정도 걸으면 만날 수 있는 궁전이다. 보스포루스 해변의 만을 흙으로 메운 후 정원을 조성해 지어졌으며, 1843~1856년까지 오스만제국 황제들의 거처로 사용됐다. 톱카프 궁전이 터키의 전통 색재가 강한 전선기 왕들의 궁전이라면, 돌마바흐체 궁전은 프랑스 베르사이유 궁전을 모델로 했기 때문에 유럽적인 색채가 묻어난다. 내부에는 유럽 각국에서 보내온 선물들로 장식되어 있어 호화롭기 그지없으며, 리셉션 홀 중앙에는 영국 여왕이 선물한 750개의 등이 달린 거대한 샹들리에가 있다. 관람은 개인적으로 할 수 없고, 가이드가 동행하여 그룹으로 진행된다. 티켓은 세라무르크르 티켓, 하렘 티켓 중 한 개를 골라서 구입하거나 두 곳 다 입장할 수 있는 공통권을 구입하면 된다. 궁전 전체를 둘러보려면 꽤 시간이 걸리므로 시간이 없다면 세라무르크만 둘러보자.

• **개장시간** 09:00~16:00 • **입장료** 공통권 20예텔레 • **휴관일** 월 · 목요일

🚌 버스 20분

유럽과 아시아를 오가는 보스포루스 크루즈

보스포루스 해협은 1킬로미터 거리를 두고 유럽과 아시아를 잇고 있어서 보스포루스 크루즈를 타면 유럽과 아시아를 오가는 묘한 경험을 할 수 있다. 유럽 쪽 에미노뉴 부두에서 출발하면 돌마바흐체 궁전, 츠라안 팔라스 호텔, 보스포루스 대교를 지나 아시아 쪽의 아나돌루 카바으에 도착하게 된다. 아나돌루 카바으에서 자유시간을 즐긴 후 시간에 맞춰 다시 탑승하면 된다. 크루즈 소요 시간은 1시간 30분이며, 요금은 10예텔레다.

> **Tip** **고등어 케밥을 맛보자**
>
> 아나돌루 카바으는 생선 요리가 유명한데, 특히 능숙한 솜씨로 고등어를 구워 즉석에서 만들어주는 고등어 케밥이 유명하다. 4~5예헬레 정도면 먹을 수 있다.

에미노뉴에서 버스를 타고 탁심 광장까지 가서 하바쉬 셔틀 버스를 타고 공항으로 간다.

이스탄불 공항 도착

한국으로 출발!

✈ 기내 1박(10시간 10분)

인천 공항 도착

미니 인터뷰_ "열기구에서 바라본 일출, 평생 잊지 못할 거예요"

강진아(31세, 회사원)
2010년 여행

남편과 저는 죽기 전까지 가보고 싶은 데가 있다면 다 가보는 게 인생 목표예요. 터키와 그리스는 그중에서도 아주 상위권에 속하는 곳이었죠. 4개월 전에 항공권을 예매했고, 루트도 여러 블로그와 책을 참고해 꼼꼼하게 짰어요. 하지만 역시 일주일 안팎의 시간으로는 많은 곳을 돌아볼 수는 없겠더군요. 눈물을 머금고 선택한 곳은 카파도키아와 산토리니. 예산과 시간을 최대한 아끼기 위해 페리, 야간버스 등을 이용해 움직였어요. 일정이 총 7박이었는데 버스와 페리에서 잔 게 4박이었으니 좀 지독했죠. 대신 열기구 투어, 이 마을 호텔 숙박 등 평소 꿈꿔왔던 것들에 대해선 아낌없이 투자했어요. 카파도키아 열기구에서 일출을 한 번 더 볼 수만 있다면, 그 어떤 고생도 다시 할 수 있을 것 같아요.

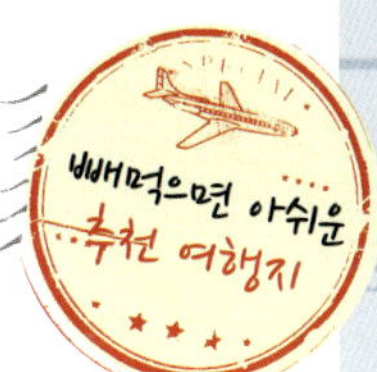

터키 이즈미르 Izmir

터키에서 세 번째로 큰 도시로, 고대 도시인 에페스(Efes)가 있다. 아테네 파르테논 신전의 네 배 크기인 아르테미스 신전과 상업지구 아고라, 원형 경기장, 셀수스 도서관, 목욕탕, 공중화장실 등 흥미로운 유적을 만날 수 있다. 에페스의 대극장은 특별한 장치 없이도 맨 끝 좌석까지 소리가 전달되는 특이한 구조로 엘튼 존, 레이 찰스 등 쟁쟁한 아티스트들의 공연이 열린 바 있다.

터키 파묵칼레 Pamukkale

이스탄불, 카파도키아와 더불어 터키의 3대 관광지로 꼽히는 곳이다. 눈처럼 새하얀 석회암 절벽이 계단처럼 층층으로 되어 있고, 그 층마다 온천수가 고인 신비한 풍경으로 인기가 높다. 파묵칼레의 온천수는 뛰어난 치료 효능을 보여 고대 로마시대부터 휴양지로 각광받았다고 한다. 주변에는 고대 로마시대의 온천 휴양지 유적인 히에라폴리스가 자리 잡고 있다.

그리스 카타콜론 Katakolon

고대 올림피아드가 열렸던 올림피아(Olympia)로 가는 관문 도시로, 1987년 세계문화유산으로 지정됐다. 올림피아 중심에는 기원전 470~456년에 세워진 제우스 신전이 있다. 6세기 때의 지진으로 돌기둥이 한 방향으로 줄지어 쓰러져 있는 모습도 장관이다. 그리스 신전 중 가장 오래된 신전의 하나인 헤라 신전도 볼 만하다. 도리아식 기둥이 늘어선 회랑을 지나 신전을 빠져나오면 올림픽 성화를 채화하는 성스러운 제단이 발길을 멈추게 한다. 육상 트랙과 관중석이 있는 스타디온(오늘날의 스타디움)도 찾아볼 수 있다.

중동 지역의
또 다른 매력적인 여행지

팔미라 Palmyra

시리아의 사막 한가운데 위치한 신비의 고대 유적이다. 시리아 사막의 주요 오아시스 중 하나로, 구약성서에는 솔로몬이 세운 도시로 기록되어 있다. 동서양 무역로의 지리적 요충지로 1~3세기에는 오아시스를 중심으로 한 독립 도시국가로서 번성하였으나, 이후 로마의 침공으로 로마제국 내의 도시국가로서 존속하다 4세기경 갑자기 멸망했다. 사막 한가운데 남아 있는 신전 및 시내의 유적만이 당시의 영화를 증명하는 곳이다.

페트라 Petra

요르단 남부 암석지대에 숨듯이 자리한 고대 유적으로, 유목민족 나바테아인이 건설한 도시다. 거대한 암석들 사이를 꼬불꼬불 들어가면 갑자기 나타나는 거대한 신전의 문에 놀라게 된다. 이 문은 절벽을 파서 만든 것으로, 오랜 연구 끝에 위에서 파내려오는 방식으로 건축되었다는 것이 밝혀졌다. 그럼에도 불구하고 그 규모와 신비함은 '불가사의'라는 말 외에 어울릴 것이 없어 보인다.

터키는 예로부터 아시아와 유럽을 잇는 가교 역할을 해왔다.
한쪽 국경은 그리스를 비롯한 유럽 국가에 걸치고 있지만, 다른 한쪽의 국경은
일명 '중동'이라고 불리는 아시아 지역과 맞닿아 있기 때문이다. 터키와 국경을 맞대고 있는,
또는 터키를 여행할 때 연계해서 돌아볼 수 있는 나라들의 매력적인 여행지를 소개한다.

평화롭고 순수한, 그 섬에 가고 싶다

일본 오키나와 여행 6박 7일

두 시간 비행으로 만나는 열대 빛 바다

낯선 풍경, 낯선 음식, 낯선 분위기, 낯선 꽃, 낯선 나무, 낯선 사람들…. 익숙한 것에만 둘러 싸여 살다보면 이처럼 낯선 것들이 필요한 순간이 누구에게나 한 번쯤은 온다. 그럴 때 사람 들은 저 먼 낯선 곳으로 여행을 꿈꾼다. 새파란 열대의 바다라면 어떨까. 투명한 푸른 빛 바다와 교묘하게 마블링되는 연초록빛 바다. 지치고 힘든 여름날, 누구나 한 번은 그런 바다를 꿈꾸지 않을까.

그러나 그러한 것들은 아스라이 먼 것만 같다. 적어도 그런 바다를 보기 위 해서는 예닐곱 시간의 비행과 백만 원 언저리의 항공료를 지불해야만 할 것 같다. 그렇게 먼 곳이란 일단 마음에서도 멀다. 비행기 오래 타는 것도 사소하지 만 참 싫은 일이다. 게다가 안 그래도 더운데 더 더운 곳으로 간다는 것도 그

다지 내키지는 않는 일이다. 가까우면서도 이국적인, 큰 수고를 들이지 않고도 열대 기분을 듬뿍 느낄 수 있는, 하지만 지나치게 덥지는 않은, 그런 곳은 없을까?

있다. 바로 오키나와. 그곳까지는 한국에서 비행기로 2시간이 채 걸리지 않는다. 1년 중 절반 이상이 여름이나 그 여름의 최고 기온이 30도 정도라, 해수욕이 가능하지만 현기증은 나지 않는 쾌적한 더위를 즐길 수 있다. 일본 특유의 친절함과 편안함을 누리면서도 일본 본토와는 완전 다른 맛의 문화와 역사를 느낄 수 있다. 세계 최대의 수조를 자랑하는 수족관이나 각종 유적, 그 외에 다양한 볼거리들도 많다. 무엇보다 바다가 있다. 사파이어 녹인 물에 또다시 에메랄드를 녹인 것만 같은 아찔하게 아름다운 바다가 있다. 바다만 두고 보면 세계 레벨이라고 봐도 과언이 아니다.

자, 설명은 여기까지다. 이 매력 덩어리 아열대 섬을 제대로 느낄 수 있는 방법은 단 하나. 직접 그 안으로 들어가는 것이다. **SY**

오키나와 여행, 이렇게 준비한다!

언제 갈까?

오키나와의 여름은 4월에 찾아와 9~10월에 끝을 낸다. 4월부터는 한낮에 해수욕이 가능해지고, 5월부터는 완연한 여름의 모습을 갖추게 된다. 오키나와의 특별한 자연과 문화를 마음껏 즐기고 휴양지 분위기까지 내면서도 성수기의 엄청난 인파를 겪지 않기 위해서는 5~7월 초, 또는 9~10월이 좋다. 여름을 조금 일찍, 또는 조금 늦게 맞는다고 생각하고 떠나자.

어떻게 가지?

'인천–나하' 왕복 항공권을 끊는다. 현재 아시아나항공이 유일하게 이 구간의 직항을 운항하고 있다. 월, 목요일을 제외한 주 5회 운항이므로 일정 선택에 참고하자. JAL, ANA 등을 이용하면 오사카, 도쿄 등을 1회 경유해야 한다.

얼마나 들까?

예산 총 245만 원 정도(항공권 50~70만 원선, '본섬–이시가키' 항공권 30만 원, 숙박비 52만 원(나하 6만 원×1일, 오키나와 북부 13만 원×2일, 이시가키 일반 숙박 4만 원×2일, 이시가키 리조트 12만 원×1일), 렌터카 15만 원(본섬 3박 4일, 이시가키 12시간, 유류대, 도로사용료 포함), 식비 15만 원, 입장료 및 기타 비용 10만 원, 이리오모테 투어 20만 원, 기타 예비비 20~30만 원). 쇼핑, 해양스포츠 비용은 별도.
환전 전액 엔화로 환전한다. 10엔은 약 1,450원(2012년 4월 기준).
신용카드, 현금카드 둘 다 효용성이 높지 않으므로 현금을 넉넉하게 준비하자.

미리 준비하자!

비자 무비자 90일 체류 가능.
언어 일본어. 호텔, 레스토랑 등을 제외하면 간단한 단어 이상의 영어 소통은 힘들다. 일본어를 잘하는 사람과 동반하는 것이 좋다.
렌터카 한국 허츠 사무소에서 도요타 렌터카 예약을 손쉽게 할 수 있다. 일본 호텔 예약사이트 '쟈란넷'도 저렴하여 인기가 높다. 나하 공항 픽업–반환으로 3박 4일,

이시가키 공항 픽업 편도 이용으로 6시간을 예약하자. 국제 면허증도 꼭 준비하자.

• **허츠** www.hertz.co.kr　• **쟈란넷** www.jalan.net

'본섬 – 이시가키' 항공권 항공권(아시아나 항공)을 예약할 때 이 구간을 추가 요청하면 ANA 항공편으로 예약을 대행해준다. 요금은 편도 13,000엔. 일본 사이트인 '국내선닷컴'을 이용하면 ANA와 JAL 중에 시간과 자신의 형편에 맞는 것을 골라 예약할 수 있다. ANA는 출발 28일 전에 예매하면 편도 10,000엔 안팎으로 대폭 할인된 가격에 이용 가능하다.

• **국내선닷컴** www.kokunaisen.com

이리오모테 섬 당일 투어 이리오모테의 주요 스폿을 효율적으로 돌아보려면 현지의 당일치기 투어를 이용하는 것이 좋다. 인터넷으로 예약하면 10% 할인 받을 수 있다. 출발 3일 전에는 예약해야 한다. 요금은 코스별로 다르며 8,000~15,000엔 사이다.

• **이리오모테 야마네코 투어** http://www.iriomote.com/web/tour

숙소 구하기

본섬 북부 한국에도 잘 알려진 오키나와의 리조트들은 대부분 북부의 서해안 쪽에 몰려 있다. 바닷가가 멀지 않은 리조트라면 어디든지 OK.

나하 국제 거리 주변에 합리적인 가격의 시설 좋은 호텔이 몰려 있다. 저비용 여행자는 막시(牧志) 역 주변의 게스트하우스를 알아보자.

이시가키 2박은 일반 호텔을, 1박은 리조트로 구하자. 공항에서 멀지 않은 곳, 또는 공항 송영 버스가 잘 되어 있는 곳으로 알아보자.

짐 꾸리기

옷&신발 가볍고 얇은 여름옷으로 준비한다. 단, 섬 지역 특성상 기후 변화가 심해 바람이 강하게 불거나 비가 오면 체감 온도가 뚝 떨어질 수 있다. 따라서 바람막이 재킷 정도는 챙기는 것이 좋다. 신발은 편안한 것이면 모두 무난하다.

물놀이 장비 수영복은 필수. 플립플랍, 크록스, 워터 슈즈 등 물놀이에 적합한 신발도 무조건 챙기자. 스노클, 카메라 워터 하우징 등이 있다면 가장 빛을 발할 찬스!

미리 보고 가자!

드라마 〈여인의 향기〉 시한부 선고를 받은 여인이 자신의 버킷 리스트를 실행하기 위해 오키나와 여행을 떠나고, 그곳에서 만난 남자와 가슴 아픈 사랑에 빠진다는 내용의 로맨스 드라마. 이 드라마가 방영된 후 한국에서 오키나와에 대한 관심이 부쩍 높아졌다.

렌터카로 즐긴다!

픽업 사무소는 공항에 없어요

오키나와의 공항에서 차량을 픽업할 때는 예약한 회사가 제공하는 셔틀을 타고 회사의 지정 사무소까지 가야 한다. 나하 공항에서는 국내선 터미널 외부 정차장의 11번 정차장에 렌터카 셔틀이 정차하고, 이시가키 공항에서는 도착 로비에서 렌터카 회사 직원이 기다리고 있다.

수속은 이렇게

사무소에 도착하면 접수 창구로 가서 예약 서류와 면허증을 제시한다. 접수가 되면 계약 창구로 이동해 정식으로 계약 서류를 작성하고 보험에 대한 설명을 들은 후 잠시 대기하면 비로소 차량으로 안내 받는다. 외부의 흠집을 꼼꼼히 체크하고 운전에 대한 주의사항을 들은 뒤 출발하면 된다.

내비게이션 조작은 이렇게

목적지를 찾는 가장 확실한 방법은 전화번호 입력. 메뉴 버튼을 누른 뒤 원하는 곳의 전화번호를 입력한다. 길 안내는 주로 '왼쪽 방향', '오른쪽 방향' 등 다소 애매한 편이므로 화면을 잘 보며 길을 찾아야 한다. 한국어가 지원되는 내비게이션은 찾기 어렵고, 대개 일본어 화면에 영어 음성이 지원되는 정도다.

야간 주차는 어떻게?

큰 규모의 리조트나 호텔에는 대부분 무료로 운영되는 주차장이 있다. 중소형 규모의 호텔에서는 호텔 내에 유료주차장이 있거나 주차 쿠폰을 통해 외부의 유료주차장을 이용하게 된다. 1박에 1,000엔선. 게스트하우스에서는 외부의 공용 유료주차장을 이용하며, 1박에 2,000~3,000엔 정도다.

반환할 때는 주유고를 채워서

렌터카는 주유고가 가득 찬 상태, 일본어로 '만땅' 상태로 출고되며 반환할 때도 마찬가지로 '만땅' 상태여야 한다.

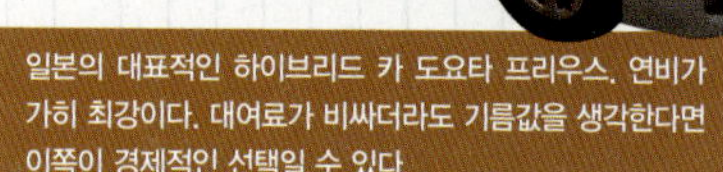
일본의 대표적인 하이브리드 카 도요타 프리우스. 연비가 가히 최강이다. 대여료가 비싸더라도 기름값을 생각한다면 이쪽이 경제적인 선택일 수 있다.

• **한국 허츠 사무소** 080-777-0400
(미국, 영국, 호주 등의 렌터카도 문의 가능)

날짜	루트	여행 일정
Day 1	한국 ⇨ 나하 ⇨ 오키나와 북부	**오전** 한국 출발 **오후** 오키나와 도착, 렌터카 픽업 후 리조트 도착 　　휴식 및 리조트 만끽
Day 2	오키나와 북부	**오전** 츄라우미 수족관, 나키진 유적 **오후** 우후야, 류큐무라 **저녁** 만자모 일몰
Day 3	오키나와 북부 ⇨ 오키나와 남부 ⇨ 나하	**오전** 숙소 체크아웃 후 나하로 이동 **오후** 나하 도착, 쿠루쿠마 카페, 오키나와 월드, 　　슈리성 등 관광 **밤** 국제거리 즐기기
Day 4	나하 ⇨ 이시가키 섬	**오전** 이시가키로 이동 **오후** 이시가키 도착, 카비라 만, 우간자키 등 　　드라이브
Day 5	이리오모테 섬	**오전 · 오후** 이리오모테 투어
Day 6	이리오모테 섬 ⇨ 이시가키 섬	**오전 · 오후** 리조트 즐기기
Day 7	이시가키 섬 ⇨ 나하 ⇨ 한국	**오전** 나하로 이동, 한국으로 출발 　　인천 공항 도착

Day 1

열대의 뜨거운 공기가 몰아칠 것만 같지만, 막상 나하 공항에 내리면 생각보다는 덜
한 더위가 여행자를 맞는다. 아무리 추워도 20도 언저리, 아무리 더워도 30도 언저
리. 축복받은 기온의 땅, 그곳이 바로 오키나와다.

오키나와 나하 공항

국내선 터미널로 이동하여 관광종합안내소에서 츄라우미 수족관과 류큐무라 등의 티켓을 10
퍼센트 정도 할인된 가격에 미리 구입해두자. 렌터카 픽업은 188페이지를 참고하자.

> 렌터카를 픽업한 뒤 오키나와 북부로 이동한다. 예약해둔 리조트 및 호텔 전화번호를 누르면 쉽
> 게 길을 찾을 수 있다. 나하만 빠져나가면 시원하게 뚫린 고속도로를 타게 되니 신나게 드라이브
> 를 즐기자.

🚌 자동차 약 2시간

오키나와 메리어트 리조트&스파 Okinawa Marriot Resort & Spa

오키나와 북부 지역은 본섬에서 가장 볼거리가 다양한 곳이며, 또한 가장 아름다운 바다를 지
니고 있다. 그래서 오키나와 본섬에서 가장 좋은 리조트들은 주로 북부의 해안을 따라 몰려

있다. 오키나와 메리어트 리조트는 그중에서도 1, 2위를 다투는 곳으로, 아름다운 로비와 훌륭한 객실 전망으로 높은 인기를 누리고 있다. 특히 오키나와현 최대 규모의 가든 풀을 보유하고 있는 것으로 유명하다. 숙소에 여장을 푼 뒤 전망을 보며 느긋하게 여독을 풀어보자.

- **주소** 沖縄県名護市喜瀬1490-1 • **전화** +81-980-51-1000
- **홈페이지** www.okinawa-marriott.com

👫 도보, 또는 차량 이동

리조트에서 완전한 휴식을

여름 리조트의 매력이라면 뭐니 뭐니 해도 느긋한 휴식. 특히 오키나와처럼 아름다운 바다가 있고 남국의 분위기가 물씬 풍기는 곳이라면 더더욱 그렇다. 오키나와 메리어트 리조트에서는 수영장, 프라이빗 비치, 스파 등의 기본시설은 물론 스노클링, 체험 다이빙, 글래스 바텀 보트, 고래 생태 관찰 등 해양 레저를 즐길 수도 있다. 특히 글래스 바텀 보트 체험은 바닥이 유리로 된 배를 타고 산호초와 아름다운 열대어들을 감상하는 것으로, 상당히 인기가 높다. 해가 지고 대기와 바다에서 뜨거움이 식을 때까지 오키나와의 첫날을 만끽하자.

- **글래스 바텀 보트** 1,000엔 • **스노클링** 4,000엔 • **체험 다이빙** 1만 엔
- **고래 생태 관찰** 4,800엔(오키나와 메리어트 리조트 기준)

Day 2

오키나와는 아름다운 바다와 남국의 기온을 가진 휴양지임이 분명하다. 그러나 그것이 오키나와의 전부는 결코 아니다. 볼거리가 풍부한 곳, 이 땅과 함께 사람들이 살아냈던 흔적이 곳곳에 있는 곳, 자신만의 색깔을 잃지 않고 고유의 문화를 지켜온 곳이다.

숙소에서 10시 정도 출발. 내비게이션과 지도를 최대한 활용하여 해안도로를 타고 달려보자.

🚐 자동차 1시간~1시간 30분

지구 최대 규모, 츄라우미 수족관 美ら海水族館

츄라우미는 '아름다운 바다'라는 뜻의 오키나와 방언으로, 오키나와 근해에 서식하는 아름다운 해양 생물들을 한데 모아놓은 수족관이다. 다른 수족관에는 단 한 마리만 있어도 자랑거

리가 되는 고래상어나 만타 가오리가 이곳에서는 떼 지어 헤엄치고 있는 모습을 볼 수 있다. 8미터가 넘는 높이의 거대한 수조는 세계 최대의 규모로 기네스북에 등재되기도 했다. 오키나와 북부 여행의 백미라고 해도 과언이 아닌 곳이다.

- **주소** 沖縄県国頭郡本部町字石川424 　• **전화** +81-980-48-3748
- **개장시간** 10~2월 08:30~18:30, 3~9월 08:30~20:00 　• **요금** 성인 1,800엔

🚗 자동차 15~20분

바다가 보이는 성터, 나키진 성터 今帰仁城跡

오키나와는 18세기까지 일본의 영토가 아니었다. 15세기부터는 류큐 왕국이라는 통일 독립국 가가 지배했고, 그 전에는 그 땅의 세력들끼리 치열하게 다투고 있었다. 일본이나 중국, 한국 과는 다른 고유의 문화와 민족이 존재한 또 다른 역사의 땅이었다. 나키진 성터는 13~14세 기 오키나와 북부 지역을 통치하던 세력이 축성한 성으로, 튼튼하고 긴 성벽 때문에 '오키나 와의 만리장성'으로 불린다. 고즈넉한 유적 너머로 보이는 탁 트인 바다를 보는 맛이 여간이 아니다.

- **입장료** 400엔 　• **전화** +81-980-56-4400

🚗 자동차 30~40분

백 년 된 고택에서 맛보는 오키나와 소바, 우후야 大家

우후야는 오키나와 10대 소바집의 하나로 꼽히는 유명 맛집으로, 오키나와 특산물인 흑돼지 '아구(あぐ)'를 이용한 오키나와 소바를 맛볼 수 있다. 100년이 넘은 오키나와 전통 고택을 개 조한 식당으로 고풍스러운 운치를 즐기며 식사를 할 수 있다. 곳곳에 산책로도 마련되어 있 어 훌륭한 조경을 즐기며 잠시 산책을 즐길 수도 있다. 식당이 아닌 관광지로 보아도 무방한 곳이다. 주소 및 전화번호는 201페이지 참조.

🚗 자동차 30~40분

오키나와의 옛 모습 엿보기, 류큐무라 琉球村

오키나와 각 처에 남아 있던 100년 넘은 고택들을 옮겨와서 지은 일종의 민속촌이다. 샤미센, 전통 의상, 다도 등 다양한 오키나와 전통문화 체험을 해볼 수 있다. 아기자기한 볼거리가 많아 입장료 가 아깝지는 않다. 흑설탕 및 도자기, 아와모리 공방이 내부에 있

류큐무라의 다양한 볼거리들

어 질 좋은 기념품을 살 수도 있다.

• **주소** 沖縄県国頭郡恩納村山田1130　• **전화** +81-989-65-1234　• **입장료** 840엔

🚌 자동차 20~30분

만자모 万座毛 에서 일몰을

코끼리를 닮은 거대한 석회암 절벽으로 유명한 곳이다. 이름인 '만자모'는 절벽 위의 평평한 곳에 '만 명도 앉을 수 있다' 하여 붙여진 것으로 코끼리와는 무관하다. 오키나와 서쪽 바다를 바라보고 있어 일몰 때(오후 7시 전후)면 코끼리 바위와 석양이 어우러진 근사한 광경을 목격할 수 있다. 오키나와에서 보낸 본격적인 첫날의 마무리로 더할 나위 없는 풍경이다.

Day 3

셋째 날은 오키나와 남부 지역과 수도인 나하(那覇)를 둘러볼 차례다. 남부에는 아시아 최대의 종유동굴과 중북부 못지않은 새파란 바다가 있고, 나하에는 류큐 왕국의 왕성과 오키나와 최대의 여행자 거리가 있다. 오키나와 본섬의 다양한 매력 속으로 빠져보자.

> 숙소에서 10시 전에 출발하는 것이 좋다. 중북부에서 남부까지의 거리는 사실 60~70킬로미터 밖에 되지 않지만 도로가 좁고 꼬불꼬불한 곳이 많아 2시간 이상 소요된다.

🚌 자동차 2시간~2시간 30분

바다와 함께하는 태국 음식, 카페 쿠루쿠마 カフェ-くるくま

오키나와에는 바다를 바라보며 차나 음식을 즐길 수 있는 전망 카페가 다수 있다. 쿠루쿠마 카페는 그중에서도 가장 유명한 곳으로, 남부의 눈부신 바다를 한눈에 조망하며 맛있는 태국

쿠루쿠마 카페

음식을 즐길 수 있다. 관광지, 식당, 숙소 등을 통틀어 남부 최고의 인기 스폿이라 해도 과언은 아니다. 피크 타임에는 한 시간씩 대기하는 것이 보통이나, 예약을 하거나 차와 디저트만 즐길 경우에는 대기 시간을 대폭 줄일 수 있다.

- **전화** +81-98-949-1189 · **영업시간** 10:00~21:00(화요일은 10:00~18:00)
- **홈페이지** www.nakazen.co.jp/cafe

🚗 자동차 30분~40분

일본 최대의 종유동굴, 오키나와 월드 沖縄ワールド

오키나와 월드는 민속촌, 종유동굴, 하부(오키나와 토종 독사) 전시관, 열대 과일 식물원 등이 모여 있는 오키나와 최대의 테마 파크다. 이 중 가장 볼 만한 것은 단연 종유동굴인 교쿠센도(玉泉洞). 30만 년 전의 산호초가 변하여 형성된 종유동굴로서, 전체 길이가 5킬로미터에 달하며 종유석의 숫자도 100만 개가 훌쩍 넘어간다. 관람객에게는 약 800미터 정도만 개방되지만, 슬쩍 돌아보는 데도 30~40분은 족히 걸릴 정도로 규모가 크고 볼거리가 많다.

- **전화** +81-98-949-7421 · **영업시간** 09:00~06:00
- **입장료** 프리 패스 1,600엔, 민속촌, 종유동굴 입장료 1,200엔

🚗 자동차 1시간~1시간 30분

류큐 왕국의 도읍, 슈리성 首里城

슈리성은 오키나와의 중심도시인 나하(那覇)의 남쪽에 위치한다. 15세기부터 오키나와를 통치했던 류큐 왕국 상씨 왕조의 왕성으로, 태평양 전쟁 당시 완전히 소실되었다가 1992년 현재의 모습으로 복원되었다. 일본과 중국의 중간 선상에서 또 다른 독특한 맛이 가미된 오키나와 특유의 건축미를 볼 수 있다. 성 위에 올라서서 바라보는 나하 시내와 바다의 풍경도 제법 근사하다. 나하에서 딱 한 곳만 선택한다면 단연 슈리성이다.

- **주소** 沖縄県那覇市首里金城町1-2 · **전화** +81-98-886-2020 · **입장료** 800엔
- **개장시간** 4~6월 10~11월 08:30~19:00, 7~9월 08:30~20:00, 12~3월 08:30~18:00

🚗 자동차 30~40분

오키나와 월드의 종유동굴

슈리성의 정문격인 슈레이몬(守礼門)　슈리성

숙소 도착

차를 숙소에 안전하게 주차시키고 짐을 푼 다음 밖으로 나가자. 국제거리에는 주차할 곳도 마땅치 않거니와, 이곳까지 와서 가볍게라도 한 잔 하지 않는다는 것은 너무도 서운한 일이다.

👫 도보, 또는 유이레일로 5~10분

국제거리 国史通り

오키나와 최대의 번화가인 동시에 여행자 거리다. 약 2킬로미터에 달하는 거리가 온통 기념품점, 음식점, 술집 등으로 가득하다. 전통 공연을 보여주는 술집, 북적거리는 시장, 현지인들이 즐겨 찾는 포장마차 등 오키나와의 소소한 재미를 만끽하기에 좋다. 또한 앞으로의 일정에서는 딱히 쇼핑하기 좋은 곳이 없으므로 기념품이나 오키나와 특산물을 사고 싶다면 이날 모두 해결하자.

Day 4

오키나와를 좀 아는 사람들은 오키나와의 진짜 매력은 본섬보다 작은 부속 섬들에서 제대로 느낄 수 있다고 말한다. 이시가키 섬은 그중 가장 대표적인 섬으로, 일본 유일의 흑진주 양식지인 카비라 만을 위시하여 오키나와 인근에서 가장 아름다운 바다를 가진 곳이다. 또한 이리오모테, 타케토미 등 낙도 여행을 즐기기도 좋다. 넷째 날부터는 바로 그 이시가키에서 보낸다.

먼저 렌터카를 반납하자. 주유소를 들러 기름을 채운 뒤 차를 사무소 주차장에 세워두면 모든 것이 끝난다. 공항까지는 렌터카 회사에서 셔틀 버스를 제공한다. 국내선 터미널에서 수속을 밟은 후 이시가키 행 비행기를 타자. 아침 식사 및 렌터카 반납을 고려하면 11시 이후의 항공편을 타는 것이 좋다.

이시가키 공항 – 렌터카 픽업

도착 로비로 나오면 렌터카 회사의 직원이 기다리고 있다. 이름을 확인하고 직원을 따라 렌터카 사무소로 가자. 예약할 때 편도 이용(乗り捨て, 노리스테)을 신청하지 않았다면 이곳에서 약간의 수수료를 물고 신청할 수 있다. 반환처는 호텔로 하자.

숙소 체크인

체크인 후 짐을 풀고 밖으로 나온다. 숙소 근처에서 점심 식사를 한 후 오후 2~3시경부터 드라이브 여행을 시작한다.

진주를 품은 바다, 카비라 만 川平灣

우선 카비라 만까지 가는 동안의 드라이브를 만끽하자. 본섬보다 더 파랗고 맑은 바다, 그다지 사람의 손이 닿지 않은 아열대의 숲, 소박한 시골 모습이 여행자의 눈과 감성을 가득 채운다. 카비라 만은 일본 100대 절경 중 하나에 속할 정도로 아름다우며, 수심이 얕고 바닷물과 밑바닥이 아주 깨끗해 세계적으로도 보기 드물 정도로 바다가 투명하다. 특히 햇빛의 방향과 날씨에 따라 바닷물의 색깔이 신비롭게 변한다. 일본에서 유일하게 흑진주를 양식하는 곳이기도 하다.

완벽한 일몰의 풍경, 우간자키 御神崎

드라이브를 하다가, 또는 가비라 만에서 넋을 놓고 물놀이를 하다가 해가 뉘엿뉘엿하는 기운이 보이면 바로 우간자키로 향하자. 기암괴석의 언덕 위에 하얀 등대 하나가 오롯이 서 있는 곳으로, 마치 최고의 낙조 풍경을 위해 누군가가 일부러 만들어놨다고 해도 믿을 만큼 완벽한 일몰 포인트를 자랑한다. 신혼 여행객들의 기념사진 촬영 장소로도 애용된다. 일몰 시간이면 다들 앞다투어 몰려오는 곳이므로 약간 서둘러 도착하는 편이 좋다.

Day 5

야생의 섬. 이리오모테 섬을 정의하는데 그 이상의 표현은 필요 없을 것이다. 섬 전체를 일주하는 자동차 도로가 없을뿐더러 이곳에서만 서식하는 희귀 동식물이 즐비하다. 검은빛이 돌 정도로 푸르른 밀림과 눈부신 바다, 물길 따라 곳곳에 자리 잡은 맹그로브 숲. 이리오모테는 섬 여행을 꿈꾸는 사람들이라면 한 번쯤 머릿속에 그려 보았을 만한 그런 곳이다.

이리오모테 투어는 오전 8시 30분 정도에 시작한다. 픽업에 대한 별도의 언급이 없다면 여행자가 직접 찾아가야 한다. 택시를 타고 이시가키 항구에 위치한 이리오모테 관광센터에서 집결한다. 이시가키에서 이리오모테까지는 쾌속선을 타고 이동하며, 이리오모테 도착 후에는 회사별, 코스별로 따로 이동한다.

🚤 쾌속선으로 이동

이것이 이리오모테西表!

이리오모테 섬은 오키나와 열도 전체에서 두 번째로 큰 섬이다. 그러나 상주인구는 겨우 2,000명 정도로, 섬의 절반 이상이 원시림으로 남겨져 있다. 이리오모테 투어는 섬 특유의 순수한 자연환경과 그에 따른 다양한 생태를 관광하는 코스로 꾸며져 있다. 회사별, 코스별로 들르는 곳은 조금씩 다르나 보통 다음과 같은 인기 스폿을 포함하고 있다.

맹그로브 원생림 투어

작은 보트를 타고 강을 거슬러 올라가며 맹그로브 숲을 1시간 정도 돌아본다. 맹그로브는 열대, 또는 아열대 기후의 담수와 해수가 만나는 지역에 서식하는 식물군으로, 물 위로 숲을 이루며 살아가는 독특한 생태를 보인다. 나카마 강 크루즈를 하면 상류의 선착장에서 수령 400년의 거대한 맹그로브도 볼 수 있다.

유부 섬 물소마차

유부 섬은 이리오모테에서 약 400미터 떨어져 있는 작은 섬으로, 두 섬 사이에는 발목 높이 정도의 얕은 물이 흐르고 있다. 그리하여 예로부터 두 섬 사이의 운송 수단으로 물소가 끄는 마차가 애용되었고, 현재는 이리오모테를 대표하는 인기 관광 스폿이 되었다. 물소가 끄는 마차를 타고 얕은 바다를 건너 유부 섬에 있는 식물원을 돌아보고 마차로 다시 이리오모테로 돌아오는 코스다.

별모래사장 星砂の浜

이리오모테 섬 최북단에 있는 해변으로, 겉으로 보기에는 평범한 모래사장이나 사실은 모래가 아니라 유공충의 껍데기가 모인 것이다. 손바닥으로 찍어 올려보거나 검은 종이에 흩어 놓아보면 확연하게 별모양으로 보인다. 일본에서는 소원을 이뤄주는 모래라 하여 기념품으로 인기가 높다. 바다가 얕고 투명하여 물놀이 장소로도 좋다.

> **Tip** **이리오모테 야마네코 西表やまねこ**
>
> 
>
>
> 만화 〈아즈망가 대왕〉에 등장하여 한국에서도 꽤 유명한 이리오모테 야마네코. 이리오모테에는 세계적인 희귀 동식물들이 다수 서식하고 있는데, 이리오모테 야마네코는 그중에서도 가장 유명한 동물이다. 살쾡이와 비슷한 종류의 고양이로, 현재 약 100여 마리 정도 살고 있는 것으로 알려져 있다. 멸종 위기의 보호동물이지만 1년에 1~2마리씩 로드킬 사고가 일어나고 있어 도로 곳곳에는 '이리오모테 야마네코 주의' 푯지판이 설치되어 있다. 이리오모테의 상징으로 관련 기념품을 쉽게 찾아볼 수 있다.

Day 6

오키나와에서 보내는 실질적인 마지막 날. 오키나와는 명실상부한 아시아의 대표적인 휴양지로, 이런 남쪽 섬에서는 하루쯤 마음 푹 놓고 즐겨줘야 한다. 다양한 해양 액티비티를 즐겨도 좋고, 수영장에서 태닝을 해도 좋고, 바닷가에서 물놀이를 해도 좋다. 이시가키의 마지막 일정은 쾌적한 리조트에서 보내는 느긋한 하루로 장식한다.

ANA 인터콘티넨탈 이시가키 리조트 ANA InterContinental ISHGAKI Resort

이시가키는 개발이 많이 되지 않은 그야말로 시골 섬이다. 그렇다고 해서 좋은 리조트를 기대할 수 없을 거라고는 생각하지 말자. ANA 인터콘티넨탈 이시가키 리조트는 이시가키에서 가장 유명한 리조트로, 세계 유수의 리조트에도 결코 뒤처지지 않는 시설과 서비스를 자랑한다. 이시가키 공항에서 자동차로 5분, 노선버스로는 겨우 두 정거장으로, 공항과의 연결도 좋고 시내와도 비교적 가까운 편이다.

• **주소** 沖縄県石垣市真栄里354-1 • **전화** +81-980-88-7111
• **홈페이지** http://www.anaintercontinental-ishigaki.jp

프라이빗 비치
이시가키의 보석 같은 바다를 만끽하자. 리조트 투숙객은 비치타월, 베드, 파라솔을 무료로 이용할 수 있다. 페달 보트, 카약, 윈드서핑 등은 추가요금을 내면 이용 가능하다. 요금은 1,000~2,500엔.

정원 산책

오키나와 특유의 꽃과 나무들로 아름답게 조경을 해놓았다. 드라마 〈여인의 향기〉로 한국에서도 유명해진 웨딩 채플도 있다.

남국의 밤하늘 투어

이시가키는 적도와 가까운 섬으로, 남십자성을 비롯해 한국에서는 볼 수 없는 다양한 별자리가 관측된다. 평소 별을 좋아했다면 참여해보자. 요금은 1,500엔.

Day 7

이제 돌아갈 시간이다. 섬에서 섬으로 한 번 건너고, 그 섬에서 다시 왔던 자리로 돌아가는 비행기를 탄다. 세 개의 섬을 건너며 보낸 아열대의 에메랄드 빛 시간들. 이제 그 시간들을 정리하고 한국으로 떠난다.

> 한국 귀국편은 나하 공항에서 12시 40분에 출발한다. 이시가키 공항에서 9시 정도에 출발하는 비행기를 예약하자. 나하 공항에 10시쯤 도착하므로 귀국편을 여유 있게 탈 수 있다. 이시가키 공항까지는 버스나 택시를 이용한다.

✈ 항공편 1시간

나하 공항

국제선 터미널로 이동하여 출국 수속을 밟는다. 나하 공항 국제선 청사의 면세점은 조촐한 매점 수준이라 거의 사 갈 것이 없다. 기념품이나 선물 구입 등을 원한다면 국내선 터미널에서 쇼핑을 한 후 국제선으로 넘어가자.

✈ 항공편 2시간

인천 공항 도착

오키나와 소바 沖縄そば

오키나와에서는 라멘이나 우동은 보기 힘들고, 이 지역의 명물 요리인 오키나와 소바가 그 자리를 대신하고 있다. 돼지고기와 가다랑어포로 만든 국물에 밀로 만든 뽀얀 면을 말고 그 위에 돼지고기 고명을 얹는다. 갈비를 얹은 것은 소키소바, 족발을 얹은 것은 테비치소바라고 한다.

하쿠넨코카 우후야(百年古家 大家)
- **주소** 沖縄県名護市中山90(오키나와 북부)
- **전화** +81-980-53-0280

이시가키 소고기 石垣牛

오키나와의 부속섬인 이시가키는 코베, 미야자키, 마츠자카 등과 함께 유명 소고기 산지로 손꼽히는 곳이다. 부드러운 육질에 살살 녹는 지방이 일품이다. 가격대는 높은 편이나 미식가라면 신지의 맛을 절대 놓치지 말자.

야마모토(やまもと)
- **주소** 沖縄県石垣市浜崎町2-5-18(이시가키 섬)
- **전화** +81-980-83-5641

참푸루 チャンプル-

오키나와의 전통 요리 중 가장 유명한 것으로, 두부와 달걀을 넣고 각종 재료를 기름에 볶는 요리법을 가리킨다. 가정요리, 술안주, 호텔 조식 등으로 아주 흔하게 접할 수 있다. 특히 유명한 것은 고야 참푸루. 고야는 아주 쓴맛이 나는 박과의 열매로 한국에서는 '여주'라고도 부른다. 고야를 얇게 썰어 달걀, 두부, 숙주, 햄 등과 함께 볶아서 만든다.

죽기 전에 꼭 가보고 싶은
세계의 섬 여행지

섬은 언제나 조금 특별하다. 사방이 바다로 고립되어 있기 때문일까?
그곳에 가면 외부세계가 차단되어 조금은 더 완벽한 나만의 시간을
누릴 수 있을 것만 같다. 그래서 그런지 섬 여행지 중 많은 수가
좋은 휴양지이기도 하다. 평생 꼭 한 번은 가고 싶은 '그 섬'들을 소개한다.

하와이 Hawaii

하와이는 섬 여행계의 이른바 '끝판왕'이라 할 수 있다. 일 년 내내 화창하고 쾌적한 날씨, 살랑거리는 야자수와 새파란 바다, 새하얀 모래사장, 웅장한 화산언덕에서 맞는 시원한 바람, 매력적인 토속 문화와 다양한 해양 스포츠…. 섬 여행에서 바랄 수 있는 모든 로망의 총 집결체라고 해도 과장이 아니다. 와이키키 비치, 오아후 섬 분화구, 마우이 섬의 계곡, 돌핀 와칭, 폴리네시안 민속촌 등등 하와이의 필수 코스만 돌아봐도 일주일은 벅찰 수 있다. 그 어떤 핑계로든 평생 한 번은 여행해볼 만한 곳이다.

뉴 칼레도니아 New Caledonia

드라마 〈꽃보다 남자〉에서 주인공 커플이 헬기로 하트 모양의 섬을 돌아보며 '보이냐, 내 마음'이라는 대사를 날리는 바로 그곳이 뉴 칼레도니아다. 연중 쾌적한 봄 날씨를 자랑하는 섬으로, 이곳을 수식할 때는 '천국', '낙원' 등의 수사가 아낌없이 붙곤 한다. 남태평양의 토속적인 문화와 프랑스의 세련미, 거기에 코발트 빛 바다와 고운 해변까지 더해져 휴양지 및 신혼 여행지로 각광받고 있다.

피피 섬 Koh Phi Phi

태국 남부에 있는 섬으로, 푸껫과 끄라비의 중간쯤에 위치한다. 레오나르도 디카프리오 주연의 영화 〈비치〉의 배경으로 잘 알려졌으며, 태국에서 가장 아름다운 섬으로 손꼽힌다. 투명한 연청빛의 바다와 검푸른 숲이 우거진 열대의 숲이 놀라운 조화를 이룬다. 푸껫이나 끄라비 등에서 당일치기 투어로 많이 찾지만, 잠시 어디엔가 숨어서 고즈넉한 평화를 누리고자 하는 여행자들이 비수기에 찾아와 장기 체류하는 경우도 적지 않다.

팔라우 Palau

팔라우는 남태평양에 있는 작은 섬으로, 인구 2만 명의 소국이긴 하지만 어엿한 독립국가다. 세계적으로 손꼽히는 아름다운 바다를 가진 섬으로, 휴양 여행이나 신혼여행은 물론 해양스포츠의 천국으로 이름나 있다. 특히 독 없는 해파리가 사는 '젤리피시 레이크'에서는 해파리의 환상적인 풍경을 보며 다이빙을 즐길 수 있는데, 이러한 풍경은 세계에서도 팔라우가 유일하다.

지상에서 맛보는 가장 느긋하고 완벽한 휴가

발리 리조트 여행 5박 7일

해변과 전원 속에서 누리는 최고의 휴식

한창 바쁘게 출장을 다녔던 20대 중반에 3박 5일간 여행했던 발리는 내게 이렇다 할 특별한 감흥을 주지 못했다. 마치 한여름 실온에 방치해둔 사이다를 마시는 기분이었달까. 동남아 휴양지에 가면 차고 넘치는 에메랄드 빛 바다는커녕, 손바닥만 한 풀장에서 수영한 기억이 전부였다. 때문에 주변 '발리 예찬론자'들의 말은 도저히 이해가 되지 않았다.

평생 다시 갈 일이 없을 것 같았던 발리에 관심을 갖기 시작한 건 줄리아 로버츠 주연의 영화 〈먹고 기도하고 사랑하라〉를 본 후였다. 이 작품은 이탈리아, 인도, 발리를 배경으로 하고 있는데, 그중에서 줄리아 로버츠가 머물렀던 발리 우붓의 소박하고 아름다운 전원 풍경은 그 곳에 가고 싶은 충동을 다시금 불러일으켰다.

그 충동으로 발리를 다시 찾은 건 꼭 10년 만이었다. 그새 발리에는 세계적인 체인의 고급

리조트가 많이 들어서 있었다. 이보다 더 완벽할 순 없을 것처럼 잘 갖춰진 시설에 극상의 서비스가 제공되었고, 전용 풀이 딸려 있는 빌라 형태의 객실인 풀빌라에서는 가히 '휴식'의 정의를 내릴 만했다. 그러고 보니 아뿔싸, 10년 전에는 싸구려 숙소에 머물렀던 터라 리조트 라이프의 묘미를 경험하지 못한 것이었구나! 짐바란, 꾸따, 스미냑, 누사 두아 등 각기 다른 매력으로 채워진 해안 지역을 어슬렁거리며 탐험하는 기분도 특별했다. 해안 지역에서 한 시간 남짓한 거리에 있는 우붓은 전혀 다른 여행지에 온 듯한 기분을 선사했다. 20세기 초, 유럽의 예술가들이 작품 활동을 위해 이곳을 찾으면서 예술가 마을로 거듭났는데, 계단식 논에 둘러싸인 조용한 시골 분위기가 매력적이었다.

10년 전 불평의 마지막 한 가지, 에메랄드빛 바다에 대한 아쉬움도 말끔히 해소됐다. 발리 섬 동남쪽의 렘봉안 섬은 바닥까지 훤히 보이는 투명한 바다를 지니고 있다. 하루 정도 시간을 내서 크루즈 투어를 다녀오면 완벽한 발리 여행의 마지막 퍼즐 조각이 맞춰진다. ∖J

발리 리조트 여행, 이렇게 준비한다!

언제 갈까? 연평균 기온이 23~30도로, 일 년 내내 한여름 날씨가 이어진다. 우기는 10~3월, 건기는 4~9월이므로 건기 중에서도 비교적 덥지 않은 7~9월이 여행하기에 가장 좋다.

어떻게 가지? 대한항공과 가루다인도네시아항공에서 '인천-발리' 직항편을 운항하고 있으며, 대한항공은 오후 출발, 가루다인도네시아항공은 오전에 출발하는 스케줄이다. 6시간 45분 소요.

얼마나 들까? **예산** 총 245~345만 원 정도(항공료는 60~70만 원선, 숙박비 70~160만 원(1급 리조트, 고급 리조트, 초특급 리조트 등 리조트 선택에 따라 유동적), 식비 30만 원, 현지 투어비 80만 원, 현지 교통비 및 입장료 5만 원).

환전 US 달러로 준비한 후 현지에서 인도네시아 루피아(Rp)로 환전한다. 호텔이나 현지 투어비를 달러로 지불해야 하는 경우도 있으니 전액을 루피아로 환전하지 말고 필요할 때마다 조금씩 환전한다. 100루피아는 약 12.50원(2012년 4월 기준).

신용카드 리조트에서는 모든 것을 신용카드로 계산할 수 있다. 시내의 작은 레스토랑이나 현지 투어비, 교통비는 신용카드 사용이 불가능하다.

미리 준비하자! **비자** 비자가 필요하다. 단, 한국에서 비자를 발급받는 게 아니라 발리에 도착한 후 도착 비자를 받아야 한다. 응우라라이 국제공항에 도착해 입국 심사장 쪽으로 가면 도착 비자(VISA ON ARRIVAL) 카운터가 있는데, 이곳에서 수수료 25달러를 지불하면 즉석에서 비자를 발급받을 수 있다.

언어 인도네시아어와 발리어.

와카 크루즈 배를 타고 섬에 정박하여 스노클링과 점심 식사를 즐기는 크루즈 투어는 발리 여행에서 꼭 체험해봐야 할 필수 코스다. 와카 크루즈와 퀵실버 크루즈가 유명하며, 승선 인원이 30명으로 제한되는 와카 크루즈는 미리 예약해야 탈 수 있다. 월, 수, 금요일에 운항된다.

- **와카 크루즈** www.wakaexperience.com

숙소 구하기 발리 여행은 숙소가 여행의 반 이상을 결정한다고 해도 과언이 아니다. 리조트는 대부분 해안선을 따라 촘촘히 박혀 있는데, 아시아의 리조트 가운데 최고 수준이라고 해도 될 정도다. 발리의 다양한 매력을 경험하기 위해서는 짐바란, 누사 두아 같은 해안 지대와 열대 밀림의 우붓으로 일정을 나눠 숙소를 잡는다.

짐바란 포시즌스 리조트, 인터콘티넨탈 리조트, 리츠 칼튼, 불가리 등 세계적인 명성을 자랑하는 최고급 리조트가 들어서 있다.

누사 두아 클럽 메드, 하얏트, 아만 리조트, 라마다, 콘래드, 노보텔 등 리조트가 가장 많은 지역이다. 다른 지역에 비해 가격 대비 만족도가 높다.

꾸따 배낭여행객을 위한 저렴한 숙소와 게스트하우스가 몰려 있다.

우붓 하루가 다르게 새로운 숙소가 속속 들어서는 지역으로 장기 체류자를 위한 렌트 하우스에서부터 빌라, 고급 리조트까지 선택의 폭이 넓다.

짐 꾸리기 **옷&신발** 반팔 셔츠와 반바지, 민소매 셔츠 등 한여름 복장으로 준비한다. 에어컨을 틀어주는 실내나 쌀쌀한 저녁 시간을 대비해서 얇은 점퍼나 카디건도 챙긴다. 신발은 여름용 슬리퍼나 샌들, 물놀이용 아쿠아 슈즈를 가져간다.

기타 준비해 갈 것 선크림과 챙 넓은 모자, 모기 퇴치제, 벌레에 물렸을 때 바르는 약 등을 준비한다.

미리 보고 가자! **영화 〈먹고 기도하고 사랑하라〉** 완벽해 보이는 삶을 살아가던 주인공 리즈(줄리아 로버츠 분)는 발리의 주술사로부터 예언을 듣고 인생이 변하게 된다. 안정된 삶을 뒤로 하고 이탈리아, 인도, 발리로 긴 여행을 떠난 그녀는 마지막 여행지인 발리에서 비로소 인생의 평화를 찾고 운명적인 사랑도 만나게 된다.

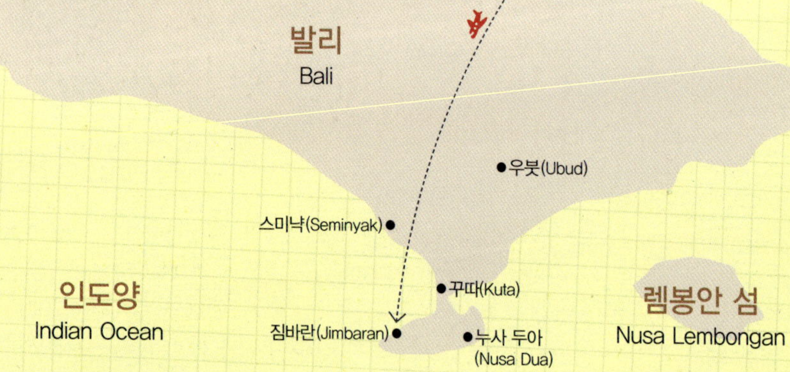

발리 리조트 여행 5박 7일

날짜	루트	여행 일정
Day 1	한국 ⇨ 발리	**밤** 발리 도착
Day 2	짐바란	**오전** 쿠킹 클래스 참가 **오후** 꾸따 시내 관광 **저녁** 짐바란 시푸드로 저녁 식사
Day 3	짐바란 ⇨ 우붓	**오전** 리조트 휴식 **오후** 우붓으로 이동, 우붓 시내 관광 **밤** 재즈 클럽에서 라이브 연주 감상
Day 4	우붓 ⇨ 누사 두아 ⇨ 스미냑 ⇨ 누사 두아	**오전** 발리 농부 체험 **오후** 누사 두아로 이동 **밤** 스미냑에서 나이트라이프 만끽
Day 5	누사 두아	**오전** 클럽 메드 액티비티 체험 **오후** 울루와뚜 사원 및 께짝 댄스 관람
Day 6	누사 두아 ⇨ 렘봉안 섬 ⇨ 누사 두아 ⇨ 한국	**오전·오후** 와카 크루즈 데이 투어 **밤** 한국으로 출발
Day 7	한국	**오전** 인천 공항 도착

Day 1

밤늦은 시간에 발리에 도착하기 때문에 첫날 일정은 숙소에 도착해 여장을 푸는 것으로 한다. 체크인을 하는 동안 웰컴 드링크를 마시면 오랫동안 꿈꿔왔던 달콤한 리조트 라이프가 마침내 시작되는 것이다.

예약한 리조트에 픽업 서비스를 요청했다면 전용 차량을 타고 리조트로 이동한다. 택시를 타고 리조트까지 가고자 한다면 공항 출구에 있는 택시 서비스(Taxi Service)에서 목적지를 말한 뒤 비용을 지불하면 영수증을 준다.

🏠 숙소 이동(30분)

포시즌스 리조트 짐바란 베이 Four Seasons Resort Bali at Jimbaran Bay

포시즌스는 전 세계 34개국의 주요 도시와 휴양지에 82개의 호텔과 리조트를 보유하고 있는 호텔 체인으로, 만족스러운 시설과 서비스를 제공한다. 발리에는 짐바란 베이와 우붓에 리조트를 보유하고 있는데, 포시즌스 짐바란 베이는 바다를 접하고 있어 언제나 탁 트인 전망과 바닷바람을 만끽할 수 있다. 발리 스타일로 지어진 147개의 빌라는 짐바란 베이가 바라보이는 언덕에 자리한 '원베드룸 빌라(One–Bedroom)'와 바닷가에 위치한 '오션 프론트 원베드룸 빌라(Oceanfront One–Bedroom Villa)'로 나뉘어 있어 취향에 따라 선택할 수 있다.

- **주소** Jimbaran Bay Jimbaran Denpasar 80361
- **홈페이지** www.fourseasons.com/jimbaranbay

Day 2

아침에 눈을 뜨면 창문 너머로 바다가 보이면서 발리에 왔다는 사실이 비로소 실감 난다. 발리에서의 첫 일정은 낯선 음식을 만들고 맛보는 체험으로, 발리 요리를 배우는 '쿠킹 클래스'다. 아침 일찍 끄동안안 어시장에서 장을 보는 것으로 시작해 오후 2시쯤 끝난다. 오후에는 꾸따 시내를 둘러보고, 저녁에는 짐바란 시푸드를 먹으며 여유롭게 일몰을 감상한다.

쿠킹 클래스 Cooking Class 에 참가

발리에서는 쿠킹 클래스를 운영하는 호텔이나 레스토랑을 많이 볼 수 있다. 그중에서도 포시즌스 쿠킹 클래스가 평판이 좋은 편으로, 이는 포시즌스 투숙객이 아니더라도 참가할 수 있다. 오전 8시에 로비에서 모여 끄동안안 어시장으로 출발해서 약 1시간 동안 셰프와 함께 장을 보며 식재료에 대한 설명을 듣는다. 호텔로 돌아오면 간단한 아침식사가 제공되며, 이후 본격적인 요리 수업을 시작한다.

요리는 애피타이저, 메인, 디저트의 3가지 코스로 구성된다. 셰프가 가르쳐준 레시피에 따라 직접 재료를 썰고 음식을 만드는 쿠킹 클래스는 오감이 열리는 매우 유쾌한 경험이라 할 수 있다. 요리가 서툰 사람일지라도 셰프가 꼼꼼하고 친절하게 도와주기 때문에 매우 훌륭한 요리를 만들 수 있다. 만든 요리는 점심 식사로 먹게 되는데 인도네시아 정통 방식으로 직접 만든 사태가 참 맛있다. 식사가 끝나면 수료증을 수여한다. 기념품으로 주는 앞치마도 잊지 말고 챙기자.

- **예약 전화** +62-361-701-010

🚗 **택시 20분**

디스커버리 쇼핑몰 Discovery Shopping Mall 에서 쇼핑

꾸따 시내에서 가장 큰 규모의 쇼핑몰이다. 미처 수영복을 준비해오지 못했다면 이곳에서 구입해도 좋을 것이다. 발리의 전통 기념품이나 티셔츠, 액세서리를 파는 숍도 있으므로 선물이나 기념품을 구입하기에도 좋다. 백화점 뒤쪽으로 나가면 꾸따 비치가 나온다.

- **주소** Jl Kartika Plaza, Kuta · **홈페이지** www.discoveryshoppingmall.com
- **영업시간** 10:00~22:00(주말은 22:30까지)

바로

디스커버리 쇼핑몰　　꾸따 비치　　블랙 캐니언

블랙 캐니언 Black Canyon 에서 아이스커피 마시기

디스커버리 쇼핑몰 1층에 있는 블랙 캐니언에 들러 이곳의 명물인 달달한 아이스커피를 맛보자. 꾸따 비치를 바라보며 여유로운 시간을 보내기에 그만이다. 블랙 캐니언은 원래 태국 브랜드로 팟타이 같은 태국 요리와 샌드위치 같은 다양한 메뉴를 갖추고 있다. 출출하다면 커피에 곁들여 먹어도 좋다.

- **영업시간** 10:00~22:00(주말은 24:00까지)

바로

꾸따 비치 Kuta Beach 산책

높고 거친 파도로 서퍼들의 파라다이스로 꼽히는 비치. 수영하는 사람보다는 서핑하는 사람들이 더 많다. 꾸따 비치를 따라 천천히 걸으며 발리의 평화로운 풍경을 감상한다. 일몰 때면 선셋을 감상하기 위해 바닷가에 자리를 잡고 앉아 기다리는 사람들로 붐빈다.

도보 10분

뽀삐스 Poppies 돌아다니기

뽀삐스는 꾸따 비치와 르기안 로드와 사이의 골목이다. 저렴하고 푸짐한 레스토랑, 카페, 바, 게스트하우스, 여행사 등이 있는 번화가로 배낭여행자들과 장기 체류중인 서퍼들이 모여드는 곳이다. 좁은 골목에 오토바이를 타고 다니는 사람들이 많아 정신을 쏙 빼놓는다.

택시 20분

짐바란 시푸드 Jimbaran Seafood 로 저녁 식사

발리에 와서 짐바란 시푸드를 먹지 않으면 섭섭하다. 낮에는 아무것도 없는 짐바란 해변은 해 질 무렵이면 테이블이 하나둘 세팅되면서 손님 맞을 준비를 한다. 자리를 잡고 앉아 짐바란 시푸드를 주문하면 랍스터, 게, 새우, 조개, 생선, 오징어 등을 코코넛 껍질숯불에 구워

한 상 가득 내온다. 짭조름하게 양념을 발라 구운 해산물은 빈땅 맥주와 먹으면, 정말 끝내준다. 동시에 저 멀리 펼쳐지는 선셋은 지금 이 순간이 지상에서의 마지막 휴가라도 되는 듯한 황홀함을 선사한다. 맛있는 해산물을 먹을 수 있는 상점가는 포시즌스 짐바란 인근과 인터콘티넨탈 리조트 인근, 끄동안안 어시장 주변 등에 형성되어 있다. 보통 세트메뉴로 주문하게 되는데 레스토랑마다 구성과 가격이 조금씩 다르니 메뉴판을 보고 맘에 드는 곳을 선택하도록.

Day 3

체크아웃을 하기 전까지, 투숙객만 이용할 수 있는 프라이빗 비치나 수영장에서 여유로운 시간을 보낸다. 그리고 오후에는 짐바란을 떠나 아름다운 전원 풍경이 펼쳐지는 예술가 마을 우붓으로 간다. 우붓 시내는 몽키 포레스트 로드를 중심으로 볼거리가 몰려 있어 도보로 여유롭게 둘러볼 수 있다.

골라 먹는 재미가 있는 아침 식사

리조트에서 아침 식사를 하자. 서양식, 일식, 인도네시아식 중 메뉴를 골라서 주문할 수 있다. 리조트 요금에 아침 식사가 포함되어 있으며, 메뉴 제한 없이 여러 개를 시켜도 된다. 룸서비스도 가능한데 빌라 내 테이블에 근사하게 세팅을 한 후 음식을 차려준다.

프라이빗 비치, 또는 수영장에서 휴식

비치 체어에 누워 책을 읽거나 휴식을 취한다. 카약, 부기보드, 스노클링 장비 등을 무료로 대여해주기도 하므로, 심심하면 해양 스포츠를 즐긴다. 비치 체어에 자리를 잡으면 직원이 얼음물과 물수건, 선크림이 담긴 트레이를 가져다준다.

숙소 체크아웃

빌라로 돌아와 체크아웃 후 우붓으로 이동한다. 리조트 전용 차량을 이용할 수 있으나 이용료가 비싸므로 요금이 부담스럽다면 리셉션에 택시를 불러달라고 요청하자.

포시즌스 리조트 사얀 Four Seasons Resort Bali at Sayan

짐바란 베이가 바다에 인접해 있다면 포시즌스 사얀은 아융 강이 내려다보이는 우붓 고지대에 위치한다. 울창한 열대 밀림으로 둘러싸여 있어 또 다른 매력을 느낄 수 있다. 전원생활을 하며 오롯이 휴식을 만끽할 수 있기 때문에 장기 체류하는 이들이 상당히 많다. 줄리아 로버츠는 영화 〈먹고 기도하고 사랑하라〉의 촬영을 끝낸 후 가족과 함께 한 달 가량 이곳에 묵었다고 한다. 18개의 스위트룸과 프런지 풀(수영보다는 몸을 풍덩 담글 수 있는 풀)을 갖춘 빌라가 42개 있다. 완벽한 프라이버시를 제공하는 빌라 구조가 독특하다. 입구에 연못이 있고, 계단을 내려가면 침실과 수영장이 나온다. 시간이 허락된다면 오래도록 머물고 싶다!

• **주소** Sayan Ubud Gianyar Bali   • **홈페이지** www.fourseasons.com/sayan

우붓의 대표 미술관, 네까 미술관 Neka Art Museum

리조트에서는 네까 미술관과 우붓 왕궁까지 무료로 셔틀버스를 운행한다. 차를 타고 우붓 시내로 출발! 예술가 마을 우붓에서는 크고 작은 미술관을 많이 찾아볼 수 있다. 네까 미술관도 그중 하나로, 사업가이자 회화 수집가인 수떼자 네까(Steja Neka) 씨가 설립했다. 개인 소장품이라고 하기에는 매우 방대한 컬렉션을 보유하고 있다.

• **개장시간** 09:00~17:00   • **입장료** 2만 루피아   • **홈페이지** www.museumneka.com

마지막 왕의 거처, 우붓 왕궁 Ubud Palace

우붓의 마지막 왕이 살던 소박한 궁전으로 후손들이 살고 있다. 정식 이름은 '뿌리 사렌 아궁(Puri Saren Agung)'이다. 발리의 전통 양식으로 지어진 건물과 조각상, 아담한 정원을 둘러본다. 이곳에서는 매일 밤 바롱 댄스 같은 전통 무용 공연이 열린다. 낮에는 무료 입장이지만, 공연이 열리는 저녁 7시 이후에는 입장권을 구입해야 한다.

이부 오까 Ibu Oka 에서 바비 굴링 맛보기

통째로 구운 어린 돼지의 껍데기와 살코기, 내장 등을
밥 위에 얹어주는 인도네시아의 서민 음식 '바비 굴링
(Babi Guling)'을 맛보자. 이부 오까는 바비 굴링이 가장
맛있는 곳으로, 재료가 떨어지면 가게 문을 닫는다.

- **주소** Jl. Suweta, Ubud
- **전화** +62-361-976-345   · **영업시간** 11:00~17:00

 도보 3분

사람 구경, 시장 구경! 우붓 시장 Pasar Ubud

우붓 왕궁 바로 맞은편에 우붓 시장이 있다. 현지인들이 생필품을 팔던 재래시장이었으나,
지금은 관광객들을 대상으로 하는 상점 거리가 되었다. 2층 목조 건물 사이에 미로처럼 형성
되어 있는 상점을 구석구석 구경하자. 물건을 살 때 밀고 당기는 흥정은 필수!

- **영업시간** 09:00~17:00

바로

우붓의 번화가, 몽키 포레스트 로드 Jl Monkey Forest

몽키 포레스트에서 우붓 시장까지 이어진 거리로, 우붓에서 가장 번화한 곳이다. 길 양 옆으
로 레스토랑과 카페, 발리의 예술작품이나 수공예품을 파는 숍 등이 이어져 있다. 무료로 관
람할 수 있는 갤러리도 곳곳에 있으니 발리 아티스트들의 예술혼을 잠시 느껴보자.

 도보 15분

원숭이들의 놀이터, 몽키 포레스트 Monkey Forest

야생 원숭이 200마리가 살고 있는 울창한 숲을 산책해보자. 입구에서 바나나를 구입해 숲을 자유롭게 뛰노는 원숭이에게 주면 친근하게 다가온다. 입구와 숲 곳곳에 있는 원숭이 석상을 찾아보는 것도 재미있다. 천천히 둘러보면 한 시간 정도 걸린다.

- **개장시간** 08:00~18:00 • **입장료** 1만 루피아

🚶🚶 도보 5분

카페 와얀 Cafe Wayan 에서 인도네시안 요리 즐기기

몽키 포레스트 로드 중간쯤에 있는 카페로, 입구는 평범해 보여도 안으로 들어가면 아름다운 발리식 정원이 펼쳐져 깜짝 놀라게 된다. 예전에는 와얀(와얀은 발리에서 '첫째'라는 뜻) 씨가 농부들에게 블랙 라이스 푸딩을 팔던 곳이었으나, 지금은 우붓에서 길을 가다 물어보면 모르는 사람이 없을 정도로 유명한 카페가 되었다. 인도네시안 음식부터 피자와 스테이크까지 종류가 매우 나양하나. 인도네시안 요리를 골고루 맛볼 수 있는 빌리니스 라이스타플을 추친한다. 카페 와얀에서는 쿠킹 클래스도 운영하고 있다.

- **영업시간** 08:00~22:30

🚶🚶 도보 15분

재즈 카페 Jazz Cafe 에서 나이트라이프 만끽

우붓에서 나이트라이프를 즐기고자 한다면 이곳만 한 곳이 없다. 라이브로 연주되는 재즈 공연이 수준급이다. 매일 저녁 8시부터 공연이 시작되며, 음료 한 잔만 시켜도 부담 없이 공연을 즐길 수 있다. 분위기가 무르익으면 모두 객석에서 일어나 음악에 몸을 맡기게 된다.

- **주소** Jl Monkey Forest 129X, Ubud • **영업시간** 11:00~03:00

🚌 택시 10분

리조트로 컴백

네까 미술관에서 우붓 왕궁으로, 다시 우붓 시장과 몽키 포레스트 로드까지, 하루 종일 긴 산책을 하느라 피곤했을 터. 내일을 위해 새로운 리조트에서 편안한 휴식을 취하자.

Day 4

우붓의 계단식 논을 산책하고, 이색적으로 '발리 농부 체험'을 해본다. 자연의 품 안에서 해보는 낯선 경험이라 몸과 마음이 정화되는 기분이 든다. 오후에는 '두 개의 섬'이라는 뜻의 누사 두아로 떠난다. 밤에는 발리의 나이트라이프 중심지인 스미냑에서 즐거운 시간을 보낸다.

발리 농부 체험 A Day in the Life of Balinese Farmer experience

포시즌스 사얀에서만 경험할 수 있는 이색적인 체험이다. 오전 8시에 시작되는데, 가파르거나 미끄러운 길이 있으므로 편한 신발을 신고 간다. 가장 먼저 계단식 논과 아융 강 주변을 산책한다. 1시간 가량 산책을 하고 나면 발리식으로 지은 초가집에 아침 식사가 준비되어 있다. 아침 산책 후 먹는 밥은 그야말로 꿀맛이다. 다음에는 농부 체험을 할 차례. 계단식 논에서 모내기를 배우고, 직접 모를 심어본다.

농부 체험 후에는 피로를 풀어주는 스파가 기다리고 있다. 입욕과 바디 스크럽이 포함된 2시간 코스의 전통 발리식 스파를 끝내면 땀으로 더러워진 옷을 말끔히 세탁해 가져다준다. 마지막으로 발리식 초가집에서 나시 짬뿌르로 점심 식사를 하면 일정이 마무리된다. 기념품으로 산책과 농활 체험을 하면서 찍은 사진이 담긴 앨범을 주는데 발리 농부 체험을 두고두고 기억하기에 더할 나위 없는 선물이다.

• 예약 전화 +62-361-977-577

> **Tip** **나시 짬뿌르 맛보기**
>
> 
>
> 인도네시아를 대표하는 음식으로 '나시'는 밥을, '짬뿌르'는 섞는다는 뜻이다. 발리의 여러 가지 요리와 다양한 고추, 마늘, 새우 페이스트, 식초, 소금, 민트를 섞어 만든 삼발소스를 밥에 넣고 쓱쓱 비벼 먹는다. 우리나라로 치면 한정식과 비슷하다.

클럽 메드 발리 Club Med Bail

전 세계에 80여 개의 리조트를 갖고 있는 클럽 메드는, 리조트 투숙객은 별도의 요금을 낼 필요 없이 스파를 제외한 모든 부대시설을 이용할 수 있다는 게 장점이다. 다양한 액티비티는 물론 전 일정의 식사와 메인 바에서 마시는 맥주, 칵테일 등의 술도 모두 공짜다. 발리 음식을 비롯해 세계 각국의 음식을 뷔페식으로 맛볼 수 있다.

• **주소** Lot No.6 Nusa Dua   • **홈페이지** www.clubmed.co.kr

발리의 청담동, 스미냑 Seminyak

스미냑은 발리에서 가장 스타일리시한 지역으로 고급스러운 분위기의 레스토랑과 바, 숍 등이 있다. 경쾌하고 소란스러운 꾸따와는 사뭇 다른, 조용하고 차분한 분위기가 인상적이다. 릭스마나 삼거리의 스미냑 스퀘어를 중심으로 상점을 둘러보며 쇼핑을 즐긴다. 단, 물가가 만만치 않으므로 아이쇼핑으로 만족해야 할지도.

쿠 데 타 Ku De Ta 에서 근사한 저녁 식사

발리의 핫 스폿으로, 모던하고 감각적인 인테리어가 매력적인 레스토랑이다. 뒤편에 해변이 펼쳐져 있는데 일몰 시간에 맞춰 가면 비치 체어에 누워 선셋을 감상할 수 있다. 이곳에서 저녁 식사를 해도 좋고, 가볍게 맥주나 칵테일을 한 잔 마셔도 괜찮다. 코스 요리에서부터 피자같이 가볍게 먹을 수 있는 음식까지 다양하게 주문할 수 있다. 관광객 같은 차림보다는 어느 정도 차려입고 가도록 하자. 택시를 타고 목적지를 '쿠 데 타'로 말하면 알아서 가준다.

• **주소** Jl Pentienget 9, Seminyak   • **영업시간** 08:00~새벽까지   • **홈페이지** www.kudeta.net

리조트로 컴백

Day 5

하루 종일 클럽 메드의 다양한 액티비티를 체험한다. 오후 늦게는 드라마 〈발리에서 생긴 일〉과 영화 〈빠삐용〉의 촬영지인 울루와뚜 사원에서 일몰을 만끽하고, 께짝 댄스 공연까지 관람한다. 저녁에는 정찬 레스토랑인 바투 레스토랑에서 코스 요리를 즐긴다.

리조트에서 마음껏 놀기

매일 오전 10시에 진행되는 설명회에 참가하면 한국인 G.O.와 함께 리조트를 돌아다니며 시설에 대한 설명을 들을 수 있다. 메인 수영장에서 시간에 맞춰 진행되는 수중 에어로빅 강습이나 배구 대회에 참가해도 좋고, 비치 체어에 누워 조용한 시간을 보내도 좋다. 평소 읽고 싶었던 책을 볼 생각이라면 큰소리를 내거나 시끄럽게 수영하는 것이 금지되어 있는 콰이어트 풀(Quiet Pool)이나 프라이빗 비치가 제격이다. 이밖에도 골프를 비롯해 양궁, 테니스, 스쿼시, 농구, 카약, 스노클링, 보트크루즈, 서커스와 공중그네 등 리조트 내의 다양한 액티비티를 즐기다보면 시간 가는 줄 모른다. 모든 액티비티는 G.O.로부터 레슨을 받을 수 있기 때문에 초보자도 불편함이 없이 이용할 수 있다.

매일 저녁에는 G.O들이 직접 출연하는 다채로운 공연이 준비되어 있다. 마임, 서커스, 발리 전통 댄스 등 프로그램이 매일 바뀐다. 공연 관람 후 늦은 밤에는 메인 바에서의 나이트라이프가 기다리고 있다. 신나는 음악과 춤이 어우러지는 흥겨운 파티를 만끽하며 아쉬움 없이 최고의 밤을 보내자.

> **Tip** 아이들을 안심하고 맡길 수 있는 키즈 프로그램 Kids Program
>
> 클럽 메드에서는 갓난아이부터 18세 청소년까지 연령에 따라 다양한 키즈 프로그램을 운영한다. 아이들은 세계 각국의 또래 친구들과 다양한 놀이를 즐길 수 있으며, 부모들은 모처럼 오붓한 시간을 보낼 수 있도록 해준다. 만 2~3세 유아들을 위한 쁘띠 클럽, 만 4~10세까지 어린이들을 위한 미니 클럽, 만 2~8세까지 어린이를 밤늦은 시간까지 돌봐주는 빠자마 클럽 등이 있다.

🚕 택시 30분

발리 최고의 일몰 장소, 울루와뚜 사원 Pura Ulu Watu

발리 최남단에 위치한 울루와뚜 사원은 70미터 높이의 아찔한 절벽 위에 있어 '절벽 사원'으로도 불린다. 사원까지 가는 길 아래로 펼쳐지는 바다 경관이 장관이다. 절벽에 부딪혀 하얀 포말을 일으키는 파도 소리도 경쾌하게 들려온다. 울루와뚜 사원까지는 택시가 운행되지 않으니 울루와뚜 왕복 교통편이 포함된 투어 프로그램을 이용하자. 30분 간격으로 출발하며, 환상적인 일몰을 보기 위해서는 오후 4시 30분에 출발하는 게 좋다.

- **개장시간** 08:00~19:00 · **입장료** 3,000루피아

> **Tip** 께짝 댄스 공연
>
> 발리 전통 댄스 중 하나인 께짝 댄스(Kecak Dance)는 우붓의 공연장이나 리조트에서도 볼 수 있지만, 울루와뚜 사원에서 석양을 배경으로 한 께짝 댄스는 감동이 다르게 전해진다. 매일 저녁 6시에 시작해 약 30분간 공연되는데, 많은 사람이 몰리므로 공연 시작하기 15~20분 전에는 자리를 잡는 것이 좋다. 공연 시간이 임박하면 자리가 없어서 입장이 불가능한 경우도 있다. 께짝 댄스 공연은 울루와뚜 사원 입장권을 살 때 별도로 티켓을 구입해야 한다. 티켓 요금은 7만 루피아.

🚕 택시 30분

바투 레스토랑에서 풀코스 저녁 식사

클럽 메드에서는 하루 세끼를 뷔페식으로 먹게 된다. 따라서 한 끼 정도는 뷔페식이 아닌 정찬 레스토랑을 이용해보자. 레드 컬러의 인테리어가 신비로운 분위기를 자아내는 바투 레스토랑에서는 디너 코스 요리를 맛볼 수 있다. 인기가 많아 예약 후 방문해야 한다.

Day 6~7

발리 섬 동남쪽의 렘봉안 섬으로 크루즈를 타고 데이 투어를 다녀온다. 발리 본섬에 비해 맑고 투명한 바다를 두 눈에 가득 담을 수 있다. 리조트로 돌아와 저녁 식사를 한 후에는 공항으로 출발한다. 기내에서 1박을 하고, 다음 날 인천 공항에 도착한다.

> 리조트 체크아웃 후 숙소에 짐을 맡긴다.

🚌 투어 버스 30분

인기 만점, 와카 크루즈 Waka Cruise

요트를 타고 소규모로 즐길 수 있어 좋은 반응을 얻고 있는 크루즈다. 오전 9시 30분에 브노아 항구를 출발해 한 시간 정도 가면 렘봉안 섬의 와카누사 리조트에 도착한다. 이곳의 부대 시설을 자유롭게 이용할 수 있으며, 유리 바닥 보트 및 스노클링, 렘봉안 섬 빌리지 관광 등도 가능하다. 점심 식사는 뷔페식이며, 요트 내에서는 간식과 음료수가 무료로 제공된다. 브노아 항구로 돌아보는 시간은 오후 4시다.

• **홈페이지** www.wakaexperience.com

🚌 투어 버스 30분

리조트로 컴백

샤워를 하고 저녁 식사를 하러 간다. 이미 체크아웃을 했어도 떠나기 전까지 클럽 메드 내 레스토랑에서 저녁 식사를 무료로 할 수 있다. 저녁 식사 후 마지막으로 쇼를 관람한 뒤 시간에 맞춰 버스에 탑승하여 공항으로 이동한다.

🚐 전용 차량 30분

발리 공항 도착

한국으로 출발!

✈ 기내 1박(6시간 45분)

인천 공항 도착

Best 1 브노아 회 크루즈

브노아 항구에서 작은 통통배를 타고 스노클링과 낚시를 즐기고 회를 먹을 수 있는 액티비티다. 낚시해서 잡은 물고기가 아닌 심해에서 작살로 잡은 고기를 가지고 선장이 푸짐하게 회를 떠준다. 한국업체인 '발리바다'에서 운영하기 때문에 회는 물론 초고추장과 상추까지 준비해준다. 오후 2시에 출발해 오후 6시에 브노아 항구로 돌아온다. 돌아오는 길에는 멋진 석양을 감상할 수 있다.

Best 2 아융 강 래프팅

울창한 밀림과 크고 작은 폭포가 있는 우붓의 아융 강은 박진감 넘치는 래프팅을 즐길 수 있는 곳이다. 2시간 징도 물살을 가르며 신나게 래프팅을 즐기다가 중간에 멈춰서 사진도 찍을 수 있다. 래프팅 요금에는 왕복 교통편과 점심 식사가 포함되어 있다. 발리 동부의 뜰라가 와자 강(River Telaga Waja)에서도 래프팅을 할 수 있는데 아융 강보다 난이도가 높은 편이다.

Best 3 서핑

발리의 바다는 서핑을 즐기기에 천혜의 조건을 가지고 있다. 따라서 서핑 경험자라면 서프 보드를 대여해서 서핑을 만끽해도 좋을 것이다. 초보자이거나 입문자라면 서프 스쿨에 참가하여 기초부터 차근차근 배워보자. 전문 강사에 의해 진행되며, 하루에 두 번 레슨이 있다. 개인 레슨이나 그룹 레슨 중에 선택이 가능하다. 레슨 시간은 2시간~2시간 30분 정도다.

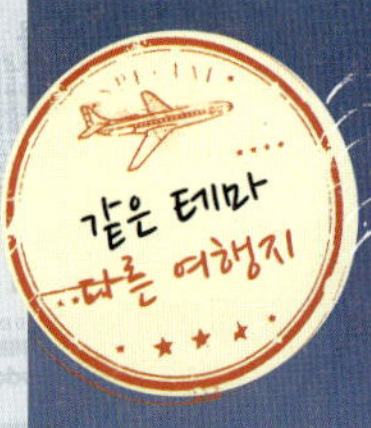

리조트가 곧
최고의 휴가지가 되는 곳

식스 센스 Six Senses

세계적인 여행잡지 〈트래블앤레저(Travel+Leisure)〉와 〈콘데나스트 트래블러(Conde Nast Traveler)〉에 의해 최고의 리조트로 선정된 바 있으며, 몰디브, 태국의 사무이와 푸껫, 베트남 냐짱 등에 리조트가 있다. 자연주의를 지향하며, 나무로 지어진 내추럴하고 소박한 건물과 인테리어가 몸과 마음을 편안히 쉬게 한다. 그런가 하면, 몰디브 남쪽 라무 아톨에 속하는 울후벨리 섬의 몰디브 식스센스 라무(Maldives Six Senses Laamu)는 지역적 특색을 반영한 독특한 디자인으로 꾸며져 있다. 친환경적인 요소를 더해 고급스러움과 안락함을 동시에 만족시킨다. 베트남의 휴양지 냐짱에 위치한 식스 센스 하이드어웨이 닌반 베이(Six Senses Hideaway Ninh Van Bay)는 작은 섬 하나에 빌라 59채가 자리하고 있어 지극히 사적이고 조용한 휴가를 보낼 수 있다.

휴식을 목적으로 한 여행은 휴가지를 고르는 것보다
리조트를 고르는 것이 몇 배는 더 중요하다.
최고급 시설과 극진한 서비스를 제공하는 세계적인 리조트 체인을 소개한다.

아만 리조트 Aman Resort

1988년 푸켓에 첫 리조트 아만푸리(Amanpuri)를 오픈한 후 현재 인도네시아 발리, 필리핀 보홀, 모로코, 스리랑카, 프랑스 등 세계 곳곳에 25개의 리조트를 보유하고 있는 리조트 그룹이다. '스몰 럭셔리'가 콘셉트인 만큼 고객 한 사람 한 사람에게 극진한 서비스를 제공하기로 유명하다. 고객 한 명을 전담하는 종업원이 7~8명에 이를 정도다. 우붓에 있는 아만다리(Amandari), 누사 두사가 내려다보이는 언덕에 위치한 아만누사(Amannusa), 짠디다사의 아만킬라(Amankila) 등 발리에만 세 개의 리조트를 운영하고 있다. 푸켓의 아만푸리(Amanpuri)에서는 배 한 척을 통째로 빌려 둘만의 크루즈 여행을 떠날 수 있다. 아만(Aman)은 산스크리트어로 '평화롭다'는 뜻이다.

한국에서 떠나는 일주일간의 크루즈 여행

한중일 크루즈 7박 8일

아름답고 호화로운 선상에서 보내는 시간들

5성급 호텔 못지않은 호화로운 선내 시설, 풀코스 정찬, 매일 밤 펼쳐지는 화려한 쇼…. 크루즈 여행은 흔히 '럭셔리 여행'으로 통한다. 실제로도 지중해나 카리브해 크루즈는 돈이 많이 든다. 일단 한국에서 기항지까지 가는 항공료가 비싸고, 현지 물가도 좀 비싸다. 하지만 한국에서 출발하는 크루즈 여행이라면 얘기가 달라진다. 항공료가 들지 않기 때문에 여행 경비의 절반을 절약할 수 있을뿐더러, 무엇보다 '피' 같은 시간을 절약할 수 있어 좋다. 크루즈 여행을 하려면 가깝게는 5시간, 멀게는 10시간 넘게 기항지까지 비행기를 타고 가는 게 보통이지만, 그럴 필요가 없다는 말이다. 이 모든 것은 부산에서 출발하는 일주일간의 '한중일 크루즈 여행'에 대한 이야기다.

부산 영도 터미널에서 출발해 중국 톈진을 거쳐 일본의 후쿠오카와 벳부, 카고시마를 들르는

한중일 크루즈는 저렴한 비용으로 선상 휴가를 꿈꾼 사람이라면 한 번쯤 욕심내볼 만한 여행
이다. 중국과 일본의 매력적인 도시를 여행할 수 있을 뿐 아니라, 크루즈 요금에 숙소와 식사
가 포함되어 있어 일일이 예약하거나 정보를 찾아볼 필요가 없다. 무거운 짐을 끌고 이리저
리 길을 찾아 헤맬 필요가 없다는 것도 장점이다.

아침에 눈을 뜨면 창밖으로 보이는 망망대해를 바라보며 명상에 잠길 수 있고, 배 안이 답답
하면 언제라도 갑판에 나가 시원한 바닷바람을 맞으며 홀가분한 기분을 누릴 수 있다. 나른
한 오후에는 선데크에 누워 독서 삼매경에 빠지거나, 이도저도 귀찮다면 그저 달콤한 낮잠에
취해도 좋으리라. 하늘과 바다를 온통 붉게 물들이며 바닷속으로 빨려 들어가는 일몰을 바다
한가운데서 맞이하는 경험도 크루즈 여행이기에 가능한 일이다. 그러니 무엇을 망설이는가.
꿈처럼 생각되었던 선상 휴가가 바로 당신 눈앞에 있다. YJ

한중일 크루즈 여행, 이렇게 준비한다!

언제 갈까?

한중일 크루즈는 보통 5~8월까지 운항되는데, 매년 출발 스케줄이 바뀌니 미리 체크하는 것이 좋다. 가장 좋은 시기는 바닷바람을 시원하게 즐길 수 있는 6~8월이다.

어떻게 가지?

한중일 크루즈의 기항지인 부산까지 KTX나 버스를 타고 가면 된다.

얼마나 들까?

예산 총 125만 원 정도(크루즈 선실 80만 원선, KTX 10만 원(서울 기준), 중국 비자 5만 원, 기항지 관광 10만 원, 기항지에서의 식비 5~10만 원, 기항지에서의 교통비 및 입장료 10만 원). 크루즈 선실은 인사이드 타입 기준으로, 예약 시점에 따라 변동 가능.

환전 중국 위안(元)과 일본 엔화(¥)로 환전한다. 중국은 하루 일정이고, 일본은 3일 일정이므로 엔화 위주로 환전한다. 1위안은 약 180원, 1엔은 약 14원(2012년 4월 기준). 선내에서 달러를 위안이나 엔화로 환전이 가능하다.

신용카드 선내에서는 모든 결제를 신용카드로 할 수 있다.

미리 준비하자!

비자 중국 비자가 필요하며, 30일짜리 관광용 단수비자의 발급 비용은 4만 5,000원~5만 원선이다.

언어 크루즈 내에서 영어, 중국어, 한국어 등 세 개의 언어가 통용된다.

크루즈 예약하기 세계적인 크루즈선사 '로열캐리비안 크루즈'의 레전드호가 한중일 노선을 운항한다. 크루즈 상품은 예약이 빠를수록 요금이 할인되고, 같은 등급의 선실이라도 높은 층이나 좋은 전망을 요청할 수 있다. 따라서 출발일로부터 3~4개월 전에 예약하는 것이 일반적이며, 늦어도 1~2개월 전에는 예약하는 것이 좋다.

선실 타입에 따라 가격이 달라지는데, 창문이 없는 인사이드 타입, 창문이 있는 오션 뷰 타입, 발코니가 딸려 있는 발코니 타입, 발코니와 응접실을 갖춘 스위트 타입 등 네 가지가 있다.

• **로열캐리비안크루즈 한국사무소** www.rccl.kr

숙소 구하기 크루즈 여행은 일정 내내 배 안에서 숙박을 하게 되므로 별도로 알아볼 필요가 없다.

짐 꾸리기 **옷&신발** 얇은 긴팔의 초여름 복장이나 반팔 셔츠와 반바지, 민소매 셔츠 등의 한여름 복장으로 시기적절하게 준비한다. 선내에서는 항상 에어컨이 작동되므로 한여름이라도 얇은 점퍼나 카디건을 챙기도록 한다. 신발은 오래 걸어도 발이 아프지 않은 편한 신발을 준비한다.

갈라 디너 의상 선장이 주최하는 갈라 디너의 드레스 코드는 포멀이다. 남자는 어두운 계열의 양복이나 턱시도를 입고, 여자는 이브닝드레스나 기모노, 아오자이 같은 나라별 전통 의상을 준비한다. 한복도 무방하다.

기타 준비해 갈 것 자외선 차단을 위한 선크림과 챙 넓은 모자를 준비해 가자. 선내에 수영장이 있으므로 수영복도 필수.

미리 보고 가자! **영화 〈타이타닉〉** 세상에서 가장 호화로운 여객선이었던 타이타닉호를 배경으로 한 로맨스 영화로, 선상 생활의 극치를 보여준다. 배 위에서 아름다운 일몰을 바라보며 남녀 주인공이 사랑에 빠지는 장면은, 크루즈 여행을 동경하게 하는 최고의 명장면이라 할 수 있다.

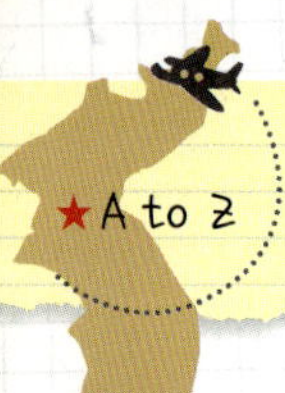

크루즈 정찬 즐기기

하루 7번 제공되는 식사를 즐기자

크루즈 여행의 가장 큰 즐거움 중의 하나는 바로 식사다. 하루 세끼는 기본이고, 브런치, 애프터눈 티, 야식까지 하루 7번의 식사가 무료로 제공된다. 단, 맥주나 와인 같은 주류는 별도로 주문해야 한다.

선내 레스토랑은 몇 개?

레전드호의 레스토랑은 정찬으로 코스 요리가 제공되는 '로미오&줄리엣'과 뷔페식으로 제공되는 '윈재머 레스토랑'으로 나뉜다. 취향에 따라 선택하면 된다.

메인 시팅과 세컨드 시팅이 뭘까?

정찬 레스토랑은 저녁 식사 시간이 메인 시팅(저녁 6시~6시 30분)과 세컨드 시팅(저녁 8시~8시 30분)으로 나눠진다. 크루즈 예약 시 선택이 가능한데, 언어와 구성원을 고려하여 좌석을 배정한다. 매일 같은 테이블에서 정해진 담당 웨이터의 서빙을 받으며 식사를 하게 된다.

와인 패키지 신청하기

크루즈 요금에 모든 식사가 포함되어 있지만 와인이나 맥주 같은 주류는 따로 주문해야 한다. 와인은 병으로 주문할 수 있지만 와인 패키지를 이용하면 저렴하게 마실 수 있다. 최저가 패키지는 5병에 135달러 정도. 마시고 남은 와인은 집으로 가져갈 수도 있다.

룸서비스도 마음껏!

호텔이라면 비싼 가격 때문에 룸서비스를 이용하기가 쉽지 않지만 크루즈라면 얘기가 달라진다. 무료로 룸서비스를 이용할 수 있어서다. 특히 아침 식사가 귀찮을 때 룸서비스를 이용하자. 발코니 객실이라면 발코니에 앉아 식사할 수 있다.

한밤중에 출출하다면

9층의 실내 수영장 옆에 위치한 솔라리움 카페에서 한밤에 찾아온 출출함을 달랠 수 있다. 새벽 2시까지 오픈하며, 피자, 프렌치프라이, 햄버거, 바비큐립, 샐러드 등이 준비되어 있다. 음식을 선실로 가져가서 먹어도 된다.

한중일 크루즈 7박 8일

날짜	루트	여행 일정
Day 1	한국	**오후** 크루즈 승선, 부산 출발 **저녁** 바&라운지에서 일몰 감상하기
Day 2	바다 위	**오전·오후** 선상 데이 즐기기
Day 3	중국 톈진	**오전** 톈진 도착, 기항지 관광 **오후** 크루즈로 컴백 **밤** 갈라 디너
Day 4	바다 위	**오전·오후** 선상 데이 즐기기
Day 5	일본 후쿠오카	**오전** 바다 위 **오후** 후쿠오카 도착, 기항지 관광 **밤** 크루즈로 컴백
Day 6	일본 벳부	**오전·오후** 벳부 도착, 기항지 관광 **오후** 크루즈로 컴백
Day 7	일본 카고시마	**오전·오후** 카고시마 도착, 카고시마 투어 **오후** 크루즈로 컴백 **밤** 페어웰 파티
Day 8	한국	**오전** 부산 영도 터미널 도착

Day 1

KTX나 버스를 타고 부산역에 도착한다. 정오부터 2시까지 승선 수속을 마쳐야 하므로 서울이라면 오전 8~9시에 출발하는 KTX를 타는 것이 적당하다. 부산역에서 크루즈 터미널까지는 셔틀버스나 택시를 타고 갈 수 있다. 승선 수속을 마치면 객실에 짐을 풀고 크루즈 내부를 구석구석 탐험하자.

부산 국제 크루즈 터미널 도착

부산역에서 택시를 탔다면 페리가 오가는 국제 여객 터미널과 헷갈릴 수 있으므로 반드시 영도 국제 크루즈 터미널에서 내리도록 한다. 체크인 수속이 끝나면 승선 카드를 받을 수 있다. 짐은 선실 번호와 이름이 적힌 태그(Tag)를 매달아 수하물 터미널에 두면 배까지 안전하게 배달된다. 단, 카메라나 노트북 같은 귀중품은 휴대하는 것이 좋다. 승선 수속을 마치면 드디어 거대한 위용을 갖춘 크루즈가 보인다. 일주일간 이곳에서 지낼 생각을 하면 이제 막 연애를 시작한 것처럼 설레기 시작한다!

• **주소** 부산 영도구 동삼1동 1125번지

> Tip **크루즈에서의 필수품, 승선 카드**
>
> 승선 카드(Seapass Card)는 크루즈 안에서 만방미인으로 통한다. 선실 키는 물론, 기항지에서의 하선 및 승선 여부를 확인하는 신분증 역할도 하기 때문이다. 일단 크루즈에 승선하면 현금이 필요 없다. 물건을 구입하거나 유료로 제공되는 시설을 이용할 때도 이 카드로 지불할 수 있다. 승선 카드에는 영문 이름을 비롯해 시팅 타임과 테이블 번호가 기재되어 있다.

나의 선실은 어디에 있을까?

일주일 동안 머물 선실을 찾자. 선실 번호가 6590일 경우 앞자리 숫자는 층수를 의미한다. 선실 내부는 호텔과 별 차이 없이 침대, 소파, 욕실, 화장대, TV, 안전금고, 헤어드라이어 등이 갖추어져 있다. 선실 내 TV에서는 영화나 음악은 물론 다음 날 도착할 기항지에 대한 안내와 관광 일정에 대한 설명이 나오는 채널이 있어 여러모로 유용하다.

거대한 위용의 크루즈　크루즈 컴퍼스

선실 내부

윈재머 레스토랑에서 점심 식사

선실 확인을 마친 후에는 9층에 위치한 윈재머 레스토랑에서 뷔페식으로 점심 식사를 한다. 출항 전이므로 창밖으로 시원스레 펼쳐진 부산 바다를 감상하며 여유롭게 식사를 즐긴다.

드디어 출항이다!

점심 식사 후 크루즈 이곳저곳을 둘러보면 어느덧 출항 시간이 된다. 총 7만 톤, 최대 탑승객 2000명이 넘는 거대한 배의 움직임을 감지하기란 쉽지 않은 일이다. 출발을 알리는 우렁찬 뱃고동 소리와 멀어지는 항구를 보면 비로소 출항이 실감난다.

바&라운지에서 일몰 감상하기

크루즈에서 가장 높은 곳에 위치한 바이킹 크라운 라운지에서는 바다 풍경이 360도 파노라마로 펼쳐진다. 낮에는 경치를 즐기며 조용히 차를 마실 수 있고, 밤에는 다양한 칵테일과 맥주를 마시며 흥겨운 시간을 보낼 수 있다. 최고의 하이라이트는 바로 일몰 풍경. 바다가 서서히 물들어가는 모습은 눈물 날 만큼 감동적이다.

크루즈 컴퍼스 Cruise Compass 탐독

저녁 식사 후 객실로 돌아오면 선상 신문인 '크루즈 컴퍼스'가 놓여 있는데, 매일 저녁 선물상자를 풀어보듯 두근거리는 마음으로 읽게 된다. 일출 및 일몰 시간을 비롯해 그날 열리는 선내 프로그램의 시간과 장소, 기항지에 대한 환율 정보, 면세점과 스파 세일 정보 등 매력적인 정보들이 가득 담겨 있다. 이름 그대로 선상 생활의 나침반 역할을 톡톡히 한다.

Day 2

둘째 날은 기항지에서 내리는 일 없이 온전히 배에서만 머무는 선상 데이다. '하루 종일 배 안에서 뭐하지?'란 고민일랑은 고이 접어두자. 하루 24시간이 짧게 느껴질 정도로 다양한 부대시설이 있다. 흥미로운 선상 프로그램이 쉴 새 없이 이어지므로 관심 있는 프로그램에 적극 참여해보자.

선상 데이 Start!

이른 아침, 조깅 트랙이나 헬스클럽의 러닝머신을 달리는 것으로 하루를 시작한다. 아침 식사를 하고 몸이 나른해질 때쯤 전문 강사의 지도 아래 요가나 스트레칭 강습에 참여해보는 건 어떨까. 한바탕 땀을 흘렸다면 자쿠지나 사우나에서 피로를 풀 수 있다. 수영장에서 물놀이나 수영을 하고, 투명한 햇살이 내리쬐는 선데크에 누워 한가로운 오후를 보내는 것 또한 선상 데이를 제대로 즐기는 방법이다.

선상 프로그램에 참가하기

어제 선실에 배달된 크루즈 컴퍼스를 보고 오늘 어떤 선상 프로그램이 있는지 체크했다면, 주저하지 말고 배워보자. 라인댄스, 살사댄스, 왈츠 등을 배울 수 있는 댄스 클래스와 크루즈 셰프가 선보이는 요리 강습이 있으며, 룸 메이드와 함께 수건으로 코끼리, 원숭이 같은 동물 모양의 인형을 만드는 수건 접기 클래스는 인기 프로그램 중 하나다.

수영장

9층에 메인 수영장과 실내 수영장 솔라리움이 있다. 수영장 주변에는 선베드가 있으며, 날씨가 좋으면 수영장 근처에서 바비큐 파티가 열리기도 한다. 솔라리움은 지붕이 개폐되는 수영장으로 따뜻한 해수로 채워져 있다.

인터넷 카페

24시간 운영되는 인터넷 카페가 있어 급한 업무 처리나 메일을 확인할 수 있다. 단, 인터넷에 접속하기 위해서는 개별 계정을 만들어야 하며, 속도가 느리고 요금도 비싸므로 꼭 필요할 때만 이용하자. 요금은 1분당 0.65달러, 1시간에 35달러.

스파

배 안에서 스파를 받는 호사를 누려보자. 9층의 데이 스파 센터에서는 페이스와 바디 트리트먼트는 물론 헤어, 네일 관리도 받을 수 있다. 날짜별로 다양한 할인 행사와 이벤트도 진행된다.

도서관

조용히 독서와 휴식을 취하고 싶을 때는 7층의 도서관으로 가자. 전 세계 베스트셀러와 여행 책자 등 200여 권이 비치되어 있다. 한국어 신간도 마련되어 있다. 젠가, 장기, 바둑 같은 보드게임도 즐길 수 있다.

부티크

면세점인 센트럼 부티크가 5층에 있다. 명품 화장품, 시계, 액세서리, 주류 등을 면세가로 구입할 수 있다. 티셔츠, 모자, 컵 등 로열캐리비안 로고가 들어간 기념품도 빼놓을 수 없다. 판매 아이템이 매일 바뀌므로 언제 가도 새롭다.

카지노

룰렛, 블랙잭 등의 테이블 게임과 다양한 종류의 슬롯머신을 갖추고 있다. 재미 삼아 즐긴다는 생각으로 해보자. 카지노에서 사용하는 칩은 현금은 물론 승선 카드로도 결제가 가능하다.

엔터테인먼트 극장

매일 밤 댓츠 엔터네인먼트 극장은 팔색조로 변신한다. 데이비드 카퍼필드를 연상케 하는 마술 공연을 비롯해 전문 무용수와 가수들이 선보이는 수준 높은 공연이 다채롭게 펼쳐진다. 저녁에 퍼스트 시팅과 세컨드 시팅 시간에 맞춰 하루 두 번 공연된다.

안전 교육에 참가

위기 상황이 발생했을 때를 대비한 안전 교육이 갑판에서 진행된다. 층별로 정해진 장소에 모이면 비상 시 대피 장소와 구조를 요청하는 법을 알려준다. 구명조끼에 달린 호루라기나 비상등이 문제없이 작동하는지도 확인한다. 구명보트를 타보는 등의 스릴 넘치는 경험을 기대했다면 실망할지도 모른다.

기항지 관광 예약

내일은 첫 기항지인 텐진에 도착하는 날이다. 개별적으로 돌아다녀도 무방하지만 항구에서 텐진까지 1시간 30분이나 걸리고, 텐진까지 가는 교통편도 없으므로 기항지 관광을 예약하는 것이 여러모로 좋다. 예약은 5층의 기항지 관광 데스크에서 할 수 있다. 출발 전 한국에서도 예약이 가능하다. 기항지 관광을 신청하면 전날 저녁에 객실 앞 메일 박스에 티켓을 넣어준다.

Day 3

밤새 자고 있는 사이, 배는 첫 기항지인 톈진에 도착하게 된다. 전날 저녁에 받은 기항지 관광 티켓을 지참해 앵커스 어웨이 라운지에 집결하면, 순서대로 배에서 내린 뒤 입국 수속을 밟게 된다. 저녁에는 선장이 주최하는 갈라 디너가 열린다.

항구 도착, 톈진으로 이동

기항지 관광을 신청한 사람이 수백 명에 이르다 보니 그룹을 나눠서 이동하게 된다. 기항지 관광 티켓을 보여주면 그룹 번호가 적힌 스티커를 나눠준다. 그룹끼리 모여 입국심사를 한 후 톈진까지 버스를 타고 간다.

🚌 버스 1시간 30분

위안스카이 袁世凱 옛집

톈진 시내를 관통하는 하이허(海河) 부근에는 중국 근현대의 중요한 인물 중 하나이자 톈진에 신도시를 건설한 위안스카이의 옛집이 있다. 침실, 거실, 접견실, 정원 등을 천천히 둘러보자. 시간이 맞으면 경극 공연도 관람할 수 있다.

🚌 버스 10분

톈진의 인사동, 고문화 거리 古文化街

1980년대 후반 베이징의 류리창(琉璃廠)을 본 따서 만든 곳으로, 남북으로 580미터 길이에 청대의 거리를 복원했다. 중국 서예, 그릇, 도장 등을 구입할 수 있는 토산품점과 골동품점이 즐비해서 현지인은 물론 관광객도 많이 찾는다. 중국의 옛 물건들을 찬찬히 구경하다보면 시간 가는 줄 모른다.

🚌 버스 1시간 30분

> **Tip** **거우부리(狗不理) 만두를 맛보자**
>
> 150년 전통의 거우부리 만두는 톈진의 명물이다. 이 만두 맛에 반한 위안스카이가 서태후에게 진상하여 중국 최고의 만두로 명성을 얻었다. 육즙을 국물처럼 마셔야 하는 샤오룽바오(小龍包)에 비해 육즙이 많지는 않다. 노점 식당에서도 거우부리 만두를 맛볼 수 있는데 냉동제품을 들여와 찌기 때문에 전문점보다 맛이 다소 떨어진다. 1인분 40~50위안.

크루즈 컴백

배가 항구를 출발하는 시간은 오후 4시. 최소 30분 전까지는 배로 돌아와야 한다. 만약 배를 놓친다면? 다음 기항지까지 스스로 찾아가야 하는 끔찍한 시나리오가 준비되어 있으니 절대 늦지 않도록 주의한다.

선장이 주최하는 갈라 디너 Gala Dinner 에 참가

이브닝드레스나 턱시도를 입고 갈라 디너에 참가하자. 갈라 디너가 열리는 5층의 앵커스 어웨이 라운지 입구에서는 선장이 직접 나와 정성껏 손님을 맞는다. 승객들이 다 입장하면 춤과 노래가 곁들어지는 본격적인 파티가 시작된다. 이날만큼은 샴페인이나 칵테일이 무료로 제공된다. 분위기가 한껏 고조될 때쯤 선장이 무대로 등장하여 손에 든 잔을 번쩍 치켜들고 "치어스(Cheers)!"를 외친다. 갈라 디너가 있는 날에는 저녁 정찬 식사 때 서빙되는 특별한 메뉴를 기대해도 좋을듯.

Day 4

둘째 날과 마찬가지로 부대시설이나 선상 프로그램을 즐기며 선상 데이를 만끽한다. 다양한 종류의 와인과 맥주를 마시고 비교해볼 수 있는 테이스팅 클래스나, 현금 또는 스위트 선실 업그레이드 같은 상품이 걸려 있는 빙고 게임에 참가해보자.

인기 만점 테이스팅 클래스와 흥미진진 빙고 게임

와인 테이스팅 클래스에 참가하면 다양한 종류의 와인과 샴페인을 골고루 맛볼 수 있다. 크루즈 셀러 마스터의 설명이 곁들여지기 때문에 저절로 와인 공부가 되는 꽤 유익한 시간이다. 맥주 테이스팅 클래스 역시 라거, 에일, 흑맥주 등을 두루두루 시음하며 맥주에 대해 배울 수 있다. 테이스팅 클래스는 안주까지 제공되어 만족도가 높다.
빙고 게임은 온 가족이 참가할 수 있는 프로그램으로 숫자판에 새로운 숫자가 공개될 때마다

여기저기서 환호성이 터져 나온다. 대부분의 선상 프로그램은 무료로 진행되지만, 테이스팅 클래스와 빙고 게임은 유료로 진행되니 참고할 것.

> **Tip** | **암벽 등반 체험하기**
>
> 조금 무료하다 싶으면 크루즈 내에서 해발 60미터까지 올라가는 짜릿한 경험을 만끽해보자. 레전드호 10층 갑판에는 암벽 등반이 설치되어 있어 별 다른 준비나 예약 없이 이용할 수 있다. 현장에서 신청서를 작성한 후 신발 사이즈를 말하면 전용 신발을 받을 수 있다. 직원이 안전모와 안전벨트를 직접 착용해주기 때문에 초보자도 문제없다. 꼭대기에 도달해서 종을 울리고 망망대해를 바라보는 쾌감은 비할 바가 없다.

일본 입국심사를 받자

중국에 기항할 때와는 달리 일본 입국심사는 하루 전에 이루어진다. 일본의 출입국 직원들이 크루즈에 승선하여 받게 되므로 다음 날 기항지에서의 시간이 절약된다.

Day 5

오후 1시에 일본 규슈의 중심 도시인 후쿠오카에 도착한다. 워낙 볼거리가 많은 도시인지라 도착 시간이 다가오면 맘이 급해진다. 후쿠오카를 상징하는 후쿠오카 타워를 돌아보고 캐널시티 하카타에서 쇼핑을 즐기자. 항구에서 후쿠오카 시내까지는 셔틀버스를 타고 갈 수 있으므로 기항지 관광에 참가하지 않아도 충분히 둘러볼 수 있다.

후쿠오카 타워 福岡タワー

8,000장의 반투명 거울로 지어진 외관이 압권이다. 타워의 전망대는 123미터 지점에 있으며, 하카타 만에서 후쿠오카 시내까지 탁 트인 전망을 감상할 수 있다. 하카타(博多) 역에서 후쿠오카 타워까지 가는 버스가 운행되며, 미나미구치(福岡タワー南口) 역에서 하차하면 된다.

• **전망대** 800엔

바로

시사이드 모모치 해변 シサイドももち海浜公園

후쿠오카 타워 바로 앞에 있는, 길이 2.5킬로미터의 인공 해변이다. 주말이면 가족 단위 나들이객이나 데이트족들로 붐빈다. 지중해풍 건물은 일본 최초로 인공 지반 위에 세워진 해상 리조트 '마리존'이다. 레스토랑과 카페, 결혼식이 있을 때만 문을 여는 교회가 있다.

🚌 버스 30분

구시다 신사 櫛田神社

후쿠오카 시내에 있는 아담한 크기의 신사다. 후쿠오카의 유명한 축제이자 일본 3대 마쓰리 중 하나인 '기온 야마가사(祇園山笠)'에 사용되는 장식 수레를 볼 수 있다. 또한 명성황후를 시해한 칼이 보관되어 있어 남다른 기분을 준다. 입장료는 없지만 칼이 보관된 곳은 입장료를 내고 관람해야 한다.

👫 도보 10분

캐널시티 하카타 キャナルシティ 博多

180미터의 인공 운하를 따라 쇼핑센터, 호텔, 면세점, 영화관, 레스토랑이 모여 있는 복합문화공간이다. 170여 개 매장의 쇼핑센터에서는 쇼핑하는 즐거움을 톡톡히 누릴 수 있다. 허기가 진다면 일본의 유명한 라면 가게가 총망라된 '라면 스튜디오'에 가보자. 매 시간마다 운하에서 분수쇼도 펼쳐진다.

🚌 버스 10분

크루즈로 컴백

배가 항구를 출발하는 시간은 저녁 8시다. 하카타 시내에서 항구까지 가는 길이 막힐 수 있으므로 여유 있게 움직이자.

시사이드 모모치 해변　구시다 신사

Day 6

온천의 도시답게 도시 전체에서 김이 모락모락 나는 벳부의 풍경이 이채롭다. 뜨겁고 강렬한 온천이 지옥을 연상시킨다고 하여 '지고쿠메구리'라고 명명된 8개의 온천을 순례하자. 온천 순례 후에는 탁 트인 바다 풍경을 감상하며 모래찜질을 체험한다.

지고쿠메구리 地獄ぬぐり 순례

항구에서 지고쿠메구리까지 가는 대중교통이 없으므로 택시를 타고 가야 한다. 8개의 지고쿠메구리 중 6개가 칸나와 온천 지역에 몰려 있으니 가마도 지고쿠, 우미 지고쿠 등의 칸나와 온천 지역을 둘러본 후, 버스를 타고 타츠마키 지고쿠, 치노이케 지고쿠가 있는 곳으로 이동한다. 지고쿠메구리 1곳당 입장료는 400엔이며, 8곳 모두 입장할 수 있는 공통권은 2000엔이다. 3~4시간이면 모든 지고쿠메구리를 둘러볼 수 있으므로 공통권 구입을 권한다.

🚌 버스 15분

카이힌스나유 別府海浜砂湯 에서 모래찜질

온천수로 데운 검은 모래로 찜질을 받을 수 있는 이색적인 곳이다. 유카타로 갈아입고 해변에 누우면 온몸을 모래로 덮어준다. 따뜻한 모래 때문에 몸이 금세 따뜻해지는데, 10~15분 후에는 땀이 나기까지 한다. 파도 소리를 들으며 누워 있으면 잠이 솔솔 온다. 모래찜질 후에는 온천욕도 즐길 수 있다. 수건은 별도로 구입해야 하니 배에서 내릴 때 챙겨서 가져가자.

• **입장료** 1,000엔

🚶 도보 10분

크루즈로 컴백

카이힌스나유에서 항구까지 걸어서 갈 수 있다.

Day 7~8

크루즈 여행의 마지막 기항지 카고시마에는 세계에서도 손꼽히는 활화산인 사쿠라지마가 있다. 활화산의 이색적인 풍경을 감상한 후 입에서 살살 녹는 카고시마의 흑돼지를 먹어본다. 꿈만 같은 크루즈 여행의 마지막 밤은 페어웰 파티로 장식한다. 크루즈와의 이별이 못내 아쉬운 밤이다. 선상 1박 후 다음 날 오전 9시면 부산에 도착한다.

사쿠라지마 행 페리 탑승

활화산이 있는 사쿠라지마까지는 페리를 타고 가야 한다. 항구에서 페리 터미널까지는 택시를 이용한다. 페리는 15분이 소요되며, 요금은 150엔이다.

🚐 택시 15~20분, 페리 15분, 택시 15~20분

유노히라 전망대 湯之平展望所

사쿠라지마 중턱에 있는 전망대로, 기타다케, 나카다케, 미나미다케 등 사쿠라지마의 세 개의 봉우리 중 지금도 화산 활동으로 연기를 내뿜고 있는 미나미다케를 조망할 수 있다. 운이 좋으면 화산 활동으로 시커먼 연기가 피어오르는 장관을 목격할 수도 있다. 바다 건너 보이는 카고시마 시내 경치도 그만이다. 사쿠라지마 항에서 유노히라 전망대까지 관광버스가 운행되지만, 배차 간격이 길기 때문에 택시를 이용하는 편이 낫다.

🚐 택시 15분

유노히라 전망대

후루사토 류진온천

덴몬칸

후루사토 류진온천 ふるさと龍神泉

용암이 바다로 흘러들면서 만들어진 바위틈으로 온천수가 솟아나오면서 조성된 온천이다. 바다와 맞닿아 있어 철썩거리는 파도 소리를 들으며 온천욕을 즐기는 짜릿함을 체험할 수 있다. 남녀가 함께 이용하는 혼욕탕으로, 제공되는 유카타가 얇아서 속이 훤히 비치므로 수영복을 안에 입는 것이 좋다. 온천에서 사쿠라지마 항까지 시간에 맞춰 셔틀버스가 운행된다. • **입장료** 1,050엔

🚌 셔틀버스 15분, 페리 15분, 전차 10분

덴몬칸 天文館 에서 미식 삼매경

상점과 레스토랑이 밀집된 아케이드로, 이곳에서 카고시마의 먹을거리를 맛보자. 부드럽고 씹는 감촉이 일품인 카고시마 흑돼지는 샤브샤브나 돈가스로 즐길 수 있다. 소주와 된장, 흑설탕으로 양념한 삼겹살을 뼈째로 장시간 조린 카고시마 전통 요리 돈코츠도 입맛에 잘 맞는다.

원낙 유명하기 때문에 덴몬칸에서 둘어보면 모르는 사람이 없다. 흑돼지 샤브샤브는 단품보다 세트 메뉴로 주문하자. 샤브샤브와 소바, 리조토, 돈코츠, 돈가스돌이 코스로 나오고, 후식으로 바나나 돌까지 먹으면 행복감이 피어오른다. 세트 메뉴 1인분 3,200엔.

🚌 택시 15~20분

크루즈로 컴백

덴몬칸에서 항구까지 대중 교통편이 없으므로 택시를 타고 간다.

고마운 스탭들에게 팁 바우처를 전달하자

선실로 돌아오면 팁 바우처가 도착해 있다. 배달된 팁 바우처를 룸메이드, 담당 웨이터, 보조 웨이터, 수석 웨이터에 맞게 봉투에 넣어 전달하면 된다. 크루즈 요금에는 팁이 포함되어 있어 머무는 동안에는 따로 팁을 줄 필요는 없다.

Good-Bye, 페어웰 파티

저녁 식사가 끝날 때쯤에는 페어웰 파티가 열리는데, 전 스태프가 나와 인사를 하며 작별을 아쉬워한다. 〈오솔레미오〉에 이어 〈아리랑〉까지 한마음이 되어 합창하다 보면, 꿈같은 시간이 주마등처럼 스쳐간다.

기항지에서 하선할 때나 레스토랑에서 식사를 할 때, 갈라 디너 같은 특별한 이벤트가 있는 경우에는 전문 포토그래퍼가 사진을 찍어준다. 이렇게 찍은 사진은 6층의 포토갤러리에 전시되는데, 가격이 조금 비싸지만 한 장 정도는 기념으로 구입해도 좋을 것이다.

짐 싸기와 선상에서 별 보기

페어웰 파티를 끝내고 선실로 돌아와서 짐을 싼다. 짐에 태그를 붙여서 밤 11시까지 선실 밖에 둔다. 이때 귀중품과 세면도구, 다음 날 입을 옷은 따로 챙겨서 보관한다. 짐은 하선 후 수하물 터미널에서 받게 된다. 짐을 싼 후에는 선상으로 나가 별을 보며 하루를 마감하자. 언제 또 크루즈 여행을 할 수 있을까. 아쉬운 마음에 오늘은 잠을 설칠 것 같다.

 선상 1박

부산 영도 터미널 도착

꿈같은 선상 휴가를 위한
또 다른 크루즈 여행

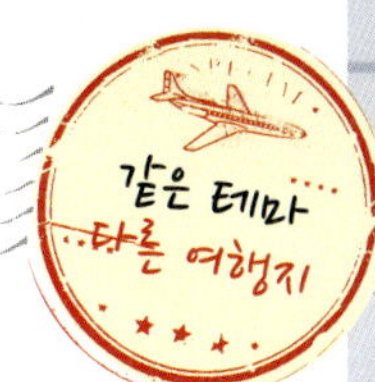

지중해 Mediterranean

크루즈 여행에 대한 모든 로망을 충족시켜주는 노선을 꼽으라면 단연 지중해일 것이다. 프랑스(니스), 모나코, 이탈리아(로마, 소렌토, 카프리), 그리스(아테네, 산토리니), 터키(에페소스, 이스탄불) 등의 기항지로 짜인 동부 지중해와 스페인(말라가, 발렌시아, 바르셀로나), 이탈리아(피사), 프랑스(몬테카를로), 크로아티아(두브로브니크) 등의 서부 지중해를 8~12일 일정으로 둘러볼 수 있다. 베네치아, 바르셀로나, 로마 등지에서 출발한다.

카리브해 Caribbean Sea

관광보나는 휴양 위주의 노선으로 카리브해의 보석 같은 섬들을 여행하게 된다. 6~8일 일정으로 미국(포트 로더데일), 바하마(나소), 해상, 세인트 토마스(샬롯 아말리에), 세인트 마틴(필립스버그) 등의 기항지를 둘러보는 동부 카리브해와 아이티(라바디), 자메이카(팰머스), 그랜드 케이맨(조지타운), 멕시코(코주멜) 등을 둘러보는 서부 카리브해가 있다. 미국 마이애미에서 출발한다.

ⓒ로열캐리비안 크루즈

알래스카 Alaska

평소 알래스카 여행을 꿈꿔왔다면 크루즈 여행으로 그 꿈을 이뤄보자. 눈앞에서 빙하가 떨어지는 장관을 경험할 수 있는 아주 특별한 노선이다. 5월부터 9월까지 한시적으로 운항되며, 알래스카의 케치칸, 스캐그웨이, 주노 등이 기항지다. 피오르 해안선으로 둘러싸인 인사이드 패시지(Inside Passage)를 지나면 대자연의 위용에 넋을 잃게 된다. 캐나다 밴쿠버 또는 미국 시애틀에서 출발한다.

ⓒ로열캐리비안 크루즈

찬란한 미스터리, 앙코르 유적을 만나다

캄보디아 앙코르 유적 탐험 5박 7일

비슷한 유년의 추억을 가진 당신께

초등학교 5학년 때로 기억한다. 평소 좋아하던 책을 빌리러 동네 도서관으로 갔다가 몰랐던 사실 하나를 깨달았다. 그 책의 도서 대출카드에 빼곡하게 적힌 열댓 번의 대출 기록, 글쎄 그게 전부 내 이름이었던 거다. 한 초등학생의 혼을 빼앗은 마성의 책, 제목은 바로 『세계의 미스터리』였다. 마추픽추, 앙코르와트, 네스 호의 괴물 등등을 소개하는, 어릴 적 누구나 한 번은 빠져본 경험이 있는 그런 책이었다. 그 후로도 열댓 번을 더 읽으며 나는 다짐했다. 어른이 되면 꼭 보러 갈 거라고. 특히 거기, 정글 속에 묻혀 나무뿌리가 칭칭 감고 있는 아시아의 신비 유적, 앙코르와트로….

어린 시절의 꿈이란 시간이 지날수록 무뎌지게 마련이다. 그 설렘은 어느 순간 잊혀지고, 어른이 되자 '언젠가는 가볼 수 있겠지' 정도의 희망이 남았을 뿐이었다. 그런데, 그러다 정말로

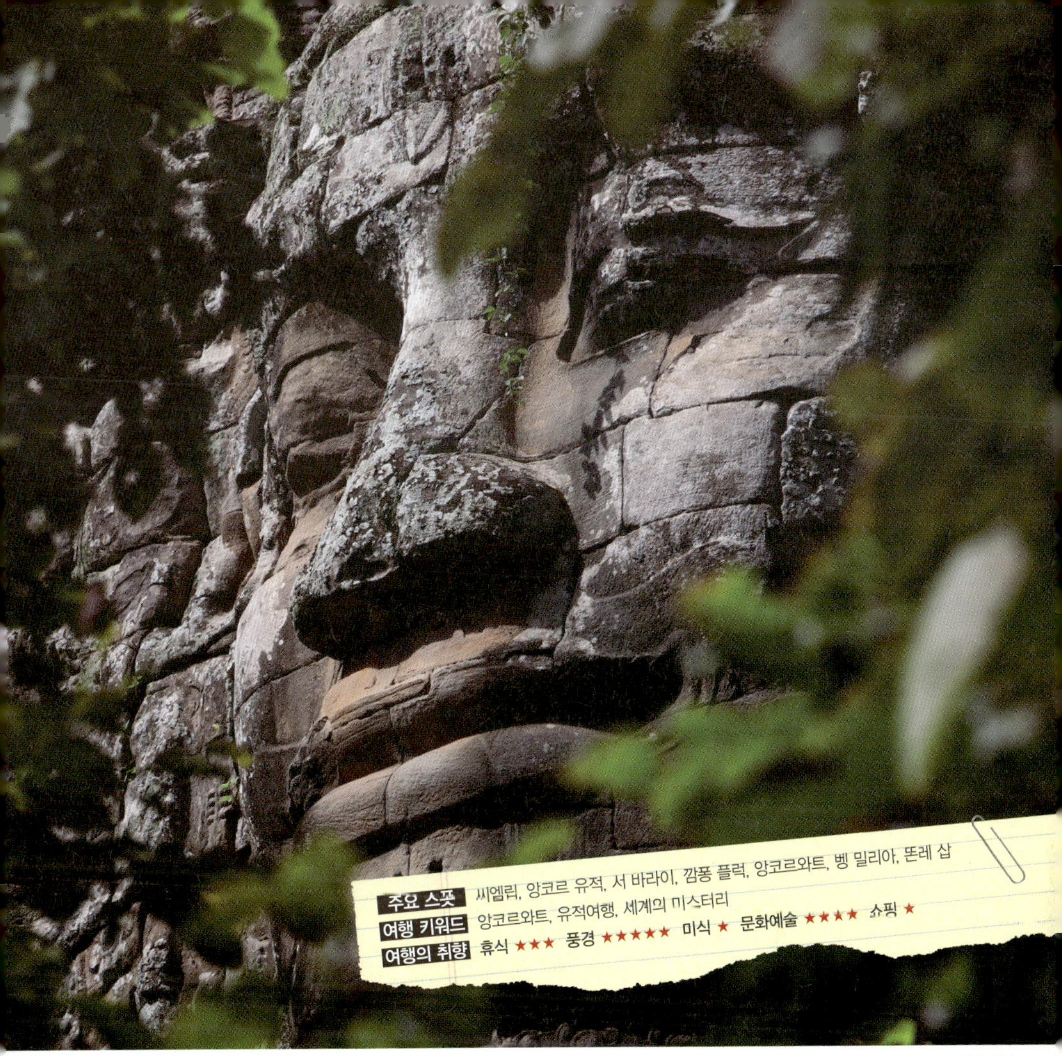

주요 스폿 씨엠립, 앙코르 유적, 서 바라이, 깜퐁 플럭, 앙코르와트, 벵 밀리아, 뜨레 삽
여행 키워드 앙코르와트, 유적여행, 세계의 미스터리
여행의 취향 휴식 ★★★ 풍경 ★★★★★ 미식 ★ 문화예술 ★★★★ 쇼핑 ★

ⓒ김재송

가게 되었다. 사실 캄보디아는 먼 나라도, 가기 힘든 나라도 아니니까. 그렇게 가벼운 마음으로 나는 앙코르 유적과 첫 대면을 했다.

아직도 그 순간이 잊히지 않는다. 툭툭이 앙코르와트 해자 모퉁이를 돌자 오른편에서 앙코르와트의 다섯 봉우리가 나타났을 때, 오랫동안 잠들어 있던 내 안의 초등학교 5학년이 다시 깨어났다. 그 봉우리와 사면상을 실제로 대면할 날을 기다리던 그 꼬마가.

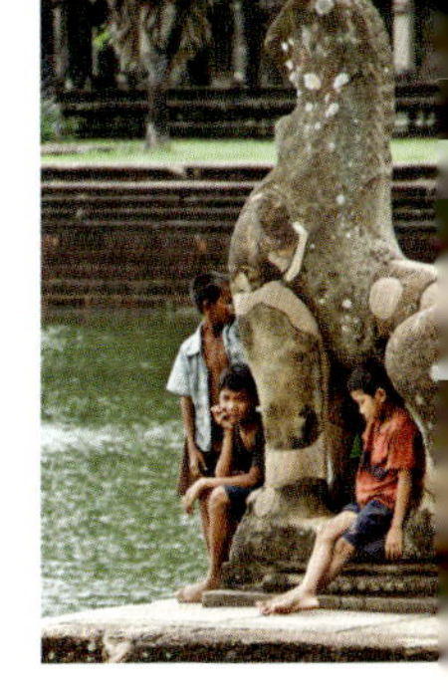

세계의 미스터리에 가슴 두근거리고, 언젠가는 꼭 그곳을 직접 밟겠다는 꿈을 키웠던 그런 기억이 있는지? 그렇다면, 앙코르는 가장 손쉽고도 감동적인 선택이다. 천 년 전 동남아시아 최고의 강국이었지만 한순간에 감쪽같이 역사 속에서 사라져버린 신비의 문명은 조용한 미소를 지으며 지금 당신을 기다리고 있다. SY

앙코르 유적 여행, 이렇게 준비한다!

언제 갈까? 최고의 시즌은 11~2월 사이의 건기 초입. 이때를 맞추지 못한다면 7~8월 여름휴가 시즌이 차선이다. 3~6월은 너무 덥고, 9~10월은 태풍의 염려가 있다. 7~8월은 35도 안팎의 기온에, 하루에 한 번 정도 스콜이 내리며 종종 흐린 날이 있다.

어떻게 가지? 대한항공과 아시아나항공이 '인천-씨엠립' 구간의 직항을 정기노선으로 운항한다. 대한항공은 매일, 아시아나항공은 비수기에 주 4회 운항한다. 베트남항공의 1회 경유편도 저비용 여행자들에게 인기가 높다. 티웨이항공을 비롯한 저가항공사에서 종종 비정규적으로 노선을 편성할 때도 있다.

얼마나 들까? **예산** 총 160만 원 정도(항공료 60~80만 원선, 숙박 20만 원(3~4성급 호텔 기준, 4만 원×5일), 교통비(툭툭, 승용차 이용) 5만 원, 비자 3만 원, 유적 입장료(일반유적+벵 밀리아) 6만 원, 똔레 삽 및 깜퐁 플럭 관광 6만 원, 식비 및 용돈 20만 원, 기타 예비비 20만 원). 게스트하우스 이용 시 10~20만 원 정도 절약 가능. 가이드 고용 시 20만 원 추가.
환전 전액 US달러로 환전한다. 캄보디아에서는 달러를 기본 통화로 사용하고, 자국 통화(리엘)는 현지인들끼리의 거래 및 1달러 이하의 잔돈으로만 쓰인다.
신용카드, 현금카드 신용카드 쓸 곳은 거의 없다고 봐도 무방하다. 국제 인출이 가능한 현금카드가 있다면 가져가자. 올드 마켓 주변과 쇼핑몰 등에서 ATM을 쉽게 볼 수 있다.

미리 준비하자! **비자** 관광비자가 필요하며, 1개월 체류 가능하다. 팁을 참고한다.
언어 영어, 크메르어. 관광업 종사자들이 영어를 잘 하는 편이라 소통에 큰 지장이 없다.
툭툭, 승용차 대여 및 가이드 예약 유적을 돌아볼 때 이용할 툭툭이나 승용차, 그리고 한국어 가이드(하루 50달러)를 한국에서 미리 예약하고 갈 수 있다. 일반 유적지를 볼 때는 툭툭, 벵 밀리아 및 똔레 삽 관광 시에는 승용차를 이용한다. 동남아 여행 커뮤니티인 '태사랑'에서는 툭툭과 가이드를, 캄보디아 여행 카페인 '캄보디아 배낭여행기'에서는 가이드를 알아볼 수 있다.

- **태사랑** www.thailove.net/bbs/board.php?bo_table=cam_tuktuk
- **캄보디아 배낭여행기** http://cafe.naver.com/jiniteacher

똔레 삽&깜퐁 플럭 투어 한인 게스트하우스나 여행사를 통해 투어를 신청하자. 또는 가이드나 승용차, 툭툭 기사들과 사전 협의를 하면 상품을 알아봐주기도 한다.

Tip | 전자비자 VS 도착비자

캄보디아 관광비자는 한국에서 준비할 수도 있고 현지에 도착해서 공항에서 바로 받을 수도 있다. 각각의 장단점이 있으므로 자신의 상황에 맞게 선택하자.

전자비자 : 대사관이나 여행사를 방문할 필요 없이 인터넷에서 비자를 신청할 수 있다. 신용카드로 결제하며, 약 3일 후 이메일로 발송된다. 비자 발급 비용 20달러에 수수료 5달러가 추가된다. 전자비자 발급 사이트 www.mfaic.gov.kh/evisa/?lang=kor

도착비자 : 국경이나 공항에서 직접 비자를 받는 것이다. 번거롭지 않고 수수료는 별도로 물지 않아도 된다. 그러나 입국 시의 혼잡함과 현지 공무원들이 급행료 명목으로 1~3달러의 바가지요금을 청구한다는 단점이 있다.

숙소 구하기

호텔 올드 마켓 주변, 또는 시바타 로드 근처가 좋다. 특급호텔이 비수기에는 1박에 100달러 이하, 3~4성 호텔은 50달러 안팎으로 가격이 저렴한 편이다.

게스트하우스 배낭여행 기분을 내고 싶다면 게스트하우스도 좋은 선택이다. 올드 마켓 주변에는 현지인이 운영하는 게스트하우스가 많이 있다. 한국인 게스트하우스를 이용하면 툭툭 및 가이드 수배, 공항 픽업 등의 도움을 받을 수 있다.

짐 꾸리기

옷 가장 얇고 짧고 시원한 옷으로 가져가자. 단, 복장 제한이 있는 사원이 있으므로(남−반바지와 민소매 금지, 여−무릎 위로 올라오는 하의와 민소매 금지) 긴 바지와 소매 있는 셔츠 하나쯤은 꼭 챙기자.

세면도구&화장품 호텔에 비치된 비품의 질이 그다지 좋지 않으므로 모두 가져가는 편이 좋다. 자외선 차단제와 보습용 화장품도 필수.

기타 준비물 벌레 쫓는 약, 보냉통, 도착비자용 증명사진

앙코르 유적 탐험 5박 7일

날짜	루트	여행 일정
Day 1	한국 ⇨ 씨엠립	**밤** 씨엠립 도착 후 숙소 이동
Day 2	앙코르 유적	**오전** 앙코르 톰 **오후** 앙코르 톰 동부 유적 **밤** 펍 스트리트에서 나이트 라이프
Day 3	서 바라이&깜퐁 플럭	**오전** 서 바라이 **오후** 깜퐁 플럭
Day 4	앙코르와트	**오전** 앙코르와트 일출, 앙코르 톰 북부 유적 **오후** 앙코르와트, 프놈 바켕
Day 5	벵 밀리아&뚠레 삽	**오전** 벵 밀리아 **오후** 뚠레 삽 호수
Day 6~7	앙코르 유적 ⇨ 한국	**오전** 반띠에이 쓰레이, 반띠에이 쌈레 **오후** 롤루스 초기 유적군 **밤** 나이트 마켓, 귀국편 탑승 **익일 오전** 인천 공항 도착

Day 1

씨엠립 행 비행기는 저녁나절에 한국을 출발해 자정 무렵 씨엠립 공항에 도착한다. 비자를 준비하지 못했다면 입국심사를 받기 전 도착비자를 받자. 비자 받을 때 한 번, 입국심사 받을 때 한 번 1~3달러의 바가지요금을 강요당하므로 의연하게 대처하자. 입국장을 거쳐 공항 밖으로 나오면 열기와 흙냄새가 여행자를 맞는다.

가이드나 툭툭 기사, 또는 숙소의 픽업 서비스를 예약하지 못했다면 공항 바깥쪽 주차장에 늘어선 승용차 택시나 툭툭을 타고 시내까지 이동한다. 처음에는 무조건 바가지요금을 부르니 약 30~50퍼센트 정도 깎아서 이용한다.

🚗 툭툭, 또는 자동차로 이동

숙소 도착
다음 날을 위해 일찍 잠자리에 들자.

Day 2

첫날에는 앙코르 유적, 그 오래된 비밀과 첫 인사를 나누러 떠나자. 앙코르 유적 중 첫 번째로 대면할 곳은 앙코르 톰. 앙코르 왕국의 부흥기였던 자야바르만 7세 당시의 수도였다. 바푸온의 성소에는 복장 제한이 있다는 것을 꼭 기억하자.

한국에서 툭툭을 예약했다면 아침 8시 정도까지 숙소 앞으로 부르자. 예약한 곳이 없다면 숙소에서 소개를 받거나 길에서 직접 흥정을 한다.

🚗 툭툭, 또는 승용차로 약 15~20분

앙코르 유적 입장권 판매소
입장권은 예매가 되지 않고 오로지 판매소에서 현매만 가능하다. 일주일에 3일을 볼 수 있는 티켓

(3days a week)을 끊자. 신용카드로는 구매할 수 없으므로 현금을 반드시 준비하자. 티켓에는 부정사용을 방지하기 위해 사용자의 사진이 들어가는데, 판매소에서 직접 찍어주므로 따로 사진을 준비할 필요는 없다.

🚐 툭툭, 또는 승용차로 약 20분

앙코르 왕국의 수도, 앙코르 톰 Angkor Thom

청량한 숲길을 지나고 앙코르와트의 해자를 지나 조금 더 달리면 앙코르 톰의 남문에 도착한다. 앙코르 유적의 대표적인 이미지 중 하나인 사면상이 늠름한 모습으로 여행자를 맞는다. 한때는 100만 명이 거주했던, 12세기 세계 최고의 도시 앙코르 톰. 이곳에서 한나절의 낯선 시간여행을 즐겨보자.

바이욘 Bayon

앙코르 톰의 중앙 사원으로, 수많은 사면상으로 유명한 앙코르의 대표적인 유적이다. 일명 '앙코르의 미소'로 불리는 신비로운 미소의 사면상을 만날 수 있다. 외부 회랑에는 앙코르 시대의 생활상을 기록한 부조들이 남아 있다.

바푸온 Baphuon

현재 활발한 복원작업이 진행 중인 힌두 사원이다. 입구부터 사원까지 놓인 긴 다리가 특징이다. 사원 뒤로 돌아가면 와불의 모습을 볼 수 있다.

피미엔나카스 Phimeanakas

왕과 뱀머리 여인이 이 사원의 꼭대기에서 매일 밤 교합한다는 요상한 전설이 내려오는 피라미드형 사원. 원래의 역할은 천문대였다고 한다. 계단을 이용해 꼭대기까지 올라갈 수 있다.

코끼리 테라스 Terrace of the Elephants

나라의 중요한 이벤트나 군대가 출정할 때 왕이 직접 사열을 행하던 일종의 단상이다. 테라스 아랫면에 코끼리 부조가 가득 채우고 있다.

문둥왕 테라스 Terrace of the Leper King

이곳의 중앙에 있는 석상이 한센병 환자 같은 모습이라 하여 '문둥왕'이라는 이름이 붙여졌다. 현재 이곳에 놓인 석상은 모조품으로, 진품은 캄보디아 보물 1호로 지정되어 프놈펜의 박물관에서 보관 중이다.

🚌 툭툭으로 20~30분

올드 마켓 Old Market

정오에서 오후 2시까지는 툭툭 및 승용차 기사에게 휴식을 주어야 한다. 시내로 나와서 식사를 하며 잠시 휴식을 즐기자. 올드 마켓 주변이나 펍 스트리트가 식사할 곳을 찾기 가장 좋다. 식사 후에는 올드 마켓에서 잠시 쇼핑을 즐기자. 물건을 살 때는 반드시 30~50% 정도 깎아야 한다는 것을 잊지 말자.

🚌 툭툭, 또는 승용차로 20~30분

앙코르 톰 동쪽 지역

여러 시대에 건설된 다양한 유적이 자리하고 있는, 유적 백화점 같은 지역이다. 따 프롬을 중심으로 소규모 유적들을 감상한다.

따 프롬 Ta Phrom

앙코르 유적 하면 생각나는 대표적인 이미지인, 나무뿌리가 유적을 침식하고 있는 모습을 볼 수 있다. 아름다운 폐허의 분위기로, 고즈넉함과 신비로운 느낌이 가득하다.

따 께오 Ta Keo

남성적인 느낌의 피라미드형 사원이다. 미완성 사원이라 조각 장식이 없어 단순하고 강렬한 느낌이다. 꼭대기까지 올라가 앙코르 유적을 조망할 수 있다.

쁘라삿 끄라반 Prasat Kravan

귀여운 탑 다섯 기가 나란히 서 있는 유적이다. 중심 탑 안에 있는 난장이 전설에 관한 부조가 인상적이다.

스라스랑 Srah Srang

자야바르만 7세가 만든 목욕탕으로, 3,000명의 후궁과 함께 이곳에서 노닐었다는 호연지기가 가득한 전설이 내려오는 곳이다. 날씨가 좋다면 아름다운 일몰을 볼 수 있다.

🚗 <u>툭툭으로 이동</u>

쁘레 룹 Pre Rup

따스한 갈색 빛의 작은 피라미드형 사원이다. 과거 인신공양을 했던 곳이라는 무시무시한 전설도 전해 내려오지만, 지금은 일몰 명소로 사랑받고 있는 곳이다. 지평선 아래로 떨어지는 따뜻한 오렌지빛 태양을 보며 앙코르에서 보낸 첫날을 마무리한다.

🚗 <u>툭툭으로 20~30분</u>

씨엠립의 여행자라면 펍 스트리트로Pub Street!

맛집과 펍, 바 등이 몰려 있는 씨엠립의 여행자 거리다. 여러 국적의 여행자들이 이곳에서 유쾌하게 밤 시간을 보낸다. 맥주 300밀리리터를 0.5달러에 파는 곳, 압사라 댄스를 공짜로 보여주는 곳 등, 제법 재미있는 저녁을 보낼 수 있다. 열대야의 뜨거운 공기와 본격적인 여행 첫날의 설렘을 마음껏 만끽해보자. 앞으로 별일이 없다면 밤 시간은 여기서 보내는 것으로 생각하면 된다.

Day 3

3일차는 한 박자 쉬어가는 느낌으로 보내자. 캄보디아는 앙코르 유적의 나라기도 하지만, 동남아시아에 속한 열대 국가이기도 하다. 열대 지역의 느긋함과 자연을 즐기는 하루를 보내보자. 넓은 인공 저수지 서 바라이에서 편하게 휴식한 후 캄보디아 특유의 수상촌과 맹그로브 숲을 볼 수 있는 깜퐁 플럭으로 간다.

서 바라이는 시내에서 약 10킬로미터 정도 떨어져 있어 자전거 코스로 인기가 높다. 날씨가 좋다면, 아침 일찍 자전거로 출발해보자. 체력이나 날씨가 받쳐주지 않는다면 툭툭으로 가도 무방하다.

🚲 자전거로 40분~1시간, 툭툭으로 20분

서 바라이 West Baray

앙코르 왕국 당시에 축성된 농업용 인공 저수지. 현재는 현지인들의 나들이 및 물놀이 터로 사랑받고 있다. 물가에 평상과 해먹을 설치하고 유료로 빌려주고 있다. 넓은 저수지를 바라보며 휴식을 즐겨보자. 저수지 한가운데 있는 인공섬으로 보트를 타고 가면 서메본이라는 작은 유적이 나오며, 이외에도 악 윰 등 소규모 유적이 군데군데 있어 보는 재미도 있다. 일행이 여러 명이라면 고무 튜브를 빌려 물놀이를 하는 것도 좋다.

🚲 자전거로 40분~1시간, 툭툭으로 20분

씨엠립 시내

수영장이 있는 숙소에서 머물고 있다면 수영을 즐기거나 선베드에서 일광욕을 즐겨보자. 그렇지 않다면 시내에서 쇼핑을 하거나 에어컨이 잘 나오는 카페에서 시간을 보내는 것도 좋다. 블루 펌프킨, 아트 라운지 등에서는 무료 와이파이를 쓸 수 있다.

오후는 깜퐁 플럭에서 보낸다. 시내에서 약간 멀리 위치해 있기 때문에 자동차를 이용해야 한다. 약간 저렴하게 가고 싶다면 한인 여행사나 게스트하우스 상품을 이용하고, 일행끼리 오붓한 여행을 즐기고 싶다면 승용차를 따로 수배하자.

🚐 승용차 20~30분

때 묻지 않은 캄보디아 시골, 깜퐁 플럭

캄보디아의 전통적인 수상가옥의 모습을 볼 수 있는 어촌 마을로, 최근
에 관광지로 조금씩 개발되기 시작했다. 씨엠립 인근의 수상촌으로는
똔레삽 호수가 가장 유명하나, 이곳은 주로 베트남 난민들이 정착해서
사는 것에 반해 깜퐁 플럭은 캄보디아 토박이들이 살고 있다. 배를 타고
수상촌을 돌아본 뒤 작은 배로 갈아타고 맹그로브 숲 투어를 한다. 아직
때가 많이 묻지 않은 캄보디아의 어촌과 자연을 한껏 만끽할 수 있다.

🚙 승용차 20~30분

숙소로 컴백

Day 4

앙코르 여행의 백미이자 하이라이트가 될 앙코르와트를 만나러 갈 차례다. 아침에는
앙코르와트의 장엄한 일출을, 오후에는 앙코르와트의 구석구석을 돌아본다. 오전 일
정에 있는 쁘레아 칸도 만만치 않은 힘을 가진 유적이다.

> 여름철 일출 시간은 오전 5시 30분 전후. 적어도 해 뜨기 30분 전에 도착해야 좋은 자리를 맡을
> 수 있다. 일출을 보는 데는 추가요금이 붙는다.

🚙 툭툭, 또는 자동차로 이동

앙코르와트 일출

앙코르와트 해자를 지나 중앙 출입구를 통과하면 참배로가 나오고, 참배로 중간에 있는 계
단을 이용해 아래로 내려가면 연못이 나온다. 연못은 좌우 두 개가 있는데, 좌측의 풍경이 더
좋다. 자리를 맡으면 행상인들과 다른 관광객들이 몰려오기 시작할 것이다. 자리에 앉아 음
악이라도 들으며 일출을 기다리자. 이윽고 앙코르와트 뒤로 장엄하게 해가 떠오르고, 신비의
사원은 가장 아름다운 모습으로 방문객들을 굽어본다.

> 일출을 본 다음에는 둘 중 하나의 선택이 가능하다. 숙소에 들어가서 잠시 쉬느냐, 아니면 바로
> 유적으로 가느냐. 일출을 보고난 오전 6시경은 앙코르 유적이 가장 조용하고 고즈넉할 시간. 너
> 무 졸리지 않다면 바로 유적 관람에 나서자.

🚐 툭툭, 또는 승용차로 20분 내외

왕국이 멸망한 이유, 북부 유적

앙코르 톰 북부에 있는 유적들을 돌아본다. 이곳에는 앙코르 왕국 후기의 왕인 자야바르만 7세가 만든 건축물들이 남아 있다. 자야바르만 7세는 앙코르 왕국 최고의 성군으로 꼽히나, 지나친 사원 건축으로 인해 왕국의 힘을 약하게 했다는 혐의도 받고 있다. 앙코르의 대표적인 이미지인 사면상을 곳곳에서 볼 수 있다.

쁘레아 칸 Preah Khan

자야바르만 7세의 아버지를 모시는 사원으로 바이욘, 따 프롬과 더불어 후기 앙코르의 유적 중 가장 중요한 곳으로 꼽힌다. 남성적인 힘이 느껴지며, 따 프롬과 비슷하게 나무의 유적 침식을 볼 수 있다.

네악 뽀안 Neak Pean

다섯 개의 연못이 사방에 배치되어 있는 독특한 유적으로, 앙코르 시대에는 이곳에서 목욕을 하면 병이 치료되는 것으로 믿었다고 한다.

따 솜 Ta Som

아주 작은 규모의 유적으로, 사면상 고푸라가 보리수에 근사하게 침식된 모습을 볼 수 있다. 아직 밝혀진 바 없는 미지의 유적이라 더 설레는 곳.

동 메본 East Mebon

인공 저수지인 '동(東) 바라이' 위에 있던 수상 유적. 현재는 동 바라이의 물이 모두 말라 동 메본만 남아 있다.

🚐 툭툭, 또는 승용차로 20분 내외

씨엠립 시내로 컴백

오후 2시까지 점심을 먹으며 잠시 휴식한다. 숙소에 들어가 잠깐 낮잠을 자는 것도 좋다.

🚙 툭툭, 또는 승용차로 20분 내외

로망과 신비의 앙코르와트 Angkor Wat

앙코르 유적의 백미, 앙코르 유적의 하이라이트, 앙코르의 왕 수리야바르만 2세의 영생과 지배에 대한 욕망이 만들어낸 인류 최대의 유산, 앙코르와트를 만나러 간다. 3층 중앙 성소에 출입할 때는 민소매, 반바지(여성은 핫팬츠나 미니스커트)가 금지된다.

1층 회랑

회랑의 사방이 부조로 장식되어 있다. 힌두교의 전설, 수리야바르만 2세의 치세, 천국과 지옥 등을 소재로 하고 있다. 단단한 사암을 마치 석고나 비누라도 되는 양 자유자재로 조각한 솜씨에 감탄하게 된다.

1층 회랑 부조

2층 압사라 부조

프놈 바켕

2층

힌두 전설에 나오는 천사 압사라가 벽면을 따라 몇 천기 조각되어 있다. 단 하나도 같은 표정이나 옷차림이 없으며, 옷자락의 주름 하나하나까지 섬세하게 조각되어 있다.

3층

앙코르와트의 중앙 성소. 계단이 엄청나게 가파른데, 신 앞에 몸을 낮추어 기듯이 올라오라는 의미가 담겨 있다. 성소에서 내려다보는 앙코르와트 앞마당과 해자의 전경이 사뭇 감동스럽다.

🚙 툭툭, 또는 도보 약 30분

프놈 바켕 Phnom Bakeng

씨엠립 시내 및 앙코르 유적군 일대에서 가장 높은 산. 이곳에는 앙코르 왕국 초기의 유적이 남아 있는데, 힌두 전설에 나오는 신들의 거주지 '메루산'을 현실에 재현시키려고 한 것이라 한다. 앙코르 유적 최고의 일몰 포인트로, 평소에는 한산하나 오후 4시부터 관광객들이 몰려들기 시작한다. 저 멀리 서 바라이 호수로 떨어지는 해를 바라보며 하루의 감동을 되새겨보자.

앙코르와트

앙코르와트 3층 중앙 성소   프놈 바켕

Day 5

시내 인근에 있는 앙코르 유적군은 정비가 잘 되어 '밀림 속 신비의 유적'이라는 표현에서 2퍼센트 정도 부족함이 있다. 5일차에는 그 2퍼센트를 채우러 간다. 아직 역사적으로 밝혀진 것도 없고, 이렇다 할 정비도 되지 않은 진짜 신비의 유적, 벵 밀리아로 가자.

벵 밀리아는 시내에서 70킬로미터도 넘게 떨어져 있으므로 승용차를 빌려서 간다. 어차피 이날은 저녁 일정인 똔레 삽 호수 때문에라도 승용차가 필요하니 하루 전세를 내는 것이 좋다. 벵 밀리아는 별도의 입장권이 필요하며 가격은 5달러.

🚙 자동차 약 1시간

벵 밀리아 Beng Mealea

앙코르 유적군과 한참 멀리 떨어져 있는 사원으로, 아직까지 역사적으로도 밝혀진 바가 거의 없는 곳이다. 나무로 만들어진 보행로 외에는 인공의 손길이 거의 닿지 않았다. 안내원이나 동네 아이들의 뒤를 따라 돌더미를 밟으며 탐험하는 기분으로 돌아볼 수 있다. 군데군데 무너져 내린 건축물이나 나무가 파고든 유적들이 따 프롬을 연상케 하는데, 최근 보수 공사 때문에 시끄러워진 따 프롬보다 고즈넉한 벵 밀리아가 더 아름답다고 하는 여행자도 많다. 도시락이나 돗자리 등을 준비해 피크닉 기분을 내도 좋다.

🚙 자동차 약 1시간

씨엠립 시내로 컴백

똔레 삽 관광은 보통 오후 4시 정도에 시작하니 그때까지 점심을 먹고 푹 쉬자. 수영이나 마사지 등을 즐기는 것도 좋다.

똔레 삽 관광을 위해서는 친절한 가이드나 승용차 기사가 필수. 입장료 할인이나 배 섭외 및 흥정 등을 도와주기 때문이다. 보통 2인이 여행하면 입장료와 뱃삯을 포함하여 1인당 15~20달러 정도 든다. 한인 민박에서 묵고 있다면 손님들을 모아 차량과 배를 구해주는 자유 투어 상품을 이용한다.

똔레 삽 Tonle Sap 호수에서 일몰을

아시아 최대의 호수다. 건기 때의 기본 면적이 서울시의 5배에 달하고, 우기에 메콩 강이 범람하면 그 면적의 4배까지 늘어나는, 실로 바다 같은 호수다. 수평선 너머로 붉은 해가 떨어지는 똔레 삽의 일몰은 머나먼 씨엠립까지 찾아왔다면 꼭 한 번은 보고 가야 할 풍경이다. 호수 위에 집을 짓고 사는 수상촌의 모습도 볼 수 있는데, 이곳 주민들은 대부분 베트남 난민들로 깜퐁 플럭과는 다른 모습의 수상 가옥 형태를 보인다. 배를 타고 중간 지점에 있는 휴게소에서 일몰 시간까지 기다린 뒤 일몰이 시작될 무렵 배를 타고 주차장으로 돌아간다.

Day 6~7

마지막 날이다. 한국 행 비행기는 자정 가까운 시각에 출발하므로 하루를 온전하게 쓸 수 있다. 아직 남아 있는 하루와 아직 한 칸 남아 있는 유적 티켓을 쓰고 후회 없이 여행의 대미를 장식한다.

반띠에이 쓰레이와 반띠에이 쌈레는 앙코르 유적군과 약간 떨어진 외곽에 위치하고 있다. 툭툭으로 약 한 시간 정도 소요되며, 대절료에 추가요금도 꽤 많이 붙는다. 그렇다고 해서 반띠에이 쓰레이를 그냥 지나친다는 것은 너무 서운한 일이다. 아침 8~9시쯤에는 출발하자.

앙코르의 보석, 반띠에이 쓰레이 Banteay Srei

앙코르 시대 중기에 막대한 권력을 자랑하던 신하가 지은 사원이다. 규모는 작은 편이나 건물의 만듦새나 조각의 섬세함이 그 어느 대형 사원보다 아름다워 '앙코르의 보석'으로 불린다. 건물을 해체한 뒤 돌 하나하나에 번호를 매겨 다시 짓는 해체 복원 방식으로 복원된 최초의 사원이다. 중앙 성소의 여신상 중 하나는 '동양의 모나리자'라고 불리는데, 프랑스의 유명

작가인 앙드레 말로가 이 여신상을 도굴하려다 체포되었다는 불미스러운 이야기도 전해 내려온다.

🚐 툭툭으로 20분

반띠에이 쌈레 Banteay Samre 에서 즐기는 휴식

앙코르와트 중앙 성소와 비슷한 모습이라 '앙코르와트의 축소판'이라 불리지만 아직 정확한 역사적 사실은 밝혀지지 않은 미지의 사원이다. 서양의 성채 같은 단아한 모습이 인상적이며, 찾는 이가 많지 않아 언제 가도 한가롭게 즐길 수 있다. 책 한 권 읽으며 휴식하기 좋다.

🚐 툭툭으로 30~40분

시내로 컴백

오후 2시까지 휴식한다.

🚐 툭툭으로 25분

롤루스 초기 유적군 Roluous Group

유적군에서 약 10킬로미터쯤 떨어진 곳에 위치한 소규모 유적군으로, 앙코르 시대 초기의 수도였다. 방치된 지 오래된 터라 유적 부지 내에 사람들이 생활하고 있어 시내 유적군과는 또 다른 느낌이 든다. 쁘레아 꼬, 롤레이, 바콩 등 3기의 유적이 있다.

🚐 툭툭으로 이동

씨엠립과 작별을, 바콩 Bakong

롤루스 유적군 내에 있는 피라미드형 유적으로, 프놈 바켕, 쁘레 룹과 더불어 3대 일몰 포인트로 손꼽힌다. 한산하면서 평화로운 곳이라 씨엠립, 그리고 앙코르 유적과 작별 인사를 나

누기 가장 좋다. 태양이 지평선으로 넘어가면 이제 캄보디아의 작열하는 태양과는 당분간 영원히 안녕이다.

🚐 툭툭, 또는 승용차 20〜30분

나이트 마켓에서 마지막 쇼핑을

관광객을 위해 조성된 야시장으로, 씨엠립에서 관광객이 찾을 만한 모든 물건을 깔끔하게 진열해 놓았다. 티셔츠, 스카프, 요리용 스파이스, 공예품 등 선물용으로 좋은 상품들이 많이 있다. 관광객에게는 바가지를 씌우려는 경향이 강하므로 의연한 깎기 정신을 실천하자.

> 공항까지는 툭툭이나 승용차를 이용한다. 그동안 이용했던 전세 툭툭이나 승용차 기사에게 센딩을 부탁하는 것이 가장 좋다. 숙소에서 센딩 서비스를 제공하는지 미리 물어보고 예약.

🚐 툭툭, 또는 승용차 20〜30분

씨엠립 공항 도착

한국으로 출발!

🛫 기내 1박(5시간)

인천 공항 도착

미니 인터뷰_ "외계인이 만든 거, 맞을 걸요?"

노태승 (35세, 회사원)
2009〜2012 여행

어렸을 때 '세계의 미스터리' 마니아였어요. 그래서 세계의 미스터리라고 하는 여행지를 다 둘러보기로 마음먹었고, 앙코르는 그 시작점이었죠. 그런데 어쩌다 보니 앙코르에 완전 매혹되어버렸어요. 앙코르 유적의 신비로움과 웅장함은 말할 것도 없거니와 캄보디아 특유의 뜨거운 햇살이나 빨간 흙, 아이들의 미소, 순박한 사람들까지 다 진짜 좋았거든요. 휴가가 생길 때마다 거의 앙코르에 올인을 했고, 지금까지 총 일곱 번을 다녀왔어요. 앞으로도 시간 나는 대로 가려고요. 그렇게 많이 봤는데도 아직 이게 인간이 만든 거라는 게 잘 안 믿겨요. 정말 위대하거든요. 아무래도 외계인이 만든 게 맞지 않나 싶어요.

씨엠립의
맛있는 식당들

똔레 메콩 or 꿀렌 삐

캄보디아의 전통 춤인 압사라 댄스를 볼 수 있는 극장식 뷔페다. 똔레 메콩은 시내에서 약간 떨어진 곳에, 꿀렌 삐는 시내 한복판에 위치해 있다. 음식은 똔레 메콩 쪽이 한국인 입맛에 좀 더 잘 맞고, 꿀렌 삐는 시내와 가깝고 야외 무대라는 장점이 있다. 가격은 양쪽 모두 12달러이며, 공연은 저녁 7시 정도에 시작한다.

똔레 메콩
- **위치** 시내에서 공항 방면으로 약 2킬로미터
- **전화** +855-63-964-667, 012-902-298

꿀렌 삐
- **위치** 시바타길 · **전화** +855-63-964-324

레드 피아노 Red Piano

여행자 거리인 펍 스트리트(Pub Street)에 위치한 씨엠립의 명물 레스토랑이다. 파스타, 커틀릿 등 서양음식과 캄보디아 전통 음식을 모두 취급한다. 영화 〈툼 레이더〉를 촬영할 당시 안젤리나 졸리를 비롯한 제작진의 단골 레스토랑이었다고 한다.

- **위치** 펍 스트리트 · **전화** +855-63-964-750

블루 펌프킨 Blue Pumpkin

씨엠립을 대표하는 디저트 숍. 동남아 특유의 강한 단맛이 특징으로, 마카롱이 가장 유명하다. 펍 스트리트 입구에 있는 본점 2층에는 침대 좌석이 있어 편히 쉴 수 있으며, 공짜 와이파이도 이용할 수 있다. 햄버거, 파스타 등 간단한 식사도 맛있다.

- **위치** 펍 스트리트 입구 · **전화** +855-63-963-574

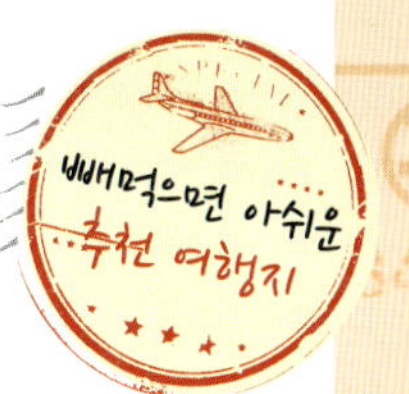

씨엠립에서 하루 더 머문다면
꼭 가봐야 할 곳

쁘레아 비헤르 Preah Vihear

태국과 캄보디아 국경에 위치한 유적으로, 이 유적 때문에 종종
양국 간에 국경 분쟁이 일어나기도 한다. 원래는 군사 문제로
출입이 금지됐다가 최근 관광객에게 개방되었다. 찾는 이가 많
지 않아 아주 한산하고, 언덕 위에 있어 풍광이 아름답다. 씨엠
립에서 자동차로 편도 세 시간 이상 걸리는 먼 곳에 있기 때문
에 주로 앙코르 유적 마니아들이 찾는다.

왓 트마이 Wat Thmei

킬링필드 당시 크메르 루즈에 의해 학살당한 사람들의 유골을 모셔
놓은 사당이다. 프놈펜의 킬링필드 유적보다는 규모가 훨씬 작으나
먹먹한 감정이 찾아온다는 점에서는 다르지 않다. 캄보디아의 현대
사를 느끼고 싶은 여행자에게 권한다.

캄보디아 민속촌 Cambodian Cultural Village

캄보디아를 구성하고 있는 각종 소수민족의 생활 모습과 캄보디아의
역사적인 유적 및 관광 포인트를 재현해 놓은 곳이다. 건물 재현과
밀랍인형 전시는 물론 각 소수민족 섹션마다 독특한 공연이 펼쳐져
관람의 재미를 더한다. 특히 주말 밤에 상연되는 '자야바르만 7세 대
공연'이 압도적이다. 저녁 시간에 가는 것이 좋다.

같은 테마 다른 여행지

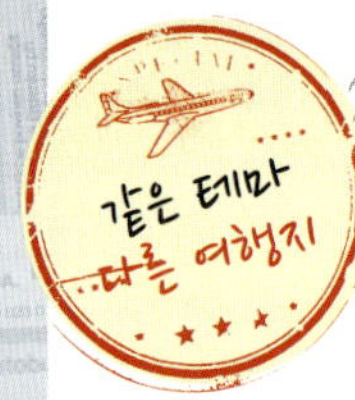

세계의 미스터리 여행지

『세계의 미스터리』 류의 책에 단골로 등장했던 곳들은 알고 보면 다 직접 갈 수 있는 근사한 여행지이기도 하다. 설령 직접 간다고 해도 그 신비로움을 다 알 수는 없는, 그래서 더 매력적인 곳들이다.

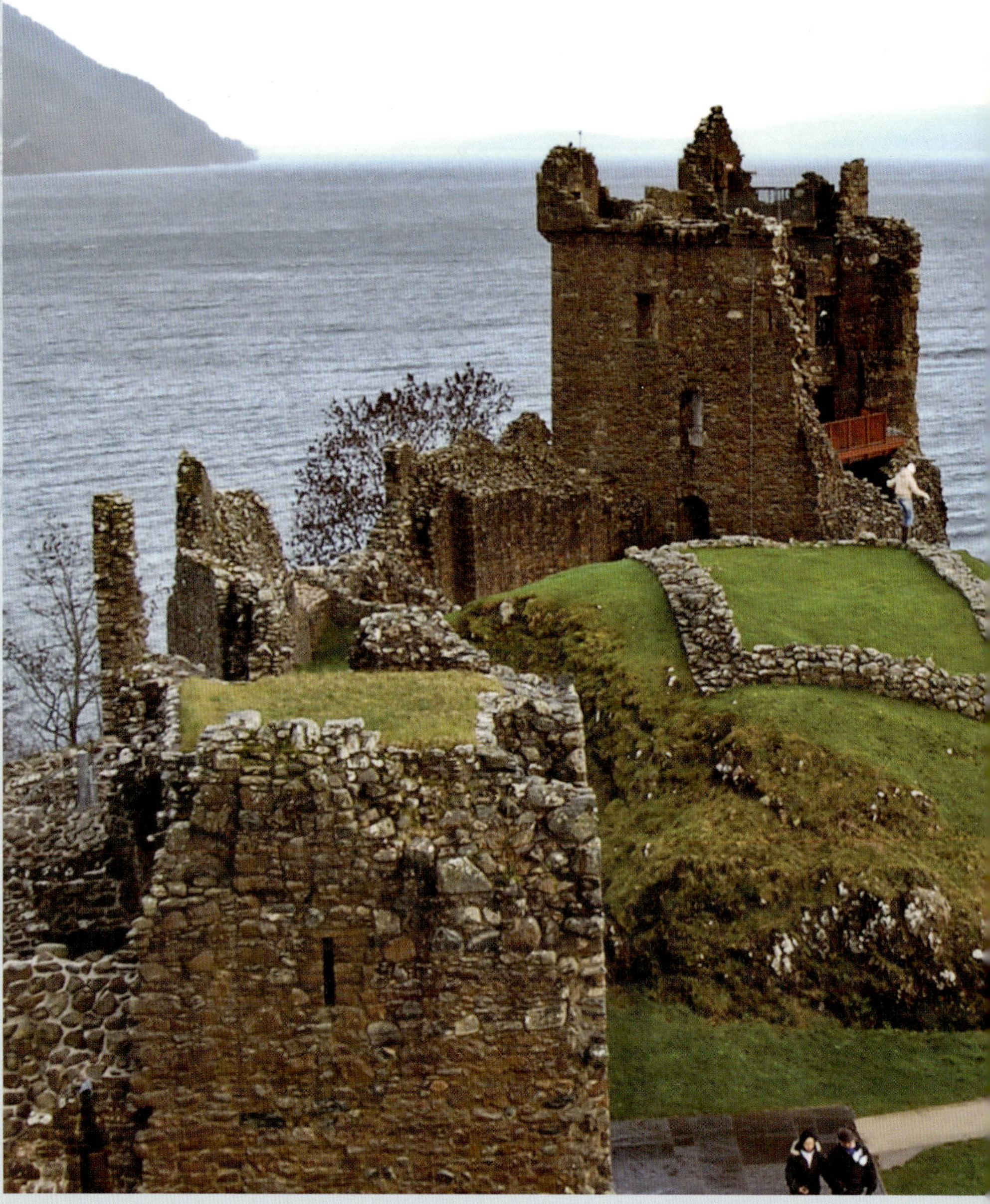

스코틀랜드 네스 호수 Noch Ness

영국 북부 스코틀랜드의 호수로 거대 괴물 '네시'로 유명하다. 20세기 초반부터 잊을 만하면 한 번씩 회자되는 신비의 괴물로, 주로 흐린 날 출몰하며, 여러 명이 한꺼번에 보는 일이 없어 현재는 조작의 산물이라는 것이 거의 정설로 굳어지고 있다. 스코틀랜드까지는 직항이 없으므로 런던을 거쳐 글래스고, 에딘버러 등으로 가서 버스 등을 이용한다. 스코틀랜드의 근사한 풍광을 함께 감상할 수 있는 하이랜드 투어를 이용하는 것이 좋다.

페루 마추픽추 Machu Picchu

페루 우르밤바 산 해발 2,500미터 지점에 위치한 잉카 문명의 고대 도시다. 16세기경, 잉카인들은 알 수 없는 이유로 이 도시를 버리고 더 깊은 산속으로 이주했고, 20세기 초 미국의 학자에게 발견되기 전까지 완벽하게 잊혀졌다. 외침 대비설부터 피난용 도시였다는 설까지 다양한 설이 존재하나 그 어느 것도 정설로 밝혀진 것 없다. 한국에서 갈 때는 페루까지 직항이 없으므로 미국을 한 번 경유해서 가야 하며, 페루의 수도 리마에 도착한 후에도 쿠스코를 거쳐 기차나 버스 등으로 험난한 여정을 거쳐야 한다.

이스터 섬 Easter Island

칠레 서부 남태평양 상에 위치한 섬으로, 거대 석상 '모아이'로 잘 알려져 있다. 섬 전체에 인면석상이 산재하고 그 외에도 폴리네시아 유일의 문자판이나 조인(鳥人)의 석상 등이 발견되었으나 정작 이런 것들을 만든 이들이 누군지는 명확하게 밝혀지지 않았다. 칠레에서 국내선을 이용해 섬으로 간 뒤, 현지 투어 등을 이용해서 돌아볼 수 있다. 한국에서 칠레까지는 직항이 개설되어 있지 않아 호주나 미국에서 1회 경유해야 한다.

FALL

★ 캐리처럼 당당하고 자유롭게, 뉴요커로 살아보는 즐거움
_ 〈섹스 앤 더 시티〉+〈가십 걸〉로 떠나는 뉴욕 여행 5박 7일

★ 열정과 감각의 땅에서 나를 일깨우다 _ 스페인 일주 7박 9일

★ 바오밥 나무 아래에서 어린왕자를 만나다 _ 마다가스카르 환상 여행 6박 8일

★ 알뜰한 당신, 런던으로 떠나라! _ 런던 알뜰 여행 6박 8일

★ 가을, 파리에서 예술의 향기에 취하다 _ 파리 예술+감성 여행 6박 8일

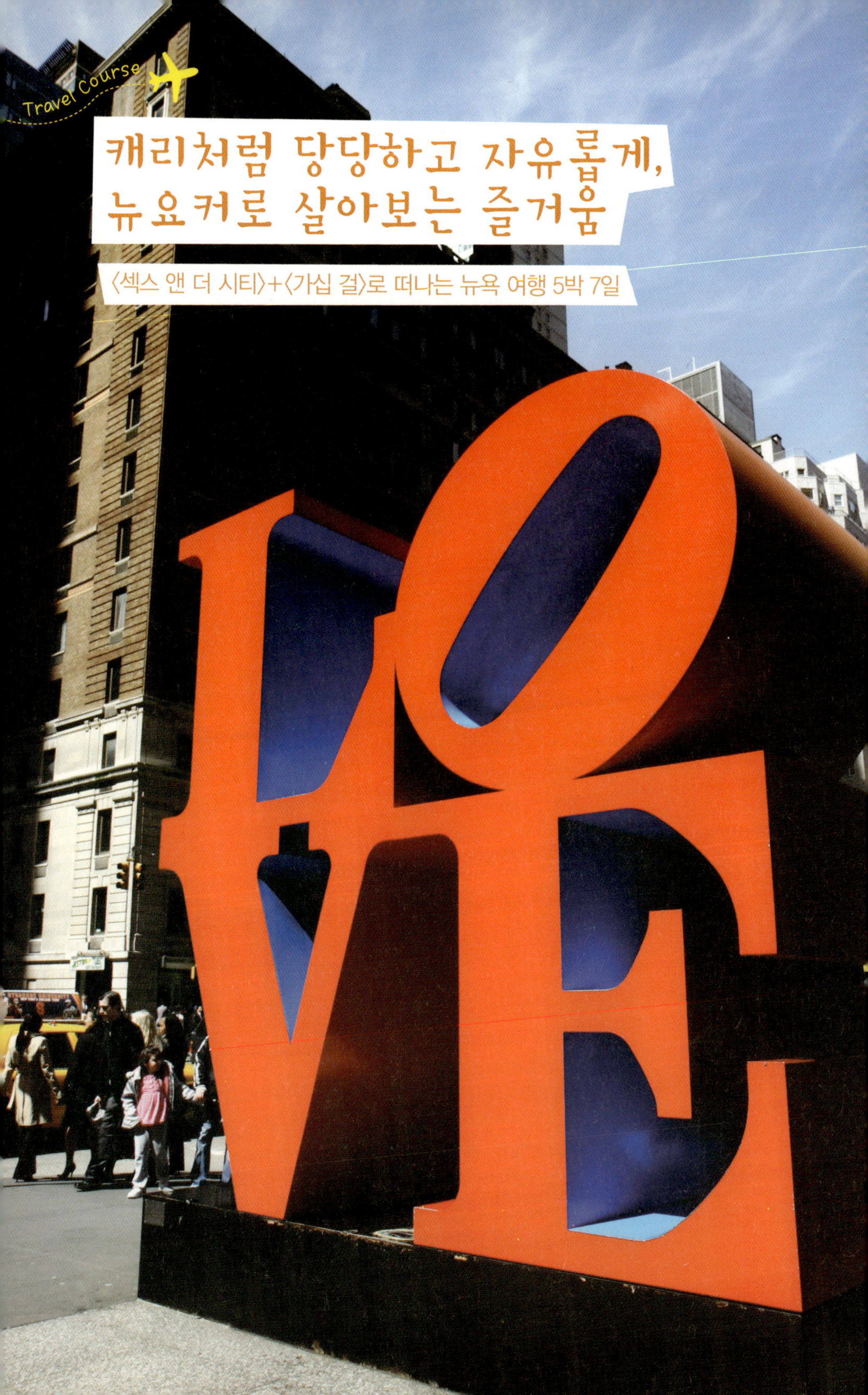
Travel Course
캐리처럼 당당하고 자유롭게,
뉴요커로 살아보는 즐거움
〈섹스 앤 더 시티〉+〈가십 걸〉로 떠나는 뉴욕 여행 5박 7일

주요 스폿 타임스 스퀘어, 5번가, 첼시&미트패킹, 소호&놀리타, 그리니치 빌리지, 유니온 스퀘어, 로어 맨해튼, 어퍼 웨스트 사이드&어퍼 이스트 사이드, 브루클린

여행 키워드 〈섹스 앤 더 시티〉와 〈가십 걸〉의 핵심 스폿, 뉴요커의 취향과 라이프스타일, 쇼핑과 트렌드, 감각적인 레스토랑과 카페, 뉴욕의 고즈넉한 주택가 산책, 미트패킹 디스트릭트, 윌리엄즈버그

여행의 취향 휴식 ★★ 풍경 ★★★ 미식 ★★★★★ 엔터테인먼트 ★★★★ 쇼핑 ★★★★

뉴욕, 관광지가 아닌 라이프스타일로 느껴라

1998년부터 2004년까지 방영된 〈섹스 앤 더 시티(Sex and the City)〉는 뉴욕에 사는 네 여자들의 '일과 사랑'을 담은 드라마로, 전 세계 젊은 여성들의 절대적인 지지를 받았다. 인기 섹스 칼럼니스트인 캐리와 그녀의 친구들이 풀어낸 30대 싱글 라이프는 '섹스 앤 더 시티 신드롬'을 일으키며 수많은 여성들에게 위로와 공감, 그리고 색(色)다른 재미를 안겨주었다. 드라마의 인기와 함께 큰 관심을 모은 것이 있었는데, 바로 주인공들의 톡톡 튀는 패션과 촬영지들이다. 패션 트렌드를 주도하는 네 명의 주인공들이 입은 옷과 액세서리는 방송 다음 날 바로 완판이 되는가 하면, 드라마에 나온 레스토랑이나 카페, 숍 등은 뉴욕에서 꼭 가봐야 할 핫 스폿으로 단번에 떠오르기도 했다.

〈섹스 앤 더 시티〉가 30대 싱글녀들의 마음을 훔쳤다면, 현재 방영 중인 〈가십 걸(Gossip Girl)〉은 10대 시청자들의 마음을 사로잡고 있다. 뉴욕 맨해튼의 사립학교를 다니는 상류층 10대들의 일상을 담고 있는데, 은수저 물고 태어나 파티가 일상이요, 런웨이를 방불케 하는 쇼핑이 취미인 그들의 이야기는 현실감 없어 김빠지기도 하지만 스타일리시한 뉴욕을 엿보는 재미로 말하면 단연 최고다. 그리고 같은 이유에서인지 〈섹스 앤 더 시티〉의 뒤를 이어 주인공들의 패션과 라이프스타일, 드라마 속 장소들이 연일 화제가 되고 있다.

엠파이어 스테이트 빌딩과 자유의 여신상으로 대표되는 뉴욕의 관광지만 둘러본다면 뉴욕 여행은 2~3일이면 충분하다. 하지만 뉴욕의 매력은 관광지가 아닌 다른 곳에 있다. 그것은 바로 뉴요커가 되어 그들의 일상을 느끼고 경험해보는 것이다. 캐리가 먹었던 컵케이크를 먹고, 네 주인공들이 수다를 떨던 레스토랑에서 브런치를 주문하고, 미트패킹 디스트릭트 거리를 자유롭게 활보하고…. 〈섹스 앤 더 시티〉와 〈가십 걸〉에 등장하는 뉴욕의 깨알 같은 핫 스폿을 순례하다 보면 뉴욕의 숨은 속살을 제대로 느낄 수 있을 것이다. ■

뉴욕 여행, 이렇게 준비한다!

언제 갈까?
한국과 사계절 날씨가 비슷하다. 봄과 가을이 여행하기에 가장 좋다. 보통 9월까지는 덥다가 10월부터 본격적인 가을 날씨가 이어지며, 11월부터는 갑자기 기온이 뚝 떨어진다.

어떻게 가지?
아시아나항공, 대한항공에서 매일 '인천－뉴욕' 직항편을 운항한다. 비행시간은 약 13시간 30분. 유나이티드항공, 콘티넨탈항공, 일본항공, 아메리칸에어라인, 중국국제항공 등에서 경유편을 운항한다.

얼마나 들까?
예산 총 250~310만 원 정도(항공료 직항편 140~170만 원선, 경유편 110~120만 원선, 숙박비 70만 원(한인 민박 기준, 10만 원×7일), 식비 40만 원, 교통비 10만 원, 입장권 및 현지 투어비 20만 원). 뉴욕은 웬만한 곳은 다 지하철이나 도보로 움직일 수 있다.
환전 여행 경비 전액을 미국 달러(US$)로 환전한다. 1달러는 약 1,190원(2012년 4월 기준).
신용카드 숍과 레스토랑에서 신용카드를 사용하기에 전혀 불편함이 없다. 비자카드나 마스터카드를 준비해 가자.

미리 준비하자!
비자 '비자 면제 프로그램'에 회원가입을 하면, 관광 목적으로 비자 없이 90일간 미국을 여행할 수 있다. 비자 면제 프로그램 사이트(www.vwpkorea.go.kr)에 접속하여 신청할 수 있다. 소지하고 있는 여권이 전자여권이 아니라면 여권 유효기간이 남아 있더라도 여권을 재발급받아야 한다. 여행 72시간 전에 여유 있게 신청하는 것이 좋으며, 수수료는 14달러다. 한 번 입국허가 통지를 받으면 2년간 효력이 있다.
언어 영어.
브로드웨이 뮤지컬 티켓 예매 뉴욕 현지의 극장이나 관광안내소에서 뮤지컬 티켓을 구입할 수 있지만, 원하는 공연이 매진되어 보지 못할 수도 있다. 출발 전 공연 예매 웹사이트를 통해 예매하면 이런 걱정이 해결된다. 티켓마스터(www.ticketmaster.com), 티켓 센트럴(www.ticketcentral.com), 텔레 차지(www.telecharge.com)에서 구입할 수 있다. 단, 티켓 요금 외에 수수료가 부과되고 취소할 때 약간의 비용이 발생하므로 구입에 신중을 기한다.

레스토랑 예약 타오, 부다칸 등 뉴욕의 유명 레스토랑은 30분~1시간 정도 기다리는 것은 기본이다. 심지어 예약 없이는 입장이 불가능한 경우도 있다. 레스토랑 예약 전문 사이트 오픈테이블(www.opentable.com)에서 원하는 날짜와 시간을 정해 예약할 수 있다.

숙소 구하기

뉴욕의 숙소 비용은 그 어느 도시보다 비싸다. 호텔 가격이 부담스럽다면 한인 민박을 고려해볼 만하다. 언어 때문에 어려움에 처했을 때 도움을 받을 수 있으며, 호텔 못지않은 시설을 갖춘 곳도 있어 가격 대비 만족도가 높다. 대부분의 호텔이 미드타운에 집중되어 있는 데 반해 한인 민박은 관광지에서 멀거나 외진 곳에도 있다. 반드시 위치를 확인하고 예약하도록 한다.

짐 꾸리기

옷&신발 우리나라 가을철에 입는 옷을 준비하도록 한다. 강한 햇빛 때문에 눈을 보호해주는 선글라스는 필수. 고급 레스토랑이나 클럽은 복장 제한이 있기도 하므로 여자라면 원피스와 하이힐을, 남자라면 정장 재킷을 준비해 가도록 하자.

세면도구 한민 민박이나 호스텔을 이용한다면 칫솔과 치약을 꼭 챙겨 가자. 샴푸와 린스도 가져가는 편이 좋다.

미리 보고 가자!

드라마 혹은 영화 〈섹스 앤 더 시티〉 캐리와 사만다, 미란다, 샬롯 등 서로 다른 성격을 지닌 30대 여성 뉴요커의 사랑과 고민을 담은 인기 드라마로 시즌 6까지 제작됐다.

드라마 〈가십 걸〉 뉴욕타임즈가 선정한 동명의 베스트셀러가 원작인 드라마. 뉴욕의 부촌인 어퍼 이스트 사이드에 사는 10대들의 사랑과 우정, 질투와 배신을 흥미진진하게 그려냈다. 현재 시즌 5가 방영되고 있다.

〈섹스 앤 더 시티〉 +〈가십 걸〉로 떠나는 뉴욕 여행 5박 7일

날짜	루트	여행 일정
Day 1	뉴욕	**오전** 뉴욕 도착 **오후** 타임스 스퀘어, 5번가 산책 **밤** 살롱 드 닝에서 야경 감상
Day 2	뉴욕	**오전** 첼시&미트패킹 디스트릭트 관광 **오후** 그랜드 센트럴 터미널, 뉴욕 공립 도서관 둘러보기 **밤** 엠파이어 스테이트 빌딩에서 야경 감상
Day 3	뉴욕	**오전** 소호&그리니치 빌리지 **오후** 유니온 스퀘어, 윌리엄즈버그 나들이 **밤** 브로드웨이 뮤지컬 감상
Day 4	뉴욕	**오전** 센트럴파크에서 피크닉 **오후** 메트로폴리탄 박물관 관람 어퍼 이스트 사이드 산책
Day 5	뉴욕	**오전·오후** 우드버리 커먼 프리미엄 아웃렛에서 쇼핑
Day 6	뉴욕 ⇨ 한국	**오전** 자유의 여신상 관람 **오후** 브루클린 브리지 건너기, 덤보 산책 **밤** 한국으로 출발
Day 7	한국	인천 공항 도착

Day 1

항공편을 이용하여 뉴욕의 '존 F. 케네디 국제공항(JFK)'에 도착한다. 숙소에 짐을 풀자마자 타임스 스퀘어로 직행! 타임스 스퀘어에서 산책하듯 천천히 걸어서 명품 거리로 불리는 5번가까지 둘러본 다음 인기 레스토랑 타오에서 저녁 식사를 한다. 살롱 드 닝에서 야경을 만끽하며 여독을 푸는 것으로 첫날 일정을 마무리한다.

한국에서 국제선을 이용하면 뉴욕의 세 개의 공항 중 존 F. 케네디 국제공항에 도착한다. 뉴욕의 중심인 맨해튼까지는 목적지까지 데려다주는 소형 밴 '슈퍼 셔틀(Super Shuttle)'이나 택시를 타고 이동. 일행이 여럿이거나 짐이 많다면 택시를 권한다. 공항에서 내리면 호객 행위를 하는 자가용 택시가 있는데, 일반 택시인 옐로 캡을 타는 게 안전하다.

🏠 숙소 이동(택시 40분, 슈퍼 셔틀 1시간)

숙소 체크인

짐을 풀고 잠시 휴식을 취한다.

🚌 도보, 또는 메트로로 이동

타임스 스퀘어 Times Square

타임스 스퀘어에 도착하면 비로소 뉴욕에 왔음이 실감난다. TV나 영화를 통해 수도 없이 봐온 휘황찬란한 광고판을 직접 눈으로 보면 감동적이기까지 하다. 〈가십 걸〉에서 세레나의 남자 친구는 타임스 스퀘어의 광고판을 통해 세레나에게 영상 편지를 보내는 깜짝 이벤트를 준비한다. 타임스 스퀘어는 낮 시간은 물론이고, 밤늦은 시간까지 관광객들로 인산인해를 이룬다. 이곳에서는 특별히 소지품을 조심하는 것이 좋다.

- **주소** 42nd St., 7th Ave., Broadway 교차점
- **교통편** 메트로 1, 2, 3, 7, 9, N, R, B, D, F, Q라인 42nd St. Times Sq.역에서 하차

🚶🚶 도보 5분

팰리스 호텔 New York Palace Hotel

〈가십 걸〉에서 척 베스와 벤더 우드슨의 집으로 나온 호텔이다. 19세기 후반에 지어진 맨션인데 이름에 걸맞은 화려한 내부가 볼 만하다. 팰리스 호텔은 두 개의 건물로 되어 있다. 그중 과거 부유층의 저택이었던 빌라드 맨션(Villard Mansion)은 레스토랑 '길(Gilt)'로 사용되고 있다. 세레나가 극 중 그릴드 치즈 샌드위치와 트러플을 먹던 곳으로 메뉴에 '가십 걸 샌드위치'가 있으니 출출하다면 한번 맛봐도 좋겠다.

- **주소** 455 Madison Ave.(bet. 50th St. & 51st St.)

👥 도보 5분

뉴욕 최고의 쇼핑 거리, 5번가 5th Avenue

프라다, 구찌, 펜디 등 다양한 명품 매장과 '버그도프 굿맨' 등의 고급 백화점이 밀집해 있는 뉴욕 최고의 쇼핑 거리이자, 쇼퍼홀릭들의 아지트. 이 거리의 티파니 매장은 영화 〈티파니에서 아침을〉에 등장한 이력 때문에 너도나도 할 것 없이 기념촬영을 하는 명소이며, 〈섹스 앤 더 시티〉에서 트로이가 샬롯에게 티파니 반지를 주며 청혼했던 곳이기도 하다. 이 거리에 있는 백화점 가운데 헨리 벤델(Henri Bendel)은 〈가십 걸〉의 세레나와 블레어가 쇼핑하기 위해 자주 들르는 곳이다.

- **교통편** 메트로 N, R, W라인 5th Ave.–59th St. 역에서 하차

👥 도보 10분

뉴욕의 핫 플레이스, 타오 TAO

맨해튼에서 가장 큰 규모의 아시아퓨전 레스토랑으로 서예로 장식된 천장, 정면의 거대한 불상 등 에스닉하고 감각적인 인테리어가 눈길을 사로잡는다. 태국식, 중국식, 일식 등 아시안 요리를 마음껏 맛볼 수 있으며, 비욘세, 톰 크루즈 같은 셀러브리티를 단골로 거느리는 유명한 곳이다. 〈섹스 앤 더 시티〉에서 캐리가 빅의 모델 여자친구와 식사를 하러 갔던 곳이기도 한데, 안에 들어서면 캐리가 이곳의 인테리어를 호들갑스럽게 말하는 장면이 떠오를 것이다.

- **주소** 42 E. 58th St.(bet Madison Ave.&Park Ave.) • **홈페이지** www.taorestaurant.com
- **영업시간** 월·화요일 11:30~24:00, 수~금요일 11:30~다음 날 01:00, 토요일 17:00~다음 날 01:00, 일요일 17:00~자정

살롱 드 닝 Salong De Ning 에서 칵테일 즐기기

뉴욕에는 마천루를 만끽할 수 있는 루프트톱 바가 몇 군데 있는데, 뉴욕 특유의 낭만적인 야경을 감상하고 싶다면 페닌슐라 호텔 23층의 살롱 드 닝을 추천한다. 술과 음식의 종류가 너무 다양해서 고르기 힘들다면, 시그니처 칵테일 닝 슬링(Ning Sling)을 맛보자.

- **주소** 700 5th Ave, 23rd F.   **전화** +1-212-956-2888

Day 2

오전에는 첼시 마켓과 뉴욕 트렌드세터들의 아지트 미트패킹 디스트릭트를 둘러본다. 오후에는 미드타운으로 이동하여 그랜드 센트럴 터미널, 뉴욕 공립 도서관과 엠파이어 스테이트 빌딩 전망대까지 알토란같은 뉴욕의 명소를 두루 섭렵한다.

버려진 공장의 대변신, 첼시 마켓 Chelsea Market

원래는 오레오 쿠키로 유명한 나비스코 공장이 있던 자리였지만, 공장이 이전하면서 1958년에 식료품 가게, 꽃 기게 등 지역적 특성을 살린 대형 마켓으로 재탄생했다. 마켓 내의 거대한 팬과 파이프관 등은 1912년 지어졌을 당시의 모습을 고스란히 간직하고 있어 흥미롭다. 브런치로 유명한 '사라베스', 뉴욕 최고의 빵집으로 꼽히는 '에이미스 브레드', 랍스터 전문 레스토랑 '더 랍스터 플레이스', 다양한 종류의 티가 준비되어 있는 '티 살롱' 등 레스토랑과 카페가 즐비하다. 숍 사이의 공간에서는 전시회나 공연이 열리기도 한다.

- **주소** 75 9th Ave.(bet 15th St. & 16th St.)
- **교통편** 메트로 A, C, E, L라인 14th St. 역과 연결
- **개장시간** 08:00~20:00(매장마다 다름)
- **홈페이지** www.chelseamarket.com

트렌트세터의 놀이터 미트패킹 디스트릭트 Meatpacking District

스타일리시한 레스토랑과 숍이 있어 트렌드세터들이 자주 찾는 구역이다. 현재 뉴욕에서 가장 힙한 지역으로 유명하지만 아이러니하게도 과거에는 250개의 정육점이 있던, 조금은 살벌했던(?) 곳이다. 지금은 30여 개의 정육점만 남아 있는데, 세련된 레스토랑과 숍 사이에 덩그러니 있는 정육점이 이질적이면서도 묘한 어울림을 자아낸다. 〈섹스 앤 더 시티〉에서 사만

다의 집이 바로 이 구역으로, 주변에 클럽과 바 등의 나이트 스폿이 많아 그녀의 캐릭터와 너무도 잘 어울리는 곳이다.

- **위치** 동서로 W. 12th St.~W. 14th St., 남북으로 9th Ave.~10th Ave.

감각적인 아시안 레스토랑, 부다칸 Buddakan

뉴욕에서 인기를 끌고 있는 아시안 레스토랑 중에서도 단연 돋보이는 곳. 480평 규모의 실내는 공간에 따라 다르게 꾸며져 있는데 동양적인 요소와 서양적인 요소가 절묘한 조화를 이루고 있다. 계단을 내려가면 영화 〈섹스 앤 더 시티〉에서 캐리와 빅의 결혼 피로연 장면이 촬영된 다이닝 룸이 나온다. 천 개의 촛불로 장식된 샹들리에가 고풍스러운 멋을 풍긴다.

- **주소** 75 9th Ave.(bet 15th St. & 16th St.)
- **영업시간** 일~월요일 17:30~23:00, 화·수요일 17:30~자정까지, 목~토요일 17:30~다음 날 01:00까지
- **홈페이지** www.buddakannyc.com

☺☺ 도보 5분

뉴욕의 신명소 하이 라인 High Line 공원 산책

9미터 높이에 조성되었기 때문에 산책하다 보면 마치 하늘 위를 걷는 듯한 기분을 만끽할 수 있는 특이한 공원이다. 1930년대 고가 철도에 1억 5,230만 달러의 예산을 투입해 재조성했다. 과거 철로가 그대로 남아 있는 덕분에 철로 사이사이에 봄과 여름이면 꽃과 풀이 자라고, 가을에는 갈대가 운치를 더해준다. 2009년 6월 선보인 이래 뉴욕 시민들의 휴식처 역할을 톡톡히 하고 있다.

- **위치** Gansevoort St. 34th Ave. & 10th Ave. & 11th Ave.
- **개장시간** 07:00~22:00 **홈페이지** www.thehighline.org

🚌 메트로 10분

〈가십 걸〉 첫 장면, 그랜드 센트럴 터미널 Grand Central Terminal

하루 650여 편의 기차가 오가는 뉴욕의 중앙역이다. 〈가십 걸〉의 첫 장면에 등장하는 곳으로, 기숙학교에서 기차를 타고 맨해튼으로 돌아온 세레나가 누군가에게 도촬을 당하며 이

야기가 시작된다. 보자르 양식으로 지어진 웅장한 건물이 압권이다. 프랑스 예술가 폴 엘뢰 (Paul Helleu)가 그린 황도 12궁의 별자리가 그려진 중앙 홀 천장을 눈여겨보도록 하자. 2,500 개의 별이 반짝반짝 빛난다.

- **주소** E. 42nd St.(at Park Ave.) • **홈페이지** www.grandcentralterminal.com
- **교통편** 메트로 4, 5, 6, 7, S라인 42nd St. Grand Central 역과 연결

> **Tip** **터미널에 나이트클럽이 있다?**
>
> 그랜드 센트럴 터미널 한쪽에 자리 잡은 나이트클럽 캠벨 아파트먼트(Campbell Apartment) 는 마돈나, 조지 클루니, 하이디 클룸, 런제이 로한, 패리슨 힐튼 등이 찾는 곳이다. 〈가십 걸〉 의 파티 장면이 촬영되었으며, 주인공인 블레이코 라이블리(세레나 역), 체이스 크로포드(네이트 역)도 실제로 즐겨 찾는다고 한다. 1925년에 지어진 건물이 독특한 분위기를 자아낸다. 칵테 일을 마시며 창밖으로 터미널을 바쁘게 지나가는 사람들을 구경하는 것도 재미있다.
>
> 주소 : 89 E. 42nd St. 전화 : 212-953-0409

👥 도보 5분

캐리와 빅의 결혼식 장소, 뉴욕 공립 도서관 New York Public Library

우아한 흰 대리석 건물의 뉴욕 공립 도서관은 영화 〈섹스 앤 더 시티〉에서 캐리와 빅이 결혼 식을 하려던 장소다. 도서관에서의 결혼식은 언뜻 상상이 안 갈지도 모르겠지만, 2007년 뉴 욕 웨딩 매거진에서 '뉴욕 최고의 결혼식 장소'로 꼽힐 만큼 인기 있다. 다만, 5시간 대여료가 한화 3,000만 원 정도로 만만치 않다. 도서관 내부는 누구나 입장이 가능하며, 뒤편에는 브 라이언트 파크(Bryant Park)가 자리하고 있어 쉬어 가기에 좋다.

- **주소** 455 5th Ave.(at 42nd St.)
- **개장시간** 월~목요일 11:00~18:00(화 · 수요일 19:30까지) • **홈페이지** www.nypl.org

👥 도보 15분

엠파이어 스테이트 빌딩 Empire State Building 에서 야경을

'뉴욕' 하면 자유의 여신상과 함께 가장 먼저 떠오르는 것은 아마도 엠파이어 스테이트 빌딩

이 아닐까. 뉴욕 전경이 한눈에 들어오는 엠파이어 스테이트 전망대에 올라가기 위해서는 티켓 구입, 보안 검사, 엘리베이터 탑승 등 몇 가지의 과정을 참고 거쳐야만 한다. 줄을 설 필요 없는 익스프레스 패스가 있는데, 가격이 입장료의 두 배라는 게 흠. 전망대는 86층과 102층 두 곳에 있으며, 102층 전망대까지 올라가려면 86층&102층 콤비네이션 티켓을 구입해야 한다. 전망대의 위치에 따라 다른 경치가 펼쳐지므로 걸어 다니면서 전망을 감상하도록 하자.

- **주소** 350 5th Ave.(at 34th St.) • **개장시간** 08:00~다음 날 02:00(엘리베이터는 다음 날 01:15까지)
- **입장료** 20.21달러, 익스프레스 패스 41.33달러 • **홈페이지** www.esbnyc.com

Day 3

뉴욕의 대표적인 패션 거리 소호에서 쇼핑을 즐기고, 캐리의 집이 있는 그리니치 빌리지에서 뉴욕 다운타운 주택가 분위기를 맘껏 느껴보자. 예로부터 이 지역은 파리의 뒷골목처럼 예술가들이 많이 거주하는 지역으로 유명하다. 오후에는 젊은 예술가들의 아지트로 각광받는 브루클린의 윌리엄스버그로 향한다.

소호와 놀리타Nolita 에서 뉴욕 패션 스타일 엿보기

고급 디자이너 부티크의 플래그십 스토어를 많이 찾아볼 수 있는 소호에서 가장 먼저 들러야 할 곳은 메트로 '프린스 스트리트(Prince St.) 역'에서 바로 나오면 보이는 프라다 매장이다. 과거 구겐하임 미술관이었던 곳으로 갤러리에 온 듯한 느낌은 여전하다. 소호가 유명 브랜드 매장과 시크한 패션 숍들의 천국이라면, 소호에서 길만 건너면 나오는 놀리타는 신예 디자이너의 숍과 셀렉트 숍이 가득하다. 독특하고 개성 넘치는 스타일을 추구하는 사람이라면 꼭 가볼 것.

- **교통편** 메트로 N, R, W라인 Prince St. 역 하차

그리니치 빌리지

✿✿ 도보 10분

그리니치 빌리지Greenwich Village 산책하기

〈섹스 앤 더 시티〉에서 캐리의 집은 어퍼 이스트 사이드에 위치한 것으로 나오지만, 촬영은 그리니치 빌리지에서 이루어졌다(주소는 66

매그놀리아 베이커리

Perry St.). 드라마의 인기 때문에 집 앞 계단에는 사진을 찍는 팬들로 늘 문전성시를 이룬다.
동네 주민들에게 물어보면 어렵지 않게 찾을 수 있다. 재미있는 것은 캐리 역의 사라 제시카
파커의 집도 바로 그리니치 빌리지에 있다는 사실!

• **교통편** 메트로 1, 2라인 Christopher St.–Washington Sq. St. 역 하차

🚶🚶 도보 5분

매그놀리아 베이커리 Magnolia Bakery 에서 컵케이크 먹기

그리니치 빌리지의 블리커 스트리트는 뉴욕에서 쇼핑 명소로 꼽히
는 곳 중 하나다. 산책하며 윈도 쇼핑을 즐기다 보면 캐리와 미란
다가 컵케이크를 사 먹은 매그놀리아 베이커리를 마주칠 수 있다.
휴식 겸 달달한 컵케이크를 한입 베어 물면 입안 가득 행복감이 전
해질 것이다. 길 건너에는 미란다가 책을 사기 위해 들른 바이오그
래피 북 숍(Biography Book Shop)이 있다.

• **주소** 401 Bleecker St.(at W. 11th St.)
• **영업시간** 일~목요일 09:00~23:30, 금 · 토요일 09:00~다음 날
  00:30 • **홈페이지** www.magnoliacupcakes.com

🚶🚶 도보 20분, 또는 메트로 5분

유니온 스퀘어 Union Square 에서 거리 공연 감상

젊은이들로 북적거리는 유니온 스퀘어는 뉴요커의 자유로운 분위기를 체감하기에 가장 좋은
장소 중 하나다. 긴 벤치에 누워 낮잠을 즐기는 사람, 계단 한구석에 앉아 독서 삼매경에 빠
진 사람, 타인의 시선을 의식하지 않고 사랑을 나누는 연인 등 자신의 시간을 거리낌 없이 자
유롭게 보낸다. 다양한 종류의 길거리 공연이 열리는 것도 장점. 공연 중에는 관객의 참여를
유도하는 경우가 많은데 부끄러워하지 말고 적극적으로 참가해보자.

• **위치** 5th Ave.를 중심으로 동서로 4블록, W.4th St.에서 북쪽으로 2블록

🚶🚶 도보 5분

에이비시 카펫&홈 ABC Carpet&Home

유니온 스퀘어에서 브로드웨이 주변을 '레이디스 마일(Ladies Mile)'이라고 하는데, 이곳에는
인테리어 숍이 즐비하다. 그중에서도 에이비시 카펫&홈은 4대째 운영하고 있는 인테리어 숍
으로 〈섹스 앤 더 시티〉에서 샬롯이 트로이와 함께 침대를 구입한 곳이기도 하다. 예쁜 인테
리어 용품들이 많아 쇼핑 충동을 불러일으키기도 하지만 가격이 만만치 않다. 수만 달러를

호가하는 프라하 고성에서 공수해 온 샹들리에도 판매한다.

- **주소** 888 Broadway(bet 18th St. & 19th St.)   • **홈페이지** www.abchome.com
- **영업시간** 월~금요일 10:00~19:00, 토요일 11:00~19:00, 일요일 12:00~18:00

🚇 메트로 10분

뉴욕의 멋쟁이 모여라, 윌리엄즈버그 Williamsburg

신흥 주택가가 형성되고 젊은 아티스트들이 하나둘 모이면서 새롭게 각광받게 된 브루클린
에서도 윌리엄즈버그는 가장 힙한 동네로 통한다. 메트로 유니온 역에서 L 라인을 타면 윌리
엄즈버그의 중심가인 베드포드 애비뉴(Bedford Ave.)에 쉽게 갈 수 있다. 레스토랑과 카페,
숍들이 즐비할 뿐 아니라, 모두 매력적이다. 〈가십 걸〉에서 댄의 아버지가 운영하는 갤러리
'더 프론트 룸(The Front Room)'도 베드포드 애비뉴에 있다. 주소는 147 Roebling St.이다.

- **교통편** 메트로 L 라인 Bedford Ave. 역 하차

Day 4

3일간 뉴욕을 바쁘게 돌아다녔다면 오늘은 조금 여유롭게 시간을 보내는 건 어떨까.
뉴요커 라이프의 일부분인 센트럴파크로 피크닉을 떠나는 것이다. 오후에는 〈가십
걸〉의 배경이 된 어퍼 이스트 사이드를 산책하고, 밤에는 뮤지컬의 본고장 브로드웨
이에서 공연을 관람한다.

캐리와 에이든의 이별, 콜럼버스 서클 Columbus Circle

센트럴파크에는 출입구가 여러 개 있는데, 남서쪽 끝의 콜럼버스 서클과 남동쪽 그랜드 아
미 플라자 출입구가 대표적이다. 콜럼버스 서클은 센트럴파크의 설계자 프레드릭 로 올름스

테드(Frederick Law Olmsted)가 인상적인 입구를 만들고자 설계한 곳이다. 크리스토퍼 콜럼버스의 아메리카 대륙 발견 400주년을 기념하기 위한 동상과 커다란 분수대가 있다. 이곳은 〈섹스 앤 더 시티〉에서 캐리와 에이든이 헤어진 곳이기도 하다.

- **주소** 59th St.(at Central Park Ave.)
- **교통편** 메트로 A, B, C, D, 1라인 59th St. St.−Columbus Circle 역에서 하차

바로

센트럴파크 Central Park 에서 피크닉을

맨해튼의 4분의 1을 차지하고 있는 센트럴파크는 뉴요커의 일상과 뗄 수 없는 곳이다. 뉴요커는 아침이면 이곳에서 조깅을 하고, 볕 좋은 낮에는 일광욕과 산책을 즐긴다. 또한 데이트와 가족 나들이 장소로도 사랑받고 있다. 수많은 나무와 식물들, 꽃과 정원으로 계절마다 다른 매력을 느낄 수 있다. 센트럴파크는 〈해리가 샐리를 만났을 때〉, 〈세렌디피티〉, 〈나홀로 집에 2〉, 〈뉴욕의 가을〉 등 일일이 셀 수 없을 정도로 수많은 영화나 드라마의 배경지가 되고 있다. 〈섹스 앤 더 시티〉, 〈가십 걸〉에도 수시로 등장하는데, 특히 중심에 있는 베데스다 분수는 〈가십 걸〉의 세레나와 블레어가 화해한 곳으로 알려져 있다.

- **위치** 남북으로 59th St.〜110th St., 동서로 5th Ave.에서 Central Park West까지
- **홈페이지** www.centralparknyc.org

도보 이동

메트로폴리탄 박물관 Metropolitan Museum of Art

프랑스 루브르 박물관, 영국 대영 박물관과 함께 세계 3대 박물관으로 꼽힌다. 뉴요커들은 메트로폴리탄 박물관을 줄여 '더 맷(Met)'이라는 애칭으로 부르기도 한다. 전시관이 총 19개로 방대한 전시물을 보유하고 있으며, 이 중 눈여겨볼 곳은 유럽 회화관이다. 미술사적으로 높은 평가를 받고 있는 회화 작품 3,000여 점이 전시되고 있다. 옥상의 루프 가든도 가볼 만하다. 야외 전시와 함께 탁 트인 맨해튼의 전경은 덤이다. 시간만 허락한다면 일정 동안 몇 번이라도 가보고 싶은 곳. 입장료 없이 기부제로 운영된다는 점도 반갑다.

- **주소** 1000 5th Ave.(at 82nd St.)
- **개장시간** 화〜목요일 · 일요일 09:30〜17:30, 금 · 토요일 09:30〜21:00
- **정기휴일** 월요일 · **홈페이지** www.metmuseum.org

도보 10분

〈가십 걸〉에 나오는 고등학교는 어디?

콘스탄스 빌라드(Constance Billard) 고등학교는 실제로 존재하지 않는 곳으로, 촬영은 명문 사립학교 패커 칼리지에이트 인스티튜트(Packer Collegiate Institute, 170 Joralemon St. in Brooklyn)와 시노드 오브 비숍(Synod of Bishops, 75 E. 93rd St.)에서 이루어졌다. 170년 전통의 패커 칼리지에이트 인스티튜트에서 드라마 속 고등학교의 큰 줄기를 따왔다. 시노드 오브 비숍은 어퍼 이스트 사이드에 위치한 러시안 정교회로 성당과 건물 입구, 뒷마당 등에서 주로 촬영했다.

어퍼 이스트 사이드Upper East Side에서 뉴욕 상류층 엿보기

어퍼 이스트 사이드는 뉴욕의 상류층이 사는 지역으로, 특유의 분위기를 즐겨보는 것도 이색적일 것이다. 메트로폴리탄 미술관 외에 구겐하임 미술관, 누 갤러리, 쿠퍼 휴잇 디자인 박물관 등 20여 개의 미술관이 있으므로 시간에 따라 맘에 드는 곳을 관람해도 좋을 듯.

• **교통편** 메트로 A, B, C, D, 1라인 59th St. St.–Columbus Circle 역에서 하차

🚌 메트로 20분

브로드웨이 뮤지컬 관람

뮤지컬의 본고장인 뉴욕에 왔으니, 뮤지컬 감상은 기본이다. 브로드웨이에서는 〈맘마미아〉, 〈아이다〉, 〈라이온킹〉, 〈위키드〉, 〈오페라의 유령〉 등 하루 20편의 뮤지컬이 공연된다. 공연 시간은 대개 밤 7시, 또는 8시이며, 수요일과 토요일에는 낮 공연도 있다. 공연 시작 전 30분~1시간 전에 극장에 도착하는 것이 에티켓이다. 브로드웨이에는 총 38개의 극장이 있는데, 브로드웨이의 웨스트 42스트리트에서 53스트리트 사이에 모여 있다.

• **교통편** 메트로 1, 2, 3, 7, 9, N, R, B, D, F, Q라인 42nd St. Times Sq. 역 하차

Day 5

뉴욕에서 1시간 거리에 있는 우드버리 커먼 프리미엄 아웃렛은 뉴욕 쇼핑 여행의 필수 코스다. 맨해튼에도 아웃렛이 있지만 이곳은 규모와 가짓수가 상상을 초월한다. 포트 오소리티 버스터미널에서 아웃렛까지 버스가 운행된다.

우드버리 커먼 프리미엄 아웃렛 웹사이트에서 우드버리 커먼 프리미엄 아웃렛 데이 트립 (Woodbury Common Premium Outlets Day Trip) 티켓을 구입하면 된다. 포트 오소리티 버스 터미널((Port Authority Bus Terminal)에서 오전 7시 15분에 첫차가 출발한다.

🚌 버스 1시간 10분

우드버리 커먼 프리미엄 아웃렛 Woodbury Common Premium Outlets

미 동부에 있는 프리미엄 아웃렛 계열 중에서 규모가 가장 크다. 총 240여 개의 매장으로, 워낙 넓기 때문에 동선을 짜서 움직이도록 하자. 도착하면 가장 먼저 중앙의 파빌리온 건물에 있는 인포메이션 센터에서 나눠주는 지도와 쿠폰 북을 챙긴다. 대개 50~60% 세일된 가격에 물건을 구입할 수 있으며, 추가 세일(Additional Sale)이 되는 상품도 있으니 잘 살펴보도록. 돌아오는 버스의 막차 시간은 밤 9시 26분으로, 이용객이 많으므로 출발 시간 20~30분 전에 미리 줄을 서는 것이 좋다.

- **주소** 498 Red Apple Court, Central Valley **영업시간** 10:00~21:00(일요일 20:00까지)
- **홈페이지** www.premiumoutlets.com

🚌 버스 1시간 10분

뉴욕 컴백 후 숙소 투숙

Day 6~7

아침 일찍 서둘러서 뉴욕을 대표하는 상징물인 자유의 여신상으로 향한다. 페리를 타고 가야 하기 때문에 자유의 여신상에 다녀오려면 꼬박 6시간이 걸린다. 브루클린 브리지를 걸어서 건너고, 윌리엄즈버그와 함께 예술가들의 아지트로 꼽히는 덤보를 방문한 뒤 공항으로 이동! 밤 비행기를 타면 다음 날 한국에 도착한다.

미드타운에서 메트로 30분 ⇨ 메트로 4, 5라인 볼링 그린(Bowling Green) 역에서 도보 10분 ⇨ 배터리 파크에서 페리를 타고 15분 소요

반갑다, 자유의 여신상 State of Liberty

배터리 파크에서 자유의 여신상이 있는 리버티 아일랜드까지 운행되는 페리를 타기 위해서는 최소 30분~1시간 동안 줄을 서서 기다려야 하므로, 첫 페리가 출발하는 시간에 맞춰 가는 게 좋다. 오랜 기다림 끝에 드디어 페리에 탑승! 자유의 여신상이 점점 가까워지면 여기저기서 탄성이 터진다. 높이 46미터(자유의 여신상을 받치고 있는 대좌석까지 합치면 93.5미터에 이른다)의 자유의 여신상 앞에 서면 그 웅장함에 압도당한다. 동서남북 다양한 각도에서 자유의 여신상을 관람하자. 내부 관람은 방문 전 자유의 여신상 웹사이트에서 티켓을 예매해야 한다. 2011년부터 1년간 내부 관람이 금지되고 있으니, 방문 전에 개방 여부 확인은 필수다.

- **개장시간** 09:00~17:00(6~8월은 18:30까지)
- **입장권** 13달러 ・ **홈페이지** www.statueofliberty.org

🚌 메트로 10분

브루클린 브리지 Brooklyn Bridge 건너기

브루클린 브리지는 맨해튼과 브루클린을 연결하는 세 개의 다리 중에 가장 오래된 다리다. 상쾌한 바람을 맞으며 브루클린 브리지를 걸어서 건너보자. 메트로 브리지-시티 홀(Bridge-City Hall) 역에서 내리면 브루클린 브리지 보행도로로 올라가는 계단이 나온다. 해 질 무렵이면 멋진 일몰을 감상할 수 있다. 영화 〈섹스 앤 더 시티〉에서 이혼 위기에 있던 미란다와 스티브 부부가 다시금 사랑을 확인할 수 있었던 데에는 브루클린 브리지의 낭만도 한몫하지 않았을까.

- **교통편** 메트로 4, 5, 6라인 브리지-시티 홀(Bridge-City Hall) 역에서 하차

🚶🚶 도보 1시간

브루클린 브리지　　덤보

젊은 아티스트의 아지트, 덤보Dumbo

브루클린 브리지와 맨해튼 브리지 사이에 프론트 스트리트와 워터 스트리트 지역을 가리킨다. 2000년부터 매년 9월 말이면 3일 동안 '덤보 페스티벌'이 열리는데, 이 기간에는 덤보 지역에서 활동하는 200여 명의 아티스트가 작업실을 공개한다. 예술가의 작업실을 구경하고 직접 소통하는 즐거움을 맛볼 수 있는 특별한 기회이니, 꼭 참가해보도록 하자. 맨해튼 브리지 아래 붉은색 건물은 〈가십 걸〉에서 댄의 가족의 사는 집으로 나온다.

- **교통편** 메트로 F라인 요크 스트리트(York St.) 역 하차

메트로를 타고 숙소로 돌아온 후 짐을 찾고 공항으로 향한다. 택시를 타면 약 30분 가량 소요된다.

뉴욕 존 F. 케네디 공항 도착

한국으로 출발!

✈ 기내 1박(13시간 30분)

인천 공항 도착

> Tip　〈섹스 앤 더 시티〉와 〈가십 걸〉 투어 프로그램
>
> **섹스 앤 더 시티 핫 스폿 투어** Sex and the City Hot Spots Tour
> 〈섹스 앤 더 시티〉 드라마 및 영화에 나왔던 40여 곳을 방문해보는 프로그램. 매일 오전 11시와 오후 3시에 투어가 있으며, 소요시간은 3시간 30분이다. 투어 예약은 온 로케이션 투어 웹사이트(www.screentours.com)를 통해 할 수 있다.
>
> **가십 걸 사이트 투어** Gossip Girl Sites Tour
> 〈가십 걸〉의 주 배경이 된 어퍼 이스트 사이드에서 투어가 시작된다. 금~일요일 12시에 투어가 있다. 소요시간은 3시간 30분이며, 투어 예약은 온 로케이션 투어 웹사이트(www.screentours.com)를 통해 할 수 있다.

〈섹스 앤 더 시티〉의
브런치 스폿 베스트 3

Best 1 파스티스 Pastis

캐리가 게이 친구 올리버와 브런치를 먹은 곳. 실내보다는 야외에 앉아 한가로이 브런치를 즐겨보자. 미트패킹 디스트릭트의 멋쟁이들을 구경하는 재미가 각별하다. 토·일요일 오전 10시부터 오후 4시 30분까지 브런치가 제공된다.

- **주소** 9th Ave.(bet 12th St. & 13th St.)
- **홈페이지** www.pastisny.com

Best 2 사라베스 Sarabeth's

주말이면 브런치를 먹기 위해 사람들이 구름 같이 몰리는 사라베스는 어퍼 웨스트 사이드에서 잼을 파는 베이커리로 시작했다. 지금은 어퍼 웨스트 사이드 외에 어퍼 이스트 사이드, 첼시 마켓, 트라이베카, 휘트니 미술관에도 매장이 있다. 이곳의 에그 베네딕트는 단연 최고다.

- **주소** 423 Amsterdam Ave.(at 80th St.)
- **홈페이지** www.sarabeth.com

Best 3 카페테리아 Cafeteria

〈섹스 앤 더 시티〉의 네 주인공들이 수시로 들러 수다 떨며 브런치를 먹던 곳이다. 첼시의 멋쟁이들이 주로 찾는데, 첼시가 유독 게이들이 많이 사는 동네라서 그런지 멋쟁이들의 대부분은 게이일 확률이 높다. 심지어 이곳에서 일하는 종업원들도 모두 게이다. 브런치 메뉴로는 내 맘대로 재료를 골라서 만들어 먹는 오믈렛을 추천한다.

- **주소** 119 7th Ave.(bet 17th St.&18th St.)
- **홈페이지** www.cafeteriagroup.com

현대미술관 MOMA

메트로폴리탄 박물관, 구겐하임 미술관과 함께 뉴욕의 3대 미술관으로 꼽히는 곳이다. 'Museum of Modern Art'를 줄여 '모마(MOMA)'라고 부른다. 피카소, 샤갈, 마티스, 미로, 고흐, 세잔, 고갱, 마네, 모네, 클림트, 앤디 워홀, 로이 리히텐슈타인, 몬드리안, 잭슨 폴록 등 1880년대 근대부터 현대에 이르기까지 쟁쟁한 화가들의 작품이 전시되어 있다. 미로와 피카소의 조각 작품이 전시되어 있는 조각 공원에도 들러보자. 따사로운 햇볕이 내리쬐는 벤치에 앉아 여유로운 시간을 보낼 수 있다.

• **주소** 11 W. 53rd St.(at 6th Ave.)　• **홈페이지** www.moma.org

구겐하임 미술관 Guggenheim Museum

프랭크 로이드 라이트가 디자인한 큰 달팽이 모양의 외관이 독특한 미술관이다. 미국의 광산 재벌이자 자선사업가인 솔로몬 구겐하임이 1937년에 현대미술관으로 개관했다. 피카소의 초기 작품과 클레, 샤갈, 칸딘스키, 마르크 등의 작품이 전시되고 있는데, 특히 180점이나 되는 칸딘스키의 컬렉션은 세계 최고라는 평을 받고 있다.

• **주소** 1071 5th Ave.(at 89th St.)　• **홈페이지** www.guggenheim.org

휘트니 미술관 Whitney Museum of American Art

철도 왕으로 알려진 반더빌트 가의 손녀 거트루드 반더빌트 휘트니 여사가 수집한 700여 점의 컬렉션으로 시작한 현대미술관이다. 앤디 워홀, 에드워드 호퍼, 조지아 오키프 등 미국 팝아트 작품과 미국 리얼리즘의 대표작가인 벤 샨, 조지 벨로우스 등의 작품을 소장하고 있다. 다른 현대미술관들이 세계 미술 작품 전체에 관심을 갖는 데 반해 휘트니 미술관은 오로지 미국 현대미술만 취급하고 있다.

• **주소** 945 Madison Ave.(at 75th St.)　• **홈페이지** www.whitney.org

같은 테마 다른 여행지

뉴욕 곳곳에 숨겨진
영화 촬영 명소

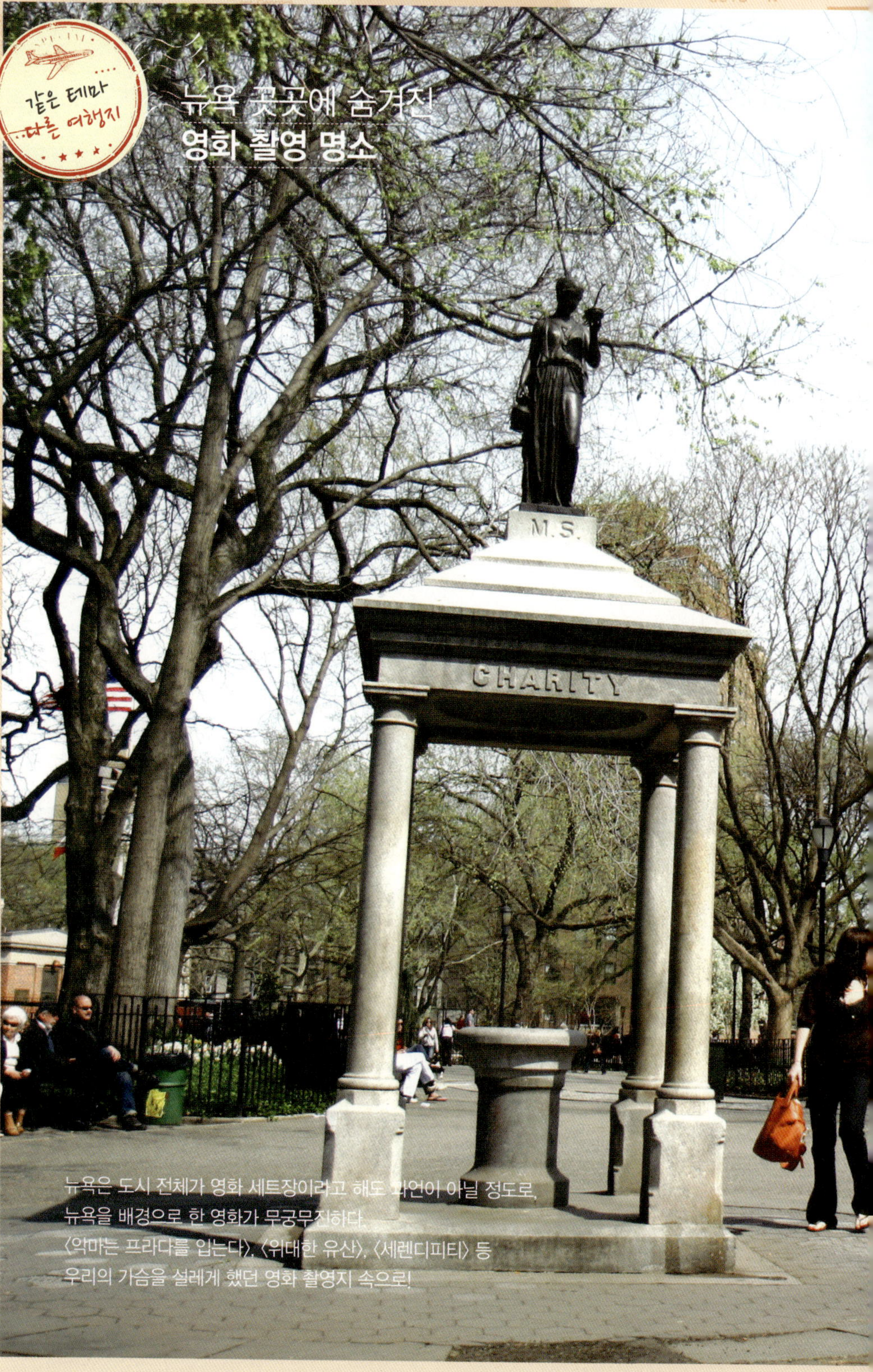

뉴욕은 도시 전체가 영화 세트장이라고 해도 과언이 아닐 정도로,
뉴욕을 배경으로 한 영화가 무궁무진하다.
〈악마는 프라다를 입는다〉, 〈위대한 유산〉, 〈세렌디피티〉 등
우리의 가슴을 설레게 했던 영화 촬영지 속으로!

톰킨스 스퀘어 파크 Tomkin's Square Park

뉴욕에서 애완견을 산책시키기 좋은 장소로 꼽히는 이스트 빌리지 (East Village)의 한 공원이다. 찰스 디킨스의 소설을 원작으로 한 동명의 영화 〈위대한 유산〉의 촬영지로, 공원 중앙의 식수대에서 에단 호크와 기네스 팰트로가 연기한 키스신은 아직도 아름다운 명장면으로 손꼽히고 있다.

카츠 델리카트슨 Kart's Delicatessen

로어 이스트 사이드에 있는 유대인 음식점으로 파스트라미(Pastrami, 훈제한 쇠고기) 샌드위치가 맛있는 곳이다. 영화 〈해리가 샐리를 만났을 때〉에서 샐리가 거짓 오르가즘을 연기한 장면이 바로 이곳에서 촬영됐다. 벽에 영화 스틸 컷이 걸려 있다.

6번가 6th Ave.

뉴욕 미드타운의 6번가는 언론사와 광고 회사 건물이 모여 있는 거리로, 영화 〈악마는 프라다를 입는다〉에 나오는 세계 최고의 패션잡지 〈런웨이〉도 이곳을 배경으로 하고 있다. 영화를 보면 편집장 미란다 (메릴 스트립 분)의 비서 앤디(앤 헤서웨이 분)가 매일 아침 옷을 바꿔 입으면서 출근하는 장면이 나오는데, 실제로 6번가에서는 뉴욕의 스타일리시한 커리어우먼과 비즈니스맨들을 어렵지 않게 볼 수 있다.

세렌디피티 3 Serendipity 3

영화 〈세렌디피티〉가 촬영된 카페로, 세렌디피티는 '우연히 발견하는 능력'이란 뜻이다. 영화는 뉴욕을 배경으로 한 로맨틱 코미디이며, 남녀 주인공인 존 쿠삭과 케이트 베킨세일은 이곳에서 프로즌 핫 초콜릿을 먹으며 달짝지근한 눈빛을 교환한다. 두 주인공이 스케이트를 타며 데이트를 즐기는 곳은 센트럴파크의 울맨 메모리얼 링크다.

Travel Course

열정과 감각의 땅에서 나를 일깨우다

스페인 일주 7박 9일

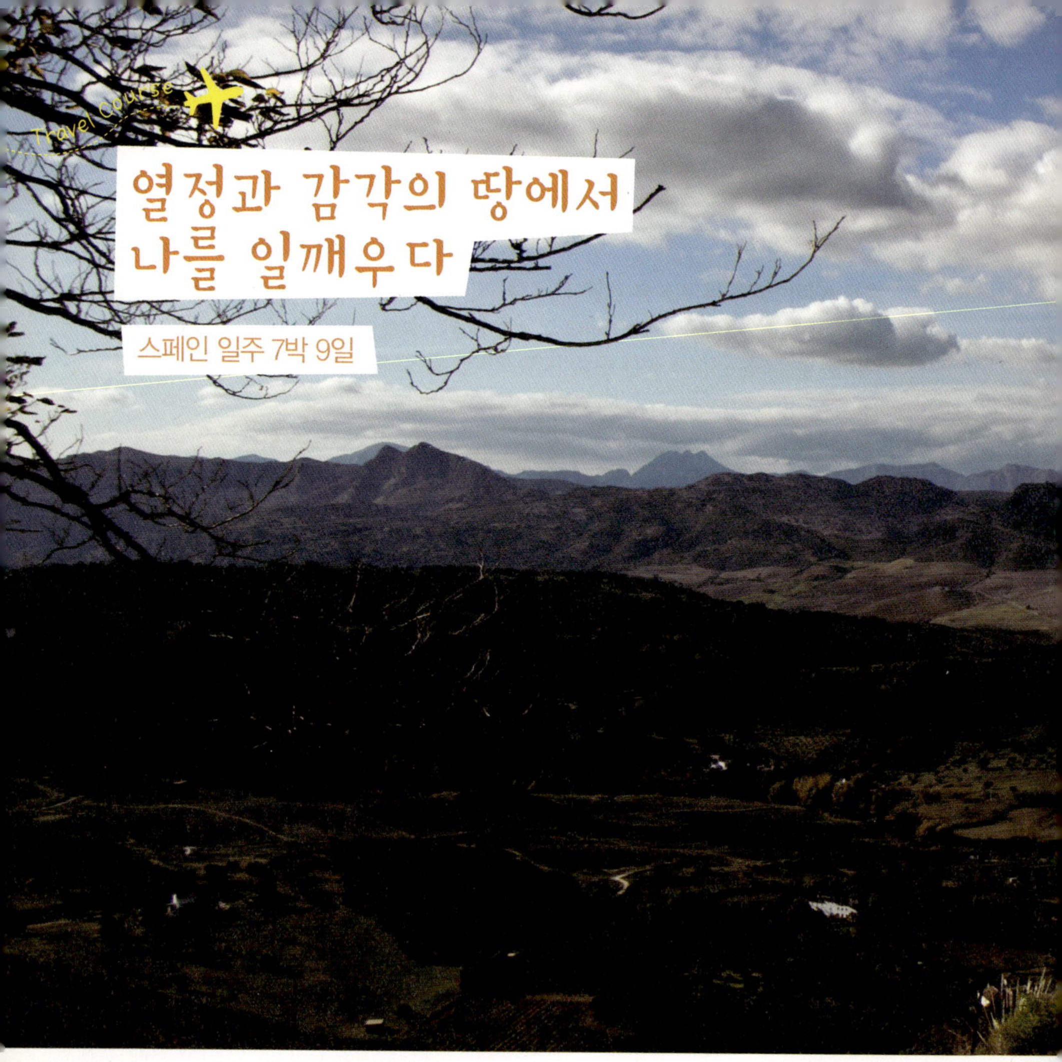

스페인, 오감을 자극하는 땅

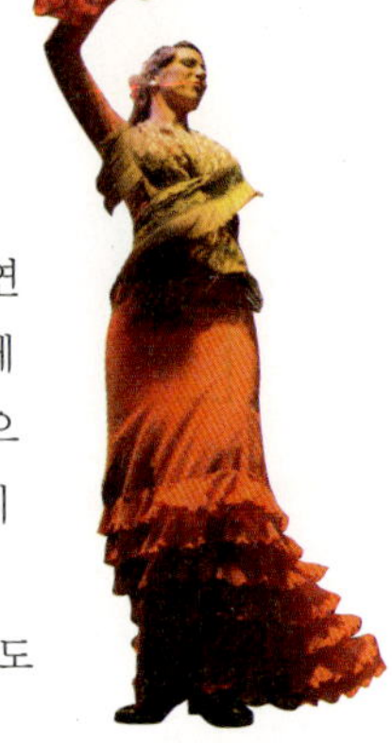

긴 여행의 끝에는 언제나 매너리즘이 찾아온다. 뭘 봐도 다 똑같아 보이고, 뭘 해도 다 그저 그렇다. 딱히 아름다운 것도, 맛있는 것도, 재밌는 것도 없다. 그것이 밥벌이와 연관된 취재 여행일 때는 더더욱 그렇다.
그러나 단 한 번은 완전히 달랐다. 석 달간의 유럽 취재 여행 막바지에 우연히 스페인에 머물게 되었을 때, 이전까지와는 완전히 다른 느낌을 경험하게 되었다. 마치 여행을 처음 하는 것만 같은 기분이었다고 할까. 매너리즘으로 닫혀 있던 모든 감각세포가 다시 살아나 여정 속의 모든 것을 신선하게 맞이하게 되었다.
그만큼 스페인은 강렬하다. 그리고 자극적이다. 고민하거나 주저할 필요도

없다. 심지어 뭐라 생각할 시간도 주지 않는다. 그곳의 모든 것이 여행자의 감각세포를 먼저 치고 들어와 박혀버린다. 안달루시아의 벅찬 들판, 가우디 건축물의 황홀한 매력, 플라멩코의 슬프고 정열적인 선율, 새파란 바다를 앞에 두고 입안 한가득 맛보는 빠에야, 그리고 유쾌하고 솔직하고 재미있고 느긋한 사람들. 이 모든 것이 마치 쑥뜸이라도 뜨는 것처럼 화끈하게 오감을 자극한다. 유혹, 이라고 말해도 좋을 정도로.

일 년이라는 삶의 여정이 또 한 번의 마무리에 접어드는 가을, 왠지 모를 피로와 무력감에 시달리는 사람이 있을 것이다. 그럴 때 가장 좋은 약은 여행. 거기까지는 누구나 쉽게 알 것이다. 그러나 자신 있게 말한다. 그 약 중에서도 가장 좋은 약이 스페인이라고. 온몸의 감각을 새롭게 일깨워줄 만큼 솔직하고 화끈하고 짜릿한 스페인의 맛. 그 맛을 보러 떠나자. **SY**

스페인 여행, 이렇게 준비한다!

언제 갈까?

3~4월과 9~10월이 적기. 한여름은 너무 더워서 여행하기 힘들고, 11월 중순 이후는 우기라 비가 많이 온다. 10월 중순 이후부터 말까지는 날씨도 좋고 낮도 길며, 비수기라 비교적 한산하면서 저렴하므로 가히 최고의 시즌이라 할 수 있다.

어떻게 가지?

'마드리드 in−바르셀로나 out'으로 끊는다. 아시아나항공, 터키항공, KLM, 에미레이트항공 등에서 1회 경유편을 운영한다. 스케줄에 따라 대기시간이 긴 항공편의 경우에는 일정을 앞뒤로 1일씩 추가해야 할 수도 있다. 대한항공을 타면 '인천−마드리드'는 직항으로, '바르셀로나−인천'은 1회 경유로 이용하게 된다.

얼마나 들까?

예산 총 325만 원 정도(항공료 150~170만 원선, 숙박비 42만 원(3~4성 호텔 기준, 6만 원×7일), 교통비(기차, 국내선 항공, 버스 등) 35만 원, 식비 30만 원, 각종 입장료&시내 교통비 15만 원, 가우디 투어 4만 원, 기타 예비비 20~30만 원). 호스텔, 한인 민박 등을 이용할 시에는 30~40만 원 정도 절약 가능.

환전 항공권, 숙박 예약비를 제외한 전액을 유로 현금으로 환전한다. 1유로는 약 1,500원(2012년 4월 기준).

신용카드, 현금카드 비자카드, 마스터카드는 통하지 않는 데가 없을 정도다. 현금 인출기도 시내 곳곳에서 어렵지 않게 볼 수 있다.

미리 준비하자!

비자 90일 무비자 체류 가능.

언어 스페인어. 호텔, 백화점, 레스토랑 등에서는 영어가 잘 통하나, 그 외에는 소통에 약간 어려움이 있다. 숫자 정도는 스페인어로 미리 알고 가면 좋다.

'마드리드−세비야' 기차표 인기 구간이기 때문에 빨리 매진되는 편이다. 여행 전 미

리 인터넷에서 예매해두자. • **스페인 열차 공식 사이트** www.renfe.es

가우디 투어 가우디의 건축물을 좀 더 제대로 이해하고 싶다면 현지 여행사의 투어를 신청해두자. 현지의 유명 가이드투어 전문 여행사에서 쉽게 찾아볼 수 있다.
• **헬로우 유럽** www.helloeurope.co.kr, • **자전거 나라** www.eurobike.kr

알람브라 입장권 그라나다의 알람브라는 반드시 예약을 해야 한다. 정해진 예약사이트를 통해 신용카드로 예약 가능하다. 오전 10시 입장으로 예약하자.
• **예약사이트** www.servicaixa.com/nav/en/index.html

'그라나다-바르셀로나' 항공권 스페인의 저가 항공사인 '부엘링(Vueling)'은 저렴하고 서비스 좋은 것으로 유명하다. 오전의 이른 시간대로 예약하자.
• **부엘링** www.vueling.com

숙소 구하기

마드리드 첸트로(시내 중심가), 또는 첸트로와 버스, 지하철로 쉽게 연결되는 위치라면 어디든 괜찮다. 저비용 여행자는 한인 민박이나 호스텔을 적극적으로 고려하자.

세비야 알카사르, 또는 산타 크루스 부근에 저렴하고 괜찮은 숙소가 몰려 있다.

론다 투우장 주변에 저렴한 호텔이 많다. 10월 중순이 지나고 완전한 비수기에 접어들면 20~30유로대의 저렴한 호텔도 쉽게 볼 수 있다.

그라나다 옛 저택이나 궁전 등을 개조한 호텔을 쉽게 찾아볼 수 있다. 시설은 낙후된 편이나 낭만 여행자라면 한번 묵어볼 만하다. 알람브라와 가까운 곳을 택하자.

바르셀로나 람블라 거리 및 카탈루냐 광장 주변이 여행하기 가장 좋으나 호텔의 숙박비가 상당히 비싼 편. 저비용 여행자라면 호스텔이나 한인 민박도 좋은 대안이다.

> **Tip** **파라도르에서 자자!**
>
> 파라도르(Parador)는 스페인의 국영 호텔 체인으로, 중세의 고성이나 저택 등을 개조하여 현대적인 호텔로 꾸며놓은 곳이다. 한 번쯤 스페인다운 근사한 숙소에 묵고 싶은 사람에게 강력 추천한다. 파라도르 홈페이지 : www.parador.es

짐 꾸리기

옷&신발 가을 옷과 여름 옷을 모두 챙긴다. 안달루시아 지방은 11월에도 한낮엔 민소매를 입어야 할 정도로 덥다. 네르하에서 바다에 발이라도 담궈 보려면 슬리퍼는 필수.

세면도구&화장품 유럽은 호텔에도 기본 세면도구가 없는 경우가 허다하다. 수건만 빼고는 다 챙겨 가는 것이 좋다. 한인 민박이나 호스텔에 묵는다면 수건도 챙기자.

HELADERIA
LA CAMPANA
CONFITERIA
FUNDADA 1885
FUNDADA 1885
PANELLETES
CARAMELOS
BOMBONE
DULC

스페인 일주 7박 9일

날짜	루트	여행 일정
Day 1	마드리드	**오전** 마드리드 도착 **오후** 프라도 미술관 **밤** 보틴–마드리드 먹자골목 즐기기
Day 2	마드리드 ⇨ 세비야	**오전** 세비야로 이동 **오후** 세비야 시내 산책 **밤** 플라멩코 즐기기
Day 3	세비야 ⇨ 론다	**오전** 론다로 이동 **오후** 누에보 다리 등 론다 즐기기, 론다에서 석양 보기
Day 4	론다 ⇨ 네르하	**오전** 네르하로 이동 **오후** 네르하에서 해수욕 및 산책
Day 5	네르하 ⇨ 그라나다	**오전** 그라나다로 이동 알람브라 궁전 구경하기 **오후** 타파스 즐기기
Day 6	그라나다 ⇨ 바르셀로나	**오전** 바르셀로나로 이동 **오후** 몬주익 언덕 돌아보기, 고딕 지구 산책 **밤** 람블라 거리 밤 산책
Day 7	바르셀로나	**오전·오후** 가우디 투어
Day 8~9	바르셀로나 ⇨ 한국	바르셀로나에서 귀국편 탑승 1회 경유 후 인천 공항 도착

Day 1

마드리드를 첫 여행지로 선택해야 하는 타당한 이유는 몇 가지라도 댈 수 있다. 첫째 수도라는 것, 둘째 수도치고는 볼거리가 풍부하지 않아 '맛있는 건 나중에'라는 법칙에 부합한다는 것, 셋째 대도시다운 편안함과 스페인다운 것들이 멋지게 어우러져 있다는 것 등등. 그런 의미에서 첫날은 프라도 미술관에 들러 스페인 정서의 단초를 느끼고 마드리드의 아름다운 밤을 만끽하자.

마드리드 공항터미널 앞에서 셔틀 버스를 탄다. 시내까지 약 20~30분 소요. 도보, 버스, 지하철 등으로 숙소에 도착한 후 관광에 나선다.

🚇 지하철, 또는 도보 이동

스페인의 자존심, 프라도 미술관 Museo de Prado

마드리드에서 관광을 딱 하나만 한다면, 또는 스페인에서 박물관을 딱 하나만 간다면 주저 없이 선택해야 하는 곳이다. 과거 스페인 왕실에서 소장하고 있던 미술품을 전시하고 있는 곳으로, 유럽 3대 미술관 중 하나로 손꼽힌다. 벨라스케스, 엘 그레코의 가장 중요한 작품들이 있는 것으로  유명한데, 복도를 걷다 우연히 엘 그레코의 그림을 마주치면 일부러 찾아봤을 때는 느끼지 못할 짜릿한 전율이 느껴진다. 오후 6시 이후에는 무료로 입장 가능하므로 시내 구경을 실컷 한 뒤 들러도 좋다.

- **주소** Paseo del Prado s/n. 28014, Madrid.
- **개장시간** 월~토요일 10:00~20:00, 일요일 및 공휴일 10:00~19:00(1/1, 5/1, 12/25 휴관, 1/6, 12/24, 12/31 단축개장 10:00~14:00) • **입장료** 일반 12유로, 입장료+공식 가이드북 19.50유로

🚇 지하철, 또는 도보 이동

마드리드의 밤거리

세계에서 가장 오래된 레스토랑, 보틴 Botin

1725년에 문을 연 레스토랑으로, 기네스북에 '세계에서 가장 오래된 레스토랑'으로 등재되어 있다. 헤밍웨이 같은 세계적인 문인들이 단골로 드나들었다고 한다. 가장 유명한 메뉴는 코치니요 아사도(308페이지 참조)이며, 새우 마늘 구이(Gambas al Ajillo, Garlic Shrimp)도 한국인 여행자들에게는 인기가 높다. 근 300년의 역사를 자랑하는 유서 깊은 공간에서 맛보는 스페인의 미각, 단순히 식사라고만 부를 수 없는 근사한 경험이다.

- **주소** Calle de los Cuchilleros 17, Madrid
- **영업시간** 점심 13:00~16:00, 저녁 20:00~24:00

👥 도보 5~10분

술과 타파스가 소근대는 마드리드의 밤거리

도착하자마자 마드리드에서의 마지막 밤이다. 아쉬운 마음으로 밤거리를 느긋하게 거닐어 본다. 솔 광장에서 아토차 부근까지 골목골목을 메운 맥줏집과 타파스 바, 레스토랑 등에 삼삼오오 모여 즐겁게 떠드는 사람들, 골목골목을 메운 웃음의 인파들이 인상적이다. 밤 9시나 되어야 저녁 식사를 시작하는 스페인 사람들의 습관 때문에 평일에도 자정 너머까지 불야성을 이룬다. 노천 바에 앉아 사방에 가득한 스페인어 수다를 들으며 상그리아라도 한 잔 마셔 보자. 처음 만나는 스페인, 왠지 마음에 들 것이다.

Day 2

마드리드를 떠나 세비야에 도착하면 오렌지 가로수가 다정하게 맞아준다. 태양이 송글송글 나무에 맺혀 있는 듯하다. 손을 대면 왠지 뜨거운 기운이 느껴질 것만 같은 새파란 하늘…. 이곳은 스페인 남부, 안달루시아다. 세비야는 안달루시아의 중심 도시로 오페라 〈세비야의 이발사〉, 〈카르멘〉, 〈피가로의 결혼〉의 무대였던, 안달루시아의 역사와 예술과 낭만의 압축 버전 같은 곳이다.

🚶🚶 도보, 또는 트램으로 이동

스페인 광장에서 춤을

작열하는 태양, 아랍과 유럽이 오묘하게 섞인 화려한 건물들, 모자이크 장식으로 꾸며진 아름다운 거리, 그 누구도 나에게 해를 끼칠 것 같지 않은 한없이 밝고 밝은 사람들. 세비야는 우리가 막연하게 그려왔던 스페인을 하나의 완벽한 도시로 재현해 놓은 듯하다. 오래된 도시답게 볼거리가 많지만 가장 대표적인 것은 다음의 것들이다.

세비야 대성당 Sevilla Cathedral

유럽 전체에서 세 번째, 스페인에서 가장 큰 규모를 자랑하는 대성당이다. 14세기부터 약 100년에 걸쳐 축성된 성당으로, 고딕부터 르네상스까지의 여러 건축 양식을 아우른 걸작이다. 규모만으로도 충분히 압도당하는 곳이다.

알카사르 Alcazar

방어를 목적으로 한 요새형 성채로, 이슬람 양식과 스페인의 양식이 혼재되어 있는 아름다운 중세 성이다.

히랄다 탑 Torre de la Giralda

세비야의 상징으로 불리는 탑이다. '풍향계'라는 뜻인데, 이슬람의 탑이었던 것을 기독교인들이 종루로 개축하고 풍향계를 달았다고 한다. 꼭대기에서 보는 세비야의 풍경이 일품이다.

산타 크루스 골목들

스페인 광장 Plaza de Espana

스페인에 있는 광장 중 가장 아름다운 곳으로 손꼽히며, 한국에서도 김태희가 플라멩코를 추는 CF로 잘 알려져 있다. 비록 김태희는 아닐지라도 아름답고 평화로운 광장의 모습을 보면 왠지 춤이라도 춰야 할 것 같은 기분이 든다.

👫 도보 10분 내외

산타 크루스 Santa Cruz 에서 길을 잃다

알카사르 옆에 있는 곳으로, 과거 유대인들이 집단으로 거주하던 동네. 건물 여러 채가 거의 맞닿을 정도로 다닥다닥 붙어 있고, 건물들 사이로 좁은 거미줄 골목들이 엉켜 있다. 두 사람이 다 지나가지 못할 정도로 좁은 골목 안을 드문드문 채운 상점, 레스토랑, 호텔들 사이를 하염없이 쫓다 보면 어느새 길을 잃고, 저녁이 다가온다.

👫 도보 5~10분 이내

플라멩코 공연장 로스 가요스 Los Gallos

안달루시아는 집시의 본고장이기도 하다. 정해진 거주지와 직업을 갖지 않는 민족인 집시는 안달루시아 곳곳을 떠돌아다니며 춤과 노래로 삶의 애환을 달랬고, 그 춤과 노래는 지금의 플라멩코(Flamenco)가 되어 세계인의 가슴을 울리고 있다. 세비야는 플라멩코의 본고장으로 손꼽히는 곳으로, 로스 가요스를 비롯한 수준 높은 플라멩코 공연장이 다수 자리하고 있다. 처연한 기타 멜로디와 노래, 그에 어우러지는 격동적인 춤사위는 보는 이에게 생각할 틈조차 주지 않고 단숨에 매혹시킨다.

• **주소** Plaza de Santa Cruz 11, Sevilla • **홈페이지** www.tablaolosgallos.com
• **공연시간** 20:00~22:00, 22:30~00:30 하루 2회 • **입장료** 30유로

Day 3

론다는 해발 700미터 남짓의 산 위에 동그마니 자리 잡은 요새 마을이다. 너른 평원을 산들이 감싸 안고 언덕 위에 하얀 집들이 다닥다닥 자리한, 마치 19세기 명화에 나올 법한 풍경에 '누에보 다리'라는 감동의 방점까지 찍혀 있는 곳이다. 당일치기도 가능하지만, 자고 가는 사람에게만 주어지는 벅찬 보상이 있으므로 꼭 1박을 하자.

세비야 '프라도 데 산 세바스티아노(Prado de San Sebastiano) 터미널'에서 론다 행 버스를 탄다. 정오 전후에 출발하는 일정이 좋다. 2시간~2시간 30분 가량 소요.

론다Ronda 도착

숙소 체크인 후 밖으로 나오자. 투우장 근처에 있는 인포메이션 센터에서 지도를 한 장 받아 이곳저곳을 느긋하게 둘러본다. 특별한 볼거리를 찾기보다는 작은 마을의 골목골목을 감돌며 안달루시아 특유의 하얀 집들이 언덕과 절벽을 수놓은 모습을 한껏 즐긴다.

도보 5~10분

투우가 탄생한 곳, 론다 투우장 Plaza de Toros de Ronda

최근에는 동물보호에 밀려 많이 퇴색되었지만 얼마 전까지도 투우는 스페인을 대표하는 엔터테인먼트였다. 론다는 스페인의 근대 투우 발상지로 이곳의 투우장은 18세기에 건립된, 스

론다 전경

페인에서 가장 오래된 투우장이다. 현재 투우 경기가 자주 열리지는 않으나 상징성과 아름다움 때문에 론다를 찾는 이들이 반드시 찾아가는 곳이다.

• **개장시간** 11~2월 10:00~18:00, 4~9월 10:00~20:00, 3 · 10월 10:00~19:00

👫 도보 3~5분

석양이 빛나는 누에보 다리 Puente Nuevo

스페인 여행을 준비하다 보면 한 번 이상은 반드시 누에보 다리의 사진을 보게 된다. 그만큼 누에보 다리는 론다를 넘고 안달루시아를 넘어 스페인을 대표하는 유명 관광 스폿이다. 깎아지르는 절벽과 절벽 사이에 놓인 거대한 다리로서 도대체 어떻게 만들었을지 감탄이 절로 나온다. 누에보 다리가 가장 진가를 발할 때는 바로 일몰. 다리 위에서 저 들판 사이로 장엄하게 떨어지는 해를 보고 있노라면 사춘기 이후 죽은 줄로만 알았던 감성세포가 살아 가슴 언저리서 꿈틀거리는 기분이 들 것이다.

Day 4

전날 잠을 충분히 자두자. 론다에서 말라가로 향하는 버스에서 잠들지 않기 위해서다. 산과 벌판, 언덕과 풍차가 선을 느리게 교차하며 창밖으로 한없이 펼쳐진다. 말라가에서 네르하까지는 바다가 기다린다. 코스타 델 솔(Costa del sol), '태양의 해변'이라는 이름을 가진 남부 스페인의 해변이 네르하까지 향하는 버스 차창가로 아낌없이 펼쳐진다. 그리고 바로 이 해변이 넷째 날의 핵심 스폿이다.

누에보 다리

네르하 거리의 풍경

론다에서 말라가로 1차 버스 이동 후 말라가 터미널에서 버스를 갈아타고 네르하로 이동한다. 총 소요 시간은 경유 포함 4시간 정도. 아침 7~8시에 출발하는 일정을 추천한다.

네르하Nerja 도착

네르하에 내리자마자 다음 날 그라나다로 가는 버스표(오전 10:15 출발)를 예매하자. 숙소에서 체크인한 후 밖으로 나선다. 지도는 호텔 또는 호스텔에서 쉽게 얻을 수 있다. 날씨가 좋다면 속에 수영복을 입고 나가자.

🚶🚶 도보 이동

새파란 바다, 샛노란 빠에야, 새빨간 노을

네르하는 매력적이다. 바닷가 주위에 형성된 크지 않은 메인 타운은 안달루시아 특유의 아랍풍 분위기가 물씬 나는 골목들로 이루어져 있다. 그리고 바다, 그리고 절벽, 그리고 그곳에서 바라보는 눈이 부시도록 새파란 지중해…. 이래서 유럽 사람들은 네르하를 '유럽의 발코니'라고 부른다.

천천히 골목을 걷다가 바닷가로 내려간다. 네르하에서 가장 큰 비치는 부리아나(Burriana) 비치로, 날씨가 좋다면 10월 말에도 해수욕을 하는 사람들을 쉽게 찾아볼 수 있다. 비치에는 해변을 따라 노천 식당가가 줄지어 있는데, 어느 식당에서든 빠에야 볶는 모습을 쉽게 볼 수 있다. 특히 여러 식당 중에서도 '아요(AYO)'는 100년 전통을 이어온 명물 레스토랑으로, 스페인 전국에서도 빠에야로 이름난 곳이다. 따로 정해진 영업시간이 없다. 그저 해 뜨면 영업을 시작해서 해가 지면 문을 닫으므로 점심시간에 이용하는 것이 딱 좋다. 식사까지 마치면 이제는 한가롭게 바닷가를 거닐거나 해수욕을 즐기면 된다. 붉은 노을이 바다를 물들일 때까지! 그곳을 찾은 다른 여행자들과 함께 마음껏 웃으며 안달루시아의 바다를 만끽하자.

Day 5

안달루시아의 마지막 도시 그라나다로 향한다. 15세기까지 무어인들이 세운 아랍 왕국이 있던 도시로, 스페인에서 가장 장엄하고 고풍스러운 도시로 꼽힌다. 중세 아랍과 유럽의 중간선상을 달리는 묘한 매력이 가득한 곳이다. 낮 시간은 온전히 알람브라 한 곳에 투자하자. 아깝기는커녕 모자라고 아쉬울지도 모른다.

오전 10시 전후 버스로 그라나다로 출발. 소요 시간은 2시간 15분 정도. 그라나다에 도착하면 숙소에 체크인한 후 알람브라로 향하자. 버스와 도보 두 가지 방법이 있는데, 도보로는 20분 정도 언덕을 올라가야 하지만 죽도록 힘든 수준은 아니다. 체력과 상황에 따라 선택하자.

알람브라, 알람브라 Alhambra

기타가 부들부들 떨며 처연한 멜로디를 연주하는 곡, '알람브라의 추억'은 한 번쯤은 들어봤을 만한 명곡이다. 중세 시대 이곳에 있었던 이슬람 왕국, 그리고 그들이 지었던 이슬람 최고의 건축물 알람브라. 우상숭배를 금하는 이슬람의 교리 때문에 벽화나 성상이 아닌 온통 기하학적 아라베스크로 빼곡하게 장식되어 있다. 이 화려한 궁전의 600년 전 전성기의 모습을 머릿속에 그리고 있노라면 왠지 그 처연한 기타 선율이 기억 속에서 자동 재생되곤 한다.

알카사바 Alcazaba

알람브라에서도 가장 오래된 곳으로, 알람브라 궁전을 방어하던 군사 요새가 있던 곳이다. 튼튼한 성채와 건물터가 남아 있다.

나스르 궁전 Palacios Nazaries

알람브라의 중심 궁전으로, 왕의 집무실을 비롯한 핵심 관광 스폿이 모여 있다. 이 궁전의 중심 정원인 아라야네스 중정(Arrayanes)의 풍경은 알람브라의 대표적인 이미지로 책이나 매체에서 자주 등장한다.

히네랄리페 궁전 Generalife

여왕을 위한 여름 별궁이다. 곳곳을 물로 장식한 아기자기한 정원이 인상적이다.

👥 도보 이동

고도古都 에서 즐기는 타파스

저녁 무렵 그라나다 시내를 잠시 산책해보자. 중세 아랍의 느낌이 곳곳에 남아 있는 매력적인 옛 도시의 좁은 골목에 저녁이 내리는 모습은 쉽게 잊혀지지 않을 정도로 인상적이다. 그러다 우연히 바르(Bar)를 만나면 주저하지 말고 들어가 자리를 잡자. 스페인의 음식 문화 중 하나인 타파스를 맛볼 차례다. 안달루시아 지방에서는 맥주 한 잔만 시켜도 타파스 요리가 두어 접시씩 딸려 나온다. 스페인 계란말이라 할 수 있는 토르티야(Tortilla)가 가장 대표적이다.

Day 6

바르셀로나는 지금까지의 도시와 약간 질감이 다른 곳이다. 스페인 안 '또 하나의 나라'라고 할 수 있는 카탈루냐의 중심 도시로, 독자적인 문화와 색깔이 살아 숨 쉬고 있다. 올림픽을 치러낸 국제적 관광도시이며 가우디와 후안 미로 등의 예술가들의 예술세계가 깃들어 있는 도시. 이 말 한마디면 충분하다. 바르셀로나는, 최고다.

> 그라나다 공항은 시내에서 셔틀 버스로 약 45분 정도 걸린다. 그라나다에서 바르셀로나까지는 약 1시간 20분 소요된다. 숙소에 체크인한 후 천천히 밖으로 나온다.

🚊 지하철 파라엘로 역에서 모노레일 탑승

몬주익 언덕 MontJuic 에서 산책을

1996년 바르셀로나 올림픽을 기억하는 사람들이라면 몬주익 언덕의 이름이 익숙할 것이다. 바르셀로나의 영웅 황영조가 이 언덕에서 라이벌을 따라잡고 금메달을 거머쥐었기 때문. 몬

후안 미로 미술관　　　　몬주익 언덕

주익은 바르셀로나 남쪽에 있는 야트막한 언덕 지구로, 바다가 한눈에 들어오는 멋진 정경이 일품이다. 후안 미로 미술관, 카탈루냐 미술관 등 볼거리도 많다.

🚇 지하철 5~10분

중세로의 순간 이동, 고딕 지구 Barri Gotic

쇼핑가와 레스토랑과 관광객으로 북적대는 큰길에서 딱 한 발자국만 들어갔을 뿐인데, 여행자는 그곳에서 시간여행을 한 듯한 착각에 빠지게 된다. 바르셀로나 대성당을 중심으로 중세와 근세의 광장과 건물들이 옛 모습 그대로 그 자리를 지키고 있어서다. 그 사이마다 거리의 악사와 화가들이 작은 큐빅처럼 아롱대고, 여행자들은 골목을 오가며 중세와 현대의 틈을 오간다. 저녁나절의 고딕 지구는 감히 바르셀로나에서 가장 아름다운 곳이라고 말하고 싶다.

🚶🚶 도보 5~10분

가우디가 밝혀주는 거리, 람블라 거리 Las Ramblas

람블라는 바르셀로나의 메인 스트리트로, 카탈루냐 광장부터 콜럼버스 기념탑까지 바르셀로나 동남쪽을 사선으로 가로지르는 긴 거리다. 길 양편에는 호텔, 레스토랑, 쇼핑몰, 술집 등 현지인과 여행자의 밤을 위한 모든 것들로 가득하다. 가우디가 디자인한 가로등 아래서 후안 미로가 그린 바닥 그림을 밟고 다니는 묘한 재미도 있는 곳이다.

> **Tip** **보케리아 시장의 막판 떨이를 즐기자!**
>
> 보케리아 시장은 람블라 거리 한복판에 위치한 재래시장으로, 유럽에서 가장 예쁜 재래시장이라고 해도 과언이 아닌 곳이다. 저녁 7시 문 닫을 때쯤이면 1팩에 1유로 하던 모듬 과일을 1유로에 서너 팩씩 떨이로 파는 모습을 볼 수 있다. 스페인의 과일 맛이 궁금한 사람이라면 꼭 가보자.

고딕지구

Day 7

스페인에서 보내는 마지막 날, 바르셀로나의 상징이자 하이라이트인 가우디를 만나러 가자. 환상적인 색감, 기발하다 못해 기상천외한 모습을 한 그의 건축물은 세계적으로 높은 가치를 인정받고 있다. 쉽게 말해 '바르셀로나 하면 가우디'인 것이다.

가우디 건축물 투어

현지 여행사의 투어 프로그램을 통해 가우디 건축물을 쉽게 둘러볼 수도 있고, 대중교통을 이용하여 돌아보는 것도 충분히 가능하다. 대부분 카탈루냐 광장에서 오전 9시 전후에 집합해 시작하게 된다. 회사마다 프로그램은 조금씩 다르나 아래 소개하는 대표작들을 비롯해 1~2곳 정도를 더 들르게 된다.

카사 바트요 Casa Batlló

클라이언트인 바트요의 요청에 따라 지극히 평범했던 건물을 가우디가 리모델링한 것으로, 단숨에 가우디의 건축물임을 알아볼 수 있는 예쁜 다층 주택이다. 동화적인 색감의 색유리 장식이 인상적이다.

카사 밀라 Casa Mila

20세기 초 가우디가 설계하고 건축한 공공주택(아파트) 건물로, 카사 밀라라는 이름보다는 채석장이라는 뜻의 '라 페드레라(La Pedrera)'라는 별명으로 더 유명하다. 100년도 넘은 건물이라고는 전혀 생각되지 않을 만큼 파격적인 형태가 돋보인다. 7층은 가우디 박물관으로 꾸며져 있다.

사그라다 파밀리아 대성당 Sagrada Familia

가우디 건축세계의 백미이자 바르셀로나의 상징, 세계 건축사에 길이 남을 대명작이다. 가우디는 1926년 전차 사고로 사망할 때까지 결혼도 하지 않고 오로지 이 성당의 건축에 혼신의 힘을 기울였으며, 그가 죽은 후 100년 가까운 세월 동안 계속해서 짓고 있는 중이다. 가우디 사망 100주년인 2026년 완공 예정이었으나, 그조차 약 10년쯤 뒤로 밀린 상황이라 한다.

사그라다 파밀리아 대성당

구엘 공원 Parc Guell

가우디의 후원자였던 구엘 백작과 가우디가 합작하여 만든 공원으로, 과장을 좀 보태면 '가우디 테마파크'라고 불러도 손색이 없다. 원래는 부유층을 위한 교외 주택 단지로 조성되었으나 지형의 불리함과 가우디의 지나친 예술혼, 거기에 자금난이 겹치면서 미완성으로 남아 현재의 공원이 되었다.

Day 8~9

오전 출발이라면 바로 공항으로 향하고, 오후 출발이라면 오전에 잠시 쇼핑을 즐기자. 카탈루냐 광장 쪽에 스페인에서 가장 큰 백화점 체인인 '엘 코르테 잉글레스'가 있고, 그 주위에 ZARA, H&M 등의 매장이 있다. 쇼핑이 끝나면 공항으로 향하자.

> 지하철이나 도보로 산츠(Sants) 역으로 간 뒤 공항 철도를 이용하는 것이 가장 일반적이다. 공항까지 약 20분 정도 소요.

바르셀로나 공항 도착

한국으로 출발!

 기내 1박

인천 공항 도착

> **Tip** | 스페인에서 눈여겨봐야 할 브랜드
>
> **데시구알 Desigual**
> 연예인도 쉽게 입지 못할 것 같은 화려한 디자인을 자랑하는 캐주얼 브랜드. 아시아 다른 지역에서 상당한 인기를 끌고 있다. 노홍철이 좋아하는 브랜드로도 유명하다.
>
> **마시모 두띠 Massimo Dutti**
> 스페인의 대형 의류 회사 인디텍스에서 나오는 프리미엄 브랜드로, 자라의 형제 브랜드다. 고급스럽고 세련된 디자인 때문에 한국에서도 알알이에 높은 인기를 누리고 있다.

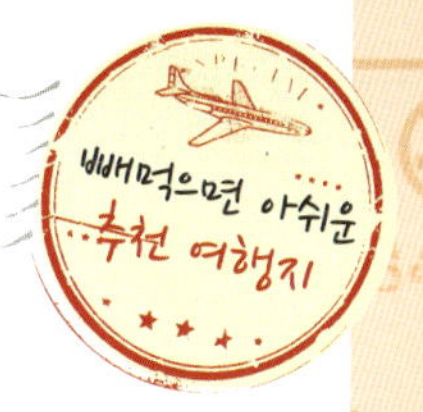

마드리드 엘 라스트로 El Rastro 벼룩시장

매주 일요일 메트로 오페라(Opera) 역 부근에서는 벼룩시장. 유럽 최대의 벼룩시장이라고 한다. 점포와 물건의 숫자도 엄청나지만 그에 따라 몰리는 인파도 엄청나다. 마드리드에서 이틀 이상 머문다면, 그리고 그 가운데 일요일이 껴 있다면 꼭 가볼 만한 곳이다.

바르셀로나 몬주익 분수쇼

카탈루냐 미술관 앞 대형 분수에서는 매주 금, 토요일 저녁 7시에 화려한 분수쇼가 펼쳐진다. 유럽은 물론 전 세계에 내놓아도 꿀리지 않는 수준의 환상적인 분수쇼다. 날짜가 맞는다면 반드시 찾아가보자.

바르셀로나 피카소 박물관 Museo de Picasso

피카소의 초기 작품 및 입체파 직전까지의 작품을 소개하는 곳. 피카소는 입체파 실험을 위해 벨라스케스의 '왕궁의 시녀들'을 모델로 수백 장의 실험 작품을 만들었는데, 바로 그 작품들이 이 미술관에 전시되어 있다.

마드리드 소피아 미술관
Museo Nacional Centro de Arte Reina Sofia

스페인의 근현대 미술 걸작품을 한 곳에 모아둔 미술관. 피카소, 달리, 미로 등 이름만 들어도 어지러운 20세기 미술계의 스타들이 남긴 걸작을 한자리에서 볼 수 있다. 피카소의 〈게르니카〉를 소장하고 있는 것으로 유명하다.

스페인의
맛있는 대표 음식들

빠에야 Paella

가장 흔히 알려진 스페인 요리로, 사프란으로 노랗게 물들인 쌀에 해물, 고기 등을 넣고 만드는 일종의 볶음밥이다. 발렌시아가 원조로 알려져 있으나 이제는 전국구 음식이 되었다. 해물 빠에야가 가장 기본적이며 오징어 먹물을 넣은 빠에야도 인기가 많다.

라 폰다(La Fonda)
- **주소** Escudellers 10, Barcelona

아요(AYO)
- **주소** Playa Burriana s/n 29780, Nerja

코치니요 아사도 Cochinillo Asado

새끼 돼지를 통으로 굽는 스페인 카스티야 지방(마드리드 부근)의 전통 요리다. 주로 젖을 떼기 전의 아주 어린 돼지를 사용한다. 바삭바삭한 껍질과 촉촉하고 보드라운 살이 일품이다.

보틴(Botin)
- **주소** Calle de los Cuchilleros 17, Madrid

타파스 Tapas

작은 접시에 소량의 요리를 내는 것을 뜻하는 단어로, 주로 전채나 간식, 또는 술안주로 먹는다. 최근에는 타파스 전문 레스토랑도 흔히 찾아볼 수 있다. 안달루시아 지방에서는 맥주를 주문하면 기본 안주처럼 2~3개의 타파스 요리를 주는 경우가 흔하다.

추로스 Churros

속이 빈 밀가루 반죽을 튀겨서 만드는 일종의 도넛이다. 겉에 설탕을 묻히거나, 초콜릿을 찍어 먹는 등 다양한 방법으로 먹는다. 특히 갓

튀겨냈을 때 아주 맛있다. 간식이나 아침 식사로 즐겨 먹는다.

츄레리아(Xurreria)
- **주소** Carrer dels Banys Nous, Barcelona

카페테리아 츄레리아 알바(Cafetería Churrería Alba)
- **주소** Carrera Espinel, 44, Ronda

해산물 튀김

짭쪼름한 맛과 바삭한 질감이 일품이며 맥주와 아주 잘 어울린다. 생선알, 한치, 꼴뚜기 등을 많이 먹는다. 세비야에서는 튀김 가게인 프라이두리아(Freiduria)를 쉽게 찾아볼 수 있다.

프라이두리아 푸에르타 드 라 카르네(Freiduria Puerta de la Carne)
- **주소** Puerta de la Carne NO 2, 41004 Seville

> **Tip** 스페인 식당에서 한마디!
>
> ### 메뉴 델 디아 Menu del dia
> 무엇을 먹어야 할지 모를 때는 '메뉴 델 디아'로 주문해보자. '오늘의 메뉴'라는 뜻이다. 애피타이저, 메인 디시, 디저트 등 세 개의 코스를 10유로 안팎으로 내놓는다. 스페인 음식은 보통 양이 많기 때문에 여서 2인이라면 코스 하나에 타파스 하나만 주문해도 충분하다.
>
> ### 포꼬 쌀, 포르 파보르! Poco sal, por favor!
> 옛날 유럽에서 소금은 금만큼 귀중한 것이었다고 한다. 귀한 손님이 오면 음식에 소금을 잔뜩 뿌리는 것으로 환영의 뜻을 표했고, 그 전통은 지금까지 면면히 남아 한국인 여행자들을 괴롭게 한다. 주문할 때 '포꼬 쌀, 포르 파보르!(소금을 적게 넣어 주세요)'를 외치는 것이 만일을 위해서도 좋다.

Travel Course
바오밥 나무 아래에서
어린왕자를 만나다
마다가스카르 환상 여행 6박 8일

아프리카 남동쪽, 세계에서 네 번째로 큰 섬나라

내가 마다가스카르란 미지의 땅에 첫발을 디딘 건 2006년이다. 여행 잡지 기자 시절, 우연한 기회에 마다가스카르에 취재가 잡혔다. 그 당시만 해도 마다가스카르라는 나라는 매우 생소한 곳이었다. 여행 좀 다닌 내게도 낯선 곳으로, 세계에서 네 번째로 큰 섬나라라는 것 정도가 내가 아는 전부였다(애니메이션 〈마다가스카〉의 미지의 섬이 바로 이 마다가스카르 섬을 배경으로 하고 있다는 사실도 나중에 알았다).

한국에서 취재차 마다가스카르에 가는 건 내가 처음이라고 했다. 당연히 한국어로 된 가이드북이나 제대로 된 자료가 있을 리 없다. 출발 전날까지 마감에 쫓기다가 서점에서 영문판 『론리 플래닛―마다가스카르&코모도』를 겨우 사 들고 급히 비행기를 탔다. 처음 가는 아프리카 여행이었기 때문에 그 어떤 취재보다 기대가 된 건 당연지사. 하지만 웬걸, 비행기에서 책을 읽다보니 다소 실망스러웠다. 마다가스카르는 위치상 아프리카에 속해 있지만 자연환경이 아프리카 대륙과 크게 다르다는 것이었다. 예를 들어 무리를 지어 이동하는 얼룩말이나 먹이를 찾아 광활한 초원을 질주하는 사자, '쿵쿵' 소리를 내며 하얀 모래 바람을 일으키는 코끼리 등 '아프리카' 하면 으레 떠오르는 풍경이 그곳에는 존재하지 않는다는 얘기다.

하지만 마다가스카르는 지구 어디에서도 존재하지 않는 희귀한 동식물의 보고지였다. 서식하고 있는 20만 종의 동식물 가운데 70퍼센트가 다른 곳에서는 발견되지 않는 것들이고, 사자와 코끼리는 없지만 세계적으로 희귀한 여우원숭이가 있다(여우원숭이의 90퍼센트가 마다가스카르에 살고 있다고 한다). 또 하나 나를 흥분시킨 것이 있었으니, 바로 바오밥 나무다. 마다가스카르 서부에 위치한 조용한 해안 마을 모론다바에 가면 하늘에 맞닿을 듯이 뻗어 있는 바오밥 나무를 볼 수 있다. 길 양쪽으로 바오밥 나무가 줄지어 우뚝 서 있는 '바오밥 나무 애비뉴'를 걷노라면 생텍쥐페리의 소설 『어린왕자』의 B―612에 온 듯한 착각에 빠지게 된다. 여우원숭이와 바오밥 나무가 있는 마다가스카르, 꼭 한 번 가볼 만한 매력적인 곳이다. **YJ**

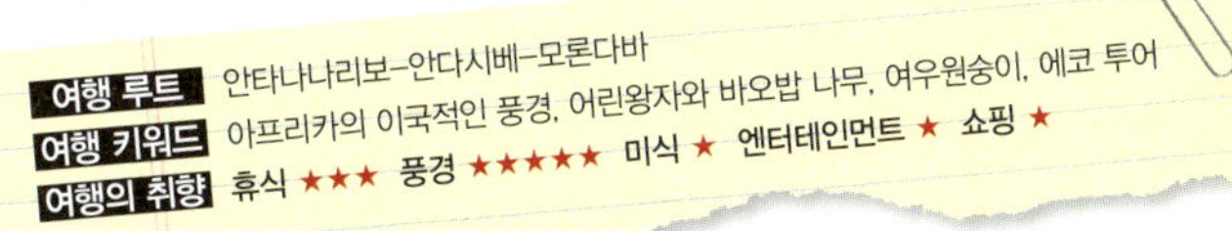

마다가스카르 여행, 이렇게 준비한다!

언제 갈까? 마다가스카르를 여행하기 좋은 시기는 파란 가을 하늘이 펼쳐지는 10~11월이다. 바오밥 나무는 11~12월 사이에 잎이 가장 무성하다. 12~3월까지는 우기이므로 마다가스카르 여행을 피하는 것이 좋다.

어떻게 가지? 우리나라에서 운행되는 직항은 없으며, 마다가스카르항공에서 '방콕–안타나나리보' 노선을 주 2회 운항한다. 소요시간은 8시간 30분. '안타나나리보–모론다바' 국내선도 함께 구입한다. '인천–방콕' 구간은 대한항공, 아시아나항공, 타이항공, 오리엔트타이항공 등에서 직항을 운항한다. 약 6시간이 소요된다. 타이항공은 중간에 짐을 찾을 필요가 없는 스루보딩이 가능해 편리하다.

• **마다가스카르항공 한국사무소** www.airmadagascar.co.kr

얼마나 들까? **예산** 총 330만 원 정도('방콕–안타나나리보–모론다바' 항공료는 140~150만 원선. '인천–방콕' 항공료는 50~60만 원 정도. 숙박비 70만 원(10만 원×7일), 식비 및 교통비 30만 원, 현지 투어비 및 입장료 20만 원).

환전 여행 경비 전액을 유로나 US 달러로 준비한 후 현지에서 아리아리(AR)로 환전한다. 1달러는 약 2,000아리아리(2012년 4월 기준). 대도시와 관광지에서는 유로도 통용된다.

신용카드 외국인을 위한 호텔이나 레스토랑을 제외하고는 사용이 어렵다.

미리 준비하자! **비자** 비자가 필요하며, 마다가스카르 명예영사관에서 발급받을 수 있다. 1개월 단수 또는 3개월 단수비자의 발급 비용은 8만 5,000원이다. 여권, 여권사진 2장, 주민등록등본 1통이 필요하며, 1박 2일이 소요된다. 안타나나리보 이바토 국제공항에서 도착비자 발급도 가능하

312

다. 여권, 여권사진 4장, 리턴 항공권이 필요하다. 발급 비용은 88달러.

• **마다가스카르 명예영사관** 02-3708-8561

언어 말라가시어와 프랑스어.

예방 접종 아프리카 대륙과 달리 마다가스카르는 황열병 예방 접종이 필요 없다.
단, 말라리아 약을 출발 일주일 전에 복용해야 한다.

숙소 구하기 **안타나나리보** 시내 중심인 독립로(Independence Ave.)에 숙소를 잡는 것이 편리하다. 중급 호텔은 20~40달러, 고급 호텔은 150~200달러다. 안타나나리보에 이른 새벽 비행기로 도착하기 때문에 첫날은 이바토 공항 주변에 숙소를 잡는 것이 좋다.

안다시베 숙소가 몇 개 없다. 바코나 포레스트 롯지(Vakona Forest Lodge)와 아날라마자오트라 국립공원 바로 옆에 포니 알라(Feon'ny Ala)가 대표적인 곳으로 울창한 숲 속에 위치해 있다.

모론다바 타운과 해변에 숙소가 몰려 있다. 타운보다는 해변 쪽 숙소를 추천한다. 수영장을 갖추고 있어 여유로운 시간을 보낼 수 있다.

짐 꾸리기 **옷&신발** 사계절 내내 한여름 날씨다. 일교차가 심하기 때문에 겹쳐 입을 수 있는 카디건이나 얇은 점퍼도 가지고 가는 것이 좋다. 여우원숭이를 보기 위한 에코 투어를 할 때에는 꽤 걸어야 하므로 등산화는 필수.

기타 준비해 갈 것 자외선 차단을 위한 선크림과 챙 넓은 모자, 모기 퇴치제 및 벌레에 물렸을 때 바르는 약을 준비해 가자.

미리 보고 가자! **영화 〈마다가스카 1, 2〉** 마다가스카르의 풍경과 동물을 다양하게 볼 수 있는 애니메이션. 뉴욕 센트럴파크에서 탈출한 네 마리 동물이 미지의 섬 마다가스카르에 표류하면서 벌어지는 좌충우돌 이야기. 여우원숭이 외에 포사스, 아이아이, 카멜레온 등 마다가스카르 고유의 동물이 다수 등장한다.

에세이 『마다가스카르 이야기』 사진작가 신미식의 사진 에세이집이다. 열에 아홉은 해맑은 미소로 이방인을 반기는 마다가스카르 사람들의 표정이 생생하게 담겨 있어 마다가스카르 여행을 더욱 달뜨게 만든다.

마다가스카르 음식이야기

밀을 주식으로 하는 여느 아프리카 국가들과 달리 마다가스카르에서는 절대 빠질 수 없는 음식이 쌀이다. 마다가스카르 현지인들을 일컫는 '말라가시(Malagasy)' 대부분이 인도네시아계로 불리는 아시아계 인종이기 때문이다. 이들은 5~6세기경 아프리카 해안을 거쳐 무인도였던 마다가스카르에 들어온 것으로 알려져 있다. '하루 종일 쌀을 먹지 못한 말라가시는 잠을 이루지 못한다'는 말이 있을 정도로, 다른 요리 없이 쌀은 먹어도 쌀 없이는 요리를 먹지 않는다고 한다. 주로 쌀밥에 쇠고기 스튜(Hen' omby), 생선(Hen' andrano), 닭고기(Hen' akoho), 데친 채소(Bredes) 등의 반찬을 곁들여 먹는다. 형편이 넉넉지 못한 서민들은 밥에 따뜻한 물과 '로(Ro)'라고 불리는 소스를 곁들인 채소를 함께 먹기도 한다.

고기는 인도 흑소인 '제부(Zebu)'를 즐겨 먹는다. 질 좋은 고기는 스테이크로, 질이 떨어지는 고기는 작게 잘라 국으로 끓여서 먹는다. 자연에서 벌레를 잡아먹고 자란 닭고기는 육질이 쫄깃한 것이 특징인데, 양고기와 함께 길거리 음식점인 호텔리스(Hotelys)에서 부담 없는 가격에 맛볼 수 있다. 안타나나리보 같은 내륙지방에서는 해산물이 비싸고 구하기 힘들지만, 모론다바나 노지 베 같은 해안 지방에서는 새우, 바닷가재 같은 해산물이 맛있고 값도 싸다. 돼지고기는 마다가스카르 대부분의 지역에서 터부시하는 경향이 있어 중국 레스토랑을 제외하고는 찾아보기 어렵다.

마다가스카르의 대표적인 특산물로는 커피와 바닐라를 들 수 있다. 프랑스의 영향으로 차보다 커피가 대중적이다. 서쪽으로 아프리카의 주요 커피 생산국인 모잠비크와 가깝고, 동쪽의 먼 바다에는 커피의 성지 중 하나인 레위니옹이 인접해 있어선지 연간 100만 포대에 달하는 커피를 생산한다. 마다가스카르 전체 수출량 중 커피가 45퍼센트를 차지하고 있다. 마켓에선 한 봉지당 2,000~5,000아리아리에 향이 풍부한 아라비아 커피를 구입할 수 있다.

또 하나 빼놓을 수 없는 것이 바닐라인데, 전 세계 바닐라 생산량의 90퍼센트를 생산하고 있다. 향긋함과 달콤함이 살아 있는 마다가스카르 바닐라는 아이스크림이나 초콜릿, 과자, 푸딩 등의 향료로 사용되고 있다.

마다가스카르 환상 여행 6박 8일

날짜	루트	여행 일정
Day 1	방콕 ⇨ 안타나나리보	**오후** 방콕 출발
Day 2	안타나나리보 ⇨ 모라망가 ⇨ 안다시베	**오전** 안타나나리보 도착 후 안다시베로 이동 **오후** 바코나 보호구역 관광
Day 3	안다시베 ⇨ 안타나나리보	**오전** 아날라마자오트라 국립공원의 사파리 프로그램 체험 **오후** 안타나나리보로 이동
Day 4	안타나나리보	**오전·오후** 안타나나리보 시내 관광
Day 5	안타나나리보 ⇨ 암보히망가 ⇨ 안타나나리보	**오전** 암보히망가 관광 **오후** 수공예품 마켓에서 쇼핑
Day 6	안타나나리보 ⇨ 모론다바	**오전** 모론다바로 이동 **오후** 바오밥 애비뉴 산책 및 관광 **밤** 전통 음악 감상
Day 7	모론다바 ⇨ 안타나나리보	**오전** 안타나나리보로 이동 **오후** 안타나나리보 도착 후 비행기 환승
Day 8	방콕 ⇨ 한국	**오전** 방콕 도착, 귀국편 탑승 **오후** 인천 공항 도착

Day 1

방콕 수완나품 국제공항에 도착한 후 저녁 8시 25분에 출발하는 마다가스카르항공 안타나나리보행 비행기로 환승한다. 마다가스카르 수도인 안타나나리보의 이바토(Ivato) 국제공항까지는 8시간 30분 소요된다. 도착하면 새벽 1시 정도 되는데, 입국 심사 후 숙소로 이동한다.

방콕 도착 후 안타나나리보 행 국제선으로 환승할 때, '스루보딩(through boarding)' 여부를 반드시 체크한다. 타이항공을 이용했다면 중간에 짐을 찾을 필요가 없지만 기타 항공사를 이용했다면 방콕에서 짐을 찾아서 다시 보딩을 받아야 한다. 만약 한국에서 미처 마다가스카르 비자를 받지 못했다면 이바토 공항 입국 심사대 오른편에 조그만 탁자가 있는데, 이곳에서 도착비자를 받을 것. 공항 내 환전소에서 달러나 유로를 아리아리로 환전하자.

입국 심사대에서 돈을 요구한다고?

입국심사 시 귀국 항공권이 없다거나 입국신고서에 호텔 이름을 쓰지 않았다는 등 이것저것 트집을 잡아 공공연히 돈을 요구하는 경우가 허다하다. 심지어 입국신고서를 쓰기 위해 직원한테 펜을 빌려달라고 해도 돈을 달라고 한다. 트집을 잡히면 돈을 주지 않고서는 여간해서 빠져나오기 힘들기 때문에 입국심사 전에 빠진 것은 없는지 만반의 준비를 해놓도록 하자.

🏠 숙소 이동(약 10분)

레 오트 테레 호텔 Les Hautes Terres Hotel

3성급 호텔로 이바토 공항에서 호텔까지 무료 교통편을 제공한다. 24시간 체크인이 가능하며, 객실에서 무료로 인터넷을 사용할 수 있다. 부대시설로는 현지 음식과 다양한 요리를 맛볼 수 있는 레스토랑이 있다. 아침 일찍 안다시베로 이동해야 하므로 체크인 후 잠을 청하자.

• **주소** Pk 12 Rte Aéroport Ivato, 00105 Ivato   • **홈페이지** www.leshautesterres-hotel.com

Day 2

아침 일찍 일어나 안타나나리보에서 안다시베(Andasibe)로 향한다. 안타나나리보(줄여서 '타나'라고 함)에서 북쪽으로 150킬로미터 떨어져 있는 안다시베는 마다가스카르에서 생태계가 가장 잘 보존되어 있는 에코 투어의 낙원이다. 카멜레온, 보아뱀, 그리고 마다가스카르에서만 발견되는 희귀한 새 등 다양한 야생동물이 서식한다. 출발 전 야생동물에게 줄 바나나를 챙겨 가도록 하자.

안다시베까지는 마다가스카르 전역을 연결하는 교통수단인 택시 브루스(Taxi-Brousse)를 이용하자. 타나에는 동서남북 노선에 따라 4개의 택시 브루스 역이 있다.

Tip **모라망가에서 현지인들의 삶을 엿보다**

타나에서 안다시베까지는 꼬불꼬불한 산길을 3시간 넘게 달려야 한다. 따라서 안다시베 가는 길에 있는 작은 마을 모라망가(Moramanga)에서 잠시 쉬어 가도 좋겠다. 흙으로 만든 마다가스카르의 전통 가옥과 소를 모는 농부의 모습이 이국적으로 느껴진다.

🚐 택시 브루스 3시간 30분

바코나 포레스트 롯지 Vakona Forest Lodge

울창한 산림을 뚫고 꼬불꼬불한 길을 지나면, 도저히 호텔이 있을 것 같지 않은 곳에 바코나 포레스트 롯지의 간판이 보인다. 차를 타고 조금 더 들어가면 호수 가운데 서 있는 메인 건물

이 나온다. 호텔 전체가 꽃나무로 우거져 있어 온통 싱그러움으로 가득하다. 방갈로 스타일로 된 객실에는 도심의 소음으로부터 벗어나게 해주려는 듯 TV와 전화가 없다. 프랑스인이 오너로 호텔 내 레스토랑은 수준 높은 음식과 서비스로 지역 주민들도 많이 찾는다.

• **전화** +261-20-22-624-80　• **홈페이지** www.hotelvakona.com

🚶🚶 도보 10분

바코나 포레스트 롯지 사설 보호구역 Vakona Forest Lodge Private Reserve

바코나 포레스트 롯지에서 운영하는 곳으로, 야생의 생태계를 만끽할 수 있다. 카누를 타고 여우원숭이가 있는 작은 섬에 도착해 숲 속을 걷다 보면, 어디선가 여우원숭이가 나타나 손에 들고 있는 바나나를 순식간에 낚아채 간다. 처음에는 갑작스런 등장에 놀라게 되지만, 바나나를 매개로 즐거운 시간을 보낼 수 있다. 다양한 크기의 악어 수백 마리와 마다가스카르 거북, 카멜레온, 보아뱀이 있는 악어 농장도 흥미롭다. 여우원숭이 관찰지는 롯지에서 걸어서 갈 수 있지만 악어 농장은 차로 10분 거리에 있어 호텔에서 운행하는 차를 이용해야 한다.

• **입장료** 여우원숭이 관찰지 9,000아리아리, 악어 농장 5,000아리아리

| Tip | **마다가스카르에서 만나는 여우원숭이** |

원숭이보다 더 오래된 영장류인 여우원숭이는 90퍼센트 이상이 마다가스카르에 서식하고 있다. 몸길이가 30~60센티미터 정도로 몸집이 작은데, 머루 같은 눈을 가지고 있어 귀엽기 그지없다. 꼬리에 검은색과 흰색의 호랑이 얼룩무늬가 있는 '호랑이꼬리여우원숭이'와 목둘레에 희고 긴 목도리를 두른 것처럼 보이는 '목도리여우원숭이' 그리고 여우원숭이 중에서 가장 몸집이 크고 특이하게도 꼬리가 없는 '인드리원숭이'가 있다.

Day 3

아날라마자오트라 국립공원으로 인드리원숭이를 만나러 간다. 인드리원숭이는 오전 7시부터 11시까지만 발견되므로 아침 일찍 서둘러야 볼 수 있다. 나무 위에 꼭꼭 숨어 있는 인드리원숭이를 찾는 게 여간 재미있는 일이 아니다. 오후에는 택시 브루스를 타고 안다시베를 떠나 타나로 간다.

아날라마자오트라 국립공원 Analamazaotra National Park

밀림에 숨어 있는 인드리원숭이를 찾는 사파리 프로그램이 준비되어 있다. 1~2시간 코스와 2~4시간 코스 중에 고를 수 있다. 가이드가 인드리원숭이 울음소리가 녹음된 녹음기를 가지고 다니며 야생에서 살고 있는 인드리원숭이를 찾아 나선다. 가이드를 따라 숲 속에서 숨바꼭질 하다 보면, 가이드가 "찾았다"는 말과 함께 의기양양한 표정으로 나무 위에 있는 인드리원숭이를 손으로 가리킨다. 밤에는 나이트 사파리를 즐길 수 있다. 손전등 하나에 의존한 채 밤에만 활동하는 동물들을 찾아나서는 짜릿한 모험이다. 산책하듯 1시간 정도 걸으면 아이아이(Aye-aye) 같은 야행성 여우원숭이와 신기한 생물들을 볼 수 있다.

- **입상료** 서킷 인드리(Circuit Indri) 1~2시간 코스 4,000아리아리, 2~4시간 코스 8,000아리아리

👫 도보 이동

포니 알라 Feon'ny Ala에서 점심 식사

아날라마자오트라 국립공원 바로 옆에 있어 자명종 대신 인드리원숭이의 울음소리를 들으며 잠에서 깰 수 있는 호텔이다. 호텔 이름이 '포니 알라(숲의 노래)'인 이유가 여기에 있다. 호텔 내에 유럽식과 중국식 메뉴가 준비된 레스토랑이 있는데, 주변에 마땅한 식당이 없으니 이곳에서 점심 식사를 하자. 네 가지 메뉴로 구성된 점심 메뉴를 추천한다. 주변의 울창한 숲을 감상하며 식사를 할 수 있어 금상첨화다.

- **전화** +261-20-55-857-71

🚐 택시 브루스 3시간 30분

안타나나리보 도착

숙소 체크인 후 휴식

안타나나리보 시내　　　▲ 포니 알라

Day 4

'1,000인의 무사 마을'이란 뜻을 지닌 수도 안타나나리보를 둘러보는 날이다. 식민지 시대 건물들 사이로 30~40년은 넘었음직한 오래된 르노 자동차가 속력을 내어 달리는 도심은 아프리카가 아닌 유럽의 어느 도시에 와 있는 듯한 느낌을 준다. 침바자자 동식물원, 로바, 아노시 호수 등을 관광하고 마켓에 들러 현지인들의 일상을 경험해보자.

침바자자 동식물원 Parc Botanique et Zoologique de Tsimbazaza

가족 나들이나 소풍 장소로 많은 사랑을 받고 있는 침바자자 동식물원은 자연을 벗 삼아 한두 시간 정도 산책하기 좋은 곳이다. 수십 종의 여우원숭이를 비롯해 마다가스카르에서만 발견되는 희귀한 동식물들을 만나볼 수 있다. 여우원숭이를 직접 만져 보며 먹이를 주는 경험도 할 수 있다. 마다가스카르의 자연과 문화에 대해 좀 더 알고자 한다면, 마다가스카르 학술박물관(Musee d'Academie Malgache)에 들러보자. 멸종한 동물의 화석과 과거 생활 모습을 엿볼 수 있는 물건들이 전시되어 있다.

- **전화** +261-20-22-311-49 **주소** Rue Femand KASANGA Tsimbazaza–Antananarivo 101
- **개장시간** 09:00~17:00

> Tip **타나에서 택시 잡기**
>
> 오래된 흰색 르노 자동차 택시는 미터기가 없어 반드시 흥정을 하고 타야 한다. 타나 전 지역이 6,000아리아리를 넘지 않는다는 점을 기억하자. 외국인 여행자에게는 바가지를 씌우는 경우가 있으므로 주의하자.

🚐 택시 20분

타나 시민들의 휴식처, 아노시 호수 Lac Anosy

타나 시민들의 휴식처로, 시내의 서쪽에 위치한 호수다. 자카란다(Jacaranda) 나무가 온통 보라색 꽃으로 물드는 시기인 10월이면 더욱 아름다운 자태를 드러낸다. 둑길이 끝나는 반대편 쪽에 매일 꽃시장이 열리고, 주말 오후면 호수 주위를 산책하는 가족들과 데이트를 즐기는 커플들로 붐빈다.

침바자자 동식물원 여우원숭이 아노시 호수

🚐 택시 10분

로바 Rova 에서 일몰 감상하기

'잔인한 여왕'으로 불리는 라나발로나 1세의 발자취를 더듬어 볼 수 있는 궁전으로 섬뜩한 기운이 감돈다. 1995년 화재로 전소되었으나 재건축 끝에 2007년 완공됐다. 이곳에 가는 이유는 궁전을 관람하기 위해서라기보단 언덕 위에 있어 시내가 한눈에 내려다보이는 최고의 뷰 포인트 때문이다. 일몰 무렵 가면 더 멋진 경치가 펼쳐진다.

🚐 택시 10분

아날라켈리 Analakely 돌아다니기

여행에서 시장 구경만큼 재미있는 게 없다. 타나의 시장은 늘 발 디딜 틈 없이 사람들로 붐비는데, 물건 구경, 사람 구경에 정말 시간 가는 줄 모른다. 타나 시내에는 몇 개의 시장이 있는데 아날라켈리가 가장 볼 만하다. 노천 시장으로 길 양옆에 채소와 과일 노점이 즐비하다. 특히 고기를 주렁주렁 매단 정육점이 자주 눈에 띄는데, 이는 집에 냉장고가 없기 때문에 고기를 소량씩 자주 구입하기 때문이라고 한다.

> **Tip** **마키에서 티셔츠 구입하기**
>
> 여우원숭이는 영어로 '리머(Lemur)', 현지어는 '마키(Maki)'다. 앙증맞은 여우원숭이가 그려진 깜찍한 티셔츠는 마다가스카르 여행자에게는 꼭 갖고 싶은 기념품 중 하나다. 마키 매장은 곳곳에 많으며, 공항에도 있다. 가격이 2~3만 아리아리로 마다가스카르 물가에 비하면 꽤 비싸지만 여우원숭이가 금방이라도 살아서 움직일 것 같아 유혹을 떨쳐 버리기가 쉽지 않다.

Day 5

타나에서 26킬로미터 떨어져 있는 암보히망가는 타나에서 가볍게 다녀올 수 있는 반일 관광지다. 타나로 수도를 이전하기 전까지 메리나 왕족의 수도였으며, 2001년 세계문화유산으로 지정됐다. 오후에는 수공예 마켓에 들러 마다가스카르를 오래도록 기억할 수 있는 기념품을 구입해보자.

여왕의 여름 별장, 암보히망가 Ambohimanga

메리나 여왕의 여름 별장 '블루 힐(Blue Hill)' 혹은 '뷰티풀 힐(Beautiful Hill)'로 불리는 암보히망가는 마다가스카르의 역사를 배울 수 있는 박물관과 같은 곳이다. 택시나 택시 브루스를 타고 갈 수 있는데 택시는 2만 아리아리 수준으로 흥정한다. 타나에서 암보히망가까지는 1시간가량 걸린다.

암보히망가에는 프랑스 식민지 시대 이전인 1788년부터 왕의 궁전으로 사용되었던 로바와 1870년에 지어진 여왕의 여름 별장이 있다. 마다가스카르 전통 가옥 방식으로 지어진 로바는 메리나 족을 통합해 강력한 왕국을 만든 안드리아남포이니메리나 대왕과 열두 명의 왕비가 생활했다고는 믿기지 않을 정도로 작은 공간이다. 2층에 왕의 침실이 있고, 1층에 왕비의 침실이 있다. 파란색과 빨간색으로 칠해진 건물은 프랑스 기술공에 의해 지어진 여왕의 여름 별장이다. 내부에는 유럽에서 들여온 소품과 가구가 있으며, 마다가스카르를 통치했던 세 명의 여왕 사진이 걸려 있다.

• **입장료** 7,000아리아리   • **개장시간** 09:00~17:00

🚐 택시 1시간

수공예품 마켓 Marché Artisanal 에서 기념품 구입

시내에서 이바토 공항 방면으로 3킬로미터 거리에 있는 곳으로 100개가
넘는 상점이 있다. 여우원숭이 인형, 냉장고 자석, 보석함, 식탁보 등
아이템이 다양해 선뜻 하나를 고르기 힘들다. 마다가스카르 특산품인
커피와 바닐라는 놀랄 만큼 저렴한 가격에 구입할 수 있다. 흥정을 잘
하는 것이 관건이다. 오후 5~6시에 가게가 하나둘 문을 닫는다.

Day 6

마다가스카르 여행의 회룡정점이 바오밥 나무를 보러 가는 날이다. 항공편으로 바오
밥 나무 군락지가 있는 모론다바로 간다. 바오밥 나무 시이를 걷다 보면 어린 왕자가
있던 소행성 B-612에 와 있는 듯한 착각에 빠지게 된다. 저녁에는 마다가스카르 전
통 음악 공연을 감상하며 하루를 마무리한다.

오전에 마다가스카르 공항에서 경비행기를 타고 모론다바로 이동(1시간 15분) ⇨ 모론다바 도착
후 숙소 이동(약 10~20분)

🏠 숙소 이동

바오밥 카페 Baobab Café

모론다바에 도착하면 먼저 숙소 체크인을 한다. 모론다바 해변에서 돋보이는 리조트로, 호텔
내에 수영장도 있다. 유럽에서 온 장기 투숙객이 많이 찾는다. 2개의 더블베드가 있는 트윈
룸은 4명까지 투숙이 가능하다. 에어컨, 냉장고, 미니 바 등을 갖추고 있다.

• **전화** +261-20-95-520-12   • **이메일** trecicogne@dts.mg

🚕 택시 1시간

바오밥 애비뉴Avenue de Baobab 를 걷다

바오밥 나무 군락지인 바오밥 애비뉴는 모론다바 북쪽에서 15킬로미터 떨어진 곳에 있다. 포장도로를 30분, 비포장도로를 30분 정도 달리면 바오밥 애비뉴가 나온다. 세계에서 가장 큰 나무 중 하나인 바오밥 나무는 주변의 물을 다 흡수하는 성질 때문에 군락지를 이루기가 쉽지 않은데 마다가스카르에서만 거의 유일하게 군락지를 이루고 있다. 바오밥 애비뉴에는 그랑디디에리, 후니이, 자아 등 세 종류의 바오밥 나무가 서식하고 있다. 주로 600~700년 된 바오밥 나무들이 많은데, 중심부에는 4,000~5,000년 된 나무도 있다. 일몰 시간인 오후 5시 무렵이면 시뻘건 태양과 바오밥 나무 실루엣이 어우러져 몽환적인 분위기가 연출된다. 누구라도 카메라 셔터를 쉴 새 없이 누르게 될 것이다.

🚐 택시 1시간

전통 공연 감상

바오밥 애비뉴 산책을 마치고 숙소로 돌아오면 어느덧 저녁 식사 시간. 저녁 식사를 하며 전통 음악 공연을 감상할 수 있는 레스토랑으로 향하자. 타악기 연주에 맞춰 흥겨운 노래와 춤을 감상할 수 있다. 마다가스카르 맥주인 THB 비어(Three Horse Beer)도 맛보길 권한다. 갈색 병에 말 세 마리가 그려져 있는데 씁쓸한 뒷맛이 꽤 괜찮다.

Day 7~8

인천 공항까지의 긴 여정이 기다리고 있다. 국내선 경비행기를 타고 안타나나리보까지 간 다음, 방콕 행 국제선에 탑승한다. 오후 3시에 안타나나리보를 출발하며, 다음 날 오전 5시 40분에 방콕에 도착한다.

모론다바 공항 ⇨ 안타나나리보 행 국내선 탑승(1시간 15분) ⇨ 방콕 행 국제선으로 환승(8시간 30분)

방콕 수완나품 국제공항

한국으로 출발!

✈ 항공편 5시간 30분

인천 공항 도착

마다가스카르의
또 다른 매력만점 여행지

노지 베 Nosy Be

하늘과 맞닿은 듯 끝도 없이 이어지는 바다, 순수하고 해맑은 사람들이 반기는 섬 노지 베는 유럽인들이 많이 찾는 마다가스카르의 대표적인 휴양지로 수준 높은 시설과 서비스를 자랑하는 리조트를 많이 찾아볼 수 있다. 노지 콤바(Nosy Komba), 노지 타니켈리(Nosy Tanikely), 노지 사카티아(Nosy Sakatia), 노지 미치오(Nosy Mitsio), 노지 이란자(Nosy Iranja) 등 보트를 타고 일일 투어를 다녀올 수 있는 섬들이 주변에 흩어져 있다.

마하장가 Mahajanga

마다가스카르 북서부 해안에 있는 마하장가는 마다가스카르에서 두 번째로 큰 항구다. 스와힐리어로 '꽃의 도시'라는 뜻으로, 과거에 인도나 이슬람 사람들과 왕래가 잦았던 곳이다. 곳곳에 있는 모스크와 성당이 독특한 분위기를 자아낸다. 항구 쪽에는 19세기 아랍식으로 지어진 집이 즐비하다. 마하장가에서도 바오밥 나무를 볼 수 있다.

팅지 Tsingy

수억 년 동안 비바람에 깎이고 쓸려 나가 형성된 독특한 모양의 석회암을 볼 수 있는 곳이다. 1990년에 세계문화유산 지역으로 선정되었으며, 남쪽에 팅지 드 베마라하 자연보호구역(Tsingy de Bemaraha Strict Nature Park)이 있다. 모론다바에서 150킬로미터 떨어져 있어 모론다바에서 팅지까지 차를 타고 갈 수 있다.

독특한 동식물을
구경할 수 있는 생태 관광지

필리핀 보홀 Bohol

필리핀 보홀에서는 지구상에서 가장 작은 영장류를 만날 수 있다. 오직 보홀에서만 살고 있는데, 안경원숭이 '타시어'가 그 주인공으로 머리에서 꼬리까지 길이가 13센티미터 불과하다. 동그란 눈과 비죽한 귀의 독특한 생김새 때문에 영화 〈그렘린〉의 모델이 되기도 했다. 키세스 초콜릿과 똑같이 생긴 언덕 '초콜릿 힐'을 볼 수 있는 것도 보홀의 매력 중 하나. 보홀까지는 마닐라에서 국내선을 타고 가거나 세부에서 배를 타고 갈 수 있다.

말레이시아 코타키나발루 Kota Kinabalu

말레이시아 사바 주의 주도인 코타키나발루에서 차를 타고 남쪽으로 2시간 남짓 가면 나오는 가라마 습지에는 맹그로브 등 열대 활엽수가 울창하게 우거져 있다. 이곳에는 비쭉한 코가 독특하기 그지없는 코주부원숭이가 서식하고 있는데, 쾌속선을 타고 나무에 매달린 코주부원숭이를 볼 수 있다. 가라마 습지에는 물소, 여우 등도 서식한다. 저녁에는 쾌속선을 타고 반딧불 투어도 즐길 수 있다. 인천에서 코타키나발루까지 직항편이 운행된다.

중국 쓰촨성 四川省

중국 내륙에 위치한 쓰촨성에서는 구채구, 황룡 등 유네스코에 등재된 세계문화유산을 많이 찾아볼 수 있다. 그중 쓰촨성의 청도에서 북서쪽으로 140킬로미터 떨어진 곳에 있는 '와룡 판다 자연보호구'는 2006년에 유네스코에 등재됐는데, 출생률이 낮아 이제는 보기 힘들어진 야생 판다를 쉽게 볼 수 있다. 이곳은 판다가 서식하기에 최적의 조건을 갖추고 있어 야생 판다의 약 10퍼센트 100여 마리가 서식하고 있다. 몸집이 크고 두 눈에 검은색 안경을 쓴 것 같은 귀여운 판다를 만나보자.

비싼 런던을 싸게 즐기는 법

나는 예전에 두 달 가까이 런던에 체류한 적이 있다. 이 얘기를 간혹 사람들에게 하면, 정말 단 한 명도 빼놓지 않고 하는 말이 있다. 바로 이것, "돈 엄청 들었겠다!"

런던은 멋지다. 고전적이면서도 펑키하고, 우아하면서도 별나다. 지난 시대의 지적 유산과 현대적인 서브 컬처가 멋들어지게 공존하는 곳. 그러나 이 좋은 런던에는 지울 수 없는 주홍 글씨가 하나 있으니, 바로 '물가가 비싸다'는 것이다. 그렇다. 정말 비싸다. 지하철 1회 편도 요금이 8천 원이고, 샌드위치에 주스 한 잔만 먹어도 만 원 돈이 우습게 달아난다. 각종 생필품이며 자질구레한 물건들도 전부 비싸다. 그러다 보니, 돈이 녹는다. 쓴 자리는 하나도 표가 안 나는데 어느새 돈은 바닥이다. 그러나 필자는 사람들의 반응에 매번 똑같은 대답을 했다. "생각보다 많이 안 들었어요!"라고. 정말이다. 런던은 아껴서 여행하기로 하면 유럽의 그 어

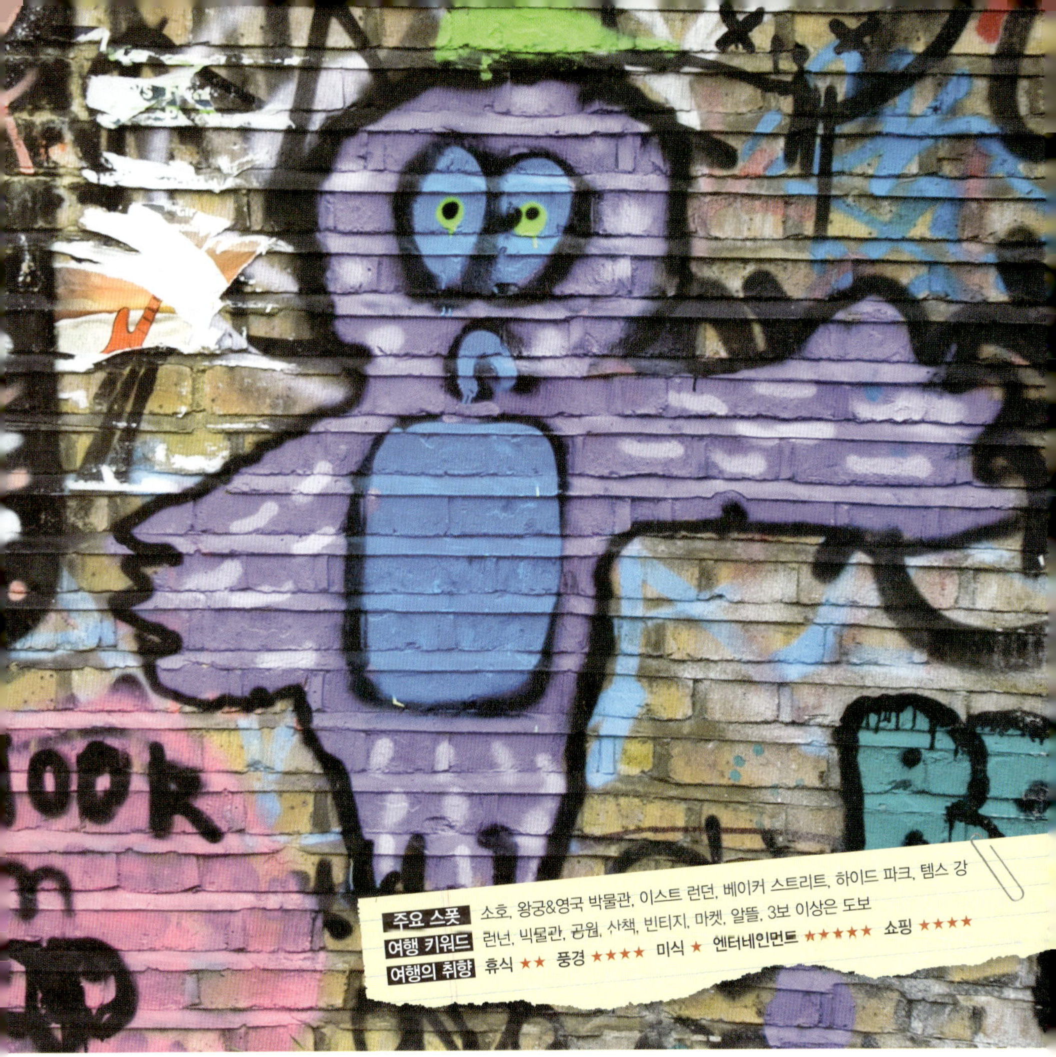

주요 스폿 소호, 왕궁&영국 박물관, 이스트 런던, 베이커 스트리트, 하이드 파크, 템스 강
여행 키워드 런던, 박물관, 공원, 산책, 빈티지, 마켓, 알뜰, 3보 이상은 도보
여행의 취향 휴식 ★★ 풍경 ★★★★ 미식 ★ 엔터테인먼트 ★★★★★ 쇼핑 ★★★★

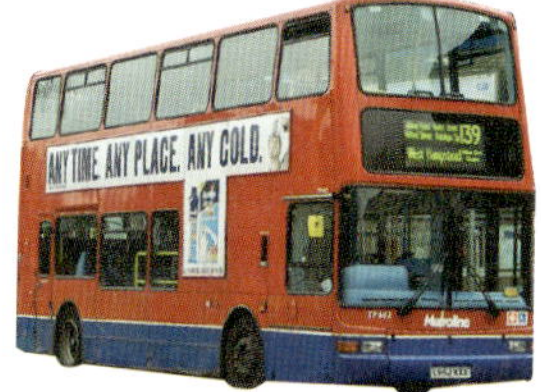

느 도시보다도 저렴하게 즐길 수 있는 곳이다. 일단 박물관이 모두 무료다. 관광 핵심인 1존은 범위가 좁기 때문에 대부분 걸어서 돌아볼 수 있다. 뿐만 아니라 공원, 마켓, 산책로 등 돈 들이지 않아도 가장 런던다운 모습을 즐길 수 있는 곳이 천지다.

단, 여기서 아쉬움을 표할 사람도 분명히 있을 것이다. 모처럼 가는 런던, 그렇게까지 허리띠 졸라매고 싶지는 않다고. 그럼, 이렇게 해보는 건 어떨까. 하루에 딱 한 번씩만, 큰 맘 먹고 지출을 하는 거다. 런던까지 와서 절대 포기할 수 없는 것, 런던이라면 꼭 해봐야 할 것, 그런 것들에는 투자를 하는 거다. 쓸데없는 지출은 줄이고, 꼭 쓸데는 과감하게 쓰는, 그런 야무지고 근사한 런던 여행을 해보는 거다. 어떤가, 끌리지 않는가? SY

런던 알뜰 여행, 이렇게 준비한다!

언제 갈까?

11~2월은 피하자. 윈터 타임 때문에 낮이 한 시간 줄어들어 동지 무렵에는 해가 오후 3시에 진다. 반대로 7~8월의 여름은 해가 너무 길어서 밤 9~10시가 되어도 해가 지지 않아 야경 느낌을 즐기기 힘들다. 봄의 화사함과 가을의 센티멘털은 각각 나름대로 런던과 잘 어울리므로, 자신의 형편에 따라 결정하면 된다. 무엇보다 중요한 건 비수기에 가야 한다는 것!

어떻게 가지?

'인천-런던' 구간의 1회 경유편을 찾아보자. 캐세이퍼시픽항공, 싱가포르항공, 타이항공 등이 인기가 높은데, 대기 시간이 짧고 한국에서 오후에 출발해 현지에 새벽에 떨어지는 스케줄을 맞출 수 있어 시차적응에 좋기 때문이다. 이외에도 런던에 1회 경유로 취항하는 항공사는 상당히 많으므로 가격과 본인의 형편에 따라 고르면 된다.

얼마나 들까?

예산 총 270만 원 정도(항공료 130~150만 원선, 숙박비 48만 원(한인 민박 트윈룸 기준, 8만 원×6일), 교통비 6만 원, 식비 15만 원, '오늘의 지름' 비용 50만 원). 호스텔, 한인 민박 도미토리 숙박 시 약 20만 원 절약 가능.

환전 여행 경비 전액을 파운드로 환전한다. 1파운드는 약 1,800원(2012년 4월 기준).

신용카드, 현금카드 비자카드나 마스터카드를 준비하면 어려움 없이 쓸 수 있다. 또한 거리에서 발견되는 대부분의 ATM에서 국제 현금 인출이 가능하므로 국제 현금 카드를 가져가면 비상용으로 요긴하게 쓸 수 있다.

미리 준비하자!

비자 무비자 6개월 체류 가능.

언어 영어.

뮤지컬 예약 일정 중 하루의 '오늘의 지름'은 꼭 뮤지컬로 하자. 한국에서 온라인으로 2주 전에는 예약하고 가는 것이 좋다. 티켓마스터를 이용하면 미리 좌석 지정도 할 수 있다. 티켓 요금은 자리에 따라 20~70파운드 선인데, 극장이 그다지 크지 않아 맨 뒷좌석에서도 내용을 파악하는 데는 아무 문제없다.

• **티켓마스터** www.ticketmaster.co.uk

애프터눈 티 예약 애프터눈 티는 영국 문화체험 중 하나로 봐도 손색이 없다. 미리 정하는 '오늘의 지름' 2탄은 애프터눈 티다. 포트넘 앤 메이슨의 티룸이 가장 무난하다. 평일을 원하면 1~2주, 주말을 원하면 한 달 전에는 예약해야 한다.

• **예약** www.fortnumandmason.com/c-209-afternoon-tea-fortnum-and-mason.aspx

숙소 구하기 한인 민박 또는 호스텔을 알아보자. 가장 저렴한 것은 도미토리이므로, 최대한 아끼고 싶다면 도미토리를 예약하자. 특히 한인 민박은 아침과 저녁 식사를 모두 주는 곳이 많아서(아침-한식, 저녁-라면) 식비를 아낄 수 있다. 최근에는 깔끔한 1~2인실 중심으로 운영하는 민박도 많아졌다. 한인 민박과 호스텔 모두 1존에 있는 것을 선택하는 것이 좋으며, 빅토리아, 복스홀, 킹스 크로스 등 큰 역 주변이 이동에 좋다.

짐 꾸리기 **옷&신발** 한국보다 약간 쌀쌀한 정도. 평소 입던 옷에 바람막이 및 두툼한 카디건 하나만 더 챙긴다고 보면 된다. 단, 신발은 튼튼한 것으로 챙기자. 많이 걸어야 한다.

세면도구 한인 민박이나 호스텔은 수건까지 모두 챙겨 가야 하는 경우가 많으나, 최근에는 세면도구를 제공하는 민박도 있으니 미리 알아보자.

돗자리 런던에는 공원이 많아 돗자리 펴놓고 느긋하게 피크닉하기 좋다. 아울러 책, MP3, 노트북, 태블릿 등 한가한 시간에 즐길 만한 것들도 챙겨 가자.

기타 준비물 런던은 생필품 값이 매우 비싸다. 사소한 지출을 유발할 수 있는 것은 모두 한국에서 가져가자. 구급약품, 머리끈, 담배는 물론 물값을 아끼기 위한 물통도 필수.

미리 보고 가자! **드라마 〈셜록〉** 방영될 때마다 짧고 굵게 인기몰이를 하는 최신 영국 드라마. 현재 시즌 2까지 방영되었다. 셜록 홈즈를 21세기 판으로 재해석한 것으로, 드라마 곳곳에 런던의 각종 명소들이 촘촘하게 등장한다.

날짜	루트	여행 일정
Day 1	런던 시내 중심가	**오전** 런던 도착 **오전** 트라팔가 광장 주변 관광(국회의사당-내셔널 갤러리) **밤** 소호-펍 즐기기
Day 2	왕궁 및 영국 박물관	**오전** 근위병 교대식, 왕궁 주변 공원 즐기기 **오후** 영국 박물관, 코벤트 가든
Day 3	이스트 런던	**오전** 킹스 크로스 역, 에인절 마켓 **오후** 올드 스피탈필즈 마켓, 브릭 레인
Day 4	베이커 스트리트 주변	**오전** 애비 로드, 베이커 스트리트 **오후** 리전트 파크, 캠던 타운 **밤** 뮤지컬 감상
Day 5	하이드 파크 주변	**오전** 빅토리아 앨버트 박물관, 자연사 박물관 **오후** 하이드 파크, 애프터눈 티 **밤** 시내-템스 강 야경
Day 6	템스 강 주변	**오전** 템스 강 산책로, 테이트 모던 갤러리 **오후** 버러 마켓, 타워 브리지 **밤** 템스 강 야경
Day 7	런던 시내	**오전** 휴식 또는 쇼핑 **오후** 귀국편 탑승
Day 8	한국	인천 공항 도착

Day 1

런던 히드로 공항(Heathrow Airport)은 꽤 까칠하다. 밤새도록 지구 반 바퀴를 날아온 여행자에게 온갖 것들을 꼬치꼬치 묻는다. 걱정 말자. 확실한 관광객이며 돌아갈 항공권을 갖고 있다는 것만 확인시켜주면 된다. 첫째 날은 트라팔가 광장에서 런던의 자유로움을 만끽하는 것으로 여행을 시작하자.

> 지하철, 공항철도, 버스 등을 이용해 시내로 이동. 이 중 지하철이 가장 저렴하면서도 편리해 저비용 여행자들에게 큰 사랑을 받고 있다. 피카딜리 라인이 공항과 도심의 주요 지역을 연결한다.

Tip **런던의 교통카드, 오이스터 카드 Oyster Card**

현금일 때보다 절반 가까운 가격에 교통수단을 이용할 수 있으며, 모든 지하철 역에서 구매 가능하다. 충전해 차감하는 방식과 정액권 입력이 모두 가능하므로, 1~2존 트래블카드 일주일권(29.20파운드)에 공항 왕복을 위한 현금 6파운드까지 충전해두면 일주일 동안 부족함 없이 쓸 수 있다. 보증금 5파운드는 나중에 창구에 반납하면 잔액과 함께 돌려받을 수 있다.

🚇 지하철 약 1시간

숙소 체크인

여장을 풀고 잠시 휴식을 취하자. 숙소 인심이 좋은 편이라면 물을 한 병 얻어서 나서자.

🚌 버스, 또는 지하철로 이동

런던과 인사하기, 국회의사당&웨스트민스터 사원
Houses of Parliament&Westminster Abbey

빅벤(Big Ben)은 국회의사당 동쪽에 위치한 시계탑으로, 런던을 상징하는 랜드마크 중에서도 가장 유명한 것이다. 그 어느 것보다 런던에 왔다는 실감을 제대로 느끼게 해줄 것이다. 국회의사당 옆에는 영국 성공회 신앙의 중심지이며 역대 영국 왕들이 대관식을 올린 웨스트민스터 사원이 있다.

‚Äö√Ñ√∂‚àö√ë‚àö‚à´ ‚Äö√Ñ√∂‚àö√ë‚Äö√†√∂ ‚Äö√†√∂ 10‚Äö√Ñ√∂‚àö√ë‚àö√ü20‚Äö√Ñ√∂‚àö√ë‚Äö√≠√•

‚Äö√Ñ√∂‚àö√ë‚àö‚Ñ¢‚Äö√Ñ√∂‚àö√ë‚Äö√Ñ‚â§ ‚Äö√Ñ√∂‚àö√ë‚Äö√†√∂, ‚Äö√Ñ√∂‚àö√ë‚Äö√†√∂‚Äö√Ñ√∂‚àö√ë‚Äö√ª√Æ‚Äö√Ñ√∂‚àö√ë‚àö¬•‚Äö√Ñ√∂‚àö√ë‚àö‚Ä¢ ‚Äö√Ñ√∂‚àö√ë‚Äö√Ñ‚â§‚Äö√Ñ√∂‚àö√ë‚Äö√†√∂ Trafalgar Square

‚Äö√Ñ√∂‚àö√ë‚àö√ü‚Äö√Ñ√∂‚àö√ë‚Äö¬•√¶‚Äö√Ñ√∂‚àö√ë‚àö‚àÇ‚Äö√Ñ√∂‚àö√ë‚Äö¬¥√ü‚Äö√Ñ√∂‚àö√ë‚Äö√ª√≠‚Äö√Ñ√∂‚àö√ë‚Äö√≠√•...

_본문_

Day 2

첫날부터 시내를 누비고 다닌데다 맥주까지 마셨으니 잠은 잘 왔을 터. 개운하게 일어나 아침 일찍부터 하루를 시작하자. 둘째 날의 핵심 일정은 근위병 교대식과 영국 박물관 관람으로, 런던 방문자라면 누구나 다 가는 곳들이다. 관심이 가든 안 가든 빠뜨리기엔 서운한 곳인 것도 사실. 게다가 일단 돈이 들지 않는다!

> 버킹엄 궁전은 빅토리아 역에서 도보로 10분 정도 소요. 버스는 239, C1, C10번을 탄다.

런던 필수 코스, 근위병 교대식

높고 까만 털모자에 빨간 제복을 입은 근위병들이 발맞춰 행진하는 영국의 근위병 교대식은 '영국' 하면 떠오르는 것 중 세 손가락 안에는 들 것이다. 버킹엄 궁전(Buckingham Palace) 앞에서 매일 거행되는데, 이를 보기 위해 전 세계의 여행자들이 아침마다 궁전 앞으로 몰려든다. 런던까지 왔다면 한 번쯤은 찾아 볼 만한 중요 이벤트다. 근위병 교대식은 11시 반경부터 시작하나, 워낙 사람이 많아서 늦어도 11시까지는 가야 괜찮은 자리에서 볼 수 있다.

👬 도보 5분

도심 공원을 만끽하자

런던 지도를 펼치면 외곽은 말할 것도 없고, 가장 도심이라는 1존에도 큼직큼직한 초록색 땅이 보인다. 그만큼 런던은 녹지와 공원이 발달한 도시다. 버킹엄 궁전 옆에는 세인트 제임스 파크(St. James Park)와 그린 파크(Green Park)가 있는데, 규모는 작으나 아기자기하게 잘 꾸며져 있어 제법 볼거리가 있다. 녹음 속에서 느긋한 시간을 보내자.

🚌 버스, 또는 지하철 20분

한국어 멀티미디어 가이드가 있다! 영국 박물관
British Museum

'대영박물관'이라는 이름으로 더 유명한 곳이다. 전 세계의 고고학, 인류학, 사학에 관련한 귀중한 유물과 자료들을 한자리에 모은 박물관으로, 세계 3대 박물관 중 하나로서 확고부동한 위치를 점하고 있다. 이집트의 미라와 석상, 메소포타미아의 로제타 스톤, 그리스의 파르테논 신전 내부 조각 등 고고학이나 역사학에 흥미를 가진 여행자라면 혼을 뺏길 만한 소장품들이 수두룩하다. 제대로 관람하고 싶다면 한국어 멀티미디어 가이드를 대여하자. 대여비가 5파운드로 적지 않은 가격이지만, 기꺼이 투자할 가치가 있다.

- **주소** Great Russell Street, London
- **개장시간** 토~목요일 10:00~17:00, 금 10:00~20:30
- **홈페이지** www.britishmuseum.org

🚌 버스 · 지하철 5~10분, 또는 도보 15~20분

코벤트 가든 Covent Garden 에서 놀자!

런던을 좀 안다는 사람들에게 코벤트 가든은 런던에서 가장 매력적인 지역 중 하나로 통한다. 중앙에 위치한 코벤트 가든 마켓(Covent Garden Market)을 광장이 둘러싸고 있고, 그 주변 골목으로 음식점, 상점 등이 들어차 있다. 주변에 폴 스미스를 비롯한 다양한 브랜드 숍과 재미있고 독특한 상점들이 많으므로 윈도 쇼핑을 즐기거나 2일차의 '오늘의 지름'을 실천해보자. 예쁜 골목을 좋아한다면 닐스 야드(Neil's Yard) 추천. 재미있고 열정 가득한 스트리트 퍼포머들의 공연은 보너스!

킹스 크로스 역

Day 3

쇼핑을 좋아하는가? '그렇다'라면, 앤티크와 구제 의류 중 양자택일을 해야 한다. 전자라면 에인절 마켓에서, 후자라면 브릭 레인에서 '오늘의 지름'을 실천하자. '그렇지 않다'라는 대답이 나온대도 괜찮다. 최근 런던에서 가장 각광받는 스폿들이므로 보기만 해도 충분히 즐겁다. 마켓들은 주말에 가장 크게 열리므로, 되도록 토요일로 맞추는 것이 좋다.

킹스 크로스 기차역은 지하철 킹스 크로스 앤드 세인트 판크라스(King's X&St. Pancras) 역과 바로 연결된다. 여섯 개 노선이 교차하는 역이므로 지하철을 타는 게 가장 낫다.

호그와트로 가는 길, 킹스 크로스 역 King's Cross Station

런던 1존 동북부에 위치한 기차역으로, 영화 〈해리 포터〉에서 주인공들이 호그와트 학교로 갈 때 이 역의 9와 3/4 승강장에서 기차를 탄다. 킹스 크로스 역은 1~8번 승강장과 9~11번 승강장이 분리되어 있는 구조인데, 두 곳을 잇는 지점의 벽에 9와 3/4 승강장 표시를 해놓았다. 이것 하나 때문에 찾아오기는 뭣하나, 에인절 마켓이 바로 한 정거장 다음이니 가는 길에 들러보자.

🚌 버스, 또는 지하철 5~10분

앤티크의 천국, 에인절 마켓 Angel Market

지하철 에인절 역에서 5분 정도 걸어가면 캠던 패시지(Camden Passage)라는 좁은 골목이 나오는데, 이곳이 런던 골동품의 성지로 불리는 에인절 마켓이다. 정확한 명칭은 '캠던 패시지

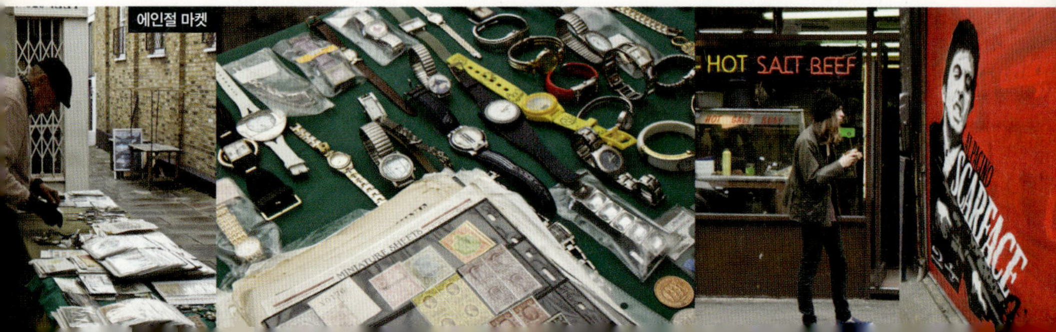

브릭 레인 거리 풍경들

마켓(Camden Passage Market)'이며 에인절 마켓은 일종의 통칭이다. 골동품 및 인테리어 소품 숍과 노천 상점이 가득하여 오래된 것, 독특한 것, 예쁜 것에 애정 많은 사람이라면 시간과 돈을 아낌없이 쓰게 될 가능성이 높다. 대부분의 상점이 오전 10시경에 문을 열어 일찌감치 문을 닫으니 늦어도 11시까지는 가야 한다.

🚇 지하철 15~20분

아이디어 최고, 올드 스피탈필즈 마켓 Old Spitalfields Market

지하철 리버풀 스트리트(Liverpool Street) 역에서 길을 건너 조금만 걸으면 올드 스피탈필즈 마켓이 나온다. 의류, 식료품, 생활 잡화, 소품, 액세서리, 공예품 등 온갖 것을 판매하는 재래 시장으로, 특히 직접 디자인하거나 제작한 물품을 파는 소규모 상점들이 많아 다른 곳에서는 볼 수 없는 독특한 물건들을 구할 수 있다. 에인절 마켓에서 '오늘의 지름'을 미처 다하지 못한 사람이나 기념품, 선물 등을 살 사람들이 눈여겨볼 만한 곳이다.

🚶🚶 도보 10~15분

런던 빈티지의 메카, 브릭 레인 Brick Lane

원래 벽돌과 타일 공장이 있던 곳으로, 가난한 예술가들이 폐공장의 창고를 빌려 작업실이나 전시 공간으로 사용하면서 일약 런던을 대표하는 예술의 거리로 발돋움했다. 빈티지 숍이 많은 것으로도 유명한데, 특히 비욘드 레트로(Beyond Retro)와 앱솔루트 빈티지(Absolute Vintage)는 전 세계의 패셔니스타들이 즐겨 찾는다. 패션에 관심이 많은 사람이라면 이곳에서 '오늘의 지름'을 크게 실천하자. 블로그나 잡지 등에서 보던 런던의 세련되고 희한한 스트리트 패션을 실물로 볼 수 있는 곳이기도 하다.

브릭 레인의 로드 숍

Day 4

'베이커 스트리트(Baker Street)'라는 이름이 친숙하게 느껴진다면, 셋 중 하나임에 분명하다. 소설 『셜록 홈즈』 시리즈 팬이거나, 드라마 〈셜록〉의 팬이거나, 아니면 둘 다이거나. 베이커 스트리트는 런던 중심가의 북쪽 지역으로, 셜로키언들의 성지 순례가 끊이지 않는 곳이다. 넷째 날은 베이커 스트리트를 위시한 런던 북부를 돌아본다.

비틀즈가 건넌 그 길, 애비 로드 Abbey Road

비틀즈의 명반 〈애비 로드(Abbey Road)〉의 앨범 재킷에 등장하는 거리. 비틀즈는 애비 로드에 위치한 애비로드 스튜디오에서 음반 작업을 하고, 스튜디오 건물 바로 앞의 횡단보도에서 앨범 표지 촬영을 했다고 한다. 지금은 그 당시와는 아주 다른 모습의 거리가 되었지만, 사람들은 그에 아랑곳하지 않고 길을 건너며 기념사진을 찍는다.

버스 15~20분

셜록 홈즈의 사무실이 있는 곳, 베이커 스트리트 Baker Street

셜록 홈즈의 사무실인 베이커 스트리트 221b번지는 원래 실존하지 않는 주소이나 셜로키언들은 베이커 스트리트 한 켠에 221b번지를 만들어 그곳에 그의 박물관까지 세우는 기염을 토하였다. 셜록 홈즈 박물관은 홈즈의 작업실을 재현해 놓은 곳으로, 입장료를 6파운드나 받지만 셜로키언이

셜록 홈즈 동상
베이커 스트리트

라면 '오늘의 지름'을 할 만한 가치가 충분하다. 이 일대의 카페, 서점들 또한 대부분 셜록 홈즈를 테마로 꾸며져 있으므로 셜로키언이 아니라면 박물관까지 들어갈 필요 없이 주위를 돌아보는 것으로 충분하다.

셜록 홈즈 박물관(Sherlock Holmes Museum)
• **주소** 221b Baker Street, London　• **개장시간** 9:30~18:00
• **홈페이지** www.sherlock-holmes.co.uk

🚶🚶 도보 이동

볼거리가 많은 공원, 리전트 파크 Regent's Park

규모 면에서는 1존 최고를 자랑하는 공원. 원래 왕실의 사냥터였으나 시민에게 개방하여 공원으로 쓰고 있다. 부지가 워낙 넓어 하루 종일 돌아다녀도 새로운 볼거리가 계속 나올 정도. 런던에서 가장 오래된 동물원을 비롯해 '리틀 베니스'라는 이름의 운하, 런던 시내를 한눈에 볼 수 있는 프림로즈 힐 등이 있다. 돗자리와 책, 도시락을 준비해 피크닉과 낮잠을 즐겨보자.

🚶🚶 도보 20~30분

런던 서브 컬처의 중심지, 캠던 타운 Camden Town

리전트 파크에서 운하를 따라 동쪽으로 쭉 가면 캠던 타운에 도착한다. 캠던 록 마켓(Camden Lock Market)을 위시하여 6~7개의 마켓이 몰려 있는 곳으로, 조금씩 성격이 다르긴 하지만 대부분 10~20대의 젊은 런더너들이 즐기는 서브 컬처와 관련한 의류나 액세서리, 소품 등을 판매한다. 펑크, 고딕, 에스닉, 사이버 등 다양한 스타일의 상점과 그러한 스타일로 희한하게 꾸민 런던 젊은이들을 볼 수 있다.

🚇 지하철 20~30분

뮤지컬을 보자!

런던은 뮤지컬의 본고장으로, 뉴욕에 브로드웨이가 있다면 런던에는 웨스트엔드가 있다. 웨스트엔드의 가장 대표적인 레퍼토리로는 〈오페라의 유령〉, 〈맘마미아〉, 〈빌리 엘리어트〉, 〈위키드〉 등이 있다. 비용이 좀 들긴 하지만, 런던 여행 최고의 추억이 되고도 남을 것이다.

캠던 타운　　〈빌리 엘리어트〉의 한 장면

Day 5

5일차 일정은 하이드 파크를 비롯한 남쪽 지역을 돌아본다. 예술과 디자인의 극치를 느낄 수 있는 박물관을 보고, 400년 전통을 자랑하는 공원에서 시간을 보내며, 영국 식문화의 절정인 애프터눈 티를 맛본다. 이날 일정에 이름을 붙이자면, 아마 이렇게 될 것이다. '우아한 영국식 하루'.

> 빅토리아 앨버트 박물관은 지하철 사우스 켄싱턴(South Kensington) 역 부근에 있다. 버스 C1, 14, 74, 414번을 이용해도 된다.

아름다움의 역사, 빅토리아 앨버트 박물관 Victoria & Albert Museum

빅토리아 여왕과 부군인 앨버트 공의 이름을 딴 박물관으로, 줄여서 'V&A'라고 한다. 이 박물 관을 한마디로 말하면 '아름다움에 관한 모든 것'이다. 공예, 도예, 패션, 보석 세공, 조각, 회화 등 세계 각국의 예술과 디자인에 관련한 모든 것을 총망라한 박물관으로, 역사나 예술에 조예 가 전혀 없는 사람들도 한눈에 반할 만큼 아름다운 전시물이 가득하다.

- **주소** Cromwell Road, London   - **개장시간** 10:00~17:50   - **홈페이지** www.vam.ac.uk

  도보 5분 이내

과학이 즐거워지는 곳, 자연사 박물관 Natural History Museum

V&A와 길 하나를 사이에 두고 위치한 박물관이다. 이름 그대로 자연과학에 대해 전시하는 곳 으로 주요 전시품은 동식물 표본 및 화석 등이다. 매우 따분할 것 같지만 이곳은 런던에서 가 장 재미있는 박물관이라고 해도 과언이 아니다. 자연과학에 대한 상식들을 흥미로운 전시와 각종 시청각 자료를 통해 초등학생 수준의 낮은 눈높이에서 설명해주고 있어, 영어와 과학에 약한 사람들에게 더 쉽고 재미있게 다가온다.

- **주소** Exhibition Road, London   - **개장시간** 10:00~17:50   - **홈페이지** www.nhm.ac.uk

  도보 15~20분

자연사 박물관   하이드 파크

런던 제1의 공원, 하이드 파크 Hyde Park

규모는 리전트 파크에 밀리지만 위치 및 접근성, 유명세 등을 볼 때 가히 런던 도심 공원 중 넘버원이라 할 수 있다. 도심 한복판에 이렇게 큰 녹지를 유지할 수 있다는 것이 놀랍기만 하다. 북쪽에는 스피커스 코너(Speaker's Corner)라는 지구가 있는데, 이곳에서는 누구나 어떤 주제로든 자유롭게 발언할 수 있어 할 말 많은 런더너들의 집합 장소가 되고 있다.

🚌 지하철 · 버스 5~15분, 또는 도보 10~30분

오후의 홍차, 애프터눈 티 Afternoon Tea

삼단 트레이에 고급스럽게 실려 나오는 스콘, 샌드위치, 케이크, 그리고 향 좋은 홍차 또는 허브티 한 잔. 영국은 식문화가 보잘 것 없는 나라로 알려져 있지만, 애프터눈 티 하나만은 얘기가 다르다. 영국의 유명한 홍차 브랜드인 포트넘 앤 메이슨의 피커딜리 매장에서는 '다이아몬드 주빌리 티 살롱(Diamond Jubilee Tea Salon)'이라는 티룸을 운영하는데, 가격 및 접근성, 내용 면에서 가장 좋은 티룸 중 한 곳으로 평가받고 있다. 1인당 최소 38파운드라는 적지 않은 돈이 들지만, 충분히 '오늘의 지름'으로 즐길 가치가 있다. 저녁 식사를 겸해 오후 6시 전후로 스케줄을 잡자.

다이아몬드 주빌리 티 살롱(Diamond Jubilee Tea Salon)
- **주소** 181 Piccadilly, London
- **영업시간** 월~토요일 12:00~18:30, 일요일 12:00~16:30

👫 도보 이동

런던 야경 산책

애프터눈 티는 보기보다 양이 많다. 배도 꺼뜨릴 겸 밤 산책에 나서자. 피커딜리 서커스에서 트라팔가 광장으로, 다시 빅벤으로, 다리를 건너 런던 아이를 지나쳐 템스 강을 따라 천천히 걷는다. 런던의 야경은 눈부시게 화려하지는 않지만, 어딘가 로맨틱한 느낌이 있다. 다리가 많이 아프지 않을 정도로 천천히 런던의 가을 밤 풍경을 만끽하자.

Day 6

런던에서의 마지막 일정은 템스 강 산책로를 걷는 것이다. 런던 아이부터 타워 브리지까지 천천히 걸으면 2시간 정도 걸리지만, 곳곳의 볼거리들을 챙기면 하루 종일 있어도 지루하지 않다. 밤에는 타워 브리지의 보석 같은 야경에 취해보자.

국회의사당 앞에 놓인 웨스트민스터 브리지를 건너면 런던 아이가 나온다. 지하철 웨스트민스터 (Westminster) 역에서 하차하는 것이 가장 가깝다.

런던 아이 London Eye 부터 밀레니엄 브리지 Millennium Bridge 까지

오래된 것들로 가득한 런던에서 가장 이질적으로 느껴지는 두 개의 명소 사이를 천천히 걸으며 즐겨보자. 런던 아이는 템스 강변에 위치한 대형 관람차이고 밀레니엄 브리지는 템스 강 유일의 보행자 전용 다리인데, 모두 1999년 새 천년을 기념하여 만들어졌다. 두 곳 사이는 천천히 걸으면 1시간 남짓 걸린다. 템스 강 산책로에서 한가롭게 시간을 보내는 런더너들, 간간이 보이는 스트리트 퍼포머들이 눈을 즐겁게 한다.

👣👣 도보 1시간~1시간 30분

현대 미술의 향기, 테이트 모던 갤러리 Tate Modern Gallery

테이트 모던의 첫 인상은 '이게 미술관이야?'일 것이다. 옛날 화력발전소를 개조해 만들어서인지 투박하고 독특한 외관부터 런던의 여느 미술관, 박물관들과 많이 다른 느낌이다. 20세기 이후 현대 미술의 마스터 피스들을 모아 놓은 곳으로 피카소, 앤디 워홀, 로이 리히텐슈타인, 마르셀 뒤샹 등의 작품을 한꺼번에 관람할 수 있다. 5층 발코니에서 바라보는 템스 강과 밀레니엄 브리지, 그리고 강 건너편의 세인트 폴 성당의 풍경도 아름답다.

👣👣 도보 30~40분

세인트 캐서린스 독

템스 강 주변 풍경

런던의 부엌, 버러 마켓
Borough Market

테이트 모던을 뒤로 하고 잠시 템스 강을 걷다가 런
던 브리지에서 살짝 남쪽으로 빠지자. 그곳에는 무
려 800여 년의 역사를 자랑하는 식료품 시장인 버러 마켓이 있다. 원래는 주말
시장이지만 최근에는 평일에도 일부 매장이 영업을 한다. 과일, 채소, 곡물, 빵,
육류, 생선 등 런더너들의 밥상을 채우는 것들이 넓지 않은 시장을 빼곡하게
메우고 있다. 입맛 당기는 냄새와 풍경이 가득해 돌아다니는 재미가 제법 쏠쏠
하다. 저렴한 음식 가판대도 많아 한 끼 때우거나 주전부리하기 아주 좋다.

버러 마켓

👞👞 도보 30~40분

템스 강의 명물, 타워 브리지 Tower Bridge

19세기에 템스 강은 런던 물류에 가장 중요한 역할을 하던 물길이었다. 이런 연유로 배의 통
행을 방해하지 않는 다리를 놓아야 했는데, 그래서 고안된 것이 바로 타워 브리지다. 다리의
하부가 위로 열리는 구조로 되어 있어 큰 배가 다닐 수 있다. 최근에는 부정기적으로 가끔씩
열리므로 이 장면을 본다면 행운이라고 생각해도 좋다. 주변에는 런던 타워, 디자인 박물관
등이 있고, 타워 브리지 북단에 있는 구오만 호텔(Guoman Hotel) 뒤편의 세인트 캐서린스 독
(St. Katherine's Dock)에는 분위기 좋은 카페나 숍들이 많다.

👞👞 도보로 이동

잊고 싶지 않아, 템스 강의 밤

타워 브리지 부근에서 시간을 보내다 사위가 어두워지고 타워 브리지에 불이 켜지
면 슬슬 몸을 일으키자. 왔던 길을 거슬러 가며 낮과는 사뭇 다른 템스 강의 풍경을
즐긴다. 런던 시청, 런던 브리지, 르 타워와 같은 템스 강변의 명물들을 비
롯해 나무, 건물, 가로등, 부두 등 낮에는 무심히 스쳤던 것들이 밤의
색깔로 물들어 여행자에게 작별을 고한다. 이 풍경을 본 사람들의
많은 숫자가 이렇게 말한다. 꼭 돌아오겠다고. 런던으로.

타워 브리지　런던 아이

Day 7~8

아쉬움을 뒤로 한 채 런던을 떠날 시간이다. 항공편마다 출발 시간이 모두 다르나 보통 점심시간 정도까지는 여유가 있는 편이다. 숙소나 가까운 공원에서 휴식을 즐기거나, 멀지 않은 쇼핑센터 등을 찾아 못다 한 쇼핑을 즐기자.

출국할 때도 입국할 때와 마찬가지로 피카딜리 라인을 타고 공항으로 간다. 단, 런던 지하철은 예고 없는 운행 중단이 잦은 편이므로 일찍 움직이는 것이 좋다. 정 미덥지 않다면 패딩턴(Paddington) 역으로 가서 히드로 익스프레스(Heathrow Express)를 타자. 20분이면 공항에 도착한다.

🚌 지하철, 또는 히드로 익스프레스 20분~1시간

히드로 공항 도착

한국으로 출발!

✈ 기내 1박

인천 공항 도착

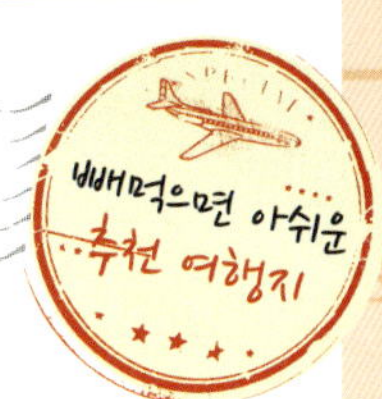

케임브리지 Cambridge

런던에서 기차로 한 시간 정도 떨어진 곳으로, 세계적인 명문 사학 케임브리지 대학으로 유명한 도시다. 유서 깊은 대학 건물과 한가로운 전원 풍경이 어우러져 마음속의 상처가 치유되는 듯한 아늑함이 전해온다. 캠 강에 얕은 보트를 띄워 천천히 노를 저으며 케임브리지 대학의 건물들을 돌아보는 펀팅(Punting)은 케임브리지 여행의 백미!

영국 왕립 식물원 큐 가든 Royal Botanic Gardens Kew

단일 식물원으로는 세계 최대 규모를 자랑한다. 전시 중인 식물은 무려 3만 종. 시체꽃, 거대 백합 등 희귀식물들도 다수 있으며, 대나무 숲, 영국식 정원 등 볼거리도 풍부하다. 런던 3존에 위치하며, 도심에서 지하철로 30분 정도 걸린다.

그리니치 Greenwich

세계 시간의 기준이 되는 '그리니치 표준시'의 바로 그 그리니치다. 1884년의 국제 협정에 의해 그리니치에 있는 영국 왕립 천문대 앞의 0도 자오선이 세계 시간의 기준점이 되었다. 런던에서 출발하는 템스 강 유람선의 종점이므로 유람선 투어를 한 뒤 가벼운 마음으로 한 바퀴 돌아보기 좋다.

윈저 Windsor

영국 왕실의 별궁인 윈저 성(Windsor Castle)이 있는 도시다. 본궁인 버킹엄 궁전은 내부 관람이 불가능하나 윈저 성은 제한적 관람이 가능하므로 영국 왕실의 속살이 궁금하다면 가보도록. 가까운 거리에 영국의 유명 퍼블릭 스쿨인 이튼 스쿨이 있다.

가을, 파리에서 예술의 향기에 취하다

파리 예술 + 감성 여행 6박 8일

잊고 있던 감수성을 깨우는 도시

누구나 한 번쯤은 그런 기억이 있을 거다. 새벽녘 무언가를 잔뜩 끄적거렸는데, 다음 날 아침에 보니 도저히 눈 뜨고 봐줄 수 없는 것들이 적혀 있었다거나 하는 기억. 그렇게 어이없을 정도로 감수성의 봇물이 툭 터지는 순간들이 있다. 나에게도 그런 기억이 있다.

몇 년 전 가을의 파리에서였다. 아무렇지 않게 샹젤리제와 콩코르드 광장을 씩씩하게 지나 센 강에 접어들었고, 그때부터 나는 3보에 한 번씩 안타까운 듯한 한숨을 내쉬었다. 모든 것이 완벽했다. 서늘한 바람은 불어오고, 강가에 줄지어 서 있는 키 큰 나무는 바람이 한 번 스쳐 지나갈 때마다 낙엽을 하늘하늘 떨어뜨리고, 그 낙엽은 강둑에 수북하게 쌓이고, 강은 햇빛을 받아 빛나고, 다리 위로 지나는 파리지앵과 여행자들은 모두 아름답고…. 한참을 그렇게 걷다가 도저히 견디지 못한 나는 강둑 어딘가 그냥 털썩 주저앉아 무언가를 마구 적어나

갔다. 며칠 후 들춰보고는 그 유치한 감성 과잉에 혀를 내두르기는 했지만, 늦가을의 센 강가를 걷고 있던 그때 심정은 정말 그랬다. 도저히 어떻게든 내 안에 있는 것을 털어놓지 않고는 배기지 못할 것 같았으니까. 그리고 알 것 같았다. 고흐, 피카소, 쇼팽, 로트렉, 사르트르, 도데, 에디트 피아프… 그런 예술가들이 왜 이 도시를 그토록 사랑했는지. 평범한 사람도 예술가로 만들 수 있는 무엇, 그것이 '파리의 가을'이라는 거였다.

그 이후로 쭉 가을만 되면 파리를 앓고 있다. 올해도, 작년도, 재작년도, 가을의 여행 계획은 언제나 파리였다. 물론 현실은 가을이라 하여 나를 파리로 호락호락하게 보내주지는 않지만, 그래도 언젠가 한 번쯤은 다시 그 낙엽과 바람을 맞을 수 있을 거라 기대하고 있다. 그리고 힘주어 권한다. 언젠가 한 번은 가을바람이 가슴속으로 스며들어 되지 않는 시라도 끼적여본 당신이라면, 어느 가을에 꼭 한 번은 파리로 가보기를. 그곳을 사랑했던 예술가들의 궤적 위에 당신의 발걸음을 얹어보기를… **SY**

파리 예술+감성 여행, 이렇게 준비한다!

언제 갈까? 파리는 사철 어느 때 가도 좋은 곳이다. 11~2월 윈터 타임 기간에는 춥고 해가 짧아 여행하기 좋다고 할 수는 없으나 늦가을의 낙엽 진 파리와 겨울의 눈 오는 파리는 무엇과도 바꾸기 힘들만큼 낭만적이다. 10~11월쯤 가면 그 풍경들을 볼 수 있다.

어떻게 가지? 대한항공, 아시아나항공, 에어프랑스에서 직항을 운항한다. 직항편은 가격대가 상당히 높고 저녁에 도착하는 일정이므로 경유편에 대한 선호도가 높은 편이다. 가장 인기가 높은 것은 캐세이퍼시픽항공으로, 직항보다 10~20만 원 가까이 저렴하고 대기 시간이 2시간 이내로 짧으며 현지에 새벽에 도착하는 일정이므로 시간을 아낄 수 있다.

얼마나 들까? **예산** 총 330만 원 정도(항공료 150만 원선, 숙박비 60만 원(2~3성 호텔 트윈룸 기준, 10만 원×6일), 교통비 5만 원, 식비 35만 원, 각종 입장료 및 경비 30만 원, 투어(루브르, 교외) 20만 원, 기타 예비비 20~30만 원).

환전 여행 경비 전액을 유로로 환전한다.

신용카드&현금카드 비자카드, 마스터카드를 가지고 있으면 무난하게 쓸 수 있다. 국제 현금카드도 사용 가능.

미리 준비하자! **비자** 무비자 90일 체류 가능.

언어 프랑스어. 영어는 생각보다 잘 통하지 않으나, 단어 정도의 간단한 영어 소통은 어디서나 가능하다.

오베르 쉬르 우아즈&지베르니 투어 고흐가 마지막 작품을 그리고 자살로 생을 마감한 오베르 쉬르 우아즈, 그리고 모네가 살며 작품 활동을 하던 지베르니를 하루에 편하게 돌아볼 수 있는 투어 상품이 있다. 가격대는 약간 비싼 편이나, 교통편과 문화 해설이 모두 제공된다는 점을 생각하면 오히려 이익이라 할 수 있다.

- **알레 파리** cafe.naver.com/picasso549

루브르 박물관 투어 평소 미술사나 문화사에 관심은 있었으나 제대로 알 기회가 없었다면 루브르 박물관을 돌아볼 때 꼭 투어를 신청하자. 너무 방대하여 오히려 소화하기 힘든 루브르를 가이드의 해설을 통하여 차근차근 제대로 알 수 있다. 하루를 모두 투자해도 아깝지 않다.

- **헬로우 유럽** www.helloeurope.co.kr

레스토랑 예약 '미식의 도시' 파리를 방문하면서 근사한 레스토랑도 한 번 방문해주지 않는다면 아쉬운 일이다. 레스토랑에 따라서는 몇 달 전에도 예약이 꽉 차 있는 경우가 드물지 않으므로 꼭 미리 확인해보고 예약까지 마친 후 떠나자.

숙소 구하기 파리 중심가에 해당하는 1구에 숙소를 알아보자. 특히 메트로(지하철) 역과 멀지 않은 곳이 좋으며, 루브르 박물관이나 오페라 가르니에를 도보로 이동할 수 있는 곳이라면 더욱 좋다. 몽마르트르 및 물랭 루즈 부근은 언뜻 듣기에 낭만적일 것 같으나 실제로는 매우 음침한 우범지대이므로 절대 피하는 것이 좋다. 한인 민박은 주로 메트로 종점 부근인 외곽에 위치하고 있으나 최근에는 1~2구 지역에도 생겨나는 추세다.

짐 꾸리기 **옷&신발** 한국의 가을과 비슷하게 챙긴다. 하루 중에도 기온이 크게 오르내리기 때문에 반팔이나 민소매 위에 두꺼운 옷을 입는 것으로 대비한다. 11월 이후에는 으슬으슬한 추위가 찾아오므로 발열 내복 등을 준비하는 것이 좋다.

세면도구 유럽의 호텔들은 아주 특급호텔이 아니라면 세면도구 인심이 야박한 편이다. 칫솔부터 하나하나 다 가져가는 것이 좋다. 호스텔이나 한인 민박이라면 수건도 챙겨야 하나, 최근 한인 민박 중에는 세면도구를 제공하는 경우가 종종 있으므로 미리 알아보자.

미리 보고 가자! 『곰브리치의 서양 미술사』 예술의 도시 파리에 간다면 필수로 읽고 가야 할 책 1순위. 미술사 전반에 대한 지식을 얻고 싶은 사람에게는 가장 기본이라 할 수 있다.

파리 예술+감성 여행 6박 8일

날짜	루트	여행 일정
Day 1	센 강 주변	**오전** 파리 도착 **오후** 샹젤리제, 에펠탑 야경 **밤** 센 강 유람선
Day 2	오르세 미술관 &노트르담 성당	**오전** 오르세 미술관 관람 **오후** 센 강 산책, 노트르담 성당에서 일몰 보기 **밤** 시테 섬 주변 야경 즐기기
Day 3	루브르 박물관	**오전·오후** 루브르 투어 **밤** 프렌치 요리 즐기기
Day 4	페르 라세즈 &몽마르트르	**오전** 페르 라세즈 산책 **오후** 몽마르트르 언덕 산책
Day 5	퐁피두 센터&마레 지구&생 제르맹 데 프레	**오전** 퐁피두 센터 **오후** 마레 지구, 생 제르맹 데 프레 산책
Day 6	지베르니 &오베르 쉬르 우아즈	**오전·오후** 지베르니&오베르 투어
Day 7~8	파리 ⇨ 한국	**오전** 샤를드골 공항에서 귀국편 탑승 인천 공항 도착

Day 1

파리를 만나기도 전부터, 여행자는 파리에 대한 많은 것을 듣고 보게 된다. 샹젤리제, 에펠탑, 센 강… 파리에 가지 않아도 누구나 알고 있는 그런 것들. 그러나 그 어느 곳보다 '파리'라는 실감을 강하게 안겨주는 곳들. 첫날은 그런 파리의 첫인상을 만나러 간다.

샤를 드골 공항에서 시내로 들어가는 데는 RER, 버스, 경전철이 주로 이용되며, 이 중 자신의 숙소와 가장 가까운 교통편을 택하면 된다.

Tip 파리 교통비는 나비고 Navigo 하나면 끝!

파리에는 다양한 교통 패스와 요금 체계가 있지만, 일주일 여행자는 다른 생각을 할 필요가 없다. RER 역으로 가서 '나비고'를 5유로에 구입하자. 한국의 티 머니와 비슷한 파리의 교통카드다. 발급 후 33.4유로짜리 1~5존 일주일 교통카드를 입력하면 일주일간 시내 교통을 무제한 이용할 수 있는데다 공항 왕복까지 완벽하게 해결된다. 단, 일주일권의 유효기간은 무조건 월~일요일이므로, 목요일 이후부터 여행을 시작한다면 오히려 손해일 수도 있다. 이럴 경우는 공항 왕복을 따로 끊은 후 지하철 1회권 10매 묶음인 '까르네(Carne)'를 사는 편이 더 저렴하다.

🚌 버스, 또는 RER 40분~1시간

숙소 체크 인 및 휴식

캐세이퍼시픽 등 새벽에 도착하는 항공편을 이용하면 숙소에 도착했을 때 오전 9~10시 정도 된다. 점심시간까지는 숙소에서 푹 쉬자.

🚶 도보, 또는 지하철로 이동

맑은 날이나 비 오는 날이나, 샹젤리제 Champs - Elysees

파리 하면 가장 먼저 생각나는 노래인 '샹젤리제'. 후렴구의 가사는 이러하다. '맑은 날이나 비오는 날이나 낮이나 밤이나 샹젤리제에는 당신이 원하는 모든 것이 다 있다.' 파리의 대표적인 중심가인 샹젤리제는 파리의 도회적이고 화려한 이미지를 가장 잘 대변하는 곳이다. 세련된 차림으로 파리의 거리를 거니는 파리지앵과 거리 곳곳에 가득한 화려한 명품 숍 등이 눈길을 빼앗는다. 특히 샹젤리제의 루이비통 플래그십 매장은 쇼핑 여행자들의 성지처럼 여겨진

다. 남단의 콩코르드 광장부터 천천히 걸어 개선문까지 간 뒤 되돌아오거나, 개선문에서 시작하여 콩코르드 광장까지 걷는다. 유명한 맛집이나 카페, 디저트 숍도 많으므로 점심을 이곳에서 먹으며 천천히 시간을 보내자.

🚌 지하철 10~15분

파리하면 이것! 에펠탑 La Tour Eiffel

에펠탑이 처음 세워질 당시, 파리 시민들은 이 뾰족한 철탑에 하나같이 비난의 여론을 퍼부었다. 오래되고 고상한 파리와 전혀 어울리지 않는 건축물이라는 이유 때문이었다. 그러나 그때부터 백 년이 넘는 세월이 흘렀고, 그 세월 동안 에펠탑도 함께 늙어 이제는 '파리' 하면 가장 먼저 떠오르는 상징물이 되었다. 에펠탑이 가장 멋있게 보이는 곳은 샤이요 궁전(Palais de Chaillot) 앞으로, 지하철 6, 9호선 트로카데로(Trocadéro) 역과 바로 연결된다. 이곳에서 에펠탑까지는 도보로 약 20분 정도 걸린다. 에펠탑 꼭대기에 오르면 파리 시내가 한눈에 들어오기 때문에 특히 야경 명소로 인기가 높다.

• **주소** Champ de Mars, Paris　• **개장시간** 9:30~23:00(단, 6월 15일~9월 1일 9:00~24:00)
• **입장료** 꼭대기층 14유로　• **홈페이지** www.tour-eiffel.fr

🚌 지하철, 또는 도보 이동

센 강은 흐른다, 센 강 유람선

센 강은 파리의 심장을 관통하는 낭만의 맥으로, 파리를 거쳐 간 수많은 예술가들의 뮤즈가 되어준 곳이다. 센 강 유람선은 센 강의 야경을 가장 낭만적으로 볼 수 있는 수단으로, 강가에 위치한 수많은 명소들이 보석처럼 빛을 내는 모습을 즐길 수 있다. 에펠탑 바로 앞에서 출발하는 바토 파리지앵(Bateaux Parisiens)과 알마 다리 앞에서 출발하는 바토 무슈(Bateaux Mouches) 두 종류가 있는데, 대동소이하나 바토 무슈 쪽의 루트가 더 좋다는 의견이 많다. 요금은 11유로로, 1시간 정도 소요된다. 10월 중순이 넘으면 강바람이 차갑기 때문에 옷을 두툼하게 입고 타는 것이 좋다.

센 강 유람선의 밤 풍경

Day 2

오전 일정은 오르세 미술관. 고흐, 밀레, 모네, 피카소, 르누아르 등 교과서는 물론 광고, 간판, 책 표지 등에서 흔하게 접한 명작들을 실물로 볼 기회다. 오후에는 센 강 변을 산책한다. 파리의 가을, 계절이 주는 치명적인 낭만에 흠뻑 젖어보자.

쉽고도 감동적인 미술관, 오르세 미술관 Musée d'Orsay

오르세 미술관에 들르는 사람들은 하나같이 이렇게 말한다. '내가 아는 그림이 많아요!'라고. 오르세는 주로 19세기 후반부터 20세기 초 사이의 인상주의, 사실주의, 살롱파의 명작을 모아 놓은 미술관으로, 고흐, 세잔, 밀레, 모네 등의 대표작들을 전시하고 있다. 한국인들이 선호하는 유명 작품을 대거 소장·전시하고 있어 미술에 크게 관심이 없던 사람들조차 아는 작품을 심심치 않게 만날 수 있다. 기차역을 개조하여 만든 독특한 건물 모양새도 좋은 볼거리다.

• **주소** 1 Rue de la Legion d'honneur, Paris • **입장료** 9유로 • **홈페이지** www.musee-orsay.fr
• **개장시간** 화, 수, 금, 토, 일요일 09:30~18:00, 목요일 9:30~21:45(월요일 휴무)

🚶🚶 도보 이동

파리의 가을, 센 강 산책로

밤에 강물 위에서 바라보는 센 강변도 멋지지만, 직접 내 발로 밟으며 나의 속도로 천천히 바라보는 가을의 센 강은 그 어느 계절보다 로맨틱하다. 발아래 수북하게 깔린 낙엽을 사박사

박 밟으며, 강 양안에 서 있는 파리의 아름다운 건물, 우연히 마주치는 파리를 사랑하는 모든 이들의 미소를 눈에 담는 것은 그 자체만으로도 근사한 추억이 된다. 다리가 아프면, 또는 가슴에서 뭔가 알 수 없는 것이 솟구치면 잠시 아무 벤치에나 앉아서 가을 햇살과 함께 순간을 즐겨보자.

노트르담 성당의 종

🚶🚶 도보 이동

이 순간이 예술, 예술의 다리 Pont des arts

센 강 유일의 보행자 도로로, 파리 최초의 철제 다리라고 한다. 북단으로는 루브르 박물관과 이어지고, 건너편에는 시테 섬과 퐁네프의 모습이 보인다. 특히 저녁 무렵이 되면 노을이 살며시 내려앉는 센 강변의 풍경을 만끽할 수 있다. 너무 춥거나 덥지 않은 날이면 다리 위에서 맥주나 와인을 마시며 일종의 피크닉을 즐기는 파리지앵의 모습도 어렵지 않게 볼 수 있다. 만일 이 다리 위에서 느긋하게 즐길 무언가, 즉 맥주나 와인을 챙겨 왔다면 이후 일정은 모두 무시해도 무방하다. 그 순간 자체가 파리고, 예술일 테니까….

🚶🚶 도보 15~20분 소요

노트르담 성당 Notre-Dame de Paris

일명 〈노틀담의 꼽추〉로 알려진 빅토르 위고의 소설 『파리의 노트르담(Notre-Dame de Paris)』의 배경으로 유명한 성당으로, 나폴레옹의 대관식이나 샤를 드골 대통령의 장례식 등 역사적인 행사의 장소로도 유명하다. 건축물 및 내부의 스테인드글라스도 아름답지만 단연 압권은 꼭대기의 전망대에서 바라보는 파리의 저녁 풍경. 때가 맞는다면 저녁 미사를 보는 것도 추천한다. 종교와 관계없이 영혼이 정화되는 기분을 느낄 수 있다.

• **주소** Place du parvis de Notre Dame, Paris • **홈페이지** www.notredamedeparis.fr
• **개장시간** 월~금요일 07:45~ 18:45, 토 · 일요일 07:45~19:15 • **입장료** 옥상 7유로

🚶🚶 도보 이동

노트르담 성당   노트르담 성당에서 바라본 파리 시내 풍경

시테Cite 섬 밤 산책

가을, 파리의 밤공기는 매혹적이다. 아무리 피곤해도 쉽게 숙소에 들어가고
싶지 않을 만큼. 노트르담 성당에서 시작해 시테 섬을 한 바퀴 산책하며 아쉬
움을 덜어보자. 시테 섬은 파리의 발상지로, 노트르담 외에도 생트 샤펠 성당,
콩시에르쥬리 등 주요 건축물과 아름다운 광장들이 많이 있다. 특히 시테 섬
의 서쪽 끝과 센 강 양쪽 강변을 잇는 다리인 퐁네프는 영화 〈퐁네프의 연인
들〉에 나온 이후 파리 젊은이들의 로맨스를 대변하는 존재가 되었다. 시테 섬
은 그다지 크지 않은 규모이므로 밤 산책을 이어나가고 싶다면 북쪽의 시청
부근이나 남쪽의 생 미셸 거리 쪽으로 발걸음을 옮기자. 남쪽 건너편에는 영화 〈비포 선셋〉에
나온 후 유명해진 셰익스피어 앤 컴퍼니(Shakespeare&Company) 서점이 있다.

Day 3

이날의 일정은 굵직하다 못해 단순하다. 오전과 오후, 하루를 통째로 루브르 박물
관에 할애하고 저녁 때는 세계적으로 각광받는 레스토랑을 방문하여 근사한 만찬을
즐긴다. 말로 해서는 단순하지만 전체 일정 중 가장 예산이 많이 드는 날이다. 그리
고 '정점'을 체험하는 날이라고도 감히 말할 수 있다.

루브르 박물관 투어는 오전 9시경에 집합해 9시 30분에 시작한다.

위대한 인류의 보고, 루브르 박물관 Musée du Louvre

고대부터 근현대까지 인류가 이뤄낸 예술과 문화의 정점을 한자리에 모아놓은, 세계 최고라
고 해도 과언이 아닌 박물관이다. 전시 중인 소장품이 무려 40만 점에 달하기 때문에 모든

전시물을 꼼꼼히 보기 위해서는 꼬박 한 달을 잡아도 모자라다고 한다. 예술과 문화의 향기에 이끌려 파리를 찾은 여행자라면 하루 정도는 기꺼이 투자해도 전혀 아깝지 않다. '워낙 방대한 박물관이기 때문에 하루 동안 제대로 보기 위해서는 꼭 투어를 받는 것이 좋다.

- **주소** 99 Rue de Rivoli, Paris
- **개장시간** 수~월요일 09:00~18:00(수 · 금요일 09:00~22:00)
- **입장료** 10유로
- **홈페이지** www.louvre.fr

👣👣 도보, 또는 지하철로 이동

파리에서 즐기는 최고의 만찬

프랑스 요리는 미식의 정점이고, 파리는 그러한 프랑스 음식 문화의 최고봉이 모여 있는 도시다. 다른 날의 식비를 아끼는 한이 있더라도 한 끼 정도는 '최고'라고 불리는 레스토랑에서 근사한 만찬을 즐겨보자. 조엘 로부숑, 피에르 가니에르, 알랭 뒤카스와 같은 미식가들 가슴 설레게 하는 세계적인 스타 셰프의 레스토랑부터 미국 드라마 〈섹스 앤 더 시티〉에도 등장한 인기 레스토랑 'KONG', 파리에서 가장 오래된 레스토랑 '르 프로코프', 세계적인 명사들도 즐겨 찾는 '타유방', 이외에도 한 끼 식사 자체가 추억이 될 만한 기라성 같은 레스토랑들이 가득하다.

Day 4

공동묘지. 글자 그대로 보면 참 음산하고 매력 없다. 그러나 그것이 '파리의 공동묘지'라면, 게다가 가을이라면, 게다가 그곳에 지난 세기를 풍미한 예술가들이 영면하고 있다면, 얘기는 완전히 달라진다. 오전에는 파리에서 가장 예술의 향기가 진한 곳 중 하나인 페르 라세즈 공동묘지를, 오후 일정은 파리의 로망 스폿 중 한 곳인 몽마르트를 간다.

> 페르 라세즈는 시내 중심가에서 동쪽으로 약간 벗어난 곳에 위치하고 있다. 지하철 2, 3호선 페르 라세즈(Père Lachaise) 역에서 내린 뒤 10분 정도 걸으면 도착한다.

Rest in peace, 페르 라세즈 공동묘지 Cimetière du Père Lachaise

이곳에는 언제나 고요하고 적막한 평화, 그리고 차분한 슬픔이 감돈다. 언덕을 촘촘히 메운 정성스러운 비석과 석물들, 그리고 그 앞에 바쳐진 꽃과 관상식물들에서는 살아 있는 이들이 먼저 간 이들을 얼마나 그리워하고 있는지 묻어난다. 그래서 아름답다. 분명 공동묘지임에도 그 단어의 익숙한 어감과는 많이 빗나가는 아름다움이 존재한다. 특히 가을의 감수성과 너무도 잘 어울리는 곳이다. 이곳은 지난 시대의 예술가 및 명사들이 많이 잠들어 있는 것으로도 유명하다. 쇼팽, 오스카 와일드, 알퐁스 도데, 마리아 칼라스, 모딜리아니 등등 채 다 말할 수 없을 정도로, 예술을 사랑하는 여행자들의 순례 코스로도 사랑받고 있다. 특히 가장 인기(?)가 높은 것은 록그룹 도어스(Doors)의 보컬 짐 모리슨의 묘로, 이곳을 찾는 외국인 여행자 중 절반 이상은 짐 모리슨 묘에 참배하러 온 것이라고 봐도 좋다.

🚌 지하철 15~20분

> 몽마르트르 언덕은 케이블카(푸니쿨라), 도보, 버스로 오를 수 있다. 가장 애용되는 수단은 케이블카로, 2호선 앙베르 역에서 내리면 케이블카 승강장과 가깝게 연결된다.

예술가의 언덕, 몽마르트르 언덕 Montmartre

몽마르트르는 해발 130미터의 야트막한 언덕이지만, 사방을 둘러봐도 온통 평평하기만 한 파리에서는 최고로 높은 고지대다. 몽마르트르는 18~19세기에 예술가들이 거주하던 곳으로 유명한데, 사실 당시의 이곳은 지대가 높고 허름하여 집값이 싼 이른바 '달동네' 같은 곳이어서 가난한 예술가들이 모였던 것이라 한다. 고흐, 고갱, 로트렉, 드가 등의 화가와 피아니스트 에릭 사티 등이 몽마르트르를 대표하는 예술가들이다. 유명세에 비해 넓거나 크지 않고 볼거리가 다양한 곳도 아니나, 제2의 고흐나 드가를 꿈꾸며 오늘도 열심히 그림을 그리고 있는 화가들의 모습과 옛 파리의 예술혼을 따라온 여행자들의 다양한 모습을 보고 있노라면 지루하지 않게 시간이 흘러간다. 영화 〈아멜리에〉에 등장했던 스폿들을 찾아보는 것도 재미있고, 예술가의 단골집이었던 '라팽 아질(Lapin Agile)'도 찾아가 볼 만하다. 그러나 뭐니 뭐니 해도 이곳의 백미는 언덕 위에 우뚝 선 새하얀 성당 사크레 쾨르 사원(Basilique du Sacre—Coeur)과 그 앞 광장에서 보는 파리의 저녁 풍경이다.

Day 5

지금까지 돌아본 곳은 아무래도 파리지앵보다는 관광객들이 많은 곳이었다. 5일차의 오후에는 좀더 파리지앵의 삶과 밀착된, 파리지앵들이 사랑하는 골목들을 찾아본다. 오전에는 예술을 사랑하는 여행자가 파리에 왔다면 들르지 않을 수 없는 곳, 퐁피두 센터를 돌아본다.

정말 특이한 건물, 퐁피두 센터 Centre Georges Pompidou

앞서 에펠탑이 건설될 때 파리 시민들이 '파리답지 못한 건축물'이라는 이유로 반대했다는 얘기를 했다. 그러나 퐁피두 센터에 대면 에펠탑은 파리의 천 년 된 터줏대감이라 해도 될 정도다. 퐁피두 센터는 그만큼 파격적이고 전위적인 건축물로, 이 또한 건축 당시 '파리답지 못

하다'는 이유로 심한 반대에 부딪혔다고 한다. 상식적인 건축물과는 정반대로 골조와 배관이 모두 밖으로 드러난 형태로 지어졌으며, 심지어 엘리베이터도 밖으로 나와 있다. 내부는 프랑스 현대 미술관으로 꾸며져 있는데, 소장품의 수준도 높지만 건물 내부의 건축적 기능미를 보기 위해 오는 사람도 적지 않다. 입장료를 쓰고 싶지 않다면 건물을 돌아본 뒤 왼편에 있는 스트라빈스키 공원으로 가서 시간을 보내자.

🚶🚶 도보 20분

파리의 홍대, 마레 지구 Le Marais

마레(Marais)는 프랑스어로 '늪, 습지'라는 뜻으로, 원래 이곳은 파리 외곽의 넓은 늪지대였으나 17세기부터 택지로 개발되어 귀족들의 저택들이 들어선, 일종의 신도시였다. 현재는 당시의 저택을 이용해 각종 박물관 및 전시 시설로 쓰고 있고, 골목마다 예쁜 카페나 레스토랑들이 들어서 파리에서도 가장 예쁜 골목의 거리로 손꼽히고 있다. 마음에 드는 카페를 찾아 잠시 시간을 보내거나 윈도 쇼핑을 하며 마레의 거리를 만끽하자.

🚶🚶 도보 20~30분

오래된 문화의 향기, 생 제르맹 데 프레 Saint-Germain-des-Pres

루브르 박물관 및 시테 섬의 남쪽 지역으로, 소르본 대학을 중심으로 형성된 일종의 대학가다. 이 일대를 카르티에 라탱(Cartier Latin)이라고도 하는데, 이는 '라틴 구역'이라는 뜻으로 과거 소르본 대학에서는 라틴어로 수업을 진행했기 때문에 지나다니는 학생들이 죄다 라틴어로 말을 하고 다녀서 붙은 별명이라 한다. 파리에 거주하던 예술가와 사회적 명사들이 사랑하던 거리로, 오래된 카페와 책방들이 많아 문화적이고 고상한 느낌이 물씬 풍기는 곳이다.

🚶🚶 도보 10~20분

예술가들의 단골집, 카페 드 플로르 Cafe de Flore와 레 뒤 마고 Les Deux Magots

지적인 향기가 가득한 생 제르맹 거리에는 일세를 풍미한 파리의 예술가들이 즐겨 찾던 단골

카페 드 플로르

카페들이 있다. 그중 가장 유명한 곳이 카페 드 플로르와 레 뒤 마고로, 길을 사이에 두고 나란히 있어 찾기도 어렵지 않다. 카페 드 플로르는 사르트르와 보바르가 사랑을 속삭이던 곳으로 유명하고, 레 뒤 마고는 피카소, 생텍쥐페리 등이 즐겨 찾던 곳이다. 두 곳 다 사실 겉으로 보기에는 평범하나, 그곳에 깃든 이야기를 생각하면 결코 평범할 수 없는 곳이다.

Day 6

지금까지는 파리라는 도시의 가을 감수성과 예술의 흔적을 살펴봤다. 실질적인 파리 여행의 마지막 날. 거장들의 사랑과 절망, 삶이 묻어 있는 파리의 교외지역으로 간다. 모네가 살던 지베르니, 그리고 고흐의 수많은 명작이 탄생한 곳인 동시에 그가 최후를 맞은 곳인 오베르 쉬르 우아즈로, 출발이다.

지베르니&오베르 투어는 오전 9시에 파리를 출발한다. 두 곳 외에도 퐁텐블로, 샹티이 성 또는 간단한 파리 투어 중 한 곳을 택하여 함께 돌아볼 수 있다. 투어는 전용 차량으로 진행되며, 투어비 외에 식대나 입장료는 모두 개인이 지불해야 한다.

모네가 살던 곳, 지베르니 Giverny

파리에서 약 1시간 정도 떨어진 곳에 위치한 한적한 시골 마을로, 클로드 모네가 40년 이상 거주하며 작품 활동을 한 곳이다. 이곳의 주요 볼거리는 단연 모네의 집으로, 모네의 그림에 자주 등장하는 수련이 핀 연못을 직접 볼 수 있다. 아주 작은 시골 마을이므로 모네의 집과 군소 미술관들 외에는 이렇다 할 관광지는 없다. 그러나 맑은 가을날 프랑스 시골의 정취, 그리고 모네의 그림에서만 느껴지던 평화와 고즈넉함을 몸소 느낄 수 있다.

🚐 전용 차량으로 이동

까마귀가 날던 바로 그 밀밭, 오베르 쉬르 우아즈 Auvers sur Oise

고흐의 생애는 불행했다. 가난과 정신병은 그를 평생 따라다녔고, 작품은 세상의 인정을 받지 못했으며, 사랑과 인간관계 그 어느 것에도 성공하지 못했다. 스스로 자신의 귀를 잘라낼 정도로 정신이 극한에 몰린 고흐는 1890년 오베르에 살던 한 정신과 의사를 찾아가 몸을 의탁하고 3개월도 되지 못하는 시간 동안 80여 점의 작품을 쏟아낸다. 그러나 결국 그는 오베르로 내려갔던 그해 가을, 밀밭에서 권총으로 자신의 가슴을 쏘아 생을 마감하고 만다. 오베르 쉬르 우아즈에서 남긴 그의 유명한 작품으로는 〈오베르의 교회〉와 〈까마귀가 나는 밀밭〉이 있으며, 현재 오베르에는 〈오베르의 교회〉의 모델이 되었던 교회가 그 모습 그대로 남아 있다.

Day 7~8

이제 파리를 떠날 시간이다. 한국 행 경유편 비행기는 보통 오후 1시 정도에 있으므로, 시내에서 오전 10시 정도에는 출발해야 한다. 만일 시간이 남는다면 샹젤리제 또는 오페라 주변의 갤러리 라파예트 백화점 등에서 쇼핑을 하자.

> 루아시 버스(Roissy Bus), RER 등을 타고 공항으로 이동한다.

🚌 버스, 또는 RER 1시간

샤를 드골 공항 도착
한국으로 출발!

✈ 기내 1박

인천 공항 도착

HOTEL DE VILLE
VINCENT VAN GOGH - LA MAIRIE D'AUVERS.
Collection particulière.
Le Champ de blé aux corbeaux

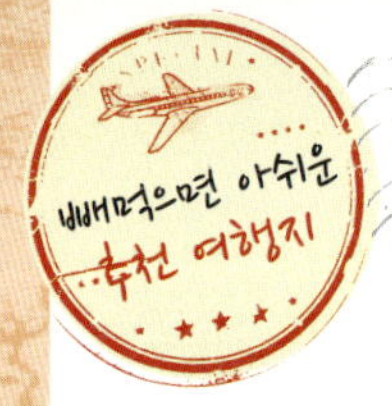

파리에서 하루 더 머문다면
꼭 가봐야 할 곳

베르사유 궁전 Palais de Versailles

유럽에서 궁전을 딱 하나만 간다면 어디로 가야 할까? 이 질문에 나올 대답의 수는 그다지 많지 않으며, 그나마 하나로 수렴될 확률이 아주 높다. 베르사유 궁전은 18세기 부르봉 왕가의 절대 권력과 향락의 극치를 대변하는 궁전으로, 유럽 근대 건축물 중 가장 화려하고 사치스럽다 해도 과언이 아니다. 정원만 돌아보아도 반나절 코스이며, 건물들을 꼼꼼히 살펴보려면 넉넉히 하루는 잡아야 한다.

몽파르나스 지구 Montparnasse

파리 시내 남쪽에 위치한 일종의 부도심으로, 18~19세기 파리의 예술가들, 특히 문인들이 주로 활약하던 곳이다. 지금은 파리다운 고풍스러운 건물과 현대적인 고층빌딩가가 섞인 활발한 상업지구가 되어 있다. 파리에서 가장 높은 건물 중 하나인 몽파르나스 타워의 전망대는 에펠탑이나 노트르담에 비해 유명세는 떨어지지만 알고 보면 파리에서 가장 뛰어난 전망을 자랑하는 곳이다.

베르시 빌라주 Bercy Village

파리 동쪽 12구 베르시 지구에 위치한 쇼핑몰 단지로, 19세기의 대형 와인 창고 단지를 개조하여 고풍스러우면서도 재미있는 모습을 하고 있다. 쇼핑몰, 호텔, 와인바, 레스토랑 등이 베르시 빌라주의 개성을 살린 모습으로 자리하고 있으며 숨겨진 맛집이나 카페가 많은 것으로도 유명하다.

가을이 근사한 또 다른 여행지

일본 교토 Kyoto

세계문화유산으로 가득한 일본의 천년고도 교토. 사철이 다 아름다운 교토이지만, 가을이 되면 더욱 더 빼어난 아름다움을 뽐내게 된다. 단풍나무를 비롯한 모든 나무가 붉은색 및 갈색으로 물들어 차분한 빛깔의 옛 건물과 놀라운 조화를 이룬다. 기요미즈데라, 긴카쿠지 등 시내의 명소들과 오하라, 아라시야마 등 외곽 지역 어느 한 곳 빠지는 곳 없이 아름다운 가을의 자태를 뽐낸다.

중국 항저우&쑤저우 Hangzhou&Suzhou

상하이에서 서쪽으로 떨어진 지역에 위치한 작은 고도로, 서호를 중심으로 호수와 운하가 아름답게 펼쳐진 풍경 때문에 '중국의 베니스'라는 별명을 갖고 있다. 가을 햇살을 맞으며 정원을 산책하거나 호수에서 배를 타는 운치를 한껏 즐길 수 있다. 보통 상하이와 연계하여 패키지 여행 상품으로 인기가 높으나, 자유여행으로 떠나면 시간을 넉넉하게 잡고 경치와 감성을 만끽할 수 있어 좋다.

캐나다 메이플 로드 Maple Road

캐나다는 국기부터 단풍이 그려져 있는 곳으로, 세계 어느 곳 이상으로 아름다운 단풍을 즐길 수 있다. 10월 중순에서 11월 초까지 단풍철이 되면 캐나다 동부에 일명 '메이플 로드'라 하여 단풍을 만끽할 수 있는 루트가 생기는데, 나이아가라 폭포부터 시작하여 토론토와 몬트리올을 거쳐 퀘벡까지 이어지는 장장 800킬로미터 길이다. 가을다운 감수성과 캐나다다운 스케일을 모두 만끽할 수 있다.

WINTER

★ 캐나다의 눈꽃 열차, 그리고 오로라를 만나러 가다 _ 캐나다 오로라+스노 트레인 5박 7일

★ 하늘, 바람, 별… 세상 아무것도 부럽지 않아 _ 뉴질랜드 북섬 캠퍼밴 여행 8박 9일

★ 겨울 로망에 관한 모든 것 _ 일본 홋카이도 겨울 여행 5박 6일+α

★ 남에서 북까지 대륙을 종단하는 짜릿한 모험 _ 베트남 종단 여행 6박 8일

★ 내가 지금 잘 살고 있는 걸까, 문득 생각나면 _ 인도 골든 트라이앵글 여행 5박 7일

Travel Course

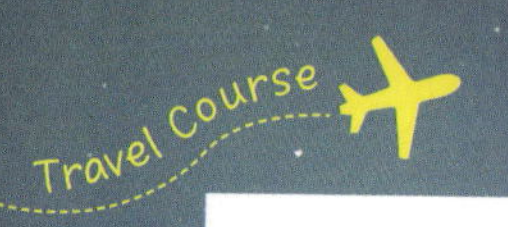

캐나다의 눈꽃 열차, 그리고 오로라를 만나러 가다

캐나다 오로라+스노 트레인 5박 7일

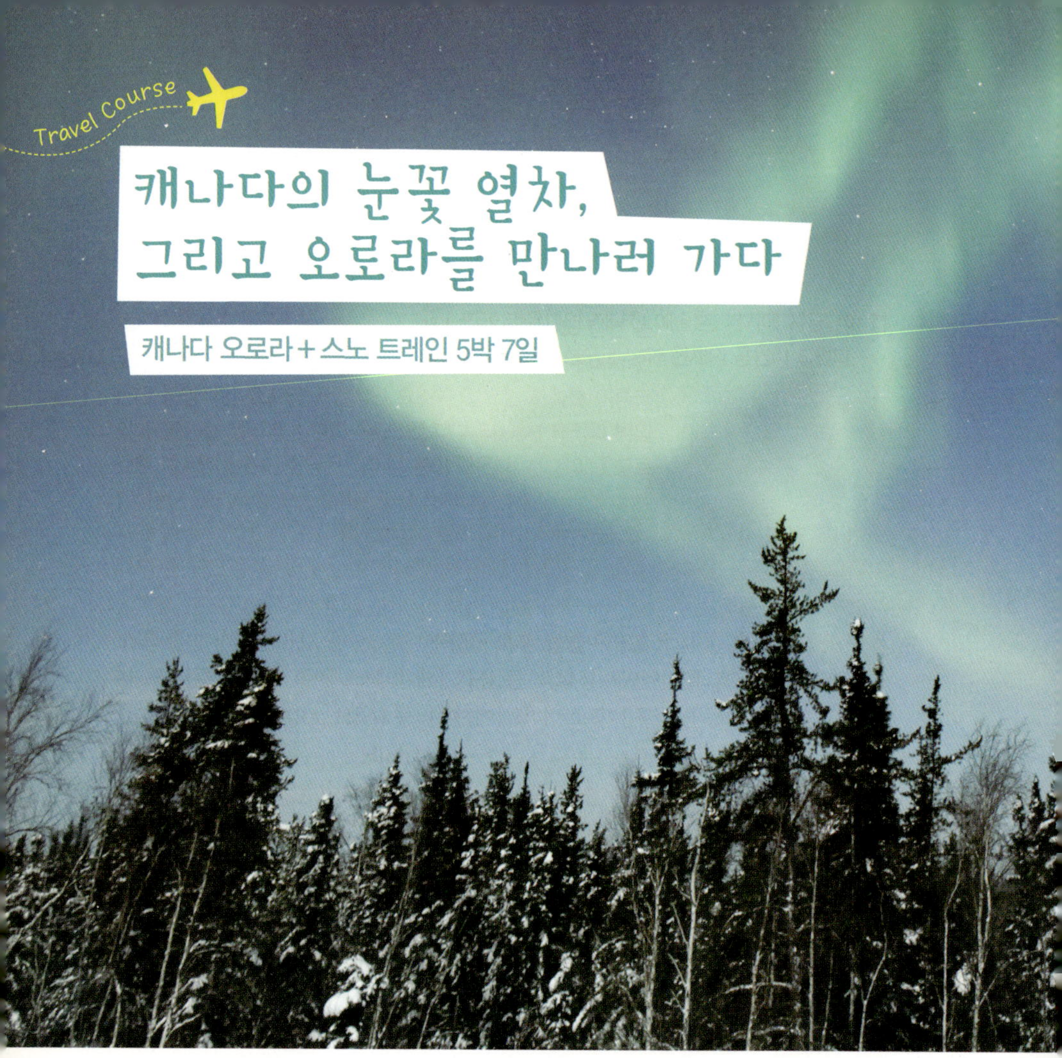

이토록 아름다운 빛이 있을까

정확히 몇 살인지는 기억이 안 나지만, 어렸을 적 우연히 외국 다큐멘터리에서 오로라를 본 순간부터 오로라를 보고 싶다는 열망에 빠진 것 같다. 캄캄한 밤하늘에 초록빛을 내뿜으며 춤을 추듯 내려오는 오로라가 자연현상이라는 사실을 도무지 믿을 수 없었다. 내 눈으로 직접 봐야만 믿을 수 있을 것 같아 일생에 한 번은 보러 가고 싶다는 생각이 들었다.

오로라는 '새벽'이란 뜻의 라틴어로 1621년 프랑스의 과학자 피에르 가센디가 로마 신화에 나오는 여명의 신 아우로라(Aurora)의 이름을 따서 지은 것이다. 북쪽에서 시작되어 '북극의 빛(Northern Lights)'이라고도 부른다.

몇 년 전, 나의 버킷리스트 중 하나였던 오로라와의 조우가 마침내 현실로 이뤄졌다. 캐나다 포트 맥머리로 오로라 여행을 가게 된 것이

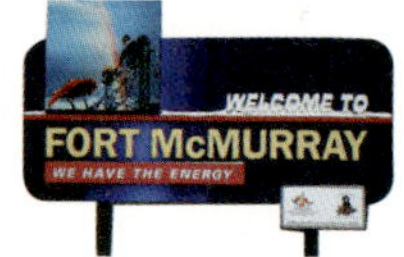

ⓒ권오철

다. 차디찬 겨울밤, 오랜 기다림 끝에 거짓말처럼 오로라가 모습을 드러내자 그 어떤 감탄사도 나오지 않았다. 모든 것을 압도하는 경이로움에 그저 마음을 빼앗겼을 뿐…. 칠흑같이 어두운 밤하늘을 찬란하게 물들이는 오로라는 예고 없이 나타났다 사라지는 데 짧게는 몇 분, 길게는 두 시간까지 걸리기도 했다.

오로라를 본 뒤에는 총 1만 4,000킬로미터에 이르는 철로 위를 달리는 비아 레일 캐나다(VIA Rail Canada)를 경험했다. 겨울이 되면 만년설이 덮인 높은 산봉우리가 이어지는 재스퍼 국립공원까지 캐나디안 로키의 겨울 정취를 만끽할 수 있는 스노 트레인(Snow Train)이 운행된다. 끝없이 펼쳐지는 아름다운 설경은 영화 〈닥터 지바고〉의 배경이 되었다.

빛의 커튼 오로라, 눈 덮인 침엽수림 사이를 달리는 개썰매, 기차를 타고 감상하는 캐나디안 로키는 겨울에만 체험할 수 있거나 겨울이라서 특별한 생명력을 얻는 것들이다. 바로 그 순수한 대자연을 만끽할 수 있는 캐나다의 겨울로 안내한다. YJ

오로라 여행, 이렇게 준비한다!

언제 갈까? 오로라를 관측할 수 있는 기간은 일 년에 7~8개월 정도로 9월 부터 이듬해 4월까지 관측이 가능하다. 이 기간에 포트 맥머리에 3일 정도 머물 경우 오로라를 볼 수 있는 확률은 94% 이상 된다. 대기가 깨끗한 날에 관측할 수 있는 확률이 높으므로 수정처럼 투명한 겨울밤이 최적의 시기다.

어떻게 가지? 오로라가 관측되는 곳 중 하나인 캐나다 앨버타 주 북부의 포트 맥머리까지 바로 가는 직항편이 없으므로 인천에서 밴쿠버까지 간 다음, 이후 국내선으로 환승한다. '인천–밴쿠버' 국제선 직항 티켓과 '밴쿠버–에드먼턴–포트 맥머리' 국내선 티켓을 구입한다.

대한항공, 아시아나항공, 에어캐나다에서 밴쿠버 행 직항편을 운항한다. 인천에서 밴쿠버까지 10시간, 밴쿠버에서 포트 맥머리까지는 3시간 30분 정도 소요된다. 국내선까지 한 번에 예약할 수 있는 에어캐나다를 이용할 것을 권한다. 돌아오는 항공편은 '에드먼턴–밴쿠버' 구간을 빼고 예약한다. 이 구간은 스노 트레인을 이용하기 때문이다.

얼마나 들까? **예산** 총 380만 원 정도(항공료 160~170만 원선, 스노 트레인 티켓 60만 원, 숙박과 식사가 포함된 현지 오로라 투어 비용 60만 원선, 에드먼턴 1박 숙소&식사 비용 20만 원, 액티비티 및 교통비 등 기타 비용 70만 원).

환전 여행 경비 전액을 캐나다 달러(CA$)로 환전한다. 1캐나다 달러는 약 1,130원(2012년 4월 기준).

신용카드 숍과 레스토랑에서 신용카드를 사용하기에 전혀 불편함이 없다. 비자카드나 마스터카드를 준비해 가자.

미리 준비하자! **비자** 무비자 6개월 체류 가능.
언어 영어와 프랑스어.

오로라 투어 오로라는 개별적으로 보기 힘들기 때문에 현지의 전문 여행사를 통해 체험하는 것이 좋다. 알타캔 오로라 투어스(Alta-can Aurora Tours)는 포트 맥머리에서 오로라를 전문으로 취급하는 여행사다. 오로라 투어는 3박 4일 일정으로 구성된다. 한 달에 6번 프로그램이 진행되며, 최소 인원은 4명이다. 투어 상품에는 3일간의 숙박, 공항과 숙소까지의 왕복 교통편, 전 일정의 식사, 오로라 관측을 위한 차량, 관측소에서의 음료 및 다과가 포함되어 있다.

• **알타캔 오로라 투어스** www.altacan.ab.ca

스노 트레인 캐나다의 국영 철도인 비아 레일(VIA Rail)에서는 캐나다의 겨울을 만끽할 수 있는 눈꽃 열차를 매년 11월부터 3월까지 한시적으로 운행한다. 스노 트레인은 에드먼턴과 재스퍼를 오가는 '스노 트레인 투 재스퍼'와 토론토–재스퍼–밴쿠버를 운행하는 '스노 트레인 온 더 캐나디안' 등 두 종류가 있다. 이 중 스노 트레인 온 더 캐나디안을 예약해야 하며, 구간은 에드먼턴 출발, 밴쿠버 도착으로 스케줄을 잡는다.

• **비아 레일** www.viarail.ca

숙소 구하기 포트 맥머리 오로라 투어를 예약하면 숙박과 식사가 모두 제공되므로 포트 맥머리에서는 숙소를 별도로 알아볼 필요가 없다. 에드먼턴 다운타운에 숙소가 몰려 있다. 1915년에 개점한 유서 깊은 호텔인 '페어몬트 호텔 맥도널드'도 이곳에 있다.

짐 꾸리기 **옷&신발** 영하 30도의 추운 겨울밤에도 끄떡없는 방한복은 필수다. 단, 오로라 투어에 참가하면 우주복 같은 방한복과 털이 달린 부츠, 벙어리장갑을 빌려준다. 방한복은 옷을 여러 겹 껴입을 수 있도록 사이즈가 넉넉하니, 내복은 물론 스타킹 등 안에 껴입을 옷을 최소 4~5개 정도로 단단히 챙기자. 모자, 머플러, 핫팩 등도 필수 아이템이다.

수영복 또는 스키복 머물고자 하는 호텔에 수영장이 있다면 수영복을 챙길 것. 포트 맥머리에서 스키장에 갈 계획이라면 스키복을 준비해 간다.

미리 보고 가자! **다큐멘터리 〈남극대기행:제3편 신비로운 빛, 오로라의 비밀〉** 2010년 KBS에서 방영된 오로라 다큐멘터리로, 여행 가기 전에 오로라 관련 다큐멘터리를 보면 오로라를 보러 간다는 사실이 더욱 감격스러워질 것이다. 오로라에 대해 미리 배워볼 수 있어 흥미롭다.

아는 만큼 보인다!

Q 오로라가 뭘까?

오로라를 과학적으로 정의하자면 '태양 표면의 폭발로 우주 공간으로부터 날아온 전기를 띤 입자가 지구 자기 변화에 의해 대기 중 산소 분자와 충돌해서 일어나는 신비로운 자연 현상'이다. 지구에서 관측되는 오로라는 지상 100킬로미터 상공에 나타난다.

Q 오로라는 무슨 색일까?

오로라는 초록색, 빨간색, 흰색 등의 색깔을 띠지만 대부분이 초록색으로 붉은색은 거의 찾아보기 힘들다. 모양을 수시로 바꾸며 빠른 속도로 움직일 때 그 아름다움이 배가된다. 밝기는 0.01럭스에서 0.1럭스 정도로 불을 켠 양초를 1미터 거리에서 바라보는 것과 밝기가 비슷하다.

Q 오로라는 많이 관측되는 해가 있다?

보통 태양은 11년을 주기로 지구의 자장과 충돌하며 차고 기울기를 반복한다. 태양 표면에 반점처럼 드러나는 태양흑점은 오로라의 활동을 예측하는 데 결정적 역할을 해주므로 태양흑점의 움직임에 주목할 필요가 있다. 2011년부터는 태양흑점이 상승하는 곡선에 있다. 지금까지의 통계에 의하면, 2011년을 시작으로 2013~2014년 사이에 태양 활동이 가장 활발해질 것으로 기대된다. 즉, 이 기간에는 오로라 활동이 크게 증가하기 때문에 그만큼 관측할 수 있는 확률이 높다.

Q 관측 장소로는 어디가 좋을까?

불빛이 최소한으로 비치며 북쪽이 잘 보이고 사방이 확 트인 곳이 오로라를 보기에 가장 좋다.

Q 오로라는 사진 찍기가 어렵다?

평생토록 기억에 남을 황홀한 오로라를 본 사람이라면 누구나 카메라에 담아 영원히 간직하고 싶을 것이다. 최소한의 장비를 갖추고 있다면 초보자라고 해도 어렵지 않게 사진을 찍을 수 있다. 우선 카메라는 수동 기능이 있는 카메라를 준비해야 한다. 14미터 정도의 광각 렌즈가 필요하다. 디지털 카메라의 ISO는 400이 적당하며, 셔터 스피드는 30초~1분(렌즈의 밝기 F 2.8인 경우)으로 느리게 맞춰야 한다. 야간에 촬영해야 하므로 삼각대는 필수다.

캐나다 오로라+스노 트레인 5박 7일

날짜	루트	여행 일정
Day 1	밴쿠버 ⇨ 포트 맥머리	**오전** 포트 맥머리 도착 **오후** 호텔에서 휴식 및 부대시설 이용 **저녁** 환영 디너 파티 **밤** 오로라 관측
Day 2	포트 맥머리	**오전 · 오후** 개썰매, 스노슈잉 등 겨울 액티비티 체험 **밤** 오로라 관측
Day 3	포트 맥머리	**오전 · 오후** 오일샌드 현장 방문 **밤** 오로라 관측
Day 4	포트 맥머리 ⇨ 에드먼턴	**오전** 에드먼턴으로 이동 **오후** 웨스트 에드먼턴 몰에서 쇼핑
Day 5	에드먼턴 ⇨ 재스퍼 ⇨ 밴쿠버	**오전 · 오후** 1 스노 트레인 탑승 후 열차 내 다양한 시설 즐기기 2 천장 유리로 파노라마처럼 펼쳐지는 캐나디안 로키 감상하기
Day 6	밴쿠버	**오전** 밴쿠버 도착 후 귀국편 탑승
Day 7	한국	인천 공항 도착

Day 1

항공편을 이용하여 포트 맥머리에 도착한다. 장시간의 비행으로 피곤할 수 있으므로 환영 디너 전까지 숙소에서 휴식을 취한다. 오로라 투어의 첫날은 오로라에 대해 배워보는 시간도 마련되어 있다. 밤이 되면 두근두근 오로라를 만나러 가자.

밴쿠버 도착 후 에드먼턴 행 국내선으로 환승(2시간 10분) ⇨ 에드먼턴 도착, 포트 맥머리 행 경비행기로 환승(1시간 15분) ⇨ 포트 맥머리 도착

포트 맥머리 Fort McMurray 공항 도착

오로라 투어를 예약하면 가이드가 공항 픽업을 나온다. 공항에 도착하자마자 상상을 초월하는 추운 날씨에 깜짝 놀라게 된다. 영하 10도만 내려가도 호들갑을 떨었던 곳에서 온 여행자에게 영하 30~50도의 추위는 가히 충격적이다. 짐을 찾은 후 가방에서 방한복을 몇 개 더 껴입고 단단히 마음의 준비를 하고 공항 밖으로 나가도록 하자.

🏠 숙소 이동(약 10분)

소우리지 인&컨퍼런스 센터 Sawridge Inn & Conference Center

격자 유리로 된 입구에 들어서면 높은 나무 천장이 인상적인 스위스 샬레풍의 로비가 펼쳐진다. 객실과 연결되는 로비 옆 공간에는 울창한 나무와 우거진 정원, 수영장과 자쿠지가 있다. 오로라를 보려는 여행객들이 많이 묵어서인지 호텔 곳곳에 오로라 사진이 걸려 있다. 객실 수준은 무난한 편이다.
오로라 관측은 밤부터 시작되므로 숙소에 머물며 수영장 같은 부대시설을 이용한다. 수영장은 온수로 채워져 있어 몸을 녹이기에 그만이다. 저녁에는 숙소에서 환영 디너 파티가 열린다. 식사를 하며 시청각 자료를 통해 오로라에 대해 배워볼 수 있다. 캐나다 맥주도 맛보자.

- **주소** 1200 Main Street South Slave Lake, Alberta
- **홈페이지** www.sawridgefortmcmurray.com

🚐 전용 차량 10분

오로라 관측하러 가기

자, 드디어 오매불망 꿈꿔온 오로라를 보러 출발! 저녁 식사 후 가이드와 함께 관측소로 이동한다. 오로라 관측이 가장 잘 되는 시간은 밤 11시부터 새벽 1시경이다. 언제 나타났다 사라질지 모르기 때문에 끈기 있게 기다려야 한다. 오로라 투어 프로그램에는 오로라를 기다리는 동안 지루함을 느끼지 않게 하기 위해 다양한 즐길 거리를 제공한다. 별자리 공부, 북쪽 하늘을 망원경으로 감상하며 태양의 흑점 찾기, 폭죽놀이, 카드 게임 등을 즐길 수 있다. 혹여 오늘 오로라를 보지 못했더라도 실망은 금물! 내일과 모레도 기회가 있으니까 말이다.

Day 2

첫째 날에 이어 둘째 날의 핵심 일정도 오로라 관측이다. 그렇다고 해서 낮 시간 동안 할 일이 없을 것이라는 걱정은 하지 않아도 된다. 오로라 관측 시간 전까지 개썰매, 스노슈잉 등 다양한 겨울 액티비티가 가득하다. 개썰매와 스노슈잉은 현지의 여행사에 신청할 수 있다. 만약 스키 마니아라면 스키장으로 Go Go!

드넓은 눈벌판에서는 신나는 개썰매 Dogsledding

북극 비장에서 운송수단으로 이용된 개썰매를 직접 타볼 수 있는 절호의 기회다. 8~10마리의 시베리안 허스키가 이끄는 썰매에 두 사람이 타게 되는데, 눈 덮인 침엽수림 사이를 달리는 기분이란 그야말로 백만 볼트짜리의 전기가 통하는 짜릿함, 그 이상이다. 썰매를 탈 때에

는 몹시 추우므로 목도리나 모자를 반드시 착용하도록 한다. 10분 정도 개썰매를 타고 나면 북미 원주민 전통방식으로 만든 원뿔형 천막인 티피(Teepee) 텐트에서 꽁꽁 언 몸을 녹이게 된다. 티피 텐트 안에는 장작불을 지핀 커다란 난로가 있어 바깥과 달리 훈훈하다. 가느다란 나무 꼬챙이에 끼운 마시멜로를 난롯불에 구워 먹는 재미가 꽤 쏠쏠하다.

설원을 걷는 즐거움, 스노슈잉 Snowshoeing

강원도 지방의 설피와 비슷한 스노슈즈는 별다른 기술이 없어도 누구나 즐길 수 있다. 전통적으로 겨울 사냥을 할 때 이용되던 스노슈즈는 박달나무로 만들었는데, 테니스 라켓을 연상시키는 큼직한 스노슈즈를 신발 위에 덧신고 걸으면 무릎까지 푹푹 빠지는 눈길이나 언덕 길에서도 미끄러지지 않고 걸을 수 있다. 발걸음을 옮길 때마다 '뽀드득' 하며 눈이 부서지는 소리를 듣는 것이 재미있다.

비스타 릿지 스키 리조트 Vista Ridge Ski Resort

300명의 스키어와 100명의 스노보더를 수용할 수 있는 스키장. 산을 훼손하지 않고 만든 자연친화적 슬로프의 보슬보슬한 파우더 스노 위에서 스키를 즐길 수 있다. 어린 시절 누구나 한 번쯤 타봤음 직한 튜브 타기도 맘껏 즐겨보자.

• **주소** PO Box 5252 Fort McMurray, Alberta • **요금** 종일권 38캐나다 달러, 반일권 34캐나다 달러
• **홈페이지** www.vistaridge.ab.ca

숙소로 컴백

숙소에서 휴식 및 저녁 식사

🚐 전용 차량 10분

오로라 관측하러 가기

오로라를 기다리는 틈틈이 오로라 사진 찍기 연습을 해둘 것. 추운 겨울밤 따뜻한 국물이 생각날 때를 대비해 컵라면을 준비해 가자. 라면 국물을 먹는 것만으로도 체감온도가 10도는 올라갈 것이다.

Day 3

사실 포트 맥머리는 오로라보다 오일샌드로 더 많이 알려져 있다. 셋째 날에는 어제 미처 경험해보지 못한 겨울 액티비티를 즐기거나, 포트 맥머리 오일샌드의 현장과 오일샌드의 과거, 현재, 미래를 한눈에 볼 수 있는 오일샌드 디스커버리 센터를 방문한다. 밤에는 눈에 넣어도 아프지 않을, 시리도록 아름다운 오로라를 관측하러 간다.

오일샌드 버스 투어 Oil Sand Bus tour

포트 맥머리에는 1,759억 배럴에 달하는 오일샌드가 매장되어 있는데 이는 세계에서 가장 많은 양이다. 때문에 캐나다는 사우디아라비아에 이어 제2의 산유국이 되었다. 18세기 포트 맥머리의 원주민들은 오일샌드로 카누에 방수처리를 하기도 했다고 한다.

오일샌드는 석탄을 캐듯 노천에서 포클레인으로 채굴한다. 오일샌드 채굴에 사용되는 포클레인 크기는 상상을 초월한다. 불길을 내뿜는 오일샌드 개발 현장은 영화 〈터미네이터〉의 한 장면을 떠올리게 한다. 오일샌드 시추업체인 선코(Suncor)에서 제공하는 오일샌드 버스 투어에 참가하면 그 현장을 생생하게 경험할 수 있다.

• 투어 예약 tours@fortmcmurraytourism.com

오일샌드 디스커버리 센터
The Oil Sands Discovery Centre

1985년에 문을 연 오일샌드 전시관이다. 이곳에 입장하면 가장 먼저 오일샌드 역사에 대한 시청각 자료를 15분간 감상하게 된다. 감상이 끝난 후에는 오일샌드에서 원유를 추출하는 원리를 간단한 실험을 통해 알기 쉽게 보여준다. 오일샌드를 채굴하는 거대한 포클레인을 직접 조작해보는 흥미로운 경험도 기다리고 있다.

- **개장 시간** 하절기 09:00~17:00, 동절기 10:00~16:00(월요일 휴무)
- **홈페이지** www.oilsandsdiscovery.com

숙소로 컴백

숙소에서 휴식 및 저녁 식사

🚐 전용 차량 10분

마지막 밤, 오로라 관측하러 가기

첫째 날이나 둘째 날에 오로라를 봤다고 하더라도 오로라를 본다는 설렘은 결코 줄어들지 않을 것이다. 어제 봤던 오로라의 모양이나 색깔과는 또 다른 오로라를 만날 수 있기 때문이다. 평생 잊지 못할 아름다운 오로라의 밤을 만들어보자.

Day 4

오로라의 감동을 뒤로 한 채 경비행기를 타고 에드먼턴에 도착한다. 에드먼턴은 오로라 투어와 캐나디안 로키 여행의 거점이 되는 도시다. 시내의 숙소에서 체크인을 마친 후에는 13만여 평에 달하는 엄청난 규모로 기네스북에 오른 웨스트 에드먼턴 몰에 들러 도시 여행의 즐거움을 느껴보자.

포트 맥머리에서 경비행기로 에드먼턴에 도착(1시간 15분) ⇨ 도착 후 숙소 이동(약 10~20분)

시내의 숙소로 이동

숙소에 짐을 풀고 바로 밖으로 나오자.

🚐 택시, 또는 버스로 이동

최대 규모의 쇼핑몰, 웨스트 에드먼턴 몰 West Edmonton Mall

시내 중심가에서 서쪽으로 9킬로미터 떨어진 곳에 있으며, 엄동설한에도 추위를 잊은 채 쇼핑을 만끽할 수 있다. 유리 돔으로 덮인 건물 안에는 800개가 넘는 상점이 입점해 있는데, 더 베이, 시어스, 이튼, 세이프웨이 등 대형 백화점을 비롯해 세계 각국의 요리를 맛볼 수 있는 110여 개의 레스토랑, 19개의 극장, 3,000명을 수용할 수 있는 워터파크, 북미 하키 리그 경기 규격에 맞는 아이스링크, 50개 이상의 어트랙션이 있는 놀이동산 등이 있다. 워낙 규모가 커서 길을 잃어버리기 십상이므로, 곳곳에 있는 지도를 보고 계획적으로 움직여야 한다. 저녁 식사도 이곳에서 해결하도록 하자.

• 주소 2472, 8882-170 Street Edmonton, Alberta　• 영업시간 10:00~21:00　• 홈페이지 www.wem.ca

> **Tip** **세금 부담 없이 쇼핑을 즐기자**
>
> 캐나다에서 물건을 구입할 경우 G.S.T(Government Sale Tax)와 7~8% 정도의 주세(州稅)가 부과된다. 물건 가격만 보고 샀다가 세금이 더해진 금액을 보면 으근히 부담이 된다. 하지만 에드먼턴이 속해 있는 앨버타 주는 캐나다에서 유일하게 주세가 없다. 웨스트 에드먼턴 몰에서 쇼핑할 때 세금에 대한 걱정 없이 쇼핑을 마음껏 즐겨보자.

Day 5

다섯 째 날은 눈꽃 열차를 타고 캐나디안 로키의 설경을 만나러 간다. 기차는 천장이 유리로 되어 있어 180도로 펼쳐지는 캐나디안 로키 산맥의 경치를 온몸으로 느껴볼 수 있다. 열차 여행의 로망을 만끽하자.

> 오전에 에드먼턴 역으로 이동해 '스노 트레인 온 더 캐나디안'에 탑승한다. 기차 출발 시간에서 1시간 전에 도착하면 된다. 미리 예약한 티켓을 출력해서 가져가면 바로 수속할 수 있다.

> **Tip** **실버&블루 클래스 Sliver&Blue Class**
>
> 스노 트레인은 일등석인 실버&블루 클래스를 이용한다. 기차를 타는 동안 호텔에서 지내는 듯한 편안함을 그대로 누릴 수 있다. 객실에는 의자, 화장실, 세면대가 있고 세면대에는 비누, 로션, 타월 등의 세면용품이 비치되어 있다. 객실 전담 승무원은 기차에 타고 있는 동안 불편한 점은 없는지 항상 먼저 말을 건넨다. 저녁 식사 후에는 객실 담당 승무원이 의자를 침대로 바꿔 놓는다.

느긋하게 즐기는 눈꽃 기차 여행

캐나다에서 기차를 탄다는 것은 단지 목적지에 가기 위해 교통수단을 이용하는 의미가 아니라 그 자체가 여행의 목적이 된다. 이제 여행의 피로함을 잊고, '한 박자 천천히' 움직이는 기차 여행을 만끽해보자. 경치가 좋은 곳에 다다르면 사진을 찍을 수 있도록 기차를 멈추거나 서행하는 친절함을 아끼지 않는다. 기차 요금에는 객실 담당 승무원 배치, 전 일정 다이닝 카에서의 식사, 파크 카에서의 와인 서비스가 포함되어 있다. 중간에 재스퍼 역에 잠시 정차한다.

다이닝 카 Dinning Car

질감 좋은 패브릭이 덮인 테이블에 자리를 잡고 앉으면 말끔하게 옷을 입은 웨이터가 메뉴판을 건넨다. 클래식한 식기에 애피타이저, 메인, 디저트가 나오는 정찬이 제공되는데, 코스별로 3~4가지 메뉴 중에서 마음에 드는 음식을 선택할 수 있다. 최고급 앨버타 쇠고기로 만든 스테이크는 꼭 먹어볼 것을 권한다.

스카이라인 카 Skyline Car

따사로운 햇살을 온몸에 받으며 캐나디안 로키의 경치를 즐길 수 있는 곳. 새로운 풍경이 나타날 때마다 여기저기서 '와아' 하는 감탄사가 끊이질 않는다.

파크 카 Park Car

해가 진 후 어둑어둑해지면 사람들이 하나둘 파크 카로 모인다. 파크 카에서는 와인과 카나페가 제공된다. 단, 와인은 한 잔 가격만 포함되어 있다. 추가 와인이나 맥주는 별도로 주문해야 한다.

Day 6~7

눈꽃 열차를 타고 아침에 눈을 뜨면 어느새 밴쿠버의 퍼시픽 센트럴 역에 도착하게 된다. 찬란했던 오로라와 로키 산맥의 잊지 못할 풍경을 뒤로 하고, 기차역에서 바로 밴쿠버 공항으로 향한다. 기내 1박을 하고, 다음 날 인천 공항에 도착한다.

> **Tip** | **짐 없이 가볍게 하차한다**
>
> '스노 트레인 온 더 캐나디안'은 호텔 수준의 서비스가 제공되는 기차다. 따라서 승객의 짐은 객실 전담 승무원들이 알아서 옮겨준다. 역 내의 컨베이어 벨트에서 찾을 수 있다.

🚌 택시, 또는 버스 30분

밴쿠버 공항 도착

한국으로 출발!

✈ 기내 1박(10시간)

인천 공항 도착

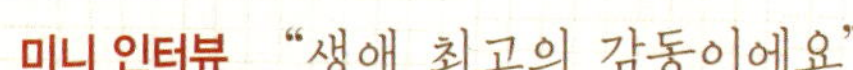

미니 인터뷰_ "생애 최고의 감동이에요"

내 인생에 있어 가장 기억에 남은 여행지 중 하나를 꼽으라면 서슴없이 2006년 겨울의 캐나다 포트 맥머리를 말하곤 해요. 여행기자로서 새로운 풍경에 대한 감흥이 무뎌지고 있을 때, 아직도 무언가를 바라보며 가슴이 뛸 수 있다는 것을 열렬하게 느꼈으니까요. 오로라를 처음 봤을 때의 신비스러운 감동이 지금도 생생합니다.

오로라는 붉은색, 녹색, 파란색, 보라색 등으로 나타나고, '오로라 댄싱'이라고 불릴 정도로 경쾌한 움직임을 보여주기도 해요. 어떨 때는 마치 UFO처럼 나타나기도 하지요. 시간과 여력이 된다면 몇 번이라도 보러 가고 싶어요!

전조민(34세, 여행기자)
2006년 12월 여행

포트 맥머리의
잊지 못할 액티비티 3

보릴 숲 Boreal Forest 야간 트레킹

오로라 관측은 오랜 기다림을 필요로 한다. 언제 나타날지 모르는 오로라를 보기 위해 하늘바라기만 하지 말고 관측소 주변의 보릴 숲으로 야간 트레킹을 떠나보자. 두꺼운 눈을 이고 있는 울창한 전나무 사이를 걸으면 날씨는 춥지만 이루 말할 수 없는 상쾌함이 느껴진다. 이곳에 서식하는 야생동물과 식물도 관찰할 수 있다.

컬링 Curling 배우기

캐나다의 대표적인 스포츠이자 인기 있는 동계 올림픽 종목인 컬링을 배워보자. 납작한 돌(스톤)을 미끄러뜨려 표적에 넣는 게임이 흥미진진하다. 짧은 시간 동안 고난도의 스킬을 배우기는 무리지만 경험 자체가 즐겁게만 느껴진다.

일몰 보러 가기

포트 맥머리는 위도 상으로 북쪽에 더 가까워서 겨울이 되면 오후 3~4시에 해가 지기 시작한다. 이 시간에 맞춰 클리어워터 강과 아타바스카 강이 만나는 합류점에 가면 눈부신 설경 위로 벌겋게 내려앉은 근사한 일몰을 감상할 수 있다.

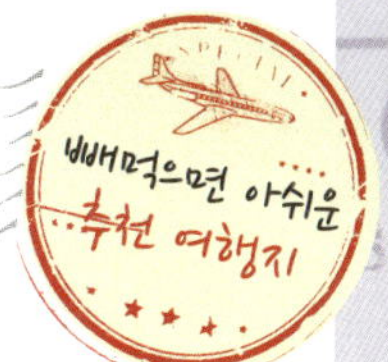

앨버타 주 의사당 Legislature Assembly of The Alberta

1907년에 착공하여 1912년에 완공되었다. 퀘벡 주에서 실어 온 2천 톤이 넘는 대리석으로 만든 2층 원형홀이 볼 만하다. 투어에 참가해야 내부를 둘러볼 수 있다. 오전 9시~오후 12시에는 1시간 간격으로, 오후 12시 30분~오후 4시에는 30분 간격으로 투어가 진행되며 참가비는 무료다.

로열 앨버타 박물관 The Royal Alberta Museum

2만여 점의 동물 박제품과 9백만여 점의 고고학적인 유물 등 방대한 전시물을 만나볼 수 있다. 1층은 앨버타의 야생동물을 살펴볼 수 있는 공간으로, 무스, 비버, 흑곰, 사슴, 들소 등을 눈으로 보는 데 그치는 것이 아니라 소리로 듣고 직접 만져볼 수 있도록 재현해놓았다. 2층에는 캐나다 인디언들의 삶의 터전과 생활상에 대해 알 수 있도록 꾸며져 있다. 인디언들의 집, 의복, 도구, 수렵활동 등이 생생하게 묘사되어 있어 흥미롭다.

뮤타트 식물원 Muttart Conservatory

700종의 다양한 기후대의 식물들을 관람할 수 있는 식물원이다. 건축가 피터 헤밍웨이가 설계한 네 개의 피라미드로 구성되어 있다. 열대 피라미드, 사막 피라미드, 온대 피라미드, 전시 피라미드 등 피라미드마다 다른 볼거리로 채워져 있다.

올드 스트라스코나 Old Strathcona

캘거리와 에드먼턴을 잇는 기차역이 있던 지역이다. 19세기 말부터 20세기 초에 세워진 고풍스러운 거리에는 상점과 레스토랑을 즐비하다. 다른 곳에서는 찾아보기 힘든 독특한 아이템에서부터 앤티크 소품까지 구입할 수 있다.

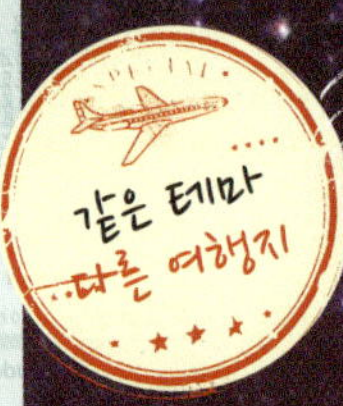

오로라를 볼 수 있는
또 다른 여행지

오로라는 북위 60~80도에 위치한 지역에서 관측되기 때문에
전 세계를 통틀어 몇 군데에서만 관측이 가능하다. 캐나다의 옐로나이프, 화이트호스,
핀란드의 사리셀카, 노르웨이의 트롬쇠 등을 꼽을 수 있다.

옐로나이프 Yellowknife

북위 62도에 위치한 캐나다 노스웨스트 준주(Northwest Territories)에 속하는 옐로나이프는 미 항공우주국(NASA)이 선정한 세계에서 가장 오로라를 잘 관측할 수 있는 지역이다. 연 240회 이상 관측이 가능하며, 매년 1만여 명이 넘는 관광객이 찾는다. 오로라 관측을 위한 다양한 편의시설을 갖춘 오로라 빌리지가 조성되어 있다. 포트 맥머리처럼, 에드먼턴에서 항공편을 이용해 갈 수 있다.

화이트호스 Whitehorse

캐나다 북서쪽 끝에 위치한 유콘 준주(Yukon Territories)의 주도인 화이트호스는 알래스카에 인접해 있다. 여름에는 백야 현상이 나타나 11월에서 이듬해 4월까지 오로라를 관측할 수 있다. 매년 30만 명이 넘는 관광객이 찾는다. 한겨울에도 수온을 30~40도로 유지하는 타키니 노천온천(Takhini Hot Spring)이 있어 온천욕을 즐기며 오로라를 감상할 수 있다는 점이 특히 매력적이다.

사리셀카 Saariselka

핀란드 북부 라플란드는 북위 65~70도에 위치한 유럽 최북단 지역으로, 라플란드의 이발로 공항에서 남쪽으로 약 40킬로미터 떨어진 사리셀카 지역에는 칵슬리우타넨(Kakslauttanen) 호텔이 있다. 이 호텔은 지붕이 유리로 된 '글라스 이글루'로, 침대에 누워서 오로라를 감상하는 놀라운 경험을 할 수 있다.

트롬쇠 Tromsø

노르웨이 최북동쪽에 위치한 트롬스(Troms) 주의 중심 도시다. 이곳의 오로라를 가장 잘 만끽하는 방법은 크루즈 투어에 참가하는 것. 노르웨이의 아름다운 피오르와 오로라를 동시에 감상할 수 있다. 후띠루튼 크루즈에서 11월부터 2월 오로라 크루즈 상품을 판매한다. 트롬쇠 외에 키르키에스, 리르비크, 브뢴에이순드, 스볼베르, 스토크마르크네스, 외크스피오르드 등도 방문한다.

ⓒ황인준

하늘, 바람, 별…
세상 아무것도 부럽지 않아

캠퍼밴을 타고 대자연의 품속으로 달리다

몇년 전부터 주말이면 야외로 나가 텐트를 치는 캠핑족들이 늘고 있다. 덩달아 캠핑카에 대한 관심도 높아져 요즘은 국내에서도 캠핑카 여행이 보편화되고 있는 추세다. 역마차를 현대화한 캠핑카에는 침대뿐 아니라 소파가 놓인 휴식 공간, 부엌, 화장실까지 완벽하게 갖춰져 있어 텐트 치는 수고를 덜 수 있을 뿐 아니라 교통, 숙박, 식사가 한곳에서 해결되어 편하고 알뜰한 여행이 가능하다.

그런데 이런 캠핑카 여행의 수혜를 가장 확실하게 누릴 수 있는 여행지가 있다. 야생의 자연이 가장 아름답게 보존된 곳, 바로 뉴질랜드와 호주다. 뉴질랜드에서는 캠핑카를 '캠퍼밴(Campervan)'이라고 부르는데 캠퍼밴 보급률이 100명당 한 대 꼴이라고 하니, 가히 캠퍼밴의 천국이라 할 만하다.

뉴질랜드는 자동차를 타고 어디든 쉽게 갈 수 있도록 산간 구석구석까지 도로가 잘 닦여 있다. 따라서 대도시는 물론, 작은 마을과 한적한 길가에서도 캠핑 장소를 쉽게 발견할 수 있다. 우리나라의 오토캠핑장과 비슷한 '홀리데이 파크(Holiday Park)'가 뉴질랜드 전역에 무려 3,000개 정도나 된다. 100여 대 이상의 캠퍼밴이 수용 가능하며, 주방시설과 바비큐 시설을 비롯해, 샤워장과 수영장, 그리고 스파 등의 고급 시설까지 갖춘 곳도 많다.

울창한 나무숲과 장쾌한 폭포, 반짝이는 호수, 고운 모래의 해변을 비롯해 사막에서 빙하까지 다채로운 풍경이 펼쳐지는 뉴질랜드의 자연을 온몸으로 받아들일 수 있는 캠퍼밴 여행은 잘 알려진 관광지는 물론 숨은 절경을 찾아내는 재미도 톡톡히 누릴 수 있다. 그뿐인가. 매일 밤 낯선 나라에서 온 새로운 친구를 사귀며 생애 가장 특별한 시간을 보낼 수 있다. 내가 원하는 대로 움직이고, 누구의 시선도 의식할 필요 없이 자유롭게 즐길 수 있는 캠퍼밴 여행의 맛을 알게 된다면, 세상의 그 무엇도 부럽지 않을 것이다. ▮J

뉴질랜드 캠퍼밴 여행, 이렇게 준비한다!

언제 갈까? 남반구에 위치하고 있어 한국과 정반대의 기후가 펼쳐진다. 우리나라가 겨울이면 뉴질랜드는 여름인 셈이다. 12~2월이 뉴질랜드 여행의 최적기로, 화창하고 건조한 날씨가 이어진다.

어떻게 가지? 대한항공에서 '인천–오클랜드' 직항편을 운항하고 있다. 경유편으로는 에어뉴질랜드(도쿄 또는 오사카 경유)와 캐세이퍼시픽(홍콩 경유)이 있다. 직항편은 12시간, 경유편은 17시간 가량 소요된다.

얼마나 들까? **예산** 총 290만 원 정도(항공료 150만 원선(경유편 기준), 캠퍼밴비 48만 원(6만 원×8일), 숙박비(홀리데이 파크) 10만 원, 주유비 30만 원, 현지 입장료 15~20만 원, 식비 20~30만 원). 2인 캠퍼밴 기준으로 했을 때 1인당 요금, 대여 시기에 따라 캠퍼밴 요금 변동 가능.

환전 뉴질랜드 달러(N$)로 환전한다(2012년 4월 기준). 1뉴질랜드 달러는 약 930원(2012년 4월 기준).

신용카드 캠퍼밴 대여료는 신용카드로 지불해야 한다. 캠핑장 예약이나 주유비 계산도 카드로 할 수 있기 때문에 캠퍼밴 여행에서 신용카드는 반드시 필요하다. 대도시는 카드 결제에 어려움이 없지만 작은 시골 마을에서는 현금 위주로 받는다.

미리 준비하자! **비자** 무비자 90일 체류 가능.

언어 영어와 마오리어. 관광지에서는 마오리계 사람들도 영어를 사용한다.

캠퍼밴 예약하기 Maui, Britz 등의 캠퍼밴 회사가 있다. 캠퍼밴 전문 업체 (주)INL을 통해 예약하면 현지에서 직접 예약하는 것과 동일한 가격에 예약할 수 있다. 우리나라와 운전석이 반대이므로 옵션을 선택할 때 자동변속기 차량을 고르는 것이 좋다. 또한 안전을 위해 보험 포함은 필수다.

• **홈페이지** www.campervan.co.kr

국제운전면허증 캠퍼밴을 이용하려면 국제운전면허증이 있어야 한다. 가까운 운전면허시험장에 국내면허증, 여권용 사진 1장, 수수료 7,000원을 내면 즉시 발급받을 수 있다.

홀리데이 파크는 현지에 도착 후 알아봐도 되지만 성수기(1~2월)라면 미리 예약하고 갈 것을 권한다. 이용 요금은 2인 기준 30달러 정도.

옷&신발 시기에 따라 긴 팔의 얇은 초여름 복장이나 반팔 셔츠와 반바지, 민소매 셔츠 등의 한여름 복장으로 준비한다. 방수가 되는 아웃도어용 점퍼도 챙기자. 신발은 오래 걸어도 발이 아프지 않은 편한 신발을 준비한다.

기타 준비해 갈 것 한여름 뉴질랜드의 태양은 상상을 초월한다. 운전할 때 선글라스를 쓰지 않으면 눈을 뜨기 힘들다. 자외선 차단을 위해 선크림도 준비해 가자.

영화 〈반지의 제왕〉 영국 소설가 톨킨의 3부작 판타지 소설을 영화화한 작품으로, 지상에 있을 것 같지 않은 영화 속 그 모든 풍경이 다 뉴질랜드에서 촬영한 것이라고 한다. 뉴질랜드 전역에 150여 곳의 촬영 장소가 있어 캠퍼밴을 타고 다니다보면 여기가 현실인지 영화 속인지 구별하기 힘들 정도로 몽롱한 기분을 느끼게 될 것이다. 광활한 대자연의 모습이 눈앞에서 그대로 펼쳐진다.

캠퍼밴 이용법

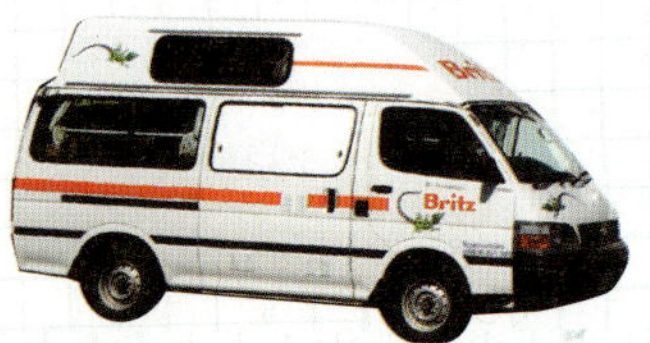

Q 캠퍼밴은 몇 명까지 이용할 수 있을까?

캠퍼밴은 2인용, 4인용, 6인용이 있어 가족은 물론 친구, 지인들과 함께하는 단체여행에도 잘 어울린다. 인원이 많을수록 여행 경비가 절감된다.

Q 음식을 해먹을 수 있을까?

캠퍼밴 안에 주방시설이 갖춰져 있어 직접 요리를 할 수 있다. 홀리데이 파크 내에도 주방시설이 있으므로, 슈퍼마켓이나 현지 시장에서 신선한 식재료를 구입해 그때그때 요리를 해 먹을 수 있다. 레스토랑에서 사 먹는 것보다 식비가 줄어드는 건 당연지사!

Q 캠퍼밴 인도는 어디서 받을까?

데포(Depo)에서 인도받을 수 있다. 오클랜드공항이나 크라이스트처치공항 앞에 캠퍼밴 픽업 장소가 있다. 데포에서는 여행 가이드북과 할인 쿠폰이 있는 브로슈어 등 캠퍼밴 여행에 필요한 다양한 정보도 얻을 수 있다. 또한 여행에 필요한 예약과 상담까지 할 수 있어 여러모로 유용하다.

Q 홀리데이 파크를 이용할 때 유의할 점은?

홀리데이 파크는 대부분 밤 8시 전에 문을 닫기 때문에 이전에 도착해 배정받은 주차장에 차를 세우고 전기와 물을 공급받도록 한다. 쓰레기나 오폐수도 홀리데이 파크에서 처리할 수 있다.

Q 여행지에서 홀리데이 파크를 찾지 못했다면?

노숙을 해야 한다. 단, 캠퍼밴에 물과 전기가 충분히 있을 경우에만 가능하다. 관광지의 주차장, 바닷가, 갓길 등에서 노숙을 할 수 있다. 큰길 옆은 밤새 지나다니는 차 때문에 수면을 방해받을 수 있어 피하는 것이 좋다.

날짜	루트	여행 일정
Day 1	오클랜드 ⇨ 황거레이	**오전** 오클랜드 도착 및 캠퍼밴 인도 **오후** 무라와이 해변, 황거레이
Day 2	황거레이 ⇨ 오포노니	**오전** 카이이위 호수 **오후** 와이포우아 숲, 오포노니&오마페레
Day 3	오포노니 ⇨ 에이션드 카우리 킹덤	**오전** 호키앙가 한구, 쿠후코후 **오후** 에이션트 카우리 킹덤
Day 4	에이션트 카우리 킹덤 ⇨ 90마일 비치	**오전** 케이프 레잉가 **오후** 자이언트 모래 언덕에서 샌드 서핑, 90마일 비치에서 조개 줍기
Day 5	90마일 비치 ⇨ 파이히아	**오전** 나와 온천에서 온천욕 **오후** 와이탕이 내셔널 리저브, 파이히아
Day 6	파이히아 ⇨ 로터루아	**오전** 로터루아로 이동 **오후** 헬스 게이트&와이오라 스파 **밤** 항이 디너 및 민속쇼 관람
Day 7	로터루아 ⇨ 오클랜드	**오전** 타라웨라 산 투어 **오후** 오클랜드로 이동
Day 8	오클랜드	**오전·오후** 전일 오클랜드 시내 관광
Day 9	오클랜드 ⇨ 한국	**오전** 한국으로 출발 **밤** 인천 도착 공항

Day 1

오클랜드 공항에서 셔틀버스를 타고 캠퍼밴 여행의 출발지인 데포로 간다. 일정 내내 동고동락할 캠퍼밴을 인도받은 후엔 부릉부릉 시동을 걸고 오늘 목적지인 무리와이 해변과 황거레이를 향해 출발!

오클랜드 공항 국제선 8번 출구에서 데포까지 가는 무료 셔틀버스가 운행된다.

캠퍼밴을 받자!

수속을 위해 바우처, 여권, 국제면허증을 제시하자. DVD로 캠퍼밴 사용 교육을 받고나면 캠퍼밴을 받을 수 있다. 캠퍼밴 내부에는 침대, 개수대, 가스레인지, 전자레인지, 식기, 화장실, TV, 냉장고 등이 두루두루 갖춰져 있다. 캠퍼밴 외부에서 전력을 공급받을 수 있는 포트가 있어 TV나 냉장고 같은 전자제품을 사용할 수 있다. 홀리데이 파크에 캠퍼밴을 위해 전력을 공급해주는 포트가 준비되어 있다.

Tip 주유하기

캠퍼밴은 기름이 가득 채워진 상태로 받게 되므로 당장 주유를 할 필요는 없다. 시 외곽으로 갈수록 주유소를 찾기 힘든 경우도 있으므로 장거리 운행을 앞두고 있다면 도시 근처에서 충분한 양으로 주유를 하는 것이 안전하다. 기름값은 대도시에 비해 외진 곳일수록 비싸며, 뉴질랜드의 모든 주유소는 셀프 서비스로 운영된다. 캠퍼밴 내에 있는 가스레인지용 가스도 충전할 수 있다.

캠퍼밴에서 직접 요리할 식료품 쇼핑

오클랜드를 떠나기 전에 슈퍼마켓에 들려 필요한 식재료를 구입하자. 전 일정의 식재료를 모두 구입할 필요는 없고, 하루나 이틀 분량이면 충분하다. 식재료가 떨어지면 다음에 도착하

는 도시에서 신선한 재료를 구입하면 된다. 단, 한국 식품점은 대도시가 아니면 찾기 힘드니 라면이나 김치, 쌀, 고추장 같은 식료품은 오클랜드를 떠나기 전에 미리 챙기자.

한양유통
• **주소** 85 Wairau Road, Glenfield, Auckland • **영업시간** 09:00~20:00

🚐 캠퍼밴 40~50분

서핑과 행글라이딩의 명소, 무리와이 해변 Muriwai Beach

강한 바람과 파도로 인해 서핑 명소로 꼽히는 해변이다. 전망대 밑 절벽에 바닷새 '가넷(Gannet)'이 모여 사는 서식지가 있다. 몸집에 비해 날개가 작아 강한 바람이 있어야 날 수 있는데, 절벽 위로 부는 거센 바닷바람이 최적의 환경을 제공한다. 절벽에서 환호성을 지르며 행글라이딩을 즐기는 이들을 본다면 손을 흔들어주자.

• **찾아가는 법** 오클랜드 시내 서쪽 16번 국도 이용

🚐 캠퍼밴 1시간 30분

루아카카 Ruakaka에서 바닷게 잡기

무리와이에서 황거레이 가는 길에 있는 한적한 해변이다. 유명 관광지인 무리와이와 달리 잘 알려지지 않은 곳으로, 서퍼 몇 명을 빼고는 인적이 뜸한 편이다. 여름인 2월이면 수많은 바닷게들이 뭍으로 올라오는데 시기가 맞다면 바닷게를 잡아보자. 통통한 바닷게는 캠퍼밴에서 요리해 먹으면 정말 맛있다. 그냥 쪄 먹기만 해도 입에서 살살 녹는다.

• **찾아가는 법** 무리와이에서 북쪽으로 가나 1빈 국도 이용

🚐 캠퍼밴 1시간

도시와 전원 풍경이 공존하는 곳, 황거레이 Whangarei

무리와이에서 북쪽으로 1시간 가량 가다 보면 뉴질랜드 최북단 파 노스(Far North)로 가기 위한 관문 도시이자 뉴질랜드 최대의 무역항인 황거레이가 나온다. 황거레이는 마오리어로 '중요한 항구'란 뜻이다. 시간이 허락된다면 황거레이 시내를 조망할 수 있는 파라하키 전망대(Mt. Parahaki Lookout)와 높이 26미터의 황거레이 폭포도 가보자. 시내 북쪽에 있다.

Day 2

황거레이를 출발해 계속 북쪽으로 올라가며 노스랜드의 진면목을 발견한다. 남반구에 있는 뉴질랜드는 우리나라와 반대로 북쪽으로 갈수록 기온이 높고 푸른 자연을 만날 수 있다. 소나무 숲에 둘러싸인 카이이위 호수와 사람의 손이 닿지 않은 원시림을 볼 수 있는 와이포우아 숲을 만끽하자.

소나무 숲으로 둘러쌓인 예쁜 호수, 카이이위 호수 Kai Iwi Lakes

카이이위 호, 타하로아 호, 와이케레 호 등 세 개의 호수로 이루어져 있으며, 울창한 소나무 숲과 새하얀 모래사장, 호수가 어우러져 동화 속 풍경을 연상시킨다. 호수에서 한참을 걸어 들어가도 수심이 깊지 않아 수영을 즐기기에 좋다. 마오리어로 카이(Kai)는 '음식', 이이(Iwi)는 '부족'이라는 뜻으로 호수가 '음식들'이란 재미있는 이름을 지니고 있다.

- **찾아가는 법** 황거레이에서 서쪽으로 이어지는 14번 간선도로를 따라가다가 다가빌(Dargaville)에서 12번 국도로 합류해 북서쪽으로 직진

🚐 캠퍼밴 50분

카우리 나무 군락지, 와이포우아 숲 Waipoua Forest

2,000년 동안 나무를 베거나 훼손한 적 없는 원시림은 어떤 모습일까. 이곳에는 세계에서 가장 거대한 수종 중 하나인 카우리(Kauri) 나무 군락을 볼 수 있다. 오클랜드 이북에서만 자라는 이 나무는 밑동과 가지가 있는 윗부분의 굵기가 차이가 없어 훨씬 웅장하게 느껴진다. 1시간 정도 산책로를 따라 걸으면 어디에선가 숲의 정령이 나타날 것만 같다. 뉴질랜드의 상징인 실버펀(Sliver Fern)도 찾아보자. 고사리처럼 생긴 거대한 나무가 신비롭다. 산책로 주차장에서 차를 타고 5분 정도 올라가면 뉴질랜드에서 가장 큰 카우리 나무인 타네 마후타(Tane Mahuta)를 볼 수 있다. 높이 17.6미터, 둘레 13.77미터로 수령이 2,000년으로 추정된다.

- **찾아가는 법** 카이이위 호수에서 12번 국도를 따라 북서쪽 방향

🚐 캠퍼밴 20분

작은 항구 마을, 오포노니&오마페레 Opononi&Omapere

드디어 오늘의 마지막 종착지 오포노니와 오마페레는 5분 거리에 떨어져 위치한 조그만 항구 마을이다. 파케하 언덕(Pakeha Hill)에 오르면 오포노니&오마페레

카우리 나무 군락지

카이이위 호수   와이포우아 숲

카이이위 호수

오포노니&오마페레

마을과 부두, 시원스레 펼쳐진 태즈먼 해를 한눈에 볼 수 있다. 언덕 위에는 아라이 테 우루 (Arai Te Uru)라는 산책로가 있으며, 모래가 굳어져 만들어진 독특한 모양의 사암 지형을 따라 올라갈 수 있다. 혹 오마페레에서 고깃배가 보이면 만사 제쳐놓고 달려가자. 싱싱한 생선과 바닷가재를 저렴한 가격에 살 수 있다.

오포노니 부둣가에는 돌고래와 어린이가 놀고 있는 작은 동상이 세워져 있다. 이곳에는 오포 (Opo)라는 이름의 돌고래가 있었는데 마을 아이들을 등에 태우고 함께 놀아 사람들의 사랑을 받았다고 한다. 어느 날 한 취객이 폭약으로 고기를 잡다가 돌고래가 죽었고, 마을 사람들이 오포의 영혼을 기리기 위해 동상을 세웠다고 한다.

- **찾아가는 법** 와이포우아 숲에서 12번 국도를 따라 북서쪽 방향

오포노니 비치 홀리데이 파크 Opononi Beach Holiday Park

오포노니 유일의 캠핑장으로 모래 언덕과 함께 시원한 바다 풍경을 즐길 수 있다. 시설이 낙후되긴 했지만 세탁기, 건조기, 냉장고, 키친, 바비큐 그릴, 가스레인지 등 필요한 시설은 두루 갖추고 있다.

- **주소** SH12, PO Box 16, Opononi
- **전화** +64-9-405-8791

Day 3

노스랜드 북쪽을 향해 조금씩 다가가는 날이다. 호키앙가 항구에서 카페리를 타고 바로 강을 건너면 멀리 돌아가야 하는 수고를 덜 수 있다. 에인션트 카우리 킹덤에서 는 특별한 가치를 지닌 에인션트 카우리 제품을 만나볼 수 있다.

호키앙가 항구Hokianga Harbour 에서 페리 탑승

오포노니에서 12번 국도를 따라 동쪽으로 가다가 라 웨네(Rawene)에서 간선도로로 진입하면 작은 카페 와 앤티크 숍이 있는 아기자기한 분위기의 호키앙가 항구가 나온다. 이곳에서 코후코후까지 카페리를 타고 갈 수 있다. 카페리의 배선 간격은 30분~1시간이 다. 배를 기다리는 동안 카페에서 차를 마시거나 숍 을 어슬렁거리자.

🚢 카페리 20분, 페리 선착장에서 캠퍼밴으로 5분

코후코후Kohukohu 산책하기

카페리 선착장 근처의 작은 마을이다. 코후(Kohu)는 마오리어로 '안개'라는 뜻인데, 실제로 물안개가 자주 낀다. 곳곳에 위치한 아트 숍에서는 지역 예술가들의 그림이나 공예품, 액세 서리를 판매하므로 구경 겸 들러보자. 특히 손으로 그려서 만든 마을 지도를 나침판 삼아 구 석구석을 산책해도 좋을 듯.

🚐 캠퍼밴 1시간 20분

에인션트 카우리 킹덤Ancient Kauri Kingdom에서 쇼핑

와이포우아 숲에서 본 카우리는 물이나 땅속에 묻힌 채로 5만 년 이상 썩지 않고 보존된다. 2 만 5,000년 이상 묻혀 있다가 발굴된 카우리를 '에인션트 카우리'라고 하는데, 갈색빛의 오묘

호키앙가 항구　코후코후 아트 숍

한 광채를 발하며 강도가 높은 것이 특징이다. 의자 같은 가구에서부터 작은 소품까지 에인션트 카우리를 활용한 다양한 제품이 있다. 가격이 비싸서 선뜻 구입하긴 힘들다.

- **주소** 229 State Highway 1 Rural Delivery 1, PO Box 54 Awanui, Northland
- **전화** +64-9-406-7172　• **영업시간** 08:00~17:30

Day 4

에인션트 카우리 킹덤에서 1번 도로를 타고 북쪽으로 2시간 가량 달리면 흰색 등대가 보인다. 마오리족의 영혼이 끝나고 다시 시작되는 곳이라는 뉴질랜드 북쪽의 끝, '케이프 레잉가'다. 사막지대인 자이언트 모래 언덕에서 신나는 샌드 서핑도 즐겨보자.

케이프 레잉가 Cape Reinga 에서 등대까지 걷기

레잉가(Reinga)는 마오리어로 '저승'이라는 뜻이다. 태즈먼 해와 남태평양이 만나는 지점으로 10미터가 넘는 거대한 파도가 볼 만하다. 주차장에서 등대까지는 10분 정도 걸어가야 한다. 케이프 레잉가로 가기 위해서는 비포장된 자갈길을 한동안 달려야 하므로 운전에 각별히 주의하자.

🚐 캠퍼밴 20분

자이언트 모래 언덕 Giant Sand Dunes 에서 샌드 서핑

90마일 비치가 시작되는 테 파키(Te Paki) 지역에 있다. 아담한 규모이지만 울창한 숲만 보다가 만나는 사막이 놀랍기만 하다. 주차장 부근의 대여점에서 썰매를 빌려서 샌드 서핑에 도전해보자. 모래 언덕까지 올라가는 게 만만치 않기 때문에 두 번 정도 타면 지치게 된다. 자이언트 모래 언덕은 자연적으로 모래가 숲으로 뒤덮이는 역 사막화 현상으로 차츰 크기가 줄어들고 있다고 하니 안타까운 마음이 든다.

• **찾아가는 법** 케이프 레잉가에서 1번 국도를 따라 남쪽으로 이동

🚐 캠퍼밴 15분

90마일 비치 90 Mile Beach 에서 조개 줍기

끝없이 펼쳐진 지평선과 수평선, 해안선 위로 반사된 흰 구름…. 한 폭의 그림이 따로 없다. 모래가 단단해서 물이 빠져나갈 때면 해변을 질주하는 사륜 구동차가 줄을 잇는다. 그러나 캠퍼밴은 바퀴가 빠질 수 있어 절대 안 된다. 해변에서 조개를 잡을 수 있으나, 허용되는 숫자가 해변에 표시되어 있다.

• **찾아가는 법** 테 파키에서 서쪽 해안 방향

Day 5

북쪽 끝에서 1번 국도를 따라 남쪽으로 향하면 노스랜드 최고의 휴양지인 베이 오브 아일랜드(Bay of Islands)에 다다르게 된다. 베이 오브 아일랜드의 중심지 파이히아는 인적이 드문 노스랜드 다른 지역과 달리 항상 많은 사람들로 북적인다. 한적한 곳을 여행하다 모처럼 사람들을 만나니 반갑기만 하다.

나와 온천 Ngawha Hot Springs 에서 여독 풀기

뉴질랜드 북섬에서 로터루아와 함께 유명한 나와 온천에서는 각기 다른 온도와 성분의 8가지 온천이 솟아난다. 노천 욕조가 8개 있는데, 온도가 가장 낮은 베이비(Baby)에서부터 가장 높은 닥터(Doctor)와 불독(Bull Dog)까지 온천마다 이름이 붙어 있다. 마오리족 사유지라 특별한 시설은 없지만 효과만큼은 최고다. 온도가 높을수록 효과가 좋다고 하니 높은 온도에 도전! 그간의 쌓인 피로가 한번에 풀리는 느낌이 들 것이다.

• **주소** Nagwah Spring Road, Nagwah Spring • **영업시간** 09:00~21:00 • **입장료** 5달러

🚐 캠퍼밴 50분

하루루 폭포 Haruru Falls 는 패스!

나와 온천에서 와이탕이 내셔널 리저브 가는 길에 있다. 수량도 많지 않고 큰 볼거리가 없어 그냥 지나쳐도 무방하다.

🚐 캠퍼밴 5분

와이탕이 내셔널 리저브 Waitangi National Reserve

마오리족이 영국 왕실의 뉴질랜드 지배를 공식적으로 인정한 '와이탕이 조약'이 맺어진 의미 깊은 장소다. 조약이 맺어진 와이탕이 조약 기념관(The Tree House)은 뉴질랜드에서 현존하는 가장 오래된 민가로, 기념관 앞에는 마오리 전통 양식의 갈색 건물인 마오리 미팅 하우스(Maori Meeting House)가 있다. 정원의 작은 길로 내려가면 거대한 카우리 나무를 통째로 깎아 만든 마오리족의 전투 카누 '와카(Waka)'가 전시된 카누 하우스가 나온다. 와카를 만들기 위해 잘린 카우리 나무 밑동인 카우리 스탬프(Kauri Stamp)도 구경하자.

- **주소** 1 Tau Henare Drive, Paihia
- **개장시간** 09:00~18:00 · **입장료** 12달러

🚐 캠퍼밴 5분

파이히아 Paihia에서 돌고래와 인사

베이 오브 아일랜드는 피아히아, 와이탕이, 러셀(Russell), 케리케리(Kerikeril) 등을 포함한 150여 개의 크고 작은 섬들을 일컫는다. 파이히아 워프에서 출발하는 섬 일주 투어에 참가하면 러셀을 비롯해 10여 개의 섬을 둘러볼 수 있다. 중간에 돌고래 무리를 만나면 여기저기서 감탄사가 터져 나온다.

Day 6

파이히아에서 로터루아까지는 7시간이 넘는 긴 여정이다. 장시간 운전에 피곤해질 수 있으므로 쉬엄쉬엄 로터루아까지 간다. 로터루아는 도시 전체에 달걀이 썩는 듯한 유황 냄새가 퍼져 있는 온천 도시로, 거품을 내며 부글거리는 진흙탕과 자욱한 연기로 뒤덮인 헬스 게이트를 둘러본다. 밤에는 로터루아의 명물인 항이 디너와 마오리 컬처쇼를 체험하자.

헬스 게이트&와이오라 스파 Hells Gate&Wai Ora Spa

온천물이 흐르는 지열지대를 둘러보자. 거품이 올라오는 곳은 온도가 100도가 넘기도 한다. 인포메이션에는 한글지도가 있어서 손쉽게 주변을 둘러볼 수 있다. 헬스 게이트 내에는 천연 머드 온천으로 유명한 와이오라 스파가 있다. 헬스 게이트 입장료와 머드 스파가 포함된 패키지도 있으므로 관심이 있다면 머드 스파도 즐겨보자. 피부가 몰라보게 매끄러워진다.

- **주소** State Highway 30, Tikiters, Rotorua   • **전화** +64-7-345-3151
- **영업시간** 08:30~20:30   • **입장료** 35달러

🚐 캠퍼밴 20분

항이 디너와 미오리 컬처쇼 관람

마오리족의 노래와 춤을 감상하면서 전통요리 항이(Hangi)를 맛보는 문화체험으로 로터루아에 왔다면 꼭 해봐야 한다. 눈을 부릅뜨고 혀를 쑥 내미는 남자들의 춤 '하카'가 특히 인상적이며, 줄 끝에 둥근 공이 달린 도구를 이용한 여자 춤 '포이 댄스'도 눈여겨볼 만하다. 민속 쇼 관람이 끝나면 항이 디너를 맛볼 차례다. 항이는 뜨겁게 달군 돌로 음식을 쪄내는 마오리의 전통 조리법으로, 바나나 잎으로 싼 고기와 채소, 해산물을 이와 같은 방식으로 쪄서 내온다. 항이 디너와 마오리 컬처쇼는 50달러 선이다.

Day 7

오전에는 로터루아 인근의 휴화산 타라웨라 산 투어를 떠난다. 분화구 바닥까지 내려가면 지구가 아닌 다른 행성에 와 있는 듯한 착각에 빠지게 될 것이다. 오후에는 로터루아를 출발해 캠퍼밴 여행의 출발지이자 뉴질랜드 최대의 도시 오클랜드에 도착한다.

거대한 분화구, 타라웨라 산 투어 Mt. Tarawera Tours

지금은 6킬로미터의 거대한 분화구로 남아 있지만, 사실 이곳은 1886년 6월의 화산 폭발로 150명이 넘는 마오리 사람들과 마을 전체가 파묻힌 곳이다. 타라웨라 산 투어에 참가하면 지프를 타고 산길을 올라가 분화구 앞에 도착하고, 이후 가파른 길을 따라 분화구 바닥까지 내려가게 된다. 처음에는 금방이라도 넘어질 것 같지만 요령을 익히고 미끄러지듯이 내려가면 괜찮다. 타라웨라 산은 마오리족의 사유지이므로 지정된 가이드 투어를 신청해야만 갈 수 있다. 투어는 오전, 오후 1회씩만 운영되므로 시간을 잘 맞춰 가야 한다.

- **홈페이지** www.mt-larawera.co.nz

🚐 **캠퍼밴** 3시간 30분

오클랜드 노스 쇼어 모델&홀리데이 파크
Auckland North Shore Motel&Holiday Park

오클랜드 시내에서 10분 거리에 있는 홀리데이 파크로 20개의 객실을 갖추고 있다. 부대시설로는 실내 수영장, 바비큐 시설 등이 있다.

- **주소** 52 Northcote Road Northcote, 0627
- **전화** +64-9-418-2578

Day 8~9

하루 종일 오클랜드 시내를 관광하자. 뉴질랜드 사람들의 요트 사랑을 확인할 수 있는 아메리카 컵 빌리지를 산책하고, 스카이 타워에서 짜릿한 스카이 점프에 도전해보는 일정은 어떨까. 그러고 나서 낭만적인 미션 베이에서 캠퍼밴 여행의 마지막 밤을 자축하는 것이다. 이튿날 아침, 정들었던 캠퍼밴을 반납하고 비행기를 타면 오후에 인천 공항에 도착한다.

아메리카 컵 빌리지 America's Cup Village

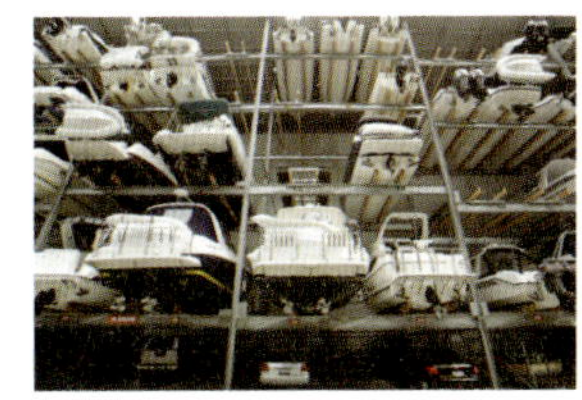

항구 도시인 오클랜드의 애칭은 '요트의 도시(City of Sail)'로, 이를 반증하듯 아메리카 컵 빌리지에는 만원 주차장처럼 요트가 빼곡하게 정박되어 있다. 2000년에는 세계적인 요트대회 '아메리칸 컵 대회'가 개최되기도 했는데, 뉴질랜드의 우승을 기념하기 위해 선수촌으로 사용된 장소를 그대로 보존하고 있다. 빌리지의 중심인 비아덕트 하버(Viaduct Harbour)에서 요트 구경 삼매경에 빠져보자.

👫 도보 15분

스카이 타워 Sky Tower 에서 스카이 점프를!

퀸 스트리트(Queen St.)는 오클랜드 중심지로 상점이 밀집되어 있어 쇼핑을 즐기기에 좋다. 중간 지점에는 높이 328미터로 세계에서 12번째로 높은 스카이 타워가 있는데, 스파이더맨처럼 도심의 고층 빌딩을 뛰어내리는 짜릿함을 맛보고 싶다면 여기서 '스카이 점프'를 체험해봐도 좋겠다. 약 16초 동안 시속 192미터를 낙하하게 되는데, 번지점프와는 달리 다시 튀어오르지 않는 것이 특징이다. 스카이 점프를 신청하면 전망대 입장권이 무료로 제공된다. 전망대 밖 가장자리를 걸을 수 있는 '스카이 워크 360'도 있다. 비용이 좀 부담된다면 전망대에 올라가 탁 트인 전망을 보는 것만으로도 충분하다.

- **주소** Sky City, Cnr, Victoria and Federal Sts. ・ **개장시간** 08:30~22:30(금·토요일은 23:30까지)
- **입장료** 28달러 ・ **홈페이지** www.skycity.co.nz

🚐 캠퍼밴 20분

공원 내의 기념탑

아메리카 컵 빌리지　세비지 기념 공원

세비지 기념 공원
Michael Joseph Savage Memorial Park

뉴질랜드 초대 수상인 마이클 조셉 세비지를 기념하기 위해 조성된 공원으로, 시내에서 미션 베이로 가는 타마키 드라이브(Tamaki Drive)에서 이정표를 따라 언덕을 오르면 나온다. 푸른 잔디가 조성되어 있어 웨딩사진 촬영 장소로 인기다. 오클랜드 시내와 미션 베이, 랑기토토 섬이 파노라마처럼 펼쳐진다.

🚐 캠퍼밴 5분

미션 베이 Mission Bay 에서 마지막 밤을 자축하기

세비지 기념 공원에서 타마키 드라이브를 따라 조금 더 가면 미션 베이가 나온다. 타마키 드라이브를 사이에 두고 야외 테라스가 있는 세련된 카페와 레스토랑, 숍이 이어져 있다. 특히 수준 높은 세계 각국의 요리를 맛볼 수 있는 레스토랑이 즐비한데, 오랜만에 분위기 있는 곳에서 저녁 식사를 하며 마지막 밤을 보낸다.

🚐 캠퍼밴 1박

아침에 데포로 가서 캠퍼밴을 반납한다. 캠퍼밴을 인수할 때 기름이 가득 차 있었다면 반납할 때 기름을 가득 채워야 한다. 그렇지 않으면 캠퍼밴 비용을 지불할 때 사용한 만큼의 기름값이 자동 청구되는데, 이는 시중 유가보다 비싸게 책정되니 유의하자. 캠퍼밴 반납 후 셔틀버스를 타고 오클랜드 공항으로 향한다.

오클랜드 공항 도착

한국으로 출발!

✈ 기내 1박

인천 공항 도착

오클랜드에서 하루 더 머문다면 꼭 가봐야 할 곳

오클랜드 도메인 Auckland Domain

오클랜드에서 가장 오래된 공원이다. 도심의 오른쪽을 대부분 차지할 정도로 방대한 부지에 테니스 코트와 럭비, 크리켓 경기장이 들어서 있다. 야외 콘서트나 다양한 이벤트도 자주 열려 시민들의 휴식처로 사랑받고 있다. 공원 중앙에는 뉴질랜드의 첫 번째 박물관인 오클랜드 박물관이 있다.

마운트 이든 Mount Eden

약 2만 년 전에 마지막으로 폭발한 사화산(死火山)으로, 오클랜드에 있는 50여 개의 화산구 중에서 가장 높다. 화산 폭발로 생긴 50미터의 분화구 옆 전망대에 오르면 오클랜드 시내 전경을 한눈에 볼 수 있다. 앞쪽에는 오클랜드 시가지가, 뒤쪽에는 주택가가 보인다. 마운트 이든이란 이름은 19세기 영국 해군 제독의 이름에서 유래한 것이다.

콘월 파크 Cornwall Park

울창한 가로수길과 잘 정비된 산책로가 있는 공원이다. 오클랜드 도메인과 함께 시민들의 휴식처로 이용되며, 크리켓 경기가 열리기도 한다. 원 트리 힐(One Tree Hill)에는 오클랜드의 아버지 존 로건 캠벨 경이 오클랜드 발전에 크게 기여한 마오리족에게 경의를 표하는 마음으로 세운 기념비가 서 있다. 영국 총독이 부임하던 시절에 만들어진 작은 집들은 현재 여행 안내소와 카페로 사용되고 있다.

뉴질랜드 남섬의
캠퍼밴 여행지

마운트 쿡 Mount Cook

만년설과 빙하로 뒤덮여 있는 마운트 쿡은 태곳적 아름다움을 간직하고 있다. 뉴질랜드 남섬 최고의 관광 명소 중 하나로, '남반구의 알프스'라고 불리는 서던 알프스의 최고봉이다. 남반부 최대 규모인 태즈먼 빙하 보트 투어에 참가하면 빙하를 손으로 직접 만져볼 수 있다.

퀸스타운 Queenstown

와카티푸 호수와 리마커블스 산맥이 있는 아름다운 도시. '빅토리아 여왕에게 어울리는 곳'이라고 하여 퀸스타운이라고 이름 지어졌다. 이곳에는 번지점프 발상지인 카와나우 브릿지(Kawanau Bridge) 번지대가 있는데, 영화 〈번지점프를 하다〉의 마지막 장면에 등장하는 그곳이다. 래프팅, 스카이다이빙 등 흥미진진한 액티비티도 즐길 수 있다.

프란츠 요제프 빙하&폭스 빙하 Franz Josef Glacier & Fox Glacier

남섬 여행의 백미는 '빙하'라고 할 수 있으며, 이를 위해 빙하 기슭의 작은 마을인 프란츠 요제프 빙하와 폭스 빙하를 기점으로 하는 빙하 투어가 운영되고 있다. 마운트 쿡에서부터 흘러내린 빙하를 직접 밟고 트레킹을 하거나, 헬리콥터를 타고 프란츠 요제프 빙하, 폭스 빙하, 마운트 쿡을 볼 수 있는 투어 프로그램도 있다.

테카포 호수&푸카키 호수 Lake Tekapo & Lake Pukaki

마운트 쿡 국립공원 근처에는 테카포 호수와 푸카키 호수가 양쪽으로 위치하는데, 둘 다 말로는 형언할 수 없을 만큼 환상적인 물 색깔을 자랑하는 곳이다. 특히 테카포 호수는 청록색 물감에 우유를 섞은 듯한 신비로운 물 색깔로 유명한데, 이는 빙하에서 흘러나오는 물 때문이라고 한다.

ⓒ뉴질랜드관광청 www.newzealand.com/kr
뉴질랜드 북섬과 마찬가지로 뉴질랜드 남섬도 캠퍼밴으로 여행하기에 부족함이 없다.
특히 북섬에서는 볼 수 없었던 만년설과 빙하는
뉴질랜드 남섬 캠퍼밴 여행의 색다른 묘미를 느낄 수 있게 해줄 것이다.
ⓒ뉴질랜드관광청 www.newzealand.com/kr

겨울 로망에 관한 모든 것

일본 홋카이도 겨울 여행 5박 6일+α

겨울을 가장 겨울답게 즐긴다

나는 겨울을 좋아한다. 영하 20도 따위의 몰상식한 혹한은 좋아할 수 없지만, 적당히 차가운 기온은 더위보다 백배쯤 좋아한다. 눈 쌓인 나무와 아무도 밟지 않은 하얀 눈밭을 보면 미취학 아동처럼 가슴이 뛴다. 어묵 국물이 뿜어내는 하얀 김도, 전기장판의 온기도 겨울이니까 더 특별한 거다. 연말과 연시를 관통하는 시간 감각이 주는 묘한 흥분과 그에 따르는 왁자지껄한 분위기, 이 모든 것을 좋아하는 내가 홋카이도에 반한 것은 지극히 당연한 일일 것이다. 홋카이도로 떠날 때는 비행기가 그 땅에 들어서는 순간부터 가슴이 설렌다. 창밖으로 펼쳐지는 온통 하얀 땅. 넓은 대지와 산맥, 간간히 이어지는 지붕, 도로, 그 모든 것이 새하얗다. 정말이지 그곳의 많은 것들은 겨울에 최적화되어 있다. 너른 들판은 처음부터 설원이 되기 위해 존재하는 것이었다. 빽빽한 침엽수림과 예리한 산세에는 눈밖에 더 어울릴 것이 없다. 그

곳의 자연은 눈과 어우러졌을 때 제 아름다움을 발한다. 그리고 사람들. 홋카이도의 사람들은 누구보다 겨울을 살아내는 방법을 잘 알고 있다. 수많은 축제(마츠리), 겨울이라 더 맛있는 여러 먹을거리, 풍경과 함께 즐길 수 있는 겨울 스포츠와 온천. 이 많은 것들에서 홋카이도 사람들의 유쾌한 지혜와 삶이 곳곳에서 뚝뚝 묻어난다. 홋카이도의 겨울을 만든 것이 절반쯤 자연의 힘이라면, 나머지 절반은 사람들의 힘이다. 그리고 그 겨울은, 세상 그 어느 곳의 겨울보다 매력적이다.

평소 인간은 왜 겨울잠을 자지 않느냐고 투덜대는 사람들은 빼자. 적어도 당신이 겨울의 매력을 아는 사람이라면, 평생 한 번쯤은 가장 겨울다운 겨울을 보내보고 싶다면, 어느 겨울이든 홋카이도는 한 번쯤 제일 선상에 올릴 만한 곳이다. 아니다. 겨울을 싫어하는 사람도 가보라. 혹시 또 아는가. 당신이 모르던 겨울의 매력을 발견할 수 있을지. 이렇게까지 말하면 내가 무슨 홋카이도교 교주 같아 보일 것 같긴 하다. 뭐, 그래도 상관없다. **SY**

홋카이도 여행,
이렇게 준비한다!

언제 갈까?

홋카이도의 겨울은 상당히 길다. 11월 초부터 3월 초까지는 언제라도 겨울 기분을 만끽할 수 있다. 가장 좋은 때는 2월 초. 홋카이도의 주요 마츠리들이 모두 이 시기에 집중되어 있어 기본적인 매력 외에 보너스 볼거리가 충만하다.

어떻게 가지?

신치토세(新千歲) 공항 왕복 항공권을 끊는다. 가장 저렴하고 스케줄이 편한 것은 진에어로, 인천공항에서 매일 출발한다. 대한항공도 매일 출발하나 항공료가 다소 비싼 편. 이스타항공은 매주 목, 일요일에만 비행기를 띄운다. JAL과 ANA는 도쿄나 오사카를 1회 경유하여 삿포로로 향한다. 부산에서는 매주 화, 목, 토요일에 대한항공으로 삿포로(신치토세 공항) 직항편을 이용할 수 있다.

얼마나 들까?

예산 총 205만 원 정도(항공료 50~70만 원선, 삿포로 하코다테 숙박비 20만 원(비즈니스 호텔 기준, 5만 원×4일), 비에이 투어 15만 원, JR 패스 포함 각종 교통비 30만 원, 식비 및 각종 비용 20만 원, 마루코마 료칸 숙박 및 식사 20만 원, 기타 예비비 20~30만 원).

환전 여행 경비 전액을 일본 엔화(¥)로 환전한다. 10엔은 약 1,450원(2012년 4월 기준).

신용카드 비자카드와 마스터카드가 통한다. 도심을 벗어나거나 작은 규모의 상점, 식당 등에서는 카드를 이용하기 힘든 경우가 종종 있으므로 현금을 충분히 준비하는 것이 좋다.

미리 준비하자!

비자 무비자 6개월.

언어 일본어. 호텔을 제외하면 간단한 단어 이상의 영어 의사소통은 힘든 편. 일본어 잘하는 친구를 데려가자.

JR 홋카이도 패스 연속 3일권으로 끊는다(1만 5,000엔). 시중 여행사에게 쉽게 구할 수 있으며, 할인된 가격으로 판매하는 곳도 어렵지 않게 찾아볼 수 있다.

비에이 – 대설산 설원 투어 비에이의 설원은 개별적으로 여행하기에는 비용과 수고가 너무 많이 드는 곳이다. 삿포로에서 출발하는 당일치기 투어를 미리 예약하고 떠나자. '흰그림자의 홋카이도 내비'가 가장 유명하다.

• **홈페이지** http://cafe.naver.com/hokkaidonavi

숙소 구하기

삿포로 JR 삿포로 역 앞과 스스키노에 호텔이 몰려 있다. 타 도시와의 연결성을 중요하게 여긴다면 삿포로 역 앞에, 맛집과 음주가무를 소중하게 생각한다면 스스키노에 숙소를 정하자.

하코다테 JR 하코다테 역 주변으로 알아보자. 합리적인 가격에 설비도 나쁘지 않은 호텔들이 많다.

마루코마 료칸 쟈란넷이나 라쿠텐 등을 이용하면 할인된 가격에 예약 가능하다.

짐 꾸리기

옷 비에이 투어를 할 때는 엄청난 추위를 맛보게 된다. 두툼한 겉옷은 물론 목도리, 털모자, 내복, 핫팩, 장갑 등 방한도구를 반드시 챙겨 가자.

수영복 비에이 투어를 할 때 대설산 부근에 있는 노천온천에 들리게 된다. 온몸을 푹 담궈보고 싶다면 수영복을 가져가자.

신발 홋카이도는 춥고 언제나 눈이 쌓여 있다. 따라서 예쁜 신발보다는 따뜻하고 물이 안 새며, 안 미끄러지는 신발이 우월하다. 패딩 부츠, 어그 부츠 등 무조건 따뜻한 신발로 챙겨 가자. 특히 비에이 투어를 할 때는 방수되는 신발이 필수다.

꼭 챙겨 갈 것 110볼트용 플러그 또는 유니버설 플러그와 우산, 비닐봉투 등 폭설대비용 준비물.

미리 보고 가자!

영화 〈러브레터〉 이와이 슌지 감독의 감성 백만 점 멜로 영화. '오겡끼데스까!'라는 대사로 유명하다. 홋카이도의 아름다운 운하 도시인 오타루를 주요 배경으로 하고 있다.

홋카이도 겨울 여행 5박 6일

날짜	루트	여행 일정
Day 1	삿포로	**오전** 삿포로 도착 **오후** 시로이 코이비토 파크 관광 **밤** 삿포로 야경
Day 2	삿포로 ⇨ 비에이	**오전** 비에이 도착 **오전·오후** 비에이 설원 투어
Day 3	삿포로 ⇨ 오타루	**오전** 삿포로 돌아보기 **오후** 오타루 도착 및 가벼운 산책 **밤** 스스키노의 밤 즐기기
Day 4	삿포로 ⇨ 하코다테	**오전** 하코다테로 이동 **오후** 아카렌가 산책, 모토마치 산책 **밤** 하코다테 야경 감상
Day 5	하코다테 ⇨ 시코츠 호	**오전** 아침 시장 구경 후 시코츠 호로 이동 **오후** 온천욕과 료칸 즐기기
Day 6	시코츠 호 ⇨ 한국	**오전** 일출 보면서 온천욕하기 **오후** 한국으로 출발 인천 공항 도착

Day 1

비행기가 홋카이도 상공에 들어서면 창밖을 내다보자. 거짓말처럼 온통 하얀 세계가 펼쳐져 있을 것이다. 산도 들도 나무도 따뜻한 하얀 빛으로 뒤덮인 세상. 겨울의 색깔을 흰색이라고 표현할 수 있다면, 홋카이도의 풍경은 딱 이거다, '진짜 겨울'.

> 치토세 공항 도착 후 지하로 이동. JR 에어포트 라이너(エアポートライナー)를 탑승하여 JR 삿포로 역 도착. 약 40분 소요. 도보, 지하철 등으로 이동.

숙소 체크인

삿포로 역 주변에 숙소를 잡았다면 도보 이동이 가능하고 스스키노라면 지하철로 이동해야 한다. 숙소에 체크인을 한 뒤 점심을 먹고 오후 2시 정도부터 움직이자.

🚇 지하철 약 20분

겨울 메르헨, 시로이 코이비토 파크

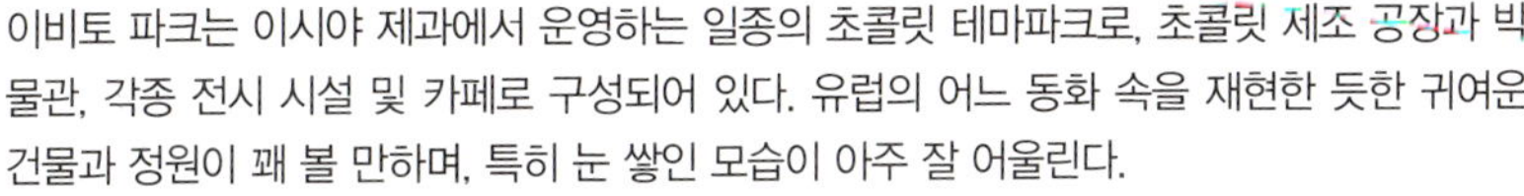

시로이 코이비토(白い恋人)는 '하얀 연인'이라는 뜻으로, 이시야 제과에서 생산하는 화이트 초콜렛 쿠키의 상표명이기도 하다. 시로이 코이비토 파크는 이시야 제과에서 운영하는 일종의 초콜릿 테마파크로, 초콜릿 제조 공장과 박물관, 각종 전시 시설 및 카페로 구성되어 있다. 유럽의 어느 동화 속을 재현한 듯한 귀여운 건물과 정원이 꽤 볼 만하며, 특히 눈 쌓인 모습이 아주 잘 어울린다.

- **주소** 北海道札幌市西区宮の沢2条2丁目11-36 　• **홈페이지** http://www.shiroikoibitopark.jp

🚇 지하철 약 20분

야경을 보자! JR타워 or TV타워

JR타워는 JR 삿포로 역과 연결된 타워로, 전망대 높이가 무려 160미터다. 맑은 날에는 저 멀리 오타루까지 보인다고 한다. TV타워는 이름에서 금세 알 수 있듯 방송 송신용 탑으로 지상 90미터 지점에 전망대가 설치되어 있어 오도리 공원 주변의 야경을 한눈에 감상할 수 있다. 특별한 이벤트가 없다면 JR타워로, 화이트 일루미네이션이나 유키마츠리 등 오도리 공원에서 축제가 열리고 있다면 TV타워로 가자.

- **JR타워 홈페이지** http://www.jr-tower.com 　• **삿포로 TV타워 홈페이지** http://www.tv-tower.co.jp

Day 2

지평선 끝까지 한없이 펼쳐진 설원. 아무도 밟지 않은 새 눈을 밟으며, 또는 헤치며 광대한 겨울의 대자연과 정면으로 마주하는 것. 홋카이도를 여행하는 사람이라면 누구나 가질 만한 로망이다. 그리고 이 로망은 비에이에 가면 거의 100퍼센트에 가깝게 이루어진다. 둘째 날은 비에이 설원 투어다.

 비에이 투어

보통 1회당 5~10명 정도의 인원으로 꾸려, 오전 6시 30분 정도에 삿포로를 출발한다. 삿포로에서 비에이까지는 꽤 먼 거리이므로 차 안에서 모자란 아침잠을 보충하자. 아래 소개하는 투어 내용은 날씨와 도로 사정에 의해 변경될 수 있다.

흰그림자의 홋카이도 내비 투어 : http://cafe.naver.com/hokkaidonavi

🚐 전용 차량 약 3시간

패치워크 로드

마치 패치워크처럼 여러 가지 색깔로 알록달록한 풍경이 펼쳐진다 하여 '패치워크 로드'라는 이름이 붙었지만, 겨울에는 오로지 흰색만 가득하다. 벌판과 언덕 위에 그림처럼 자리 잡은 나무들이 인상적인데, 그중 유명한 나무 및 명소들에는 하나하나 별명이 붙어 있다.

🚐 전용 차량 이동

파노라마 로드

패치워크 로드와 쌍벽을 이루는 비에이의 인기 드라이브 길이다. 창밖으로 펼쳐진 웅대한 설경을 즐기며 드라이브를 한다. 주요 볼거리는 다음과 같다.

크리스마스 트리

이름만 들어도 생김새를 알 수 있는, 반짝이 전구만 감아 놓으면 일 년 내내 크리스마스 기분이 날 것만 같은 모습의 나무다.

철학의 나무

나무가 약간 기울어진 것이 마치 사색에 잠긴 것 같다 하여 붙여진 이름이다. 최근 소지섭이 모 카메라 광고를 이 나무에서 찍은 후로는 '소지섭 나무'라는 별명도 붙었다.

타쿠신칸 拓真館

비에이 주변의 풍경을 담은 사진으로 유명한 홋카이도의 대표적인 사진작가 마에다 신조의 작품을 전시하는 곳이다. 주변에 자작나무 산책로가 조성되어 있는데, 이 길이 작품 이상으로 멋지다.

🚌 전용 차량 이동

대설산 지대

다음 코스는 대설산 지대다. 대설산 주위에 있는 온천지대와 각종 자연 경관들을 보고 노천온천을 방문한다. TV에서만 보던 눈밭 한가운데 김이 설설 나는 노천온천을 체험해 볼 수 있는 절호의 기회다.

대설산

홋카이도 중앙에 있는 거대한 산으로, 일본 최대의 산악 국립공원이다. 1년에 한 달 정도를 제외하고는 늘 눈에 덮여 있다. 멀리서 바라보는 것만으로도 가슴을 벅차게 하는 풍경이다.

노천온천

대설산 주변에는 온천지대가 곳곳에 형성되어 있는데, 그중에는 노면에 솟아나는 온천도 있다. 눈밭 한가운데서 온천을 하는 맛이 바로 이 투어의 하이라이트라고 해도 과언이 아니다. 수영복과 수건을 꼭 챙기자.

🚌 전용 차량 약 4시간

삿포로 컴백

투어를 마치고 삿포로로 돌아오면 밤 8~9시가 된다. 삿포로 역 또는 스스키노 중 선택해서 내릴 수 있다.

Day 3

영화 〈러브 레터〉를 보았다면 오타루의 운하와 눈의 도시를 좀 더 특별하게 기억할 것이다. 셋째 날은 바로 그 도시, 오타루로 간다. 당일치기는 물론 반일치기도 가능할 정도로 아담한 도시지만, 농축된 감성만은 어느 대도시보다도 진한 곳이다.

삿포로 시내 관광

오타루는 삿포로에서 비교적 가까운 곳에 위치해 있으며, 동네가 작아 오후부터 관광을 시작해도 늦지 않다. 오전 시간대에는 삿포로의 소소한 볼거리들을 돌아보자. 전날 비에 이 투어가 너무 힘들었다면 휴식과 숙면으로 오전 시간을 쓰는 호연지기를 발휘해도 좋다.

홋카이도 도청 청사

정확히 말하면 구 도청 청사로, 현재는 일종의 자료관으로 운영되고 있다. 19세기에 지어진 근대식 벽돌 건물로, '빨간 벽돌'이라는 별명으로도 불린다.

시계탑

도청사 건물과 마찬가지로 19세기에 만들어진 근대식 건물이다. 삿포로의 상징이자 삿포로 시민들의 마음의 고향이라 할 수 있는 중요 랜드마크다.

JR 삿포로 역

삿포로 교통의 심장인 동시에 가장 큰 대형 쇼핑몰이다. APIA, Esta, PASEO 등의 대형 쇼핑몰, 지하상가, 전자제품 양판점인 비꾸카메라 등 쇼핑을 좋아한다면 하루 종일 봐도 부족하지 않을 정도의 볼거리가 있다.

> 삿포로에서 오타루 이동은 JR(기차)로 한다. 출발 전 JR 삿포로 역 인포메이션 센터를 들러 JR 패스를 교환하자. 한국에서 구입한 것은 바우처로, 현지에서 티켓으로 교환해야 쓸 수 있다.

🚌 JR 약 50분

오타루 오르골 당

키타이치 가라스

오타루 도착

역에서 지도를 한 장 구해 들고 밖으로 나오자. 오타루는 작은 도시이고 관광 스폿들이 모두 몰려 있어 도보로 충분히 돌아볼 수 있다.

👫 도보 10~20분

사카이마치 거리 堺町通り

유리 공방, 전시장, 선물가게, 음식점, 디저트 숍 등이 일본다운, 그리고 오타루다운 아기자기한 모습으로 길을 따라 자리하고 있다. 몇몇 볼거리들을 챙기며 마음에 드는 음식점이나 카페를 찾아 느긋하게 즐겨보자.

오타루 오르골당 小樽オルゴール堂

일본 최대 규모의 오르골 전문점. 평소 오르골에 아무 관심이 없던 사람도 충동구매 욕구가 일어날 만큼 예쁘고 인상적인 오르골들이 가득하다.

키타이치 가라스 北一硝子

오타루는 유리 공예가 유명한 곳으로, 키타이치 가라스는 그중에서도 가장 유명한 유리 공방 겸 판매소다. 뜨거운 유리에 숨을 불어넣어 만드는 '후키가라스(吹き硝子)' 제조 과정을 체험할 수도 있다.

디저트

사카이마치에는 오타루에서 가장 유명한 디저트 숍들이 몰려 있다. 롯카테이(六花亭), 키타카로(北菓楼), 르 타오(Le Tao) 등이 대표적이다. 푸딩, 바움쿠헨 등이 특히 유명하다. 르 타오 본점에는 전망대도 설치되어 있다.

👫 도보 5~10분

감수성을 자극하는 곳, 오타루 운하 小樽 運河

오타루 운하는 저녁이 내릴 때부터 밤이 완전히 무르익을 때까지가 가장 예쁘다. 눈이 포근히 내려앉은 운하와, 운하 옆에 나지막한 모습으로 서 있는 창고. 겨울밤 은은한 불빛에 비친 그 모습을 보고 있노라면 왠지 로맨틱한 감상에 젖게 된다.

오타루 운하

🚃 JR 약 50분

스스키노すすきの의 밤

삿포로 도심 남쪽에 자리 잡은 스스키노에는 별명이 한 가지 있다. 바로 '도쿄 이북 최고의 번화가'가 그것. 대로며 골목이 온통 네온사인으로 번뜩이고, 온통 맛집과 술집으로 넘쳐난다. 삿포로에서 보내는 마지막 밤을 흥겹게 장식해보자.

Day 4

넷째 날은 삿포로를 떠나 하코다테로 간다. 하코다테는 홋카이도 최남단에 있는 항구 도시로, 츠가루 해협을 사이에 두고 혼슈와 마주보고 있어 홋카이도의 관문이라는 별명이 붙어 있다. 보석 같은 야경과 모토마치의 고즈넉한 매력 등, 홋카이도에 왔다면 여러모로 빼놓기 서운한 곳이다.

🚃 JR 약 3시간 30분

하코다테 도착

숙소에 체크인한 후 짐을 놓고 밖으로 나선다.

🚃 노면전차 10~15분

카나모리 아카렌가 소코 金森赤レンガ倉庫

전차역 쥬지가이(十字街) 역에 내려 5분 정도 걸으면 카나모리 아카렌가 소코
에 도착한다. 메이지 시대 말엽에 지어진 빨간 벽돌 물자 창고로, 겉모습은 그
대로 두고 내부만 새롭게 단장하여 복합 쇼핑몰로 꾸민 곳이다. 고풍스러운
옛 항구의 분위기와 세련된 현대 도시의 느낌을 동시에 즐길 수 있다.

• **영업시간** 매장마다 다르나 보통 09:30~19:00

👣👣 도보 10~20분

골목의 향기, 모토마치 元町

19세기 말 일본이 외국에 개항 당시 하코다테에 들어온 외국인들이 거주하던 곳이다. 당시에
지어진 서양 근대식의 예쁜 건물들이 아직까지 많이 남아 있으며, 특히 그리스 정교회를 비
롯한 각종 아름다운 교회 건물들이 많다. 주변의 주택가 골목들도 고즈넉한 맛을 내고 있어
산책하기 좋다. 타인의 삶을 방해하지 않는 선에서 낯선 고즈넉함을 흠뻑 즐겨보자.

👣👣 도보 5~10분

하코다테 산 전망대는 케이블카를 타고 올라가야 한다. 성수기나 휴일에는 줄이 긴 편이므로 다
소 인내심이 필요하다. 요금은 왕복 1,160엔.
운행시간 : 하절기 10:00~22:00, 동절기 10:00~21:00

🚠 케이블카 5~10분

세계 3대 야경의 위엄, 하코다테 산 전망대

전망대 내부에는 로비는 물론 카페, 레스토랑까지 모두 훌륭한 전망 창을 갖고 있으나, 뭐니
뭐니 해도 옥상 전망대에서 바라보는 야경이 최고다. 양쪽에 바다를 끼고 오목하게 펼쳐진
육지의 야경은 전 세계적으로도 희귀한 것이라서 홍콩, 나폴리와 더불어 세계 3대 야경으로
손꼽힌다고 한다.

Day 5

일본 겨울에 대한 로망 중에 절대 빼놓을 수 없는 것 하나는 온천 료칸이다. 전통 일본식 다다미방에서 유카타를 입고 극진한 서비스를 받으며, 카이세키를 먹고 노천온천에서 극상의 휴식을 즐기는 것. 마지막 일정은 온천 료칸으로 마무리한다.

맛있는 겨울 아침, 하코다테 아사이치 函館朝市

JR 하코다테 역 바로 앞에 위치한 아사이치(아침 시장)는 이름 그대로 아침 일찍 문을 여는 시장으로, 주로 연어, 오징어, 대게 등의 수산물을 판매한다. 시장 안에 있는 식당에서 해산물 요리를 비교적 저렴한 값에 먹을 수 있다. 삼색해물덮밥(三色海鮮丼)이 인기가 높은데, 연어 알, 가리비, 성게가 밥 위에 듬뿍 올라가 있다.

> JR 하코다테 역에서 10시 40분 차를 탄다. 이 차를 타지 못하면 다음 일정에 큰 차질이 빚어지므로 놓치지 말자. 미나미치토세(南千歳) 역에서 하차한 후 환승하여 치토세(千歳) 역으로 간다. 치토세 공항과는 다른 곳이므로 혼동하지 말자.

🚌 JR 약 3시간

JR 치토세 역

오후 2시 45분 출발의 마루코마 료칸 행 무료 셔틀버스에 탄다. 셔틀버스는 예약제로 운영되므로 료칸을 예약할 때 미리 신청해 두자. 치토세 역에 도착하면 셔틀버스가 올 때까지 한 시간 정도 시간이 남는다. 역 근처에 작은 규모의 쇼핑몰이 있으므로 그곳을 돌아보자.

🚌 셔틀버스 약 1시간

시코츠 호 支笏湖에 반하는 순간

버스가 시코츠 호에 접어들면 창밖으로 바다처럼 넓은 호수를 험준한 산들이 감싸 안고 있는 풍경이 웅장하게 펼쳐진다. 시코츠 호는 일본에서 두 번째로 깊은 호수인 동시에 일본 전체에서 가장 맑은 호수라고 한다.

🚌 셔틀버스로 이동

시코츠 호 전경

마루코마 료칸 丸駒旅館

1916년 창업하여 이제 100년 역사를 코앞에 두고 있는 시코츠 호의 터줏대감격인 료칸이다. 노천온천의 수면이 호수면의 높이와 동일하여 온천을 하면서 시코쓰 호의 풍광을 한껏 즐길 수 있다. 일본에서는 잘 알려지지 않았지만 아주 좋은 온천을 '히토(秘湯)'라고 하는데, 마루코마 료칸의 온천은 대표적인 히토로 손꼽힌다고 한다. 료칸이라는 숙박시설과 온천욕을 마음껏 체험하며 완전한 휴식을 즐겨보자.

온천을 즐기자!

첫째, 객실을 즐기자
침대와 최신 전자제품을 갖춘 현대적인 객실도 있으나, 바닥에 다다미가 깔린 다다미방이 좀 더 일반적이다. 객실 가운데에는 테이블이 놓여 있고 차(茶)를 마실 수 있도록 다기 세트가 준비되어 있다. 객실에서도 충분히 풍광을 즐길 수 있다.

둘째, 유카타를 즐기자
료칸의 객실 옷장 안에 유카타가 준비되어 있다. 식사를 하거나 온천을 이용할 때는 물론 료칸 안을 자유롭게 돌아다닐 때 입을 수 있다. 입으면 은근히 편해서 반하게 된다.

셋째, 온천을 즐기자
온천탕은 실내탕과 노천탕으로 나뉘어 있다. 일정시간 동안 대절하여 사용하는 카시키리 온천도 있는데, 마루코마 료칸에서는 별도의 요금을 내야 한다. 샴푸, 비누 같은 세면도구는 욕장에 비치되어 있으나, 수건은 객실에 준비된 것을 가져가야 한다. 욕장에 입실할 때는 작은 수건으로 앞을 살짝 가리는 것이 예의다. 몸을 완전히 씻은 뒤 탕에 들어가며, 때를 미는 것은 금지되어 있다. 시코쓰 호 주변의 온천은 피부에 좋은 것으로 유명하다.

넷째, 카이세키 숲席 를 즐기자
료칸의 1박 요금에는 보통 아침 식사와 저녁 식사가 포함되어 있다. 객실에서 카이세키 요리를 먹는 것이 보통이고, 상품에 따라서는 료칸에서 운영하는 식당의 특선 요리가 포함되어 있는 경우도 있다. 약 10품으로 구성된 코스 요리가 차례차례 나오는데, 한국인을 비롯한 외국인들에게는 요청에 따라 한꺼번에 내오기도 한다.

Day 6

길지 않았던 하얀 나날을 마무리할 시간. 마루코마 료칸에서 치토세 역으로 가는 셔틀버스가 10시에 출발하므로 그전까지는 느긋하게 아침을 먹고 주위 풍경을 즐겨보자. 이것이 마지막이라고는 생각하지 말자. 홋카이도는 아직도 못 가본 좋은 곳들이 많이 있고, 겨울도 앞으로 몇 십 번쯤은 더 남았을 테니까.

노천온천에서 일출을 보다

마루코마 료칸의 노천탕은 호수 방향을 바라보고 동향으로 자리 잡고 있어 일출을 보면서 온천을 즐길 수 있다. 호수 뒤의 두봉우리 산에서 해가 솟는 모습은 일본 전통 그림에서나 나올 법한 풍경이다. 일출 시각은 아침 6시 정도. 조금 이른 시작이지만, 조금 특별한 여행의 마무리를 꿈꾼다면 이 정도 수고는 아깝지 않은 것이리라.

> 온천을 마친 후에는 아침 식사를 한다. 아침 식사는 뷔페로 준비된다. 료칸에서 운영하는 무료 셔틀버스는 10시에 출발한다. 치토세 역까지 1시간 소요.

JR 치토세 역

🚌 JR 10~15분

치토세 공항 도착

한국으로 출발!

✈ 항공편 약 3시간

인천 공항 도착

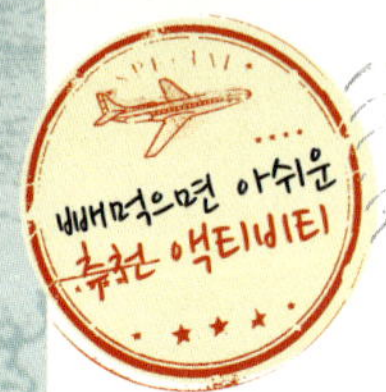

홋카이도에서
겨울 스포츠를 만끽하자!

출발 전 예약하기

스키 관련 여행 사이트에서 숙박권과 식사권, 리프트 등이 포함된 패키지 상품을 구매할 수 있다. 보통 항공권까지 포함된 상품이 많으므로 다른 홋카이도 여행 일정을 추가하고 싶다면 상담을 통해 상품에서 항공권을 빼거나 항공 일정을 변경할 수 있다.

- **일본스키닷컴** http://www.ilbonski.com
- **투어스키닷컴** http://www.tournski.com

준비물 챙기기

스키 및 보드 장비를 가지고 있다면 모두 챙기자. 현지에서 풀세트를 대여하면 2박 3일에 2만 5,000엔 정도 든다. 상품을 예약할 때 셔틀버스까지 미리 예약해자.

Day 1

루스츠 리조트 행 셔틀버스는 치토세 공항과 삿포로 역에서 출발한다. 치토세 공항에서는 시간당 1~2대 꼴로 있으나 삿포로 역에서는 오전 8시 출발 버스만 있다. 양쪽 모두 2시간 남짓 소요.

🚌 셔틀버스로 이동

루스츠 리조트 도착

객실이 노스윙, 사우스윙, 타워 등에 나눠져 있다. 예약한 곳이 어딘지 확인한 후 체크인한다.

🚌 모노레일 및 도보, 리프트로 이동

홋카이도는 시즌 내내 단 한 번도 인공눈을 뿌릴 필요가 없는, 겨울 스포츠의 천국이다. 이곳에서 겨울 스포츠를 즐기고자 하는 여행자들을 위해 홋카이도의 대표적인 스키 리조트인 루스츠 리조트에서 보내는 1박 일정을 소개한다.

겨울 스포츠를 즐기자!

루스츠 스키장은 파우더 스노우의 뛰어난 설질과 요테이 산의 웅장한 모습, 저 멀리 보이는 토야 호수의 근사한 전경까지 갖추고 있다. 스키와 보드 외에도 즐길 만한 다양한 액티비티가 준비되어 있으므로 스키나 보드에서는 느낄 수 없는 홋카이도의 겨울 및 생활을 체험할 수 있는 색다른 기회가 될 것이다.

스노우 모빌 스노우 모빌을 타고 오솔길과 오프로드를 헤치며 달린다. 가격대는 코스별로 1,570엔부터 15,750엔까지.

개썰매 시베리안 허스키가 끄는 눈썰매를 타고 코스를 15분 가량 도는 것이다. 가장 인기가 많은 액티비티로, 요금은 성인 4,000엔 선.

🚌 모노레일 및 도보, 리프트로 이동

저녁 식사

석식 식사권으로 10여 개의 레스토랑을 이용할 수 있다. 가장 인기가 높은 것은 뷔페 레스토랑인 '옥토버 페스트'로, 게를 무제한으로 먹을 수 있다.

🚌 모노레일 및 도보, 리프트로 이동

야간 스키

리프트는 밤 9시까지 운행되므로, 그때까지 야간 스키와 보드를 마음껏 즐기자. 건물 주변에 예쁜 일루미네이션도 있으니 기념사진이나 데이트를 즐겨도 좋다.

아침 식사 후 체크아웃을 한다. 다음 일정이 빠듯한 것이 아니라면 셔틀버스 시각까지 못 다한 스키와 보드를 즐기자. 떠날 때도 셔틀버스를 이용한다. 치토세 공항으로 가는 차는 1시간마다 1~2대 꼴로 있으며, 삿포로 역으로 가는 버스는 오후 4시 50분에 출발한다.

Day 2

홋카이도의
맛있는 대표 음식들

라멘 ラーメン

일본 라멘은 양념에 따라 크게 쇼유(간장)라멘, 시오(소금)라멘, 미소(된장)라멘으로 나뉘는데, 삿포로는 이 중 미소라멘의 원조 도시다. 스스키노에는 원조 삿포로 미소라멘의 진가를 맛볼 수 있는 유명한 라멘집이 많이 몰려 있다.

징기스칸 ジンギスカン

양고기를 채소와 함께 철판에 구워 먹는 요리다. 어린 양고기를 사용하기 때문에 양 특유의 역한 냄새 없이 야들야들하고 고소한 양고기의 풍미를 제대로 느낄 수 있다.

수프카레 スープカレー

카레는 약간 걸쭉한 것이 보통이나 홋카이도에서는 마치 국처럼 찰랑찰랑한 스타일의 카레를 즐겨 먹는다. 단호박, 가지 등의 채소와 해물 튀김 건더기를 함께 먹는다.

해산물 海鮮

홋카이도는 일본 전역에서 가장 신선한 해산물이 나는 곳이다. 특히 게가 가장 유명하고, 그 외에도 성게, 연어알, 연어 등도 맛있다. 『미스터 초밥왕』의 주인공 쇼타의 고향인 오타루에는 '스시야도리'라는 초밥집 골목이 형성되어 있고, 하코다테에서는 새벽 수산시장에서 먹는 카이센동(海鮮丼, 해산물덮밥)이 유명하다.

홋카이도에서 하루 이틀 더 머문다면
꼭 가봐야 할 곳

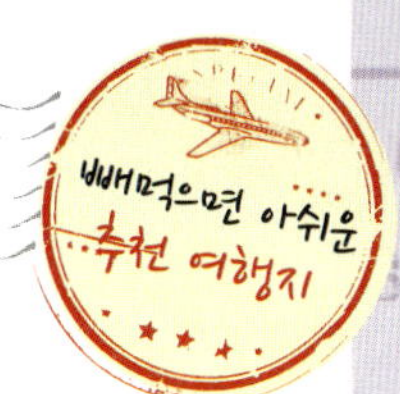

유빙 流氷

〈무한도전〉 이후로 한국에서도 폭발적인 관심을 끌고 있는 홋카이도의 유빙. 1시간 정도 유빙을 관람하게 되며, 가이드의 안내에 따라 유빙 위를 걸어 다닐 수 있는 '유빙 워크' 당일 여행 상품도 있다. 1월 말부터 3월 초까지만 관측되므로 그 시기를 잘 맞춰야 한다. 유빙은 홋카이도 동부의 아바시리(網走), 몬베츠(紋別) 등에서도 관측되는데, 이쪽은 삿포로에서 기차로 편도 6시간 정도 걸린다.

아사히야마 동물원 旭山 動物園

아사히카와(旭川) 시에 위치한 동물원으로, 90년대 초반까지는 망해가는 동물원이었으나 95년 취임한 원장의 노력과 이이디어로 현재는 홋카이도를 대표하는 명소가 되었다. 동물의 생태를 가까이서 관찰할 수 있는 '행동 전시'라는 프로그램으로 유명하며, 오로지 이 동물원 하나 때문에 아사히카와를 방문하는 사람들도 많다. 삿포로에서 기차로 편도 2시간 30분 정도 걸리므로 당일치기도 가능하다.

노보리베츠 登別

홋카이도의 대표적인 온천 마을이다. 삿포로에서 기차로 한 시간 남짓 소요되므로 가벼운 마음으로 당일치기 온천을 즐기고 싶다면 적극 추천한다. 활화산의 풍경이 살아있는 지고쿠다니(地獄谷), 산정에 오롯하게 자리 잡은 화산호 오유누마(お湯沼) 등을 돌아볼 수 있는 산책로도 온천 이후에 한나절 관광 코스로 좋다.

남에서 북까지 대륙을 종단하는 짜릿한 모험

베트남 종단 여행 6박 8일

다채로운 풍경, 베트남의 속살을 엿보다

베트남은 국토가 남북으로 좁고 긴 형태라서 보통 북부나 중부, 혹은 남부 중 한 도시를 고른 후 그 도시와 주변을 둘러보는 식으로 여행을 하게 된다. 버스나 기차를 이용할 경우 도시 간 이동 시간이 짧게는 5~6시간, 길게는 10시간 넘게 걸리는 탓이다. 그래서 베트남 종단 여행은 보통 2주 이상 여행할 수 있는 사람들만이 가능한 여행처럼 여겨졌다. 그런데 남에서 북까지, 주요 도시들을 일주일간의 휴가로 여행할 수 있는 방법이 있다면 어떨까?

물론 교통수단이 비행기로 살짝 바뀌는 허무함이 있긴 하다. 그러나 "도시마다 비행기를 타고 다니면 비용은 어떻게 감당하려고?" 하는 걱정일랑은 붙들어 매시라. 국제선 왕복 항공권에 해당 항공사에서 운항하는 편도 항공권

인 '애드온(Add- on)'을 이용하면 저렴한 가격에 도시 간 항공 이동이 가능하니까.

베트남 종단 여행의 첫 번째 도시는 남부의 중심 도시 호찌민이다. 중앙우체국, 성모 마리아 교회 등 프랑스 식민지 시대에 지은 고풍스러운 서양 건물이 깊은 인상을 남기는 곳이다. 중부에서 방문할 도시는 구엔 왕조의 숨결을 느낄 수 있는 옛 도시 훼와 844채의 고가(古家)가 있는 고즈넉한 분위기의 호이안이다. 훼와 호이안 모두 유네스코 세계문화유산으로 등록되어 있다. 마지막으로 북부에서 방문할 도시는 베트남의 수도 하노이로, 이곳까지 발도장을 찍으면 베트남 종단 여행이 완성된다. 같은 나라에 속한 도시이지만 저마다 다른 대륙의 풍경과 개성 때문에 시간이 어떻게 흘러갔는지 체감하기 힘들 것이다.

베트남 하면 음식을 빼놓을 수 없다. 우리나라의 럭셔리한 베트남 레스토랑에서 먹는 쌀국수보다 몇 배는 맛있는 시장 쌀국수와 노점상에서 파는 베트남식 바게트 샌드위치를 매일 먹는 것만으로도 베트남 여행은 즐겁고 또 즐겁다. **YJ**

베트남 종단 여행, 이렇게 준비한다!

언제 갈까?
북부의 하노이는 사계절이 뚜렷하나 남부 호찌민은 건기와 우기로 나뉜다. 우기는 3월부터 11월까지, 건기는 11월 말부터 3월 초로, 우리로 치면 겨울에 여행하기 가장 좋다.

어떻게 가지?
대한항공, 아시아나항공, 저가항공인 제주항공, 베트남항공에서 베트남 직항편을 운항한다. 국적기보단 베트남 국내선까지 애드온으로 한 번에 예약할 수 있는 베트남항공이 더 저렴하다. '인천-호찌민', '호찌민-훼', '훼-하노이', '하노이-인천' 구간의 항공편을 예약한다.

얼마나 들까?
예산 총 145만 원 정도(항공료 80~90만 원선, 숙박비 15만 원(2만 5,000원×6일), 식비 20~25만 원, 현지 투어비 10만 원, 현지 교통비 및 입장료 5만 원).
환전 US 달러로 준비한 후 현지에서 베트남 동(VND)으로 환전한다. 호텔이나 관광지에서 대부분 달러가 통용되므로 동은 필요할 때마다 소액 환전한다. 100동은 약 550원(2012년 4월 기준).
신용카드 호텔, 레스토랑 등에서 신용카드를 사용할 수 있다. 단, 신용카드 복제 사고가 날 수 있다는 것은 늘 염두에 둬야 한다.

미리 준비하자!
비자 무비자로 15일 체류 가능.
언어 베트남어. 관광지에서는 영어가 어렵지 않게 통용된다.

숙소 구하기
호찌민 여행자 거리인 데탐 거리에 저렴한 숙소와 게스트하우스가 즐비하다. 고급 호텔은 동코이 거리에 밀집해 있다.
훼 신시가지인 레로이 거리, 홍브엉 거리에 숙소가 몰려 있다.
호이안 구시가지 근처 바찌우 거리에서 합리적인 가격의 숙소를 많이 찾아볼 수 있다. 고급 리조트는 구시가지에서 10분 거리인 꾸아다이 해변에 있다.

하노이 저렴한 숙소와 게스트하우스는 여행자 거리인 구시가지 '36 거리'에 있다.

짐 꾸리기

옷&신발 반팔 셔츠와 반바지, 민소매 셔츠 등 한여름 복장으로 준비한다. 에어컨을 틀어주는 실내나 쌀쌀한 저녁 시간을 대비해 얇은 점퍼나 카디건도 챙긴다. 신발은 오래 걸어도 발이 아프지 않은 편한 신발을 준비한다.

기타 준비해 갈 것 자외선 차단을 위한 선크림과 챙 넓은 모자를 준비해 가자. 호이안에서 수영장이 있는 리조트에 머문다면 수영복도 필수. 물티슈도 준비해 가면 유용하다. 베트남 식당에서는 흔히 물티슈를 주고 나중에 계산서에 추가하기 때문이다.

미리 보고 가자!

영화 〈시클로〉 시클로를 운전하며 근근이 생계를 꾸려가고 있는 소년 가장이 시클로를 도난당한 후 범죄의 길로 빠져드는 이야기다. 1995년 개봉작으로 호찌민을 배경으로 하고 있다. 영화 OST인 라디오헤드의 〈Creep〉이 오랜 여운을 남긴다.

영화 〈그린 파파야 향기〉 부잣집 종으로 들어간 소녀 무이의 삶과 성장 과정을 담담히 그려낸 수작이다. 화려한 카메라 워크와 빼어난 영상미로, 그해 칸 영화제에서 황금카메라 상을 받았다. 1951년도 베트남의 사이공을 배경으로 했지만, 베트남과 베트남 여인에 대한 이미지를 얻기에 전혀 부족함이 없다.

Nơi:
KÝ HỌA CHÂN DUNG
dành cho
khách tham quan
Giá: 100.000 VND/bức
Place for sketching
visitor's portrait
Price: 100.000 VND/pcs

날짜	루트	여행 일정
Day 1	한국 ⇨ 호찌민	**오후** 호찌민 도착 **밤** 사이공 강 디너 크루즈 만끽
Day 2	호찌민 ⇨ 훼	**오전** 호찌민 시내 둘러보기 **오후** 훼로 이동
Day 3	훼	**오전 · 오후** 훼 근교 보트 투어 **밤** 훼 궁정요리 즐기기
Day 4	훼 ⇨ 호이안	**오전** 구엔 왕궁 관람 **오후** 호이안으로 이동
Day 5	호이안	**오전 · 오후** 호이안 구시가지 도보 여행
Day 6	호이안 ⇨ 훼 ⇨ 하노이	**오전** 훼로 이동 **오후** 하노이로 이동 **밤** 구시가지 및 수상 인형극 관람
Day 7	하노이 ⇨ 한국	**오전 · 오후** 하노이 시내 관광 **밤** 한국으로 출발
Day 8	한국	**오전** 인천 공항 도착

Day 1

호찌민에 도착하면 가장 먼저 호찌민 최대의 재래시장인 벤탄 시장으로 간다. 활기 넘치는 시장을 돌아다니며 구경하고 길거리 음식도 맛보자. 저녁에는 시원한 강바람을 맞으며 호찌민의 명물 중 하나인 사이공 강 디너 크루즈를 만끽한다.

> 공항에서 시내까지 택시가 가장 편리하나, 터무니없는 가격을 부르는 가짜 택시가 너무 많다. 타기 전에 택시 회사명을 꼭 확인하자. 비나선(VINASUN)과 마일린(MAILNH) 택시가 안전하다.

🏠 숙소 이동(20~30분)

숙소 체크인

숙소에 짐을 푼 뒤 가볍게 산책에 나서자.

벤탄 시장 Cho Ben Thanh 에서 쇼핑 삼매경

호기심을 자극하는 식재료를 비롯해 신발, 티셔츠, 액세서리, 토산품 등을 파는 상점이 거미줄처럼 이어져 있다. 가격 대비 근사한 선물을 구입하기에 좋다. 단, 관광객에게는 높은 가격을 부르기 때문에 흥정은 필수다.

• **주소** Le Loi Q1 • **영업시간** 06:00~19:00(점포에 따라 다름)

🚗 택시 5분

사이공 강 디너 크루즈와 야경 즐기기

호화로운 유람선을 타고 저녁 식사를 즐기며 호찌민의 야경의 감상할 수 있는 디너 크루즈는 연일 매진될 정도로 인기를 끌고 있다. 호텔 마제스틱 앞에 있는 사이공 강 선착장 매표소에서 티켓을 구입하며, 크루즈 회사별로 저녁 6시 30분에서 8시 30분 사이에 출발한다. 노래나 쇼 같은 선상 공연이 펼쳐져 언제나 시끌벅적하다. 총 1시간 30분 소요되며, 티켓은 15~30달러.

Day 2

전쟁기념박물관을 시작으로 통일궁, 중앙우체국, 인민위원회 청사 등을 관람한다. 모두 걸어서 갈 수 있으며, 걷다가 힘들면 근처 카페에서 달달한 베트남 커피를 마시며 휴식을 취하자. 이후에는 비행기를 타고 훼로 떠난다.

전쟁기념박물관 Bao Tang Chung Tich Chien Tranh

베트남 전쟁의 참상이 생생하게 기록된 곳이다. 예전에는 고엽제 후유증으로 태어난 기형아를 포르말린 병에 담아 전시한 것들을 볼 수 있었으나 혐오감을 준다는 이유로 없앴다. 하지만 촬영된 사진만으로도 전쟁의 아픔이 충분히 전해진다. 야외 전시관에는 베트남 전쟁 당시 실제로 사용된 탱크, 미사일, 헬기 등이 전시되고 있다.

- **주소** 28 Vo Van Tan Q. 3 · **개장시간** 07:30~12:00, 13:30~17:00
- **입장료** 1만 5,000동

바로

베트남 전쟁이 종전된 역사적인 장소, 통일궁 Dinh Thong Nhat

베트남 전쟁까지 남쪽 정권의 대통령 관저로 사용됐던 곳. 전시에는 극비 군사 기지로도 이용됐다. 1975년 해방군 탱크가 통일궁으로 진입하면서 전쟁이 종전됐다. 회의실, 연회실 등 100개가 넘는 방이 있는데 이 중 일부만 일반인에게 개방되고 있다.

- **주소** 135 Nam Ky Khoi Nghia Q. 1 · **개장시간** 07:30~11:00, 13:00~16:00 · **입장료** 1만 5,000동

도보 10분

로마네스크 양식의 아름다운 첨탑, 성모 마리아 교회 Nha Tho Duc Ba

통일궁에서 성모 마리아 교회까지 이어진 산책로를 따라 걸으면 로마네스크 양식의 두 개의 첨탑이 있는 아름다운 교회가 나온다. 바로 '노트르담 성당'으로도 불리는 성모 마리아 교회다. 19세기 말 프랑스에 의해 지어졌으며 2000년 12월에 120주년을 맞아 대대적인 보수공사를 했다. 주말이라면 내부도 들어가보자. 미사가 열리는 모습을 구경할 수 있다.

- **개장시간** 평일 08:30~10:30, 15:00~16:00, 토 · 일요일 06:00~18:30

도보 2분

중앙우체국Buu Dien Thanh Pho 이 관광지라고?

성모 마리아 교회와 함께 호찌민을 대표하는 건물로 평가받고 있어 꼭 한 번 들러볼 만한 곳이다. 내부에 들어서면 우체국이라곤 믿기지 않을 정도로 탁 트인 넓은 공간이 펼쳐진다. 아치형의 높은 천장이 우아하며, 정면에는 거대한 호찌민 초상화가 걸려 있다. 여행 중 이벤트로 기념엽서를 사서 가족이나 지인에게 안부 인사를 전해도 좋을 듯.

• **개장시간** 06:30~21:30

👫 도보 5분

화려한 프랑스풍 건물, 인민위원회 청사Uy Ban Nhan Dan Thanh Pho

파스텔톤의 노란색 벽과 흰색 기둥의 호화로움이 시선을 끄는 인민위원회 청사는 19세기 후반 사이공 주재 프랑스인들을 위한 공화당으로 지어졌다. 내부 공개를 하고 있지 않아서 궁금증을 자아내며, 심지어 외부에서 사진을 찍는 것도 금지되어 있다. 조금 떨어진 곳에서 사진 촬영을 하는 것은 별 문제없다. 청사 앞 광장에는 호찌민 동상이 세워져 있다.

> 숙소에 맡긴 짐을 찾아 호찌민 공항으로 향한다. 호찌민에서 훼까지는 1시간 20분 소요.

훼 도착, 숙소로 이동

후바이 공항은 시내에서 15킬로미터 거리에 있다. 항공 스케줄에 맞춰 베트남항공에서 운행하는 셔틀버스를 타고 시내까지 갈 수 있다. 요금은 2만 동.

Day 3

150여 년 동안 구엔 왕조의 도읍지였던 훼에는 역대 황제들의 왕릉과 사원이 고스란히 남아 있다. 흐엉 강을 따라 왕궁과 사원이 있으므로 보트 투어에 참가해 배를 타고 둘러보는 것이 베스트. 저녁에는 호화로운 훼 궁정 요리를 맛본다.

전일 훼 근교 보트 투어

전날 여행사에서 보트 투어를 예약하도록 하자. 여행사는 신시가지 쪽에 몰려 있으며, '신 카페(Shin Cafe)'와 'OSC 트래블(OSC Travel)'이 유명하다. 투어비는 10만 동에서 시작하며, 보트비, 가이드, 점심 식사가 포함되어 있다. 숙소에서 보트 선착장이 있는 신시가지까지 가는 교통편도 제공된다. 단, 왕궁과 사원 입장료는 별도. 오전 8시에 출발해 티엔무 사원, 뜨득 황제릉, 민망 황제릉, 혼첸전, 카이딘 황제릉 등 5곳을 들른 후 오후에 신시가지로 돌아온다.

티엔무 사원 Chua Thien Mu

1601년 이 지방 군주가 세운 절로 훼의 왕궁과 사원 중에 가장 볼 만하다. 높이 21미터의 7층 8각 탑이 있는데, 층마다 불상이 소장되어 있다. 뒤뜰에 있는 낡은 자동차도 눈여겨보자. 1963년 티엔무 사원의 주지승이 불교 탄압에 저항하여 사이공에서 분신을 시도했을 때 타고 있던 것이다. • **입장료** 무료

뜨득 황제릉 Lang Tu Duc

뜨득 황제는 구엔 왕조에서 재위 기간이 가장 길었던 황제다. 1867년에 완성됐으며, 사원 안에는 황제의 시신이 안치되어 있다. 중국식 정자가 있는 운치 있는 연꽃 연못이 있는데, 황제가 생전에 이곳에서 종종 낚시를 즐겼다고 한다. • **입장료** 5만 5,000동

티엔무 사원　　　　　뜨득 황제릉

카이딘 황제릉

카이딘 황제릉 Lang Khai Dinh

1916년부터 1925년까지 통치했던 카이딘 황제의 왕릉이다. 프랑스 식민 통치의 영향을 받아 콘크리트 건축과 석조 건축이 혼재되어 있다. 왕릉 앞에는 문관, 무관, 말, 코끼리 석상이 줄지어 서 있다. 황제의 무덤은 계성전에 안치되어 있다. 청동에 금박을 입힌 카이딘 황제의 등신상을 볼 수 있는데, 황제의 유골은 등신상 아래인 지하 18미터에 있다. • **입장료** 5만 5,000동

민망 황제릉 Lang Minh Mang

제2대 민망 황제의 왕릉으로 가장 아름다운 왕릉으로 꼽힌다. 민망 황제의 퇴위 직후인 1841년부터 1843년까지 3년에 걸쳐 완성됐다. 입구에 들어서면 고즈넉한 인공 호수가 펼쳐진다. 예전에는 배를 타고 가야 했으나 현재는 다리가 완성되어 육로로 갈 수 있게 됐다. • **입장료** 5만 5,000동

민망 황제릉

혼첸전 Dien Hon Chen

'참족의 신'인 포나가르를 모셨던 절이다. 언덕에 있어 급경사 계단을 올라가야 한다. 1832년에 지어졌는데 냐짱의 참족 절에 있던 신의 유골 중 일부를 가져와 지었다는 전설이 내려온다. 강과 태양의 신을 모신 사당이 있다. • **입장료** 2만 2,000동

훼 궁정 요리로 저녁 식사

훼는 베트남 마지막 왕조의 도읍지다. 왕조 시절 당시, 전국의 일류 요리사들은 훼에 모여 요리 경연을 펼쳤다. 그렇게 치열한 경연을 통해 탄생한 것이 바로 궁정 요리다. 훼 궁정 요리는 꽃과 동물 모양을 본 딴 화려한 볼거리를 제공하여 먹는 즐거움뿐만 아니라 보는 즐거움을 동시에 누릴 수 있다. 황족의 의상을 입고 전통음악을 들으며 궁정 요리를 즐길 수 있는 레스토랑도 있다.

Day 4

1802년부터 1945년까지 13대에 걸쳐 구엔 왕조의 왕궁으로 사용된 구엔 왕궁은 현재 유네스코 세계유산으로 등록되어 있다. 오전에는 구엔 왕궁을 천천히 감상하고 오후에는 버스를 타고 호이안으로 향한다.

당대 최고 예술가들의 작품을 볼 수 있는 곳, 구엔 왕궁 Dai Noi

베트남어로 커다란 궁전이란 뜻의 '다이 노이'라고도 부른다. 왕궁 주변이 5미터 높이의 성

벽으로 둘러싸여 있다. 성벽의 동서남북 방향에 궁전의 출입구가 있는데 남쪽 문인 응오몬 (Ngo Mon)이 주 출입문이다. 응오몬을 지나 안으로 입장하면 높이 37미터의 국기 게양대가 나온다. 1809년에 지아롱 황제가 건설한 것인데 1904년 태풍으로 파손되었다가 1967년에 복구되었다. 응오몬 정면에는 황제의 즉위식이나 국빈 환영식 같은 중요 의식이 거행된 태화전 (Dien Thai Hoa)이 있다. 중국 베이징의 자금성을 모방하여 지어졌으며, 건물 내부 중앙에는 황제가 앉았던 의자가 놓여 있다. 태화전으로 들어가는 길에는 연꽃이 만개한 연못이 있고, 그 위는 황제만 건널 수 있었던 금수교가 있다. 워낙 넓기 때문에 둘러보려면 2~3시간은 족히 걸린다.

- **개장시간** 07:00~17:00 ・ **입장료** 2만 2,000동

숙소에 맡긴 짐을 찾은 후 버스터미널로 간다. 훼에는 세 군데의 버스터미널이 있는데 남부로 가는 장거리 버스는 신시가지 남동쪽에 있는 안꾸 버스터미널에서 출발한다. 이곳에서 버스를 타고 호이안으로 향한다. 훼에서 호이안까지 5시간 가량 소요된다.

호이안 도착, 숙소로 이동

버스터미널은 호이안 시내에서 1킬로미터 거리에 있다. 숙소까지 택시 또는 오토바이 택시를 타고 간다. 오토바이 택시 기준 2만 동 정도.

구엔 왕궁　구엔 왕궁

응오문　태화전

Day 5

참파 왕조에서 구엔 왕조 시대까지 중국, 인도, 아랍을 연결하는 국제적인 무역항이 었던 호이안. 일본인이 세운 목조 다리인 내원교를 시작으로 고가(古家), 박물관, 향 우회관 등 볼거리가 있는 구시가지로 도보 여행을 떠나보자. 대부분 쩐푸 거리에 밀 집되어 있어 하루면 충분히 둘러볼 수 있다.

도보 여행의 출발지, 내원교 Cau Lai Vien

베트남어로는 '꺼우 라이 비엔(Cau Lai Vien)'이다. 일본인 거리와 중국인 거리를 연결하기 위해 일본 인들이 1539년에 세웠다. 교각부를 석재, 교량부를 목재로 만든 전형적인 일본식 건축양식으로 지어졌 다. 일본인 마을을 바라보는 원숭이 조각상과 중국 인 마을을 향한 개 조각상이 다리를 지키고 있다.

> **Tip** **종합 티켓을 구입하자**
>
> 호이안의 관광지를 둘러보기 위해서는 종합 티켓을 구입하는 것이 좋다. 종합 티 켓은 5장 묶음으로 되어 있는데 지정된 3곳의 박물관 중 1곳, 3곳의 회관 중 1 곳, 4곳의 고가 중 1곳, 내원교나 꾸안꽁 사원 중 1곳, 어디든 가고 싶은 장소 1곳 등 총 5곳을 관 람할 수 있다. 뚱흥 고가 근처의 종합 티켓 판매소에서 살 수 있으며, 요금은 7만 5,000동이다.

🚶🚶 도보 1분

8대째 살고 있는 집, 풍흥 고가 Nha Co Phung Hung

19세기 중반 무역상 풍흥이 지은 집으로 베트남, 중국, 일본의 건축양식이 혼합되어 있다. 현 재는 그의 8대손이 살고 있으며, 토산품 가게도 운영하고 있다. 수호신을 모신 제단이 있는 2 층에도 올라가보자.

🚶🚶 도보 1분

1796년에 지어진 건물, 광조 회관 Hoi Quan Quang Dong

중국 교포들의 향우회 장소로 이용되고 있는 곳으로, 도자기 조각으로 꾸민 화려한 입구 때 문에 쉽게 찾을 수 있다. 내부가 도자기 조각 인테리어로 매우 아름답다.

🚶🚶 도보 3분

화교의 삶을 엿보다, 쩐가 사당 Nha Tho Toc Tran

광조 회관에서 가까운 곳에 노란색 담장의 쩐가 사당이 있다. 1802년 중국인의 후손인 구엔 왕조의 관리에 의해 지어졌으며, 관광객을 위한 사당과 쩐 씨 일가가 살고 있는 주거지로 나뉘어져 있다. 3개의 문 중 양쪽 2개의 문만 사용되고 있는데, 중앙의 문은 선조들의 영혼이 드나드는 문으로 특별한 행사가 있을 때만 개방된다.

👫 도보 2분

풍흥 고가

광조 회관

동서양의 도자기 천국, 바다의 실크로드 박물관
Bao Tang Gom-Su Mau Dich o Hoi An

무역항이었던 호이안 주변에서 발굴되거나 침몰선에서 인양한 동서양의 도자기를 전시한 박물관이다. 동쪽의 중국과 일본, 서쪽의 인도와 이슬람 여러 나라에서 건너온 많은 도자기들이 시선을 압도한다.

👫 도보 3분

폭이 좁고 길이가 긴 구조의 목조 가옥, 꾸언탕 가 Nha Co Quan Thang

300여 년 전에 지어진 민가. 베트남 통일 이후에 획일적으로 건축된 폭이 좁고 길이가 긴 목조 가옥으로 되어 있다.

👫 도보 5분

호이안 역사 문화 박물관 Bao Tang Lich Su Hoi An

'명향불사(明鄉佛寺)'라는 이름의 사원이었던 건물을 박물관으로 이용하고 있다. 참파 왕조부터 구엔 왕조 시대까지 국제 무역항이었으며, 베트남 전쟁 때 중부 공방전의 거점이었던 호이안의 역사에 대해 배워볼 수 있다.

👫 도보 5분

쩐가 사당　꾸언탕 가　바다의 실크로드 박물관

화이트 로즈 White Rose 에서 저녁 식사

라이스페이퍼에 새우 살을 갈아서 만든 만두 반 바오 박 (Banh Bao Vac)은 호이안에서만 맛볼 수 있는 요리다. 하얀 장미를 닮은 모양 때문에 '화이트 로즈'라는 별명을 가지고 있다. 동명의 음식점에서 맛보도록 하자.

• **주소** 533 Hai Ba Trung   • **전화** +84-510-386-2784   • **영업시간** 07:00~20:00

호이안 밤거리 산책

저녁 식사 후 호이안 밤거리 산책을 나선다. 도시 곳곳에 호이안 특산품인 등롱(동그란 모양의 중국풍 등)이 불을 밝힌 밤거리는 낮과는 사뭇 다른 서정적인 분위기가 느껴진다. 형형색색의 등롱을 주렁주렁 매달은 상점을 구경해보자. 호이안 강에 비친 불빛도 여행자에게는 특별한 감흥을 준다. 낮에 둘러봤던 호이안의 관광지보다 호이안의 밤 정취가 오래도록 기억에 남을 것만 같다.

Day 6

호이안에서 베트남 종단 여행의 종착지인 하노이로 이동한다. 호이안에 공항이 없어 버스를 타고 훼까지 간 다음 비행기를 타고 가야 한다. 아침 일찍 서둘러도 하노이에 도착하면 어느덧 오후 늦은 시간이다. 숙소에 짐을 풀고 구시가지 주변을 산책 삼아 돌아다닌 후 하노이의 인기 만점 공연인 수상 인형극을 관람한다.

> 오전에 숙소 체크아웃을 하고 훼를 거쳐 하노이까지 간다. 훼에서 하노이까지는 비행기로 1시간 15분이 소요된다.

하노이 도착, 숙소로 이동

하노이 공항에서 시내까지 택시를 타고 가자. 시내에서 40킬로미터 거리에 있다. 공항 택시로 허가된 노이바이(Noibai), 에어포트(Airport), 비엣트난(Viettanh) 택시를 이용한다.

구시가지 주변 산책

구시가지 주변은 특별한 관광지는 없지만 여행객들이 가장 많이 모이는 장소다. 게스트하우스 같은 저렴한 숙소와 여행사, 식당 등이 몰려 있다. 36개의 골목에서 각기 다른 물건을 취급하는 구시가지의 '36거리'에서 쇼핑을 즐겨보자. 항(Hang)은 '가게'라는 뜻인데 은을 파는

구시가지 36거리　　　　　수상 인형극

항박 거리, 수공예품을 파는 항가이 거리, 도자기를 취급하는 항자 거리 등이 있다. 구시가지 남쪽의 호안끼엠 호수는 일몰 시간에 맞춰 가면 멋진 일몰을 감상할 수 있다.

바로

천 년 전통의 수상 인형극 관람

물 위에서 마치 살아 있는 듯 움직이는 인형이 신기한 수상 인형극은 매일 티켓이 매진되는 인기 공연이다. 1시간 동안 베트남의 탄생 역사를 인형극으로 보여주며, 공연이 끝나면 인형을 조종했던 배우들을 무대 위에서 만날 수 있다. 하노이에 도착하자마자 티켓을 구입하는 게 좋다. 저녁 6시 30분, 8시 두 차례 공연된다.

- **주소** 57 Dinh Tien Hoang　• **전화** +84-4-3824-9494
- **입장료** 1등석 6만 동, 2등석 4만 동(카메라 소지 시 1만 5,000동 추가)

Day 7~8

호찌민 묘소, 호찌민 유적지, 문묘 등 하노이의 주요 관광지는 떠이 호수 주변에 몰려 있다. 호찌민 묘소는 오전 중에만 개관하기 때문에 가장 먼저 방문하도록 한다. 이들 명소는 도보로 둘러볼 수 있다. 오후 늦게까지 관광지를 순례한 후 밤 비행기를 타면 다음 날 아침에 인천 공항에 도착한다.

호찌민을 만나러 간다, 호찌민 묘소 Lang Chu Tich Ho Chi Minh

베트남 건국의 아버지이자 국민적인 영웅으로 추앙받고 있는 호찌민의 시신이 안치되어 있다. 시신을 화장하고 어떤 우상화 작업도 하지 말라고 했던 호찌민의 유언과는 달리 방부 처리된 시신이 유리관 속에 안치되어 있다. 매년 10~11월에는 시신을 러시아로 보내 방부 처리를 하기 때문에 휴관한다. 반바지, 민소매, 슬리퍼는 입장이 금지된다. 호찌민 묘소 앞에는 호찌민이 독립 선언문을 낭독한 바딘 광장이 있다.

- **주소** 2 Ong Ich Khiem　• **휴관일** 월 · 금요일, 10~11월　• **입장료** 무료
- **개장시간** 하절기 07:30~10:30(일요일 11:00까지), 동절기 08:00~11:00(일요일 11:30까지)

호찌민 묘소 주석궁

호찌민 관저를 지키는 군인

👫 도보 15분

산책하듯 둘러본다, 호찌민 유적지 Site De Ho Chi Minh

호찌민 묘지 뒤쪽에는 주석궁, 호찌민 관저, 1954집 등이 있는 호찌민 유적지가 있다. 호찌민 유적지 입장료를 구입하면 이들 관광지에 모두 입장할 수 있다.

- **개장시간** 하절기 07:30~11:00, 14:00~16:00, 동절기 08:00~11:00, 13:30~16:00
- **휴관일** 월 · 금요일 · **입장료** 2만 5,000동

주석궁 Phu Chu Tich Nuoc

호찌민 유적지 입장권을 구입하고 안으로 들어가면 가장 먼저 노란색 건물이 보인다. 프랑스 식민지 시절 총독의 관저로 사용됐던 주석궁이다. 독립 이후 초대 대통령인 호찌민의 추종자들은 호찌민이 이곳을 대통령궁으로 사용하길 바랐으나, 호찌민은 화려한 건물이 인민의 대표인 자신에게 어울리지 않다고 거절했고, 인근의 소박한 집을 관저로 사용했다고 한다.

1954집 Ngoi Nha Chu Tich Ho Chi Minh

호찌민이 1954년부터 1958년까지 4년 동안 관저로 사용했던 곳이다. 소박하게 꾸며져 있어 검소했던 호찌민의 성품을 엿볼 수 있다. 외국에서 선물받은 자동차도 전시되어 있는데 직접 사용하지는 않았다고 한다. 내부 입장이 금지되어 있어 유리창 밖으로 들여다봐야 한다.

호찌민 관저 Nha San Bac Ho

1958년부터 1969년까지 호찌민이 11년간 거주했던 관저다. 원래는 주석궁의 정원사가 거주했던 집이었다. 목조로 지어진 2층 건물로 1층에는 응접실, 2층에는 침실과 서재가 있다. 2층까지 올라갈 수 있지만 안으로는 들어갈 수 없다.

일주사 Chua Mot Cot

한 개의 기둥에 불당을 얹어 '일주사'라고 부른다. 1049년, 리 타이 똥(Ly Thai Tong) 왕이 꿈속에서 아이를 점지해준 관세음보살에게 감사를 표하기 위해 지었다고 한다. 사원을 오른쪽으로 돌면 딸을, 왼쪽으로 돌면 아들을 낳는다는 설이 있다.

👫 도보 15분

베트남 최초의 대학, 문묘 Temple of Literature

리 탄 통 황제가 1070년 공자를 모시기 위해 세운 사원이자 베트남 최초의 대학이다. 문묘문을 통과한 뒤 규문각, 연지, 공자 사당 순으로 관람하자. 베트남 신권 10만 동 지폐에 그려져 있는 규문각(奎文閣)은 벽돌로 쌓은 축대 위에 세워진 2층 누각이다. 규문각 1층에는 82개의 진사제명비가 거북 머리 대자 위에 세워져 있는데, 이곳에는 1484년부터 300년간 과거 시험에 합격한 사람의 이름이 새겨져 있다. 꽤 넓기 때문에 다 둘러보려면 1시간은 족히 걸린다.

• **개장시간** 07:30~17:30 입장료 2만 동

숙소로 돌아온 후 짐을 찾고 공항으로 향한다. 택시를 타면 40분 가량 소요된다.

하노이 공항 도착
한국으로 출발!

✈ 기내 1박(4시간 10분)

인천 공항 도착

미니 인터뷰_ "고도(古都), 그 포근한 저녁 무렵의 호이안"

홍지엽(37세, 회사원)
2009년 11월 여행

베트남은 묘한 매력이 있는 나라예요. 편한 마음으로 즐기는 동남아 여타의 여행지와는 다르게, 틈만 나면 선사하는 바가지 상혼과 무뚝뚝한 현지인들의 태도 때문에 자주 불쾌한 기분을 느껴야 하지만, 시간이 지나면 자꾸 생각나고 가고 싶어지는 곳이죠. 베트남 여행 중 평온한 마음으로 느긋하게 시간을 보낸 곳은 고도(古都) 호이안이었습니다. 15~19세기에 동남아 무역의 중심지로 번성했기 때문인지 베트남, 일본, 중국, 포르투갈 등 이문화와 이민족이 어우러져 독특한 분위기를 자아냈거든요. 시간이 머무는 도시의 옛 이야기들은 양복점으로 꾸려진 고택(古宅)의 처마에도 담겨 있고, 지친 여행자의 목을 축여주는 차를 파는 투본 강 옆 중국식 카페의 닳아버린 돌 층계에도 숨어 있었습니다. 한낮의 열기가 식어가는 저녁, 어둠 속에서 오색 등롱이 하나둘 떠오를 때 옛 도시의 기나긴 꿈들과 마주할 수 있었던 그날들을 영원히 잊지 못할 겁니다.

베트남에서
꼭 먹어봐야 할 음식들

퍼 보 Pho Bo

베트남 여행 중에는 매일같이 먹게 되는 음식이 바로 쌀국수다. 맛은 지역마다 다른데, 첨가하는 재료나 육수 종류에 따라 수십 가지로 나뉜다. 가장 기본이 되는 쌀국수는 쇠고기 쌀국수인 퍼 보로 남부 사람들이 즐겨 먹고, 북부 사람들은 닭고기 쌀국수인 퍼 가(Pho ga)를 즐겨 먹는다. 쌀국수에 숙주나물, 양파, 고수를 얹은 다음 레몬즙을 짜서 먹는 것이 요령이다.

반 미 Bhanh Mi

베트남의 거리를 걷다보면 바게트를 잘라 만든 샌드위치를 파는 노점상을 많이 볼 수 있다. 베트남 사람들이 바게트를 즐겨 먹는 데에는 프랑스 식민지로 살았던 역사 때문이다. 쌀을 주식으로 하는 식생활의 특성상 '쌀 바게트'가 만들어졌고, 이를 이용해 만든 샌드위치가 바로 반미다. 아침 식사나 간단히 허기를 채우기에 그만이다.

맥주 Beer

베트남 맥주는 어느 한 브랜드가 독점하지 않고 지역별로 다양한 맥주가 판매된다. 하노이 비어, 사이공 비어, 훼 비어처럼 지역명으로 생산되는 맥주와 333 맥주가 있다. 베트남에는 냉장고가 잘 보급되지 않아서 미지근한 맥주에 얼음을 넣어 마시는 것이 특징이다.

카페 Ca Phe

베트남은 브라질에 이어 세계 2위의 커피 생산국이다. 커피를 '카페'라고 부르며 뜨거운 커피는 카페 농(Ca Phe Nong), 차가운 커피는 카페 다(Ca Phe Da)라고 한다. 알루미늄으로 만든 커피 추출 기구인 핀(Fin)을 이용해 내린 로부스타 커피에 연유를 듬뿍 넣어 마신다.

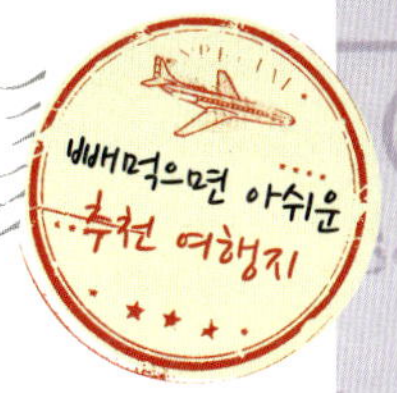

구찌 터널 Dai Dao Cu Chi

호찌민의 인근 여행지로 베트남 전쟁 당시 미군에 저항하기 위해 베트콩이 판 땅굴이다. 한 사람이 간신히 들어갈 만한 작은 입구로 들어가 좁은 통로를 지나며 땅굴을 관람할 수 있다. 구찌 터널과 유교, 불교, 도교, 기독교, 이슬람교의 교리를 혼합한 베트남의 신흥 종교인 까오다이 사원까지 다녀오는 투어가 있다.

비무장지대 DMZ

〈풀 메탈 재킷(Full Metal Jacket)〉 등 수많은 베트남 전쟁 영화의 촬영지가 된 비무장지대는 베트남 전쟁 당시 치열한 격전지였다. 베트남이 남북으로 분열된 1954년부터 종전된 1975년까지 북위 17도 부근의 벤하이(Ben hai) 강 연변을 따라 설치됐다. 폭 10킬로미터, 길이 약 100킬로미터에 이른다. 훼에서 출발하는 투어가 있으며, 국도 1호선을 도는 코스와 국도 9호선을 도는 코스가 있다.

하롱 베이 Ha Long Bay

하노이에서 3시간 거리에 있는 하롱 베이는 크고 작은 1,970개의 기암괴석이 병풍을 두른 듯한 절경으로 유명하다. 기암괴석은 석회암 대지가 오랜 기간 동안 침식작용을 일으키며 만들어졌는데, 오랜 세월로 빚어진 아름다운 풍경 때문인지 세계문화유산으로 지정되었다. 하롱 베이는 크루즈를 타고 감상하는 게 일반적이다. 하노이에서 오전에 출발하여 저녁에 귀환하는 투어가 있다. 투어에는 '하노이-하롱 베이' 왕복 교통비와 하롱 베이에서의 크루즈, 점심 식사가 포함되어 있다. 카누 타기는 현지에서 옵션으로 할 수 있다.

베트남 종단 여행의
또 다른 매력만점 도시들

베트남의 남에서 북까지의 길이는 약 1,700킬로미터다.
달랏이나 사파 같은 고산 휴양지, 사막 풍경이 펼쳐지는 무이네,
에메랄드 빛 바다의 냐짱 등 긴 국토만큼이나 다양한 여행의 스펙트럼을 경험할 수 있다.

사파 Sa Pa

하노이 북서쪽으로 350킬로미터 거리에 있는 고원지대로 달랏과 마찬가지로 피서지로 사랑받고 있다. 프랑스 식민지 시대인 20세기 초에 피서지로 개발됐다. 사파에서는 트레킹을 즐겨보자. 한나절 동안 다녀올 수 있는 따핀 마을 트레킹에 참가하면 계단식 논과 폭포 등 아름다운 사파의 시골 풍경을 만끽할 수 있다. 간혹 붉은 두건을 머리에 감은 소수민족인 자오족을 만나게 되는데 여행자들을 상대로 수공예품을 팔곤 한다.

무이네 Mui Ne

호찌민에서 북동쪽으로 250킬로미터 거리에 있는 어촌 마을로, 바다와 사막을 동시에 즐길 수 있다. 먼저 피싱 빌리지에 가면 둥근 모양의 대바구니 전통 배 '까이뭄'을 타고 고기잡이를 하는 사람들을 볼 수 있다. 또 남쪽으로 가면 지름 2~3킬로미터 규모의 붉은 모래의 무이네 사구가 나온다. 사륜 구동차를 타고 이동하는 지프 투어에 참가하면 화이트 샌드, 레드 샌드, 요정의 샘 등을 둘러보게 된다. 일몰 또는 일출도 감상할 수 있으며, 피싱 빌리지가 포함된 일정도 있다.

달랏 Da Lat

베트남 북쪽에 사파가 있다면, 남쪽에는 달랏이 있다! 해발 1,500미터 산간의 구릉지대에 위치한 휴양 도시다. 평균 기온 18도, 최고 기온 25도로 베트남이라고는 믿어지지 않는 선선한 날씨가 이어진다. 시내 중심의 스언흐엉(Xuan Huong) 호수는 식민지 시대인 1919년 댐 건설로 만들어진 인공 호수로, 5킬로미터에 이르는 호수 주변을 자전거를 타고 둘러볼 수 있다. 이외에 베트남 마지막 황제의 별장인 바오다이 별장, 1960년대 모스크바에서 건축을 전공한 공주가 지은 기묘한 모양의 크레이지 하우스 등의 관광지가 있다.

냐짱 Nha Trang

호찌민에서 북동쪽으로 약 400킬로미터 떨어진 냐짱은 베트남의 대표적인 휴양 도시로, 과거 베트남 왕실의 여름 휴양지였다. 이런 이유에서인지 6킬로미터에 이르는 곱디고운 모래사장이 펼쳐지는 냐짱 비치에는 현재 리조트가 즐비하다. 식스 센스, 노보텔 등 세계적인 호텔 체인도 찾아볼 수 있다. 냐짱의 최대 시장인 담 시장(Cho Dam)도 빼놓을 수 없다. 둥근 원 모양의 건물 1층에서는 잡화를 팔고, 2층에서는 의류를 취급하고 한다. 먹자골목도 있어 저렴하게 베트남 음식을 두루두루 맛볼 수 있다.

Travel Course

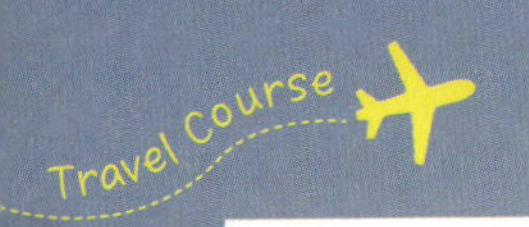

내가 지금 잘 살고 있는 걸까, 문득 생각나면

인도 골든 트라이앵글 여행 5박 7일

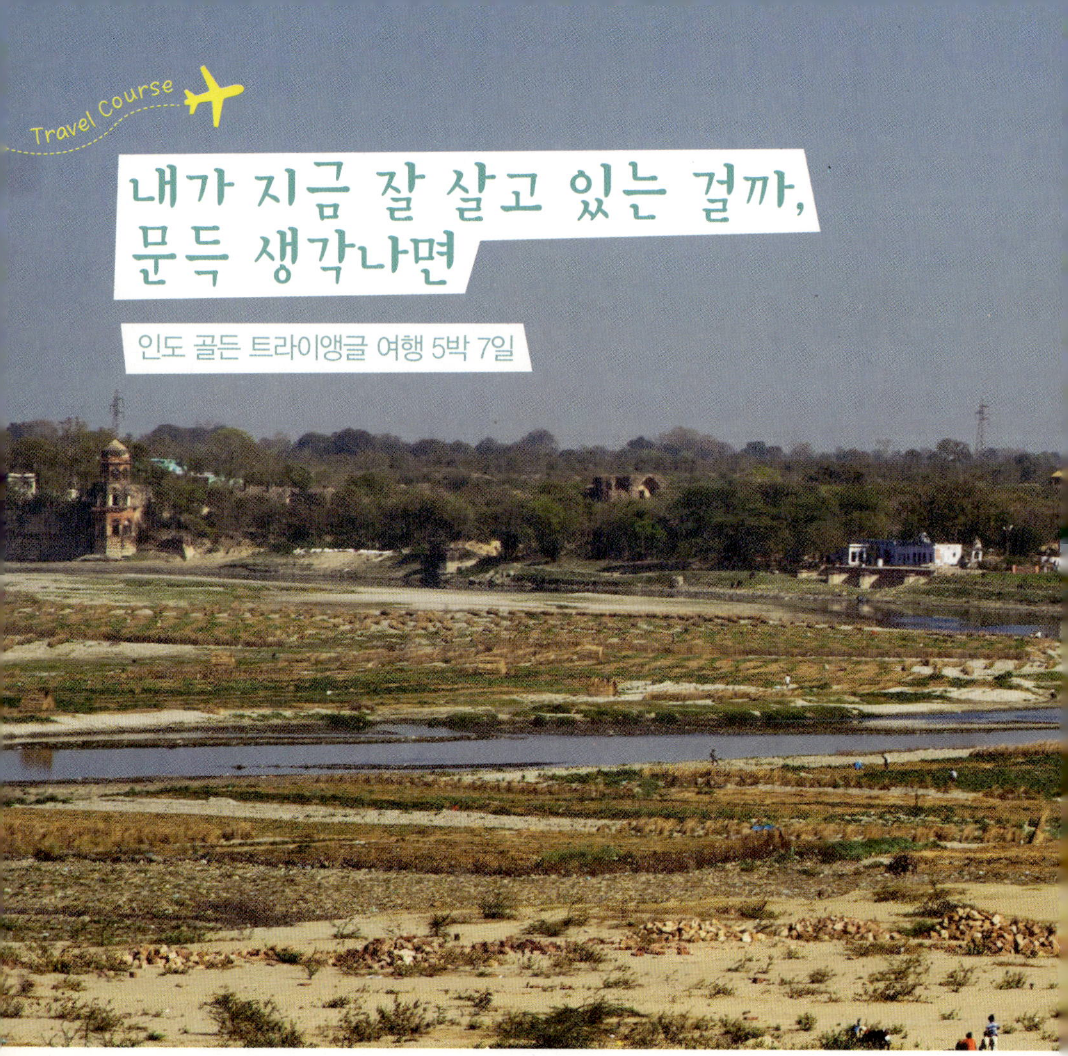

인도에서는 누구나 생각이 많아진다

인도 여행은 주로 대학생들이 장기 배낭여행으로 떠난다고 생각하기 쉽지만, 꼭 그렇지는 않다. 일주일 만에 인도의 다양한 유적과 사람들을 둘러볼 수 있는 코스들이 있어 직장인도 휴가 기간에 얼마든지 갈 수 있다. 인도의 수도인 델리를 기점으로 라자스탄 주의 주도인 자이푸르와 '타지마할'의 도시 아그라로 이어지는 황금 코스 '골든 트라이앵글(Golden Triangle)'이 있기 때문이다.

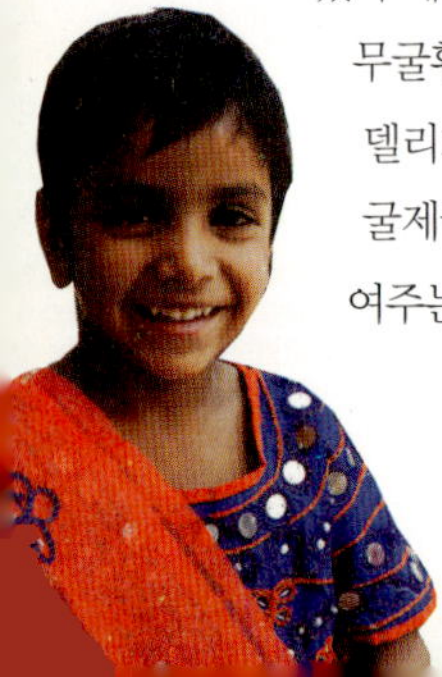

무굴황제 샤 자한의 창조적 욕망에 의해 생기게 된 성벽도시 올드 델리(Old Delhi)와 델리가 자리한 곳에 건설된 8개의 도시 중 마지막으로 건설된 뉴델리(New Delhi), 무굴제국의 수도이자 원형 그대로 보존된 건축물들이 화려했던 옛 문화를 고스란히 보여주는 아그라, 인도 최초의 계획도시이자 100년 전 영국 왕자의 방문을 축하하기 위

해 도시 전체를 '환대의 색'인 핑크빛으로 단장하여 '핑크 시티'로 불리는 자이푸르…. 골든 트라이앵글을 상징하는 세 도시 곳곳의 유적을 보면 그 웅장함과 화려함에 연신 감탄사가 터져 나온다. 하지만 그 가운데 최고는 단연 타지마할이 아닐까. 수많은 매체를 통해 익히 봐온 터라 큰 기대를 하지 않았으나, 타지마할을 직접 마주한 순간의 감동은 아직까지도 쉬이 잊혀지지 않는다.

시간 가는 줄도 모르고 몇 시간 동안 멈춰 서서 바라본 타지마할과 수많은 유적지도 인상 깊지만, 인도 여행의 묘미는 시시때때로 여행자의 마음을 복잡하게 만드는 그 땅의 기운과 사람들이 아닐까 싶다. 릭샤를 타고 달리는 온갖 쓰레기와 배설물이 난무한 거리, 어디를 가나 '10루피'를 외치며 끈질기게 따라다니는 인도인들, 안내 방송도 없이 몇 시간씩 늦어지는 기차 등이 여행 내내 끊임없이 인내심을 요구하지만 여행에서 돌아오는 순간 다시 떠날 계획을 짜게 만드는 마력을 지닌 곳으론, 역시 인도만 한 곳이 없다. ▣

골든 트라이앵글 여행, 이렇게 준비한다!

언제 갈까? 9월 중순부터 3월 초까지가 비교적 시원하기 때문에 여행하기에 좋고, 4~8월은 가급적 피하는 것이 좋다. 4~5월은 인도의 여름으로 찌는 듯한 무더위가 이어지며, 6~8월은 연 강수량의 70~80퍼센트가 집중되는 몬순기다.

어떻게 가지? '인천-델리' 직항은 아시아나항공에서 유일하게 운항하고 있으며, 소요 시간은 약 9시간이다. 에어인디아, 타이항공, 캐세이퍼시픽, 싱가포르항공을 이용하면 홍콩, 방콕, 싱가포르를 경유해 델리까지 갈 수 있다.

얼마나 들까? **예산** 총 165만 원 정도(항공료 100~110만 원선, 숙박비 15만 원(3만 원×5일), 식비 20만 원, 현지 교통비 및 입장료 15~20만 원).
환전 여행 경비를 루피(RS)로 환전한다. 1루피는 약 23원(2012년 4월 기준). 한국에서 여행 경비 전액을 루피로 환전하면 부피 때문에 불편할 수 있다. 일부 금액만 루피로 환전하고, 나머지는 US 달러로 환전한 다음 현지에서 그때그때 루피로 환전하는 게 편리하다.
신용카드 고급 식당이나 쇼핑몰이 아니라면 신용카드 사용이 힘들다. 비상용으로 준비해 간다.

미리 준비하자! **비자** 비자가 필요하며, 비엘에스서비스코리아(www.blsindiavisa.kr)에서 수속 업무를 대행한다. 인도에만 체류할 수 있는 3개월 싱글, 인접국 1개국까지 체류할 수 있는 3개월 더블, 인접국 2개국까지 체류할 수 있는 3개월 트리플 비자가 있다. 3개월 싱글 비자는 여권 및 여권 사본, 여권 사진 2매, 무통장 입금증 원본이 필요하다. 발급 비용은 비자요금(6만 7,500원)과 신청수수료(4,400원) 등 총 7만 1,900원이다. 접수일로부터 2박 3일 소요된다.
언어 힌디어와 영어.

기차 티켓 넓디넓은 인도를 하나로 연결하는 교통수단은 단연 열차다. 버스는 기차에 비해 가격은 저렴하지만 시설이 낡고 열악하니 되도록 기차 이용을 권한다. 인도는 세계에서 가장 큰 철도망을 가지고 있다. 인도 철도 공식 홈페이지(www.indianrail.gov.in)에서 가고자 하는 도시간 출발 요일과 시간을 확인해 티켓을 구입하도록 한다. 일정만 확인하고 현지에서 티켓을 구입해도 무방하다. 단, 성수기에는 예매 필수다.

숙소 구하기

델리 델리를 찾는 여행자들은 여행자 거리 파하르간지에 숙소를 잡는다. 400~500루피 정도면 묵을 수 있는 저렴한 숙소와 게스트하우스가 밀집해 있다. 뉴델리 역과 가까워 이동하기 편리하다.

빠얄(Payal)
- **주소** 1182, Main Bazar, Pahar Ganj, New Delhi−110055   **전화** +91−11−2356−2867

굿데이 호텔(Good Day Hotel)
- **주소** 4714, Shora Kothi, Main Bzr, Pahar Ganj, Delhi−110055   **전화** +91−11−2358−1927

비벡 호텔(Vivek Hotel)
- **주소** 1534−50 Main Bazar, Pahar Ganj, New Delhi−110055   **홈페이지** www.vivekhotel.com

아그라&자이푸르 모두 여행자들이 많이 찾는 도시라 저렴한 숙소에서부터 옛 궁을 개조한 호화로운 숙소까지 선택의 폭이 넓다.

짐 꾸리기

옷&신발 반팔 셔츠나 반바지 등 우리나라의 여름 복장으로 준비해 간다. 일교차가 심하기 때문에 겹쳐 입을 수 있는 카디건이나 얇은 점퍼도 갖고 가는 게 좋다. 신발은 편한 신발 위주로 준비한다. 오래 걸어도 발이 아프지 않는 여름용 샌들이면 OK.

기타 준비물 조금만 걸어도 손이 금세 더러워지므로 물티슈를 가져간다. 뜨거운 햇빛으로부터 피부를 보호해줄 선크림이나 챙 넓은 모자도 챙기자. 인도 여행 중에는 쉽게 배탈이 날 수 있으므로 지사제는 필수다.

미리 보고 가자!

영화 〈슬럼독 밀리어네어〉 2009년 골든글로브 4개 부문과 아카데미 8개 부문을 수상한 대니 보일 감독의 영화. 현대 인도 사회의 부조리한 현실과 비참한 삶 속에서도 용기와 희망을 잃지 않고 꿈을 찾아가는 사람들의 이야기를 그리고 있다. 주인공이 어린 시절 투어가이드 행색을 하면서 돈을 벌던 장소로 타지마할이 나온다.

인도 골든 트라이앵글 여행 5박 7일

날짜	루트	여행 일정
Day 1	한국 ⇨ 델리	**밤** 델리 도착
Day 2	델리	**오전** 레드 포트, 자마 마스지드 등 올드 델리 관광 **오후** 후마윤의 묘, 꾸뜹 미나르 등 뉴델리 관광 **밤** 전뻐드 마켓에서 쇼핑
Day 3	델리 ⇨ 아그라	**오전** 아그라로 이동 **오후** 타지마할 둘러보기
Day 4	아그라	**오전·오후** 파테푸르 시크리 데이 투어
Day 5	아그라 ⇨ 자이푸르	**오전** 자이푸르로 이동 **오후** 시티 팰리스, 하와 마할 등 자이푸르 시내 관광
Day 6	자이푸르 ⇨ 델리 ⇨ 한국	**오전** 암베르 포트 둘러보기 **오후** 델리로 이동 **밤** 델리 도착 후 한국으로 출발
Day 7	한국	인천 공항 도착

Day 1

항공편을 이용하여 델리에 도착한다. 소와 자동차가 한데 뒤엉켜 있는 풍경을 보면 인도에 왔다는 사실이 비로소 실감난다. 밤늦은 시간에 도착하는 데다가 공항에서 파하르간지까지 온 것만으로도 피곤이 몰려온다. 숙소 체크인 후 충분히 휴식을 취한다.

델리에 도착하면 이미 버스 운행이 끊긴 시간이다. 2010년에 개통된 초고속 전철도 밤 11시까지만 운행되므로 택시를 이용해야 한다. 선불제 택시인 프리페이드 택시를 이용하면 비교적 안전하다. 공항 밖으로 나오면 어렵지 않게 택시 부스를 찾을 수 있다. 가고자 하는 곳을 말하면 타야 할 택시 번호가 적힌 바우처를 발행해준다. 단, 프리페이드 택시라고 100% 신뢰하는 것은 금물이다. 간혹 엉뚱한 곳에 내려줄 수 있으므로 목적지에 도착하지 전까지 절대로 바우처를 택시 기사한테 주면 안 된다.

🏠 숙소 이동(약 30분)

파하르간지|Pahar Ganj 도착

미리 예약해둔 게스트하우스에 도착하여 체크인한다.

Day 2

하루 종일 델리를 탐험하는 날이다. 오전에는 올드 델리의 레드 포트, 찬드니 초크, 자마 마스지드를, 오후에는 뉴델리의 후마윤의 묘, 꾸뜹 미나르, 인디아 게이트 등을 둘러본다. 대부분의 관광지가 일몰까지 개장하므로 서둘러 움직일 것!

뉴델리 역에서 기차표 구입

여행 전에 기차표를 구입하지 못했다면 델리 관광에 앞서 '델리-아그라' 구간의 기차표를 구입한다. 델리에는 4개의 기차역이 있는데 그중 파하르간지와 마주하고 있는 뉴델리 역이 가장 많이 이용된다. 2층에는 외국인 전용 예약 사무소가 있다. 사전에 인도 철도 사이트를 통해 이용하고자 하는 기차 시간과 번호를 적어가면 시간이 단축된다.

외국인 전용 예약 사무소
• **전화** +91-11-2334-6804　• **영업시간** 월~토요일 08:00~20:00(일요일 14:00까지)

★ 릭샤 10분

붉은 사암의 높은 성벽, 레드 포트 Red Fort

'붉은 성'이란 뜻의 레드 포트는 현지어로 '랄 낄라(Lal Quila)'로 불린다. 1638년 무굴황제 샤 자한(Shah Jahan)이 아그라에서 수도를 옮겨 오기 위해 9년에 걸친 공사 끝에 완성했다. 하지만 샤 자한보다 그를 아그라 포트에 가두어 놓았던 막내 아들 아우랑제브가 주로 이용했다. 1857년 인도인들의 영국에 대한 대규모 저항 때 크게 손상되었으나, 1903년에 복원되었다. 레드 포트 정문 중 하나인 라호르 게이트(Lahore Gate)를 지나면 '지붕이 있는 상점'이란 뜻의 찻타 촉(Chatta Chowk)이 나온다. 황제의 공식 접견실 디와네암(Diwan-i-Am), 하얀 대리석으로 지은 호화로운 방 디와네카스(Diwan-i-Khas), 샤 자한의 개인 집무실 샤히부르즈(Shahi Burj) 등이 볼 만하다. 워낙 규모가 방대해 꼼꼼히 보려면 시간을 넉넉하게 잡아야 한다.

• **입장료** 250루피　• **개장시간** 일몰~일출

★ 릭샤 10분

릭샤를 타고 찬드니 촉 Chandni Chowk 구경하기

레드 포트의 라호르 게이트에서 서쪽으로 1,200미터 정도 뻗어 있는 찬드니 촉은 샤 자한이 수도를 옮길 때 건설한 퍼레이드용 대로다. '은의 거리'라는 뜻으로 너비 50미터 대로 양쪽에는 상점이 즐비하다. 뒷골목 다리바 칼란(Dariba Kalan)에는 수대째 가업을 이어온 금은방이 있는데, 은세공품을 저렴한 가격에 구입할 수 있다. 레드 포트에서 자마 마스지드를 가는 길에 지나게 되는데, 걷는 것보다 릭샤를 타고 골목 구석구석을 돌아다니며 구경하는 것이 좋다.

사이클 릭샤   찬드니 촉

 올드 델리에서는 릭샤로 이동하자!

릭샤는 인도의 대표적인 교통수단으로 2~3명이 탈 수 있다. 릭샤 기사를 '릭샤왈라'라고 하는데, 가이드처럼 건물 이름이나 유래를 알려 주기도 한다. 릭샤에는 세발 좌식 자전거인 사이클 릭샤(Cycle Rickshaw)와 오토바이를 개조한 오토 릭샤(Auto Rickshaw)가 있다. 올드 델리에서 짧은 거리를 이동할 때는 릭샤를 이용한다. 뉴델리는 사이클 릭샤의 출입이 통제되기 때문에 코넛 플레이스 입구까지만 갈 수 있다. 출발하기 전에 반드시 흥정을 하고 타야 한다. 역 주변에 대기 중인 릭샤는 가격 담합이 심하므로 지나가는 릭샤를 세우는 편이 낫다. 요금은 거리에 따라 40~80루피 정도.

인도 최대의 이슬람 사원, 자마 마스지드 Jama Masjid

샤 자한의 마지막 건축물로 인도에서 가장 큰 이슬람 사원이다. 양파 모양의 둥근 지붕과 회교 사원인 뾰족한 탑이 조화롭게 서 있다. 신을 형상화하지 않는 이슬람교의 특성상 알라 신을 상징하는 그림이나 조각 대신 기둥과 벽에 코란의 내용이 적혀 있다. 세 개의 주요 출입문이 있다. 신발을 벗고 들어가야 하므로 덧양말을 순비해 가도록 하자. 입장료는 없지만 카메라 입장료를 내야 한다. 인도에서 유적지나 관광지에 입장할 때 카메라 소지자는 카메라 입장료를 별도로 내야 하는 경우가 종종 있다. 입장료는 보통 250~300루피.

• **개장시간** 여름 07:00~일몰, 겨울 08:30~일몰(12:15~13:45 휴장)

델리 거리 구경, 사람 구경

인도의 거리는 그 어떤 관광지보다 흥미롭다. 인도 사람들이 거리에서 먹고 자고, 이발하고, 배설까지 하는 풍경은 낯선 이방인의 눈에 혼란스럽기 짝이 없다. 더구나 갑자기 나타나 길을 막고 구걸하는 사람을 피해가기란 쉽지 않은 일. 끈질김에 못 이겨 할 수 없이 돈을 주면 고마워하기는커녕 오히려 '내 덕에 복을 쌓았으니 나한테 고마워해라'고 이야기한다. 떳떳하

후마윤의 묘　하지 베지굼의 묘　　　　　　　　　　　　　　　　　　　꾸뜹 미나르

게 구걸하고, 거짓말을 밥 먹듯 하고, 터무니없는 가격을 부르는 인도인들의 눈빛에서는 조급증이나 불안감 등이 발견되지 않는다. 생에 어떤 일이 벌어져도 놀라지 않을 것 같은 무망무애(無妄無碍)한 삶의 태도가 많은 것을 생각하게 한다.

🚌 택시, 또는 버스 15~20분

타지마할의 원형, 후마윤의 묘 Humayun's Tomb

올드 델리와 뉴델리는 거리 하나를 사이에 두고 있지만, 번잡한 올드 델리와 영국 식민지 시절 영국식으로 설계된 계획도시 뉴델리의 분위기는 사뭇 다르다. 뉴델리에서는 가장 먼저 후마윤의 묘로 향한다. 후마윤의 묘는 무굴제국 2대 황제 후마윤과 그의 첫 번째 아내 하지 베굼(Haji Begum)의 묘로 타지마할의 원형이 되었다. 이슬람 건축의 걸작으로 손꼽히며 유네스코 세계문화유산에도 등재되어 있다. 길이가 99미터에 이르는 웅장한 건축물 안에 하지 베굼의 묘가 안치되어 있다. 정원이 잘 가꿔져 있으니 천천히 산책해도 좋겠다.

• **입장료** 250루피　• **개장시간** 일출~일몰

🚌 택시, 또는 버스 15~20분

거대한 승전탑, 꾸뜹 미나르 Qutab Minar

높이 75.5미터의 적사석탑으로 이슬람교가 힌두교와의 전쟁에서 승리한 것을 기념하여 1326년 개축됐다. 돌을 쌓아 만든 5층탑 중 1~3층은 붉은 사암으로, 4~5층은 흰 대리석으로 되어 있다. 사원 앞마당에는 등을 대고 팔을 뒤로 한 뒤 깍지를 끼우면 소원이 이루어진다는 쇠기둥이 박혀 있다. 순도 100%에 가까워 녹이 슬지 않는다고 하는데, 오늘날의 기술로도 순도 100%의 철을 만들 수 없다고 하니 놀라울 따름이다.

• **입장료** 250루피　• **개장시간** 일출~일몰

🚌 택시, 또는 버스 15~20분

쟌빠드 마켓 Janpath Market 에서 쇼핑

유명 브랜드를 모사한 제품과 카펫, 향 등을 파는 작은 가게들이 쭉 늘어서 있어 항상 많은 여행자들로 북적인다. 흥정만 잘하면 인도 의상인 '사리'를 괜찮은 가격에 살 수 있다. 임페리얼 호텔 옆에 위치해 있으며, 일요일은 문을 닫는다.

🚶🚶 도보 5분

인디아 게이트 India Gate 야경 관람

제1차 세계대전에서 독립시켜주겠다는 영국의 약속을 믿고 참전했다가 전사한 9만여 병사의 이름이 적힌 위령비. 높이 42미터로 1921년에 착공되어 10년 만에 완공됐다. 라지 파트 동쪽에 위치하고 있다. 저녁 7시부터 9시 30분까지 조명이 켜질 때면 더욱 화려한 자태를 뽐낸다.

Day 3

델리를 떠나 타지마할의 도시 아그라로 간다. 인도는 타지마할을 보기 위해 여행한다고 해도 과언이 아니기 때문에 아그라는 이번 여행에서 가장 기대되는 곳이다. 타지마할에 도착하면 시간의 흐름을 잊은 채 오래도록 타지마할을 바라보게 될 것이다. 타지마할을 본 후에는 델리의 레드 포트와 비견되는 아그라 포트에 들른다.

뉴델리 역에서 기차 탑승

아침 일찍 기차역으로 이동해 아그라로 향한다. 인도의 기차는 제시간에 출발하는 법이 없으니 출발 시간을 훌쩍 넘기더라도 초조해하지 말고 기다린다. 기차역에 도착하면 무작정 짐을 기차까지 옮겨다주고 돈을 요구하는 사람들이 있다. 외국인이라는 이유로 말도 안 되는 가격을 요구하곤 하는데 침착하게 대처하도록 하자. 델리에서 아그라까지는 4시간 소요된다.

🏠 숙소 이동(약10분)

호텔 야무나 뷰 Hotel Yamuna View 도착

공항에서 10분 거리에 있는 호텔로, 모던하고 쾌적한 객실이 여행자의 마음을 편안하게 해준다. 커리와 달 등의 인도 음식이 나오는 조식 뷔페가 맛깔스럽다. 건물 뒤편에는 호젓한 시간을 보낼 수 있는 수영장이 있다.

• 주소 6B, The Mall Road, Agra • 홈페이지 www.hotelyamunaviewagra.com

🚌 전기 버스 10분

아, 타지마할 Taj Mahal!

아그라와 타지마할이 동일시될 정도로 타지마할은 아그라를 대표하는 관광지다. 1631년 샤자한이 그의 아내 뭄타즈 마할을 위해 세운 무덤으로, 세계유산 중에서도 걸작으로 꼽힌다. 세계 각지에서 모여든 장인들이 22년간의 작업 끝에 이 거대한 모스크를 탄생시켰다. 샤 자한은 자신의 무덤을 야무나 강 반대편에 검은 대리석으로 지어 양쪽 무덤을 구름다리로 이을 계획이었다. 하지만 타지마할 건축으로 막대한 재정을 고갈시킨 나머지 막내아들 아우랑제브에 의해 축출되어 그의 계획은 물거품이 됐다.

타지마할은 넓은 정원에 수로(水路)가 나 있는 전형적인 무굴양식으로 정원과 분수를 바라보며 완벽하게 대칭을 이루고 있다. 태양의 위치에 따라 흰 대리석의 색감이 달라지는데, 시시각각 변하는 타지마할의 우아한 자태를 바라보는 것 자체가 벅찬 감동으로 다가온다. 가까이 다가갈수록 동양적인 패턴이 반복되면서 아름다운 무늬를 만들어내는 섬세하고 정교한 장식에 더욱 놀라게 된다.

• **입장료** 750루피 • **개장시간** 일출~19:00

🚌 전기 버스 10분

샤 자한의 유배지, 아그라 포트 Agra Fort

무굴 황제 중 최고라고 일컬어지는 악바르가 1566년 축조하고 샤 자한에 의해 다듬어진 아그라 포트는 델리에 있는 레드 포트와 건축양식이 비슷하다. 수도를 델리에서 아그라로 옮긴 후 무굴제국의 황제가 머물렀다. 내부에는 아름다운 궁전과 누각, 그리고 회교사원이 있다. 아그라 포트의 매혹적인 건물들 중에서도 타지마할이 마주 보이는 팔각형 탑 '무삼만 버즈(Musamman Burj)'를 눈여겨보도록 하자. 샤 자한의 부와 권력을 빼앗은 막내아들 아우랑제브가 아버지를 8년 동안 가두어 놓은 곳으로, 샤 자한이 죽을 때까지 이곳에서 타지마할을 바라보는 시련을 겪었다는 사실이 아이러니하게 다가온다. 샤 자한은 매일 타지마할을 보며 무슨 생각을 했을까.

- **입장료** 300루피(타지마할 입장권 소지자 250루피)
- **개장시간** 일출~일몰

Day 4

아그라에서 약 40킬로미터 떨어진 곳에 있는 버려진 수도 파테푸르 시크리로 데이 투어를 떠난다. 파테푸르 시크리를 보지 않고선 아그라를 보았다고 말할 수 없을 정도로 의미 있는 곳이다. 아그라에서 30분마다 버스가 운행된다.

버려진 비운의 도시, 파테푸르 시크리 Fatehpur Sikri

파테푸르 시크리는 '승리의 도시'란 뜻으로 악바르에 의해 세워졌다. 후사가 없던 그는 아들을 점지해준 이슬람 성자가 샤이크 살림 치스타의 예언에 따라 훗날 제4대 황제가 된 아들 자한기르를 얻었고, 그에 보답하기 위해 성자가 사는 곳 옆에 성을 지었다. 1571년부터 5년에 걸쳐 궁전과 사원을 지어 천도한 후 14년 동안 무굴제국의 수도가 되었다. 하지만 이 지역에 용수가 부족한 탓에 악바르가 죽자 수도를 다시 아그라로 옮겼다. 지금은 사람이 살지 않는 유령 도시로 남아 있다. 여러 종교를 아우르는 통치 철학을 갖고 있던 악바르에 의해 탄생한 힌두와 이슬람의 건축양식이 혼재된 건물들이 흥미롭다. 400년 동안 방치된 채 비록 폐허가 되었지만 파테푸르 시크리를 걷다 보면 폐허가 주는 아름다움에 매료된다.

- **입장료** 없음(왕궁 입장 시 260루피)   • **개장시간** 일출~일몰

🚌 버스 1시간

아그라로 컴백

숙소 도착 후 가벼운 산책 겸 쇼핑

> **Tip 아그라의 공예품 '마블 인레이'**
>
> 
>
> 마블 인레이(Mable Inlay)는 타지마할을 만든 장인의 후손들이 타지마할에 사용된 대리석과 동일한 '마카라나 대리석'에 준보석을 박아서 만든 아트 제품이다. 테이블 상판, 책장, 보석함 등 다양한 제품이 있다. 가격은 정교함과 크기에 따라서 다르며, 몇만 원에서 심지어 수천만 원을 호가하는 제품까지 있다. 제품 가격의 15%를 지불하면 국제우편으로 받을 수 있다.
>
> 칼라크리티(Kalakriti)
> 전화 : 562-2231011, 이메일 : kalakriti@sancharnet.in

Day 5

골든 트라이앵글의 마지막 도시인 자이푸르로 가는 날이다. 타르 사막의 가장자리에 위치한 '핑크 시티' 자이푸르에는 자이푸르 왕가의 화려한 전시품들이 가득한 시티 팰리스, 1728년에 세워진 천문대인 잔타르 만타르 등 볼거리가 풍부하다.

> 아그라에서 기차로 자이푸르에 도착(약 5시간) ⇨ 도착 후 숙소 이동(약 10분)

숙소 도착

체크인 후 바로 자이푸르 시내 관광을 떠난다.

🚶🚶 도보, 또는 릭샤로 이동

20개의 천문 계기가 있는 천문대, 잔타르 만타르 Jantar Mantar

뛰어난 천문학자이기도 했던 자이 싱 2세가 세운 천문대다. 그는 이 천문대를 짓기 위해 학자들을 해외로 보내 외국의 천문대를 연구하게 했다. 자이 싱 2세는 델리, 바라나시, 우자인,

마투라 등에 5개의 천문대를 만들었는데, 그중 자이푸르에 있는 천문대의 규모가 가장 크다. 벽돌과 모르타르로 이루어진 해시계, 별자리 계측기, 천체 경위 등 총 20개의 천문 계기가 있다. 지금도 정확하게 시간을 가리키는 오차 범위 20초인 시계를 눈여겨보자. 가장 큰 천문 계기인 삼라드 얀트라(Samarat Yantra)는 높이가 무려 27미터인데 가파른 계단을 올라가면 멋진 경치가 펼쳐진다.

• **입장료** 100루피(월요일 무료 입장, 카메라 입장료 50루피) • **개장시간** 09:30~16:30

👥 도보 5분

마하라자가 살고 있는 곳, 시티 팰리스 City Palace

무굴 건축양식과 라자스탄 건축양식이 혼재된 궁전 시티 팰리스는 자이 싱 2세에 의해 지어진 곳으로 지금도 마하라자(인도의 '왕'을 지칭하는 말)가 살고 있다. 궁전 일부는 자이푸르 왕가의 물건들을 전시하는 박물관으로 공개되고 있다. 박물관 안은 과거의 호사스러움이 느껴지는 다양한 볼거리들로 가득 차 있다. 무바락 마할(Mubarak Mahal)에는 전쟁에서 쓰였던 무기들이 전시되어 있는데, 사와이 마도 싱 1세가 실제로 입었다고 하는 길이 2미터, 너비 1.2미터, 무게 250킬로그램의 옷이 볼 만하다(그는 이런 체구에 걸맞게 무려 108명의 아내를 두었다고 한다). 디와네카스에는 영국으로 유학을 떠난 왕자를 위해 갠지스 강의 물을 담아 날랐다는 세계에서 가장 큰 은항아리가 있다.

• **입장료** 300루피(카메라 입장료 75루피) • **개장시간** 09:30~16:30

👥 도보 5분

하와 마할

구시가지

바람의 궁전, 하와 마할Hawa Mahal

자이푸르를 소개하는 책자에 단골로 등장하는 핑크빛의 화려한 건물이다. '바람의 궁전'이라는 뜻의 하와 마할은 바람이 잘 통하는 격자형 창문들이 줄지어 이어진 형식으로 되어 있다. 1799년 당시 마하라자 싸와이 쁘라땁 싱이 외부로 출입을 할 수 없었던 여왕과 왕실의 부인들을 위해 궁전과 가까우면서 시가지가 보이는 장소에 지은 건물이다. 창문을 통해 거리를 따라 굽이치는 긴 경축 행렬을 바라볼 수밖에 없었던 그녀들의 모습이 왠지 측은하기까지 하다. 대부분의 관광객들은 맞은편 건물에 올라가 사진을 찍는 데 그치지만, 입장료가 저렴하므로 내부도 들어가 보도록 하자. 좁은 계단을 따라 하와 마할 구석구석을 돌아볼 수 있으며, 높다란 꼭대기에 올라가면 자이푸르 시내 전체가 내려다보인다.

• **입장료** 5루피(카메라 입장료 30루피)　• **개장시간** 09:00~16:30

☗☗ 도보 5분

구시가지Pink City 에서 기념품 구입

7개의 문이 있는 성벽이 병풍처럼 둘러싸고 있는 구시가지는 시간을 거슬러 인도의 과거 모습을 볼 수 있는 곳이다. 릭샤, 오토바이, 자전거 등의 탈것과 소, 돼지 등의 가축이 한데 뒤엉켜 북새통을 이룬다. 걷다 보면 현기증이 나기도 하지만 한편으로 재미있다. 유명한 은 세공품과 터키, 에메랄드 같은 유색 보석들을 파는 보석상이 이어진 조하리 바자르와 인도의 각종 특산품을 한곳에 모아 놓은 트리폴리아 바자르 등의 주요 시장이 몰려 있어 인도풍의 기념품을 사기에 더할 나위 없이 좋다. 일몰 무렵이면 핑크빛 건물이 환상적인 모습을 드러낸다.

🚙 택시 5분

Tip　**엉덩이가 들썩들썩, 인도 영화**

'발리우드'라는 말이 있을 정도로 인도는 영화산업이 발달했다. 영화를 사랑하는 인도 사람들에게 극장은 여가시간을 보낼 수 있는 최고의 장소다. 인도 영화에는 뮤지컬을 연상시키는 흥겨운 춤과 노래가 빠지지 않는데, 이 때문에 영화를 보는 내내 객석에선 함성과 박수소리가 끊이지 않는다. 1976년에 세워진 라즈 만디르(Raj Mandir)는 인도에서 가장 유명한 극장 중 하나다. 밖에서 보면 그저 그런 영화관이지만 막상 들어가면 아름답고 웅장한 모습에 놀라게 된다. 표는 좌석에 따라 세 종류로 나뉘는데, 오페라처럼 2층이 가장 비싸다.

주소 : Bhawandas Road, Jaipur 302001

라지마할 레스토랑 The Rajmahal Restaurant 에서 탈리 맛보기

'큰 접시'란 뜻으로 원래 인도 남부지방의 전통 요리였으나, 지금은 인도 전역에서 맛볼 수 있는 가장 대중적인 요리 탈리(Thali)가 맛있는 곳이다. 큰 쟁반에 짜파티(화덕에 구운 얇은 빵)와 커리, 달(인도식 국)이 나오는데 가격에 따라 가짓수가 달라진다. 인도 맥주인 킹피셔 맥주도 마셔보자.

- **주소** Amer Road, Jaipur 302002 · **전화** +91-141-263-1260
- **영업시간** 점심 11:30~14:00, 저녁 19:00~23:00

Day 6~7

자이푸르에서의 마지막 날. 오전에 자이푸르에서 10여 킬로미터 떨어진 곳에 위치한 암베르 포트를 다녀온 후 오후에는 기차를 타고 델리로 간다. 델리에 도착해서 밤 비행기를 타면 다음 날 인천 공항에 도착한다.

숙소 체크아웃

숙소에 짐을 맡긴 후 하와 마할 앞에서 수시로 출발하는 암베르 포트 행 버스를 탄다.

🚌 버스 30분

언덕 위에 세워진 거대한 요새 암베르 포트 Amber Fort

암베르 포트는 1728년까지 자이푸르 왕가의 도읍이었다. 자이 싱 2세가 10여 킬로미터 떨어진 언덕 위에 새로 도시를 건설하고 도읍을 옮기면서 자신의 이름을 따서 도시 이름을 지었다. 암베르 포트는 걸어서도 갈 수 있지만 높은 언덕에 있어 관광객들은 보통 코끼리를 타고 올라간다. 느릿느릿하게 걷는 코끼리를 타면 15분 정도 걸린다. 한 마리에 두 명까지 탈 수 있으며, 요금은 900~1000루피다. 내려올 때는 걸어서 내려와도 무방하다. '거울의 방'인 시쉬 마할(Sheesh Mahal)에는 수없이 많은 거울 조각들이 벽에 촘촘히 박혀 있다.

- **입장료** 150루피(카메라 입장료 75루피) · **개장시간** 09:00~16:30

버스를 타고 자이푸르로 컴백(약 30분) ⇨ 기차역으로 이동 후 델리로 출발(약 5시간) ⇨ 델리 도착, 공항으로 이동(약 30분)

델리 공항 도착

한국으로 출발!

인천 공항 도착

미니 인터뷰_ "내게 여행 유전자를 선물해준 인도"

성화주(30세, 출판사 에디터)
2001년 11월 여행

생애 첫 해외여행에서 필리핀이나 태국은 너무 쉬워 보였고, 유럽에 가기엔 돈이 없었어요. 그러던 차에 적당히 이국적인 느낌과 아슬아슬한 모험, 무용담으로 풀어 놓기 좋은 희소성, 이 모든 걸 만족시키는 인도가 눈에 들어오더군요. 델리-아그라-자이푸르를 잇는 골든 트라이앵글 코스로 다녀왔는데, 지금 생각해도 후회 없는 여행이었어요. 델리에 도착한 첫날, 코넛 플레이스 어디쯤에선가 온몸의 감각을 곤두서게 만든 탄두리 치킨 냄새에 2년간 고수해온 채식을 그만두고야 말았고, 붉고 아름다운 고도(古都) 자이푸르에 선 1달러에 시티투어 시켜준다는 릭샤왈라에게 속아 여태껏 책상 서랍에서 굴러다니는 스타루비(Star Ruby)를 반강제로 사고야 말았죠. 아그라 타지마할에선 외국인 입장료가 상상을 초월할 정도로 비싸서 현지인 가격으로 들어가려고 꼼수를 쓰다가 결국 질질 끌려나와 제값(그 당시 여행자 물가로 따져 이틀치 체류비 정도)을 다 지불해야 했어요.
여행 가면 별별 일이 다 일어나게 마련이죠. 그 별별 일을 관대하게 웃어넘길 줄 아는 여유가 바로 여행이 주는 또 다른 배움이라는 것을 깨달은 시간이었어요. 인도는 제게 여행 유전자를 꾹 박아준 장소랍니다.

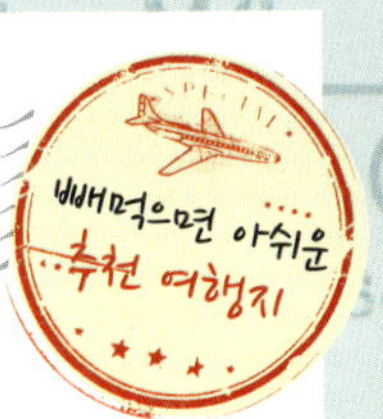

사모드 팰리스 Samode Palace

자이푸르에서 북서쪽으로 40킬로미터 떨어져 있는 궁전 호텔이다. 400년 된 궁전을 호텔로 개조했다. 옛 마하라자를 영접하던 방식을 따라 손 하나 까딱하지 않고 호사를 누릴 수 있게 서비스를 제공한다. 근처 영지에는 마하라자가 머물렀던 스타일 그대로 이색적인 체험을 할 수 있는 텐트 호텔인 '사모드 바그(Samode Bagh)'가 위치해 있다.

오베로이 라지빌라스 The Oberoi Rajvilas

라자스탄 주의 오래된 요새의 일부를 개조하여 전통적인 건축미에 세련미를 더해 리조트를 만들었다. 디자인 리조트의 개성을 극대화한 분위기와 친절한 서비스가 찾는 이들을 즐겁게 만든다. 특히 럭셔리 텐트 객실은 손으로 직접 수놓은 식물 등으로 호화롭게 꾸며져 있다.

람바그 팰리스 Rambagh Palace

궁전 호텔과 리조트를 경영하는 타지(Taj)의 대표적인 궁전 호텔 중의 하나다. 1835년, 찬드라와티 왕녀를 위해 지어진 후, 마하라자 신 2세가 머물렀던 역사직인 곳이다. 명성에 걸맞게 국내외 유명인사의 발걸음이 끊이지 않는다.

자이 마할 팰리스 Jai Mahal Palace

람바그 팰리스와 함께 자이푸르를 대표하는 궁전 호텔이지만, 소규모로 운영되어 가정적인 분위기가 연출된다. 1745년, 궁전으로 건축된 이래 자이푸르 수상의 관저로 사용됐다. 원형의 창이 특징인 무굴 왕조 스타일로 지어졌다. 우아하고 아름다운 정원이 매력적이다.

인도의
또 다른 매력만점 도시들

바라나시 Varanasi

'영적인 빛으로 충만한 도시'라는 의미에서 '카시'라고도 불리는 바라
나시는 타지마할과 함께 인도 여행에서 빼놓을 수 없는 곳이다. 인도
북부의 최대 힌두교 성지로, 인도인들은 이곳에서 정신적으로, 또 육
체적으로 영원한 자유를 얻을 수 있다고 믿기 때문에 매년 수백만 명
의 순례자들이 찾는다. 갠지스 강변에 이어진 가트(Ghat)는 수천 년
동안 불이 꺼진 적 없는 노천 화장터이자 목욕터이다. 인도인들은 이
곳에서 목욕을 하면 자신이 지은 죄가 씻긴다고 믿고 있다.

콜카타 Kolkata

동인도의 관문인 콜카타는 인구 천만 명이 넘는 인도 '제3의 도시'이
자 최대의 무역항이다. 옛 이름은 캘커타(Calcutta)로, 1912년에 수도
를 뉴델리로 옮기기 전까지 영국령 인도의 수도였다. 콜카타에는 콜
카다에는 100년 넘는 시간의 흔적을 고스란히 간직한 낡은 트램이
지금도 도심을 가로지르고 있다. 가난한 이들을 위해 생애를 바친 마
더 테레사의 집과 시인 타고르의 생가는 일 년 내내 전 세계에서 온
순례자들의 발걸음이 끊이지 않는다.

찬란한 문화유산, 과거와 현재의 공존, 아름다운 자연 경관 등 인도는 그 거대한 땅 덩어리만큼 다채로운 모습들을 여행자에게 선사한다.

고아 Goa

뭄바이에서 비행기로 1시간 거리에 있는 고아는 인도의 유명한 해변 휴양지다. 해변을 따라 비치 리조트가 늘어서 있으며, 패러세일링, 요트 윈드서핑, 스쿠버다이빙 등을 즐길 수 있다. 포르투갈 식민지 시대의 수도였던 역사 때문에 아직도 포르투갈 색채를 많이 함유하고 있다. 포르투갈령 시대에 번성했던 올드 고아에는 바실리카 봄 지저스 교회와 세인트 프란시스 교회 등 16~17세기에 세워진 기독교 교회가 남아 있다.

카주라호 Khajuraho

북인도 대부분을 지배한 찬델라 왕조의 수도였던 카주라호는 다양한 성행위를 묘사한 '에로틱 미투나'가 새겨진 사원으로 유명하다. 950년에서 1050년 사이에 세워진 것으로 추정되는데, 85개 중 22개의 사원만이 남아 있다. 누가 어떤 목적으로 이 사원들을 지었는지는 아직 밝혀지지 않고 있다. 도시를 중심으로 서쪽, 동쪽, 남쪽의 세 그룹으로 나뉘어 사원이 흩어져 있는데, 서쪽 사원군에 에로틱 미나투가 집중되어 있다.

1년에 한 번, 나를 위한 최고의 휴가

일주일 해외여행

펴낸날 초판 1쇄 2012년 6월 25일 ｜ 초판 5쇄 2014년 11월 1일

지은이 정숙영, 윤영주

펴낸이 임호준
이사 홍헌표
편집장 김소중
책임 편집 장재순 ｜ **편집 3팀** 윤혜민 김유경
디자인 왕윤경 김효숙 ｜ **마케팅** 강진수 김찬완 권소회
경영지원 나은혜 박석호 ｜ **e-비즈** 표형원 이용직 김준홍 배은지 고연정

지도 일러스트 영수
인쇄 (주)자윤프린팅

펴낸곳 비타북스 ｜ **발행처** (주)헬스조선 ｜ **출판등록** 제2-4324호 2006년 1월 12일
주소 서울시 중구 세종대로 21길 30 ｜ **전화** (02) 724-7633 ｜ **팩스** (02) 722-9339
홈페이지 www.vita-books.co.kr ｜ **블로그** blog.naver.com/vita_books ｜ **페이스북** www.facebook.com/vitabooks

ISBN 978-89-93357-81-3   13980

• 비타북스는 독자 여러분의 책에 대한 아이디어와 원고 투고를 기다리고 있습니다. 책 출간을 원하시는 분은
  이메일 vbook@chosun.com으로 간단한 개요와 취지, 연락처 등을 보내주세요.

비타북스는 건강한 몸과 아름다운 삶을 생각하는 (주)헬스조선의 출판 브랜드입니다.